Der Kreisel

Seine Theorie und seine Anwendungen

Von

Dr. R. Grammel

o. Professor an der Technischen Hochschule Stuttgart

Zweite, neubearbeitete Auflage

Zweiter Band:

Die Anwendungen des Kreisels

Mit 133 Abbildungen

Springer-Verlag Berlin Heidelberg GmbH

1950

Ursprünglich erschienen bei Springer-Verlag OHG., Berlin Göttigen and Heidelberg 1950.

Softcover reprint of the hardcover 2nd editon 1950

ISBN 978-3-662-37319-4 ISBN 978-3-662-38056-7 (eBook)
DOI 10.1007/978-3-662-38056-7

Vorwort zur zweiten Auflage.

Dieser zweite Band behandelt die Anwendungen des Kreisels. Man kann sie zwanglos in drei ganz verschiedene Gruppen gliedern: die beabsichtigten oder ungewollten, nützlichen oder schädlichen Kreiselwirkungen bei Radsätzen aller Art (einschließlich Fahrzeugen, Schiffen und Flugzeugen), dann die große und weit entwickelte Mannigfaltigkeit der eigentlichen Kreiselgeräte, und schließlich die meist sehr wuchtigen unmittelbaren Kreiselstabilisatoren, die teils für die Geschichte der Technik bedeutsam sind, teils der Astronomie angehören.

Beim Zusammenstellen aller Anwendungen des Kreisels habe ich eine Vollständigkeit nicht im wörtlichen, wohl aber im grundsätzlichen Sinne angestrebt: es wäre zum Beispiel nicht möglich gewesen, alle gebauten oder geplanten Kreiselgeräte einzeln aufzuzählen; aber ich glaube kein wesentliches Anwendungsgebiet des Kreisels außer acht gelassen zu haben. Wenn vielleicht einige geheim gebliebene Kreiselgeräte in diesem Buche fehlen, so bitte ich diesen Mangel nicht dem Verfasser anzurechnen, sondern denen, deren vernunftlose „Staatsführung" das Geheimhalten technischer Gedanken nötig gemacht hat. (Die in der ersten Auflage behandelten Kreiselwirkungen der Atome habe ich jetzt weggelassen, weil die damalige Vorstellung der Physik von jenen Wirkungen heute überholt ist und die an ihre Stelle getretenen des Elektronenspins kaum in ein Buch über die Mechanik des Kreisels gehören.)

Da die Außenansichten von Geräten und Maschinen, wie man sie so oft in Büchern findet, fast immer ziemlich wertlos, weil nichts erklärend sind, so habe ich dem Buche auch in der neuen Auflage wieder durchweg schematische, nur das Wesentliche darstellende Bilder, zumeist vereinfachte Schnittzeichnungen beigegeben und nur in wenigen Fällen eigentliche Konstruktionszeichnungen. Denn es ist nicht die Aufgabe dieses Buches, die wirkliche Einzelkonstruktion etwa von Kreiselgeräten zu lehren, sondern vielmehr aufzuzeigen, wie der Kreisel in Maschinen und Geräten oder als Maschine, Radsatz usw. wirkt, und worin der tragende Gedanke eines Kreiselgerätes besteht. Besonderes Gewicht habe ich daher überall auf eine ausführliche Störungstheorie der Geräte, Stabilisatoren usw. gelegt; nur so kann die Güte solcher Vorrichtungen sicher beurteilt werden.

Wertvolle Mitarbeit verdanke ich Herrn Dr.-Ing. *C. A. Traenkle*, der mir belangreiche Aufzeichnungen über viele der Kreiselapparate von § 7 und 8 zur Verfügung gestellt hat, sowie den Herren Dr. *K. Zoller*, *F. Jindra*, Dr. *H. Kauderer* und Professor Dr.-Ing. *P. Riekert*, die mir bei diesem zweiten Bande in der gleichen Weise geholfen haben, wie ich das schon im Vorwort der zweiten Auflage des ersten Bandes dankbar erwähnt habe.

Stuttgart, im Juli 1950. *R. Grammel.*

Inhaltsverzeichnis.

Die Anwendungen des Kreisels.

Erster Abschnitt.

Kreiselwirkungen bei Radsätzen.

Die Drehung ist unter allen Bewegungsarten dadurch ausgezeichnet, daß ein Körper sie gleichförmig ausführen kann, ohne seinen Ort als Ganzes zu verlassen; sie wird deswegen dazu verwendet, bedeutende Energiemengen auf beschränktem Raum als Wucht von Schwungrädern und sonstigen Radsätzen aufzuspeichern. Weil die Drehung immer wieder die einzelnen Teile eines Körpers in ihre frühere Lage, und zwar mit gleichbleibendem Takte, zurückzubringen vermag, so wird sie außerdem vielfältig zu Energieumwandlungen benützt, so bei den sogenannten Kreiselmaschinen (Dampf-, Gas- und Wasserturbinen, Kreiselpumpen, Kompressoren, Gebläsen, elektrischen Generatoren und Motoren usw.) und bei vielen Triebwerken (Wasser- und Luftschrauben) und dergleichen mehr. Endlich aber dient die Drehbewegung seit den ältesten Zeiten als häufigster Vermittler bei Schiebebewegungen überall, wo Fahrzeuge auf Rädern laufen.

In allen diesen Fällen haben wir es mit Kreiseln als Trägern von oft sehr großen Drehimpulsen zu tun, und sobald die Achsen derartiger Radsätze geschwenkt werden, d. h. ihre Richtung im Raume ändern, entstehen Kreiselmomente, die zumeist unerwünscht, zuweilen sogar gefährlich sind, mitunter aber auch eine an sich gewollte Wirkung unterstützen.

Wir beginnen mit einer technisch sehr nützlichen Kreiselerscheinung bedeutenden Ausmaßes, die bei sogenannten Kollergängen und Pendelmühlen auftritt. Dann behandeln wir die manchmal schädlichen, zum mindesten nicht außer acht zu lassenden Kreiselwirkungen bei stationär laufenden Radsätzen, insbesondere ihren Einfluß auf die kritischen Drehzahlen von Rotoren. Zuletzt zählen wir die Kreiseleffekte auf, die bei Fahrzeugen, Schiffen und Flugzeugen vorkommen können.

Das hierbei in Rechnung zu setzende Kreiselmoment $\mathfrak{K}_p$ ist für den symmetrischen Kreisel in § 5, Ziff. **2**, für den unsymmetrischen Kreisel in § 9, Ziff. **11** des ersten Bandes angegeben worden.

§ 1. Kollermühlen.

1. Der Kollergang. Eine sehr merkwürdige, jedoch wenig bekannte und deswegen auch zumeist nicht voll ausgenützte Kreiselwirkung kommt bei Kollermühlen vor, die entweder als Kollergänge oder als Pendelmühlen gebaut werden.

Der Kollergang zunächst, häufig zweiläufig (Abb. 1 und 2), seltener einläufig (Abb. 3 und 4), besteht im wesentlichen aus ein oder zwei zylindrischen oder schwach kegeligen Walzen, den sogenannten

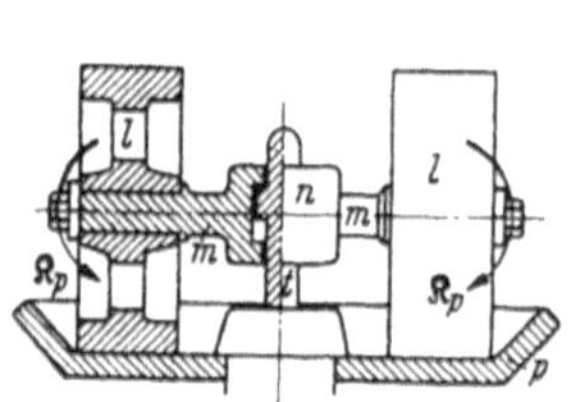

Abb. 1. Zweiläufiger Kollergang mit Mitnehmer.

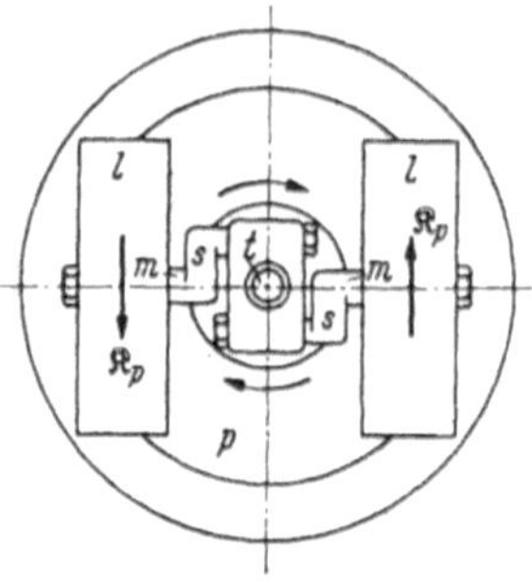

Abb. 2. Zweiläufiger Kollergang mit Schleppkurbeln.

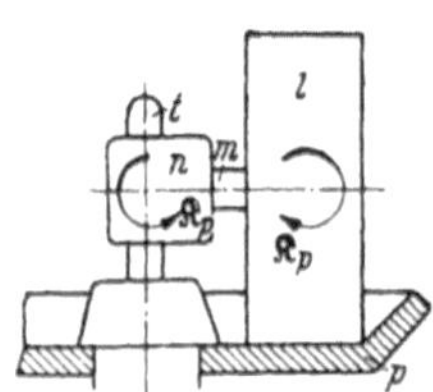

Abb. 3. Einläufiger Kollergang mit Mitnehmer.

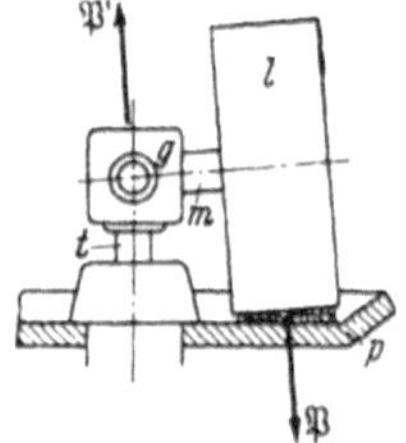

Abb. 4. Einläufiger Kollergang mit Gelenk.

Läufern (*l*), die, um die Mittelwelle (*m*) drehbar, von der Triebwelle (*t*) auf der als Teller ausgebildeten Mahlplatte (*p*) im Kreise herumgeführt werden, wobei sie das untergeschobene Mahlgut durch Zerreibung und Zermalmung zerkleinern. Damit die Läufer harten Brocken des Mahlgutes ausweichen können, müssen die Mittelwellen auf der Triebwelle beweglich aufsitzen. Dies wird erreicht entweder durch einen sogenannten Mitnehmer (*n* in Abb. 1 und 3) oder durch Schleppkurbeln (*s* in Abb. 2) oder endlich durch ein Gelenk (*g* in Abb. 4). (Von Ausführungen, bei denen die Mittelwelle feststeht und dafür die Mahlplatte unter den Läufern gedreht wird, sprechen wir hier nicht, weil sie zu Kreiselwirkungen keinen Anlaß geben.)

Der Kollergang kann geradezu als das Muster eines technischen symmetrischen Kreisels angesehen werden, der eine erzwungene reguläre Präzession um die lotrechte Triebwelle ausführen muß. Es ist an Hand der Regel vom gleichstimmigen Parallelismus (Satz *I* von § 5, Ziff. **2** des ersten Bandes, Seite 61) ersichtlich, welche Wirkung das hierbei geweckte Kreiselmoment $\mathfrak{K}_p$ als Ausdruck der Massenträgheit des Läufers bei den verschiedenen Ausführungen des Kollergangs haben wird. Es sucht bei zweiläufigen Kollergängen mit Mitnehmer oder Schleppkurbeln die Mittelwelle zu biegen und sollte als Biegemoment bei deren Entwurf in Rechnung gestellt werden; es macht sich besonders beim einläufigen Kollergang mit Mitnehmer außerdem als störende Beanspruchung des Mitnehmerlagers geltend; und lediglich bei der gelenkigen Ausführung (Abb. 4) gewinnt es die Bedeutung, die ihm eigentlich zukommen soll, insofern es als Kräftepaar ($\mathfrak{P}$, $\mathfrak{P}'$) zwar die Triebwelle und deren Lager anstrengt, zugleich aber die Pressung des Läufers gegen die Mahlplatte erhöht, unter Umständen auf ein Mehrfaches des Ruhebetrages. In der Tat werden Kollergänge mit gelenkiger Achsenverbindung, mit denen wir uns weiterhin hauptsächlich befassen, als besonders wirksam geschildert, ohne daß der eigentliche Grund dafür, das Kreiselmoment $\mathfrak{K}_p$, immer klar erkannt wird[1].

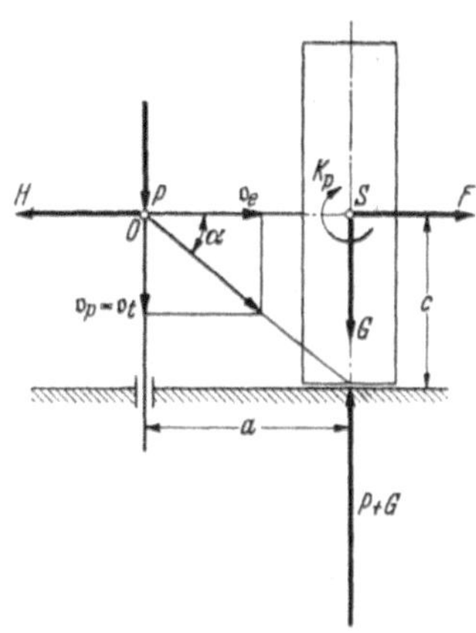

Abb. 5. Kinematik und Kräftespiel am Kollergang.

Ist A die Drehmasse des Läufers um die Achse der Mittelwelle (Figurenachse), B diejenige um eine dazu senkrechte Achse durch den Schnittpunkt O der Achsen der Mittelwelle und der Triebwelle (Abb. 5), und sind ferner ω_e und ω_p die Eigendrehgeschwindigkeit des Läufers um seine Mittelwelle und seine Präzessionsgeschwindigkeit um die Triebwelle, so ist bei einem beliebigen Winkel δ der Achsen der Mittelwelle und der Triebwelle das Kreiselmoment nach § 5, Ziff. **2**, Formel (5) des ersten Bandes (Seite 61)

$$K_p = [A\,\omega_e + (A-B)\,\omega_p \cos\delta]\,\omega_p \sin\delta\,, \tag{1}$$

und zwar positiv gerechnet im Sinne einer Verkleinerung des Winkels δ.

Beim gewöhnlichen Kollergang ist $\delta = 90°$. Weiter ist die Präzessionsgeschwindigkeit ω_p identisch mit der Betriebsgeschwindigkeit ω_t

[1] Die Kreiseltheorie der Kollermühlen ist erstmals entwickelt worden von *R. Grammel*, Z. VDI. 1917, S. 572.

der Triebwelle. Die Eigendrehgeschwindigkeit ω_e folgt aus der Überlegung, daß ein bestimmter Kreis des Läufers – etwa derjenige, dessen Ebene durch den Schwerpunkt S des Läufers geht – ohne Gleiten auf der Mahlplatte abrollt. Ist dann α der Winkel, unter dem der Halbmesser dieses Kreises von O aus erscheint, so ist also

$$\omega_e = \omega_t \operatorname{ctg} \alpha, \qquad \omega_p = \omega_t, \tag{2}$$

und somit hat man für $\delta = 90°$ beim Kollergang mit Gelenk das Kreiselmoment

$$K_p = A\,\omega_t^2 \operatorname{ctg} \alpha. \tag{3}$$

Für ein die Drehung ω_t mitmachendes Bezugssystem, in welchem der Kollergang nur noch die Eigendrehung ω_e des Läufers aufweist, hat man zum Gewicht G des Läufers, zum Gegendruck $P+G$ der Mahlplatte und zu den waagerechten und senkrechten Kräften H und P, die das Gelenk auf den Läufer ausübt, als *d'Alembert*sche Scheinkräfte erstens die von ω_t herrührende Fliehkraft $F=(G/g)a\,\omega_t^2$ (mit $a=OS$) und zweitens die Scheindrehkraft des Kreiselmoments K_p hinzuzufügen. Dann hat man nach den Gesetzen der Statik eine waagerechte Beanspruchung der Triebwelle

$$H = \frac{G}{g}\,a\,\omega_t^2 \tag{4}$$

und einen zusätzlich vom Kreiselmoment herrührenden Druck auf die Mahlplatte

$$P = \frac{K_p}{a} = \frac{A}{a}\,\omega_t^2 \operatorname{ctg} \alpha = \frac{A}{c}\,\omega_t^2, \tag{5}$$

wo c der Läuferhalbmesser ist. Mit $A=(G/g)k^2$ folgt noch

$$\frac{P}{G} = \frac{k^2}{cg}\,\omega_t^2 \tag{6}$$

als Verhältnis der Drücke, die von der Kreiselwirkung und vom Gewicht je gesondert herrühren.

Hierbei ist angenommen, daß die Mittelwelle mit dem Läufer fest verbunden sei und also seine Eigendrehung ω_e mitmache. Andernfalls darf man in A nur die Drehmasse des Läufers aufnehmen und hätte in der Formel (6) eine kleine Verbesserung anzubringen, auf die wir nicht einzugehen brauchen.

Beispielsweise für einen Läufer mit den Maßen $a = 0{,}50$ m, $c = 0{,}45$ m mag das Gewicht $G = 1000$ kg betragen. Ist der Trägheitsarm $k = 0{,}40$ m, so hat man[1] $A = 16{,}3$ mkgsek² und daher bei einer Betriebsgeschwindigkeit von 1 Uml/sek, also $\omega_t = 2\pi\ \mathrm{sek}^{-1}$

$$P = 1420\ \mathrm{kg}, \qquad \frac{P}{G} = 1{,}42, \qquad H = 2000\ \mathrm{kg};$$

[1] Wir rechnen hier und im folgenden stets mit den Einheiten des technischen Maßsystems.

die zusätzliche Pressung, die das Kreiselmoment hervorruft, ist also fast anderthalb mal so groß wie das Läufergewicht. Diese Pressung hat man im Falle eines Gelenkes gleichsam umsonst, und ohne daß dadurch die waagerechte Beanspruchung der Triebwelle erhöht würde. Im Falle eines Mitnehmers statt eines Gelenkes wirkt sich das Kreiselmoment lediglich als schädliches Biegemoment $M = aP = 710$ mkg auf die Mittelwelle aus, ohne eine zusätzliche Pressung zwischen Läufer und Mahlplatte zu erzeugen.

2. Drei Verbesserungen. Die allgemeine Formel (1) oder die besondere Formel (3) für das Kreiselmoment K_p legen es nahe, die Wirkung des Kollergangs auf verschiedene Art noch zu verbessern. Schreibt man statt (1) mit $\delta = 90°$

$$K_p = A\,\omega_e\,\omega_p\,, \tag{7}$$

so kann man K_p erhöhen, ohne die mit ω_p^2 proportionale Fliehkraft zu vergrößern, indem man ω_e steigert, $\omega_p = \omega_l$ aber festhält. Dies gemäß (2) durch Verkleinerung von α anzustreben, ist nicht sehr wirksam, da den Maßen des Läufers und der Mahlplatte in der Regel enge Grenzen gezogen sind. Wohl aber kann man es erreichen, wenn man an Stelle der Mahlplatte eine besondere Führung des Läuferkreisels verwendet, wie dies Abb. 6 schematisch andeutet, wo die Mahlplatte (p) drehbar und dafür auf die Mittelwelle ein Kegelrad (k) aufgesetzt ist, das in eine feststehende waagerechte Scheibe (k') mit genügendem Spielraum eingreift, so daß diese Scheibe als Führung dient, ohne jedoch einen lotrechten Druck vom Kegelrad aufzunehmen. Sind α_1 und α die Winkel, unter denen vom Gelenk (g) aus die Halbmesser des Kegelrades (k) und des Läufers (l) erscheinen, so hat man in (2) und (3) den Winkel α durch den Winkel α_1 zu ersetzen, und demnach wird das Kreiselmoment — bei gleichbleibender Betriebsgeschwindigkeit ω_t, also ohne Erhöhung der Fliehkraft — im Verhältnis $\operatorname{ctg}\alpha_1 : \operatorname{ctg}\alpha$ vergrößert, und desgleichen die vom Kreiselmoment geweckte Pressung zwischen Läufer und Mahlplatte. Eine solche Vergrößerung wäre ohne Führungsscheibe nur auf Kosten einer entsprechenden Erhöhung der gefährlichen Fliehkraft zu er-

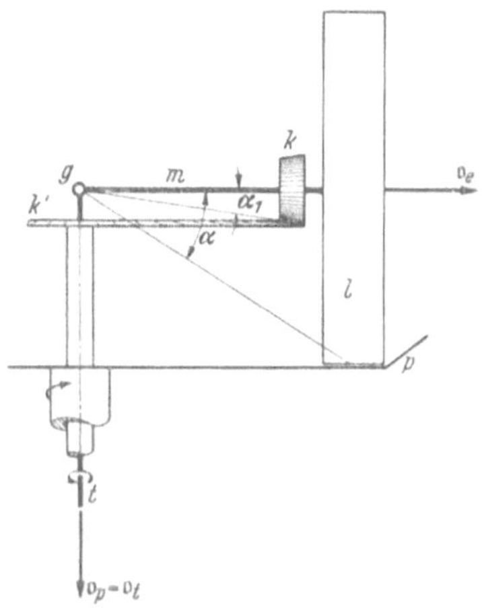

Abb. 6. Kollergang mit Führungsscheibe.

reichen. Die vorgeschlagene Ausführung bürdet die Fliehkraft nicht zusätzlich der Triebwelle auf, sondern verteilt sie in weniger gefährlicher Weise auf Läufer und Mahlplatte. Man wird dies besonders dann für zweckmäßig halten, wenn der Kollergang einläufig gebaut werden muß, also beispielsweise, wenn auf der Gegenseite Mischvorrichtungen unterzubringen sind.

Es ist übrigens auch vorgeschlagen worden[1], dem Läufer einen rasch rotierenden, elektrisch angetriebenen Rotor einzubauen, um auf diese Weise ω_e ohne ω_t zu vergrößern.

Eine weitere Möglichkeit, das Kreiselmoment K_p zu erhöhen, besteht nach (3) darin, daß man die Drehmasse A vergrößert. Will man dabei aber die Fliehkraft des Läufers nicht steigern, so muß man dem Läufer eine von der üblichen Hohlzylinderform abweichende Gestalt geben, die wir nun ermitteln wollen.

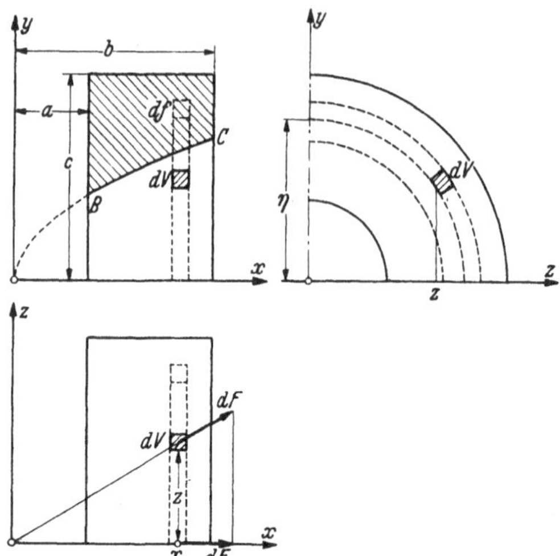

Abb. 7. Günstigstes Läuferprofil.

In Abb. 7 ist ein Viertel des Läufers in drei Rissen dargestellt. Dabei ist vorausgesetzt, daß der Läufer durch zwei senkrechte Ebenen des Abstandes a und b von der Achse der Triebwelle und durch einen Kreiszylinder vom Halbmesser c um die Achse der Mittelwelle begrenzt sei, so daß nur noch seine innere Berandung BC freisteht. Die Achsen der Mittelwelle und der Triebwelle sind zur x- und y-Achse gewählt, die z-Achse steht waagerecht und ist zur x- und y-Achse normal. Gesucht ist also die Kurve BC als Bild einer solchen Funktion $y\,(x)$, daß bei vorgeschriebenem Wert F der Fliehkraft die axiale Drehmasse A ein Höchstwert wird.

Ist $df = dx\,dy$ der Querschnitt eines ringförmigen Massenelementes von der Dichte γ/g und vom Halbmesser η, so ist

$$A = \frac{2\pi\gamma}{g}\int \eta^3\,df = \frac{2\pi\gamma}{g}\int_a^b dx \int_y^c \eta^3\,d\eta = \frac{\pi\gamma}{2g}\left[(b-a)c^4 - \int_a^b y^4\,dx\right]. \quad (8)$$

[1] *E. Baltz*, Melliands Textilber. 1946, S. 226.

Ein Raumelement dV dieses Ringes liefert in der Entfernung z von der (x, y)-Ebene zur Fliehkraft den Beitrag

$$dF = \frac{\gamma \omega_t^2}{g} \sqrt{x^2 + z^2}\, dV$$

mit der Komponente

$$dF_x = \frac{x}{\sqrt{x^2+z^2}}\, dF = \frac{\gamma \omega_t^2}{g}\, x\, dV$$

in der Mittelachse, so daß die Resultante den Wert

$$\left. \begin{aligned} F &= \frac{2\pi\gamma\omega_t^2}{g} \int x\eta\, df = \frac{2\pi\gamma\omega_t^2}{g} \int_a^b x\, dx \int_y^c \eta\, d\eta \\ &= \frac{\pi\gamma\omega_t^2}{g} \left[\frac{1}{2}(b^2-a^2)c^2 - \int_a^b x y^2\, dx \right] \end{aligned} \right\} \tag{9}$$

hat.

Wir haben also nach einer bekannten Regel zu fordern, daß mit einem noch unbekannten Parameter λ der (dimensionsgleich gemachte) Ausdruck $\omega_t^2 A - \lambda F$ möglichst groß und folglich das Integral

$$J = \int_a^b (y^4 - 2\lambda x y^2)\, dx \tag{10}$$

möglichst klein werde. Wäre dies schon erreicht, so dürfte ein unbeschränkt kleiner Zuwachs Δy der Funktion $y(x)$ den Wert von J nicht merklich ändern, so daß dann auch noch

$$J = \int_a^b [(y+\Delta y)^4 - 2\lambda x (y+\Delta y)^2]\, dx$$

oder, wenn man höhere Potenzen von Δy unterdrückt,

$$J = \int_a^b [y^4 + 4y^3\Delta y - 2\lambda x\, (y^2 + 2y\Delta y)]\, dx \tag{11}$$

sein muß. Zieht man (10) von (11) ab, so bleibt

$$\int_a^b y\, (y^2 - \lambda x)\, \Delta y\, dx = 0, \tag{12}$$

wie auch der Zuwachs Δy über die Meridiankurve BC verteilt sein mag. Das ist aber nur möglich, wenn der Integrand von (12) verschwindet, d. h. unter Verzicht auf die im allgemeinen nicht brauchbare Lösung $y=0$ (Vollscheibe) für

$$y^2 = \lambda x. \tag{13}$$

Dies besagt, daß, abgesehen natürlich von der Nabe und den Speichen, der Läufer eine Aussparung in Gestalt eines die Triebachse mit seinem Scheitel berührenden Rotationsparaboloids erhalten muß, dessen Parameter λ sich dadurch bestimmt, daß die zulässige Fliehkraft F gerade erreicht wird.

Weil nach (9) mit (13)

$$F = \frac{\pi \gamma \omega_t^2}{g} \left[\frac{1}{2} (b^2 - a^2) c^2 - \frac{1}{3} \lambda (b^3 - a^3) \right]$$

wird, so findet man als Parameterwert

$$\lambda = \frac{3 g (F - F_0)}{\pi \gamma \omega_t^2 (b^3 - a^3)}, \tag{14}$$

wobei

$$F_0 = \frac{\pi \gamma \omega_t^2}{2 g} (b^2 - a^2) c^2 \tag{15}$$

die Fliehkraft einer massiven Scheibe mit den Abmessungen a, b und c bedeutet. Das axiale Trägheitsmoment A schließlich ist nach (8) und (13)

$$A = \frac{\pi \gamma}{2 g} \left[(b - a) c^4 - \frac{1}{3} \lambda^2 (b^3 - a^3) \right], \tag{16}$$

und man kann mit den Hilfsmitteln der Variationsrechnung beweisen, daß dies auch tatsächlich der bei vorgegebener Fliehkraft überhaupt erreichbare Höchstwert von A ist.

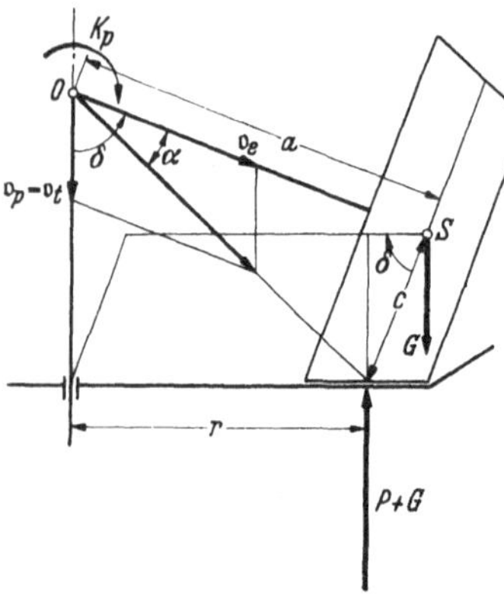

Abb. 8. Zur Berechnung des günstigsten Achsenwinkels.

Schließlich ist noch eine dritte Verbesserung am Kollergang (mit Gelenk) möglich. Es fragt sich nämlich, ob der fast immer übliche Achsenwinkel $\delta = 90°$ der günstigste ist. Diese Frage ist im allgemeinen zu verneinen. Um den günstigsten Winkel δ aufzufinden, d. h. denjenigen, der für einen Läufer von vorgegebener Größe und für eine bestimmte Betriebsgeschwindigkeit ω_t die größte Pressung $P+G$ ergibt, wobei P wieder die vom Kreiselmoment allein zusätzlich erzeugte Preßkraft ist, greifen wir auf die allgemeine Formel (1) zurück. Ist c der Halbmesser des Läuferkreises, dessen Ebene durch den Schwerpunkt S des Läufers geht (Abb. 8), und nimmt man an, daß dieser Kreis ohne Gleiten auf einem waagerechten Kreise vom Halbmesser r abrollt, so hat man mit dem Abstand a des Schwerpunkts S vom Drehpunkt O die Bedingung für das Gleichgewicht der Momente um O

$$(P+G) r = G a \sin \delta + [A \omega_e + (A - B) \omega_p \cos \delta] \omega_p \sin \delta .$$

Im Kreiselmoment rechter Hand ist das Moment der in S angreifenden Fliehkraft schon mit enthalten, wie man sofort erkennt, wenn man die auf O bezogene Drehmasse B nach dem *Huygens*schen Satze (Band I,

§ 3, Ziff. 3, Satz X, Seite 37) in der Form $B=B_0+(G/g)\,a_s^2$ schreibt, wo B_0 die Drehmasse für eine äquatoriale Achse durch den Schwerpunkt ist; denn dann wird

$$\left.\begin{aligned}(P+G)\,r=Ga\sin\delta+[A\,\omega_e+(A-B_0)\,\omega_p\cos\delta]\,\omega_p\sin\delta-\\ -\frac{G}{g}\,\omega_p^2\,a^2\sin\delta\cos\delta,\end{aligned}\right\}\quad(17)$$

und hier stellt das letzte Glied gerade das Moment der Fliehkraft $(G/g)\,\omega_p^2\,a\sin\delta$ bezüglich O dar. (Man kann also den freien Vektor des Kreiselmoments entweder auf einen in O ruhenden Beobachter beziehen (A, B) und hat dann darin auch schon das Fliehkraftmoment enthalten; oder man kann den freien Vektor des Kreiselmoments auf einen die Bewegung des Schwerpunkts S mitmachenden Beobachter beziehen (A, B_0), muß aber dann, wenn man O als Bezugspunkt aller Momente wählt, noch besonders das Moment der in S angreifenden Fliehkraft bezüglich O hinzufügen.)

Für die weitere Rechnung müssen wir uns entscheiden, welche Größen wir vorschreiben wollen, um den zugehörigen günstigsten Winkel δ zu ermitteln. Dies sollen außer ω_t die Werte von G, A, B_0, c und r sein, also die Maße und die Masse des Läufers und der Grundkreishalbmesser r. Man liest aus Abb. 8 ab

$$a\sin\delta=r+c\cos\delta,\qquad \omega_e=\frac{r}{c}\,\omega_t,\qquad \omega_p=\omega_t\qquad(18)$$

und formt damit (17) leicht um in

$$\left.\begin{aligned}p\equiv\frac{P}{G}=\frac{c}{r}\cos\delta+\omega_t^2\Big[\frac{A}{cG}\sin\delta+\frac{A-B_0}{2rG}\sin 2\delta-\\ -\frac{r}{g}\Big(1+\frac{c}{r}\cos\delta\Big)^2\operatorname{ctg}\delta\Big].\end{aligned}\right\}\quad(19)$$

Um festzustellen, ob dieses Preßverhältnis für den Achsenwinkel $\delta=90°$ ein Höchstwert ist oder nicht, bildet man $\partial p/\partial\delta$ und nimmt im Ergebnis $\delta=90°$. Man findet

$$\frac{\partial p}{\partial\delta}=(r^2-k^2)\frac{\omega_t^2}{rg}-\frac{c}{r}\qquad\text{für }\delta=90°,\qquad(20)$$

wobei noch

$$A-B_0=\frac{G}{g}k^2\qquad(21)$$

gesetzt ist. Bleibt $r>k$, was bei Kollergängen zumeist zutrifft, so hat man also nur dann $\delta=90°$ als günstigsten Achsenwinkel anzusprechen, wenn

$$\omega_t^2=\frac{cg}{r^2-k^2}$$

ist; für größere Betriebsgeschwindigkeiten liegt der günstigste Winkel δ höher, für kleinere tiefer als $90°$.

Man findet beispielsweise für einen Kollergang mit den Werten $G=1000$ kg, $A=18$ mkgsek², $B_0=10$ mkgsek², $r=1{,}0$ m, $c=0{,}5$ m, $\omega_t=2\pi$ sek^{-1} das (p, δ)-Diagramm von Abb. 9 – diese zeigt überhaupt den typischen Verlauf der (p, δ)-Kurven – und einen günstigsten Winkel $\delta=103°$, also eine um 13° über die Waagerechte gehobene Mittelachse, und dazu einen Höchstwert $p_{\max}=1{,}60$, d. h. um rund 13% mehr als der Wert $p_0=1{,}42$ für eine waagerechte Mittelwelle. Man kann mithin die Pressung, die durch die Kreiselwirkung allein schon bei waagerechter Mittelwelle um 142% erhöht war, durch Schrägstellen der Mittelwelle um weitere 18% steigern, und zwar ohne dadurch die Beanspruchung des Kollergangs durch die Fliehkraft zu erhöhen, welche im Gegenteil für $\delta=103°$ bei vorgeschriebener Betriebsgeschwindigkeit ω_t noch etwas kleiner ausfällt als bei $\delta=90°$.

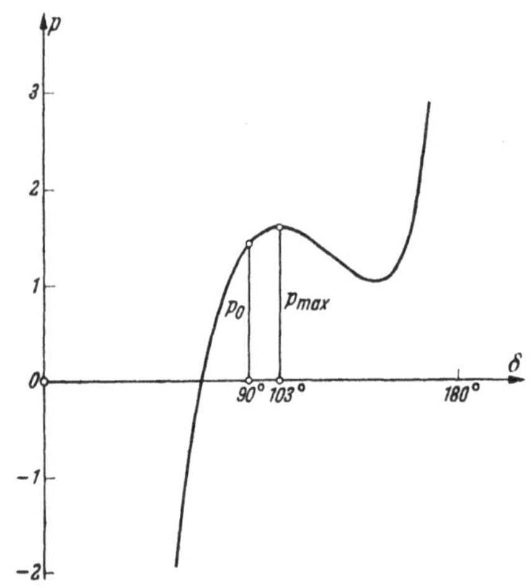

Abb. 9. (p,δ)-Diagramm eines Kollerganges.

Unsere Rechnung bedürfte eigentlich einer kleinen Verbesserung, die das Gewicht und die Trägheit der Mittelwelle betrifft. Die Pressung wird etwa um die Hälfte dieses Gewichtes vergrößert. Insofern die Mittelwelle gewöhnlich die Eigendrehung ω_e des Läufers nicht mitmacht, erleidet sie ein Schleudermoment

$$K_p' = -(B'-A')\,\omega_t^2 \sin\delta\cos\delta, \tag{22}$$

welches von ihren Drehmassen A' und B' $(>A')$ bezüglich des Drehpunktes O abhängt, und zwar erhöht K_p' (im Falle eines Gelenks) den Preßdruck oder erniedrigt ihn, je nachdem die Mittelwelle gehoben oder gesenkt ist.

Man kann natürlich die Aufgabe, den jeweils günstigsten Achsenwinkel δ zu finden, in mannigfacher Weise variieren. So kann man etwa statt der Werte von c und r die Werte von a und r und damit auch den Winkel α (Abb. 8) fest vorschreiben und hat dann in (17) entweder r in a und c (oder auch in α) auszudrücken oder kann auch wohl, statt nach dem Höchstwert von P, nach dem größten erreichbaren Pressungsmoment M fragen, das durch die rechte Seite von (17) bei dem günstigsten Winkel δ dargestellt wird; diese Fragestellung ist z. B. bei kegelig gestalteter Mahlplatte am Platze. In allen diesen Fällen findet man, daß im allgemeinen keineswegs der Achsenwinkel $\delta = 90°$ am günstigsten ist, sondern ein etwas größerer.

3. Die Pendelmühle. Während beim Kollergang der Läufer eine epizykloidische Präzession vollzieht (vgl. § 5, Ziff. **3** des ersten Bandes, insbesondere dort Abb. 53 bis 55, Seite 64), so kann eine perizykloidische Präzession bei Kollermühlen kaum in Betracht kommen – der Läufer müßte glockenförmig die „Mahlplatte“ umschließen. Wohl aber ist hier auch eine hypozykloidische Präzession möglich, und sie ist in der sogenannten Pendelmühle verwirklicht (Abb. 10). Der von

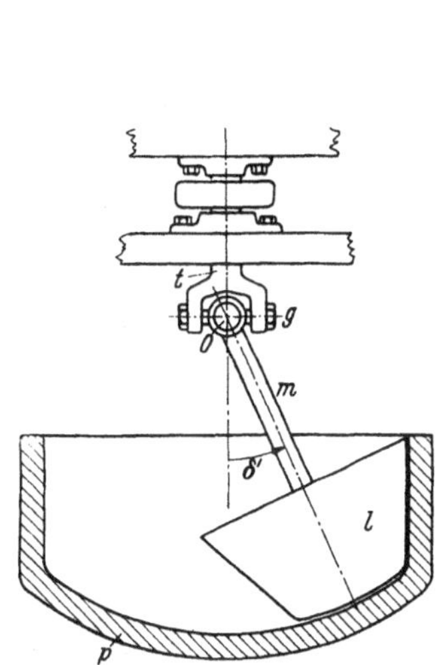

Abb. 10. Pendelmühle.

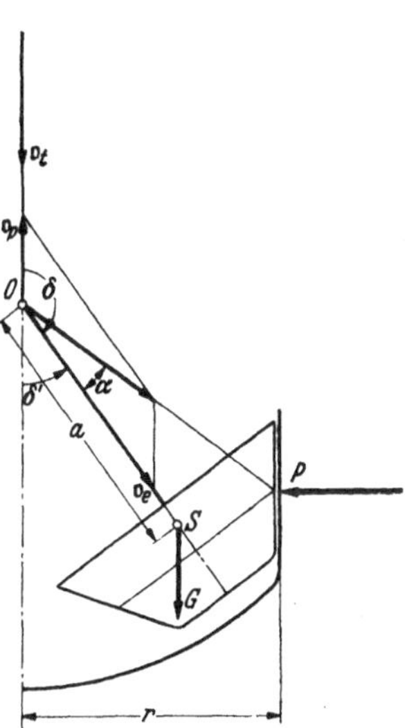

Abb. 11. Kinematik und Kräftespiel an der Pendelmühle.

der Triebwelle (t) in der Regel über ein Cardangelenk (g) angetriebene klöppelförmige Läufer (l) ist jetzt mit der Mittelwelle (m) fest verbunden und preßt sich bei hinreichend großer Drehzahl an den hohlzylindrischen Teil der Mahlschale (p) von innen an.

Es wäre fehlerhaft, die vom Läufer auf die Mahlschale ausgeübte Pressung dadurch zu berechnen, daß man zu dem negativ wirkenden Moment des Gewichtes G des Läufers und der Mittelwelle lediglich das positiv wirkende Moment der Fliehkraft dieser beiden Teile bezüglich des Drehpunktes O hinzufügte. Tatsächlich tritt auch hier das ganze Kreiselmoment K_p (1) auf, von dem das Fliehkraftmoment wieder nur einen Teil ausmacht, und so kommt mit den Bezeichnungen von Abb. 11, worin S der Schwerpunkt von Läufer und Mittelwelle ist, als Preßmoment (dem das Moment der Gegenkraft P der Mahlschale das Gleichgewicht hält) mit dem Winkel $\delta' = 180° - \delta$

$$M = -Ga \sin\delta' + [A\,\omega_e - (A-B)\,\omega_p \cos\delta']\,\omega_p \sin\delta'. \tag{23}$$

Dabei ist A wieder die axiale Drehmasse von Läufer und Mittelwelle und $B = B_0 + (G/g)a^2$ diejenige um eine dazu senkrechte Achse durch O (bzw. S für B_0). Das Fliehkraftmoment wäre auch hier lediglich das Glied mit $(G/g)a^2$. Das Moment M ist in (23) positiv im Sinne einer Verkleinerung des Winkels δ, also einer Vergrößerung des Winkels δ' und also im Sinne einer positiven Pressung zwischen Läufer und Mahlschale gerechnet.

Um (23) zahlenmäßig auszuwerten, muß man die Eigendrehgeschwindigkeit ω_e und die Präzessionsgeschwindigkeit ω_p in der Betriebsdrehgeschwindigkeit ω_t der Triebwelle ausdrücken. Sieht man von der Ungleichförmigkeit ab, die das Cardangelenk in ω_e und ω_p auch bei gleichförmiger Drehgeschwindigkeit ω_t hervorruft, und denkt sich das Gelenk durch ein biegsames Wellenstück ersetzt, so hat man offenbar auszudrücken, daß hier

$$\omega_t = \omega_e - \omega_p \tag{24}$$

ist. Erscheint der Halbmesser des Läuferkreises, der auf der Mahlschale ohne Gleiten abrollt, von O aus unter dem Winkel α, so gilt

$$\frac{\omega_p}{\omega_e} = \frac{\sin\alpha}{\sin(\alpha+\delta')}. \tag{25}$$

Aus (24) und (25) folgt

$$\omega_e = \omega_t \frac{\sin(\alpha+\delta')}{\sin(\alpha+\delta') - \sin\alpha}, \qquad \omega_p = \omega_t \frac{\sin\alpha}{\sin(\alpha+\delta') - \sin\alpha}. \tag{26}$$

Damit wird aus (23)

$$M = \left\{\omega_t^2 \frac{A\cos\alpha\sin\delta' + B\sin\alpha\cos\delta'}{[\sin(\alpha+\delta') - \sin\alpha]^2}\sin\alpha - Ga\right\}\sin\delta'. \tag{27}$$

Diese Formel dient nicht nur dazu, das Pressungsmoment M zu berechnen; sie liefert auch den Mindestwert der Betriebsgeschwindigkeit ω_t, bei welcher sich der Läufer überhaupt an die Mahlschale anlegt ($M \geqq 0$). Natürlich kann man aus (27) auch den günstigsten Pendelwinkel δ' ermitteln, wenn man für M seinen Wert

$$M = Pr \operatorname{ctg}(\alpha+\delta') \tag{28}$$

einführt und dann denjenigen Wert von δ' bestimmt, der eine größte Preßkraft P (etwa bei vorgeschriebenen Werten von G, A, B, a, α, ω_t und r) liefert. Wir verzichten darauf, diese elementare Rechnung an einem Beispiel durchzuführen.

§ 2. Kritische Drehzahlen von Rotoren.

1. Die einfach besetzte Welle. Eine unbeabsichtigte, aber oft nicht zu vermeidende Kreiselwirkung kommt bei Rotoren vor, die auf einer biegsamen Welle sitzen und mit dieser umlaufen. Solche Rotoren geraten bei bestimmten Drehzahlen, die man dann kritische nennt, in gefährliches Schleudern und besitzen andererseits bestimmte Drehzahlbereiche, in denen sie besonders ruhig laufen. Wir müssen diese Erscheinungen hier schon deswegen untersuchen, weil sie bei vielen der später aufzuführenden Kreiselapparate sehr wichtig sind, aber auch deswegen, weil dabei wieder das Kreiselmoment eine Rolle spielen kann. Außer an Kreiselrotoren denken wir bei den folgenden Rechnungen vor allem an Dampfturbinenscheiben.

Das Schleudern äußert sich darin, daß die Welle sich im Betrieb unzulässig stark biegt. Sie tut dies infolge der Fliehkraft, die von einer nie ganz zu vermeidenden Unwucht der Scheibe herrührt. Sitzt diese zufällig am Ort der größten Durchbiegung der Welle, so ändert ihr Drehimpulsvektor während eines Umlaufs seine Richtung nicht, und von einer Kreiselwirkung ist dann nicht die Rede.

Wenn hingegen die (als symmetrischer Kreisel vorausgesetzte) Scheibe beim Schleudern aus ihrer ursprünglichen Raumstellung heraustritt, wenn also ihre Figurenachse nicht mehr die Achsenrichtung der ungebogenen Welle beibehält, sondern um diese in erzwungener Präzession geschwenkt wird, haben wir es mit einer regelrechten Kreiselerscheinung zu tun; an der Biegung der Welle ist jetzt außer der Fliehkraft auch das Kreiselmoment beteiligt, und es wird sich zeigen, daß das Kreiselmoment die kritischen Drehzahlen mehr oder weniger stark beeinflussen, unter gewissen Umständen sogar ganz aufheben kann.

Wir setzen viererlei voraus. Erstens soll die Masse der Welle vernachlässigbar klein gegenüber der Masse der Scheibe (oder allgemein des Rotors) sein, d. h. es sei erlaubt, die kleine Masse der sich biegenden Welle auch während der Biegung einfach der Masse der starren Scheibe zuzuzählen. Zweitens soll die Schwerkraft keine Rolle spielen; sie soll entweder, wie bei einer aufrecht gestellten Welle, überhaupt unwirksam sein oder zum mindesten infolge der Steifigkeit der Welle ohne merklichen Einfluß auf die kritischen Drehzahlen bleiben. Drittens sollen keine Bewegungswiderstände vorhanden oder etwa vorhandene vernachlässigbar klein sein. Und viertens nehmen wir an, daß bei einer bestimmten Umlaufgeschwindigkeit sich schließlich ein stationärer Zustand eingestellt habe, so daß wir uns um die etwaigen

Schwingungen, die dem stationären Zustand vorausgehen mögen, nicht zu kümmern brauchen, sondern sie als durch die stets irgendwie vorhandenen dämpfenden Einflüsse vernichtet denken dürfen. Eine vertiefte Untersuchung[1] zeigt, daß diese Voraussetzungen durchaus statthaft sind.

Wir ergründen die kritischen Zustände zuerst an einer einfach besetzten elastischen Welle, d. h. an einer solchen, die nur einen einzigen Rotor trägt, den wir weiterhin zumeist als „Scheibe" bezeichnen; und zwar wählen wir eine sogenannte fliegende Scheibe, d. h. eine solche, die am Ende einer Welle sitzt, welche nur noch an ihrem anderen Ende wie ein dort eingespannter Balken gelagert ist. Wir wählen diesen Fall, weil hier die Kreiselwirkung stets vorhanden und besonders groß ist; doch werden unsere Formeln im wesentlichen unabhängig davon sein, ob die Welle ein- oder mehrfach gelagert ist.

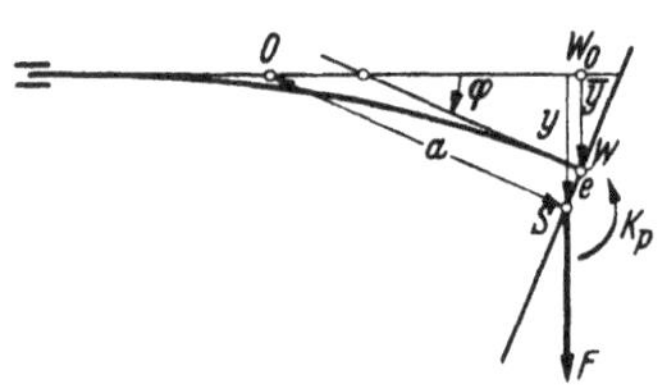

Abb. 12. Fliegende Welle.

Für eine derartige Scheibe (Abb. 12) sei W_0 der Durchstoßungspunkt der ursprünglich geraden Achse der Welle durch die Mittelebene der Scheibe, ferner W die Lage dieses Punktes, wenn die Welle gebogen ist, und S der im allgemeinen ein wenig davon verschiedene Schwerpunkt der Scheibe. Die genaue Größe der Exzentrizität $WS=e$ ist in der Regel nicht bekannt; man weiß lediglich, daß eine solche Exzentrizität infolge der nie ganz zu vermeidenden Unwucht der Scheibe im allgemeinen vorhanden sein wird. Ein stationärer Biegezustand ist offenbar nur möglich, wenn die Punkte W_0, W und S in einer Ebene liegen, welche auch die gebogene Wellenachse enthält und um die ursprünglich gerade Wellenachse gleichförmig mit der Betriebsdrehgeschwindigkeit ω umläuft. Denn gerade dann und nur dann kann, von einem die Drehung ω mitmachenden Bezugssystem aus betrachtet, die Biegung der Welle durch die Fliehkraft F der Scheibe und durch das ebenfalls von der Drehung ω geweckte Kreiselmoment K_p stationär aufrecht erhalten werden.

Ist y die Auslenkung des Schwerpunkts S der Scheibe und φ die dortige Neigung der Biegelinie, so ist mit der Scheibenmasse m die Fliehkraft

$$F = m\,\omega^2 y, \tag{1}$$

und als Kreiselmoment haben wir nach § 1, Ziff. **1** (1) (Seite 3) mit

[1] Vgl. *C. B. Biezeno* und *R. Grammel*, Technische Dynamik, Kap. X, Berlin 1939, wo auch noch eine Anzahl weiterer kritischer Zustände von Wellen untersucht ist.

$\omega_e = 0$, $\omega_p = \omega$, $\delta = \varphi$ die (entgegengesetzt zum positiven Drehsinn des Winkels φ positiv gerechnete) Drehkraft bezüglich S

$$K_p = (A - B_0)\,\omega^2 \sin\varphi \cos\varphi \tag{2}$$

zu nehmen, wobei A die axiale Drehmasse der Scheibe und B_0 ihre äquatoriale Drehmasse bezüglich des Schwerpunkts ist. Die Drehkraft (2) ist der in § 5, Ziff. **2** (9) des ersten Bandes (Seite 62) als Schleudermoment bezeichnete Teil des Kreiselmomentes und stellt also die von den Fliehkräften der einzelnen Massenelemente der Scheibe herrührende Drehkraft dar. [Man könnte natürlich auch das auf den ruhenden Punkt O (Abb. 12) bezogene Kreiselmoment

$$K_{p0} = (A - B)\,\omega^2 \sin\varphi \cos\varphi = (A - B_0)\,\omega^2 \sin\varphi \cos\varphi - m\,\omega^2 a^2 \sin\varphi \cos\varphi$$

nehmen und stellt sofort fest (vgl. die entsprechende Überlegung in § 1, Seite 9), daß dies gerade die Summe aus der Drehkraft (2) und dem Moment der Fliehkraft $F = m\,\omega^2 y = m\,\omega^2 a \sin\varphi$ bezüglich O ist, welches man durchaus von der Drehkraft K_p (2) der Fliehkräfte der Massenelemente der Scheibe unterscheiden muß.]

Wir dürfen uns auf kleine Auslenkungen y und also auch kleine Winkel φ beschränken und somit in (2) $\sin\varphi \cos\varphi = \varphi$ setzen. Mit der Abkürzung

$$C = A - B_0, \tag{3}$$

die für dünne Scheiben nahezu streng den Wert

$$C = 2B_0 - B_0 = B_0 \tag{4}$$

hat, wird das Kreiselmoment (2) genau genug

$$K_p = C\,\omega^2 \varphi. \tag{5}$$

Nunmehr haben wir auszudrücken, daß in einem die Drehung ω mitmachenden Bezugssystem die Durchbiegung $\bar{y} = y - e\cos\varphi \approx y - e$ und die Neigung φ der Biegelinie am Ort der Scheibe statisch gerade durch die Kraft F (im Sinne von $\bar{y}$) und das Moment K_p (im Sinne von $-\varphi$) hervorgerufen werden, wobei man unbedenklich so rechnen darf, wie wenn die Fliehkraft F in W (statt in S) angreifen würde. Führt man die *Maxwell*schen Einflußzahlen für diesen Biegefall ein, nämlich die Durchbiegung α infolge einer positiven Einheitskraft, die Neigung β infolge eines positiven Einheitsmomentes, sowie die Neigung γ infolge einer positiven Einheitskraft, was, wie wir an Beispielen bestätigen werden, zugleich die Durchbiegung infolge eines positiven Einheitsmomentes ist, so lauten die statischen Gleichungen für diese Biegung

$$\begin{aligned} y - e &= \alpha F - \gamma K_p, \\ \varphi &= \gamma F - \beta K_p. \end{aligned}$$

Die negativen Vorzeichen der letzten Glieder rühren davon her, daß das Kreiselmoment im Sinne negativer Winkel φ positiv gezählt wird. Man schreibt dieses Gleichungspaar mit den Werten (1) und (5) in der Form

$$\left.\begin{aligned} \left(\frac{1}{\omega^2}-\alpha m\right) y+\gamma C \varphi &= \frac{e}{\omega^2}, \\ -\gamma m y+\left(\frac{1}{\omega^2}+\beta C\right) \varphi &= 0, \end{aligned}\right\} \tag{6}$$

löst es mit der Determinante der Koeffizienten

$$\Delta=\begin{vmatrix} \frac{1}{\omega^2}-\alpha m & \gamma C \\ -\gamma m & \frac{1}{\omega^2}+\beta C \end{vmatrix}=\frac{1}{\omega^4}-(\alpha m-\beta C)\frac{1}{\omega^2}-(\alpha\beta-\gamma^2) m C \tag{7}$$

auf und findet

$$y=\frac{e}{\omega^2 \Delta}\left(\frac{1}{\omega^2}+\beta C\right), \qquad \varphi=\frac{e \gamma m}{\omega^2 \Delta}, \tag{8}$$

vorausgesetzt, daß $\Delta \neq 0$ ist.

Weil e bei gut gebauten Rotoren stets sehr klein gehalten werden kann, und weil nur erhebliche Werte von ω^2 interessieren, so ist y und φ solange äußerst klein, als Δ nicht in die Nähe von Null rückt. Die Scheibe läuft also ruhig, solange ω^2 keine Wurzel der Gleichung $\Delta=0$ ist und auch nicht in unmittelbarer Nähe einer solchen Wurzel liegt. Man nennt daher diejenigen reellen Werte von ω, welche Wurzeln von $\Delta=0$ sind, kritische Drehzahlen und muß verbieten, daß die Welle bei oder in nächster Nähe solcher Drehzahlen läuft.

Die Gleichung $\Delta=0$ ist quadratisch in der Unbekannten $1/\omega^2$ und liefert die einzige Lösung

$$\frac{1}{\omega_k^2}=\frac{1}{2}(\alpha m-\beta C)+\sqrt{\frac{1}{4}(\alpha m-\beta C)^2+(\alpha\beta-\gamma^2) m C}. \tag{9}$$

Das negative Vorzeichen der Quadratwurzel ist nämlich unbrauchbar, weil, wie wir nachher bestätigen werden, stets $\alpha\beta-\gamma^2>0$ und also die Quadratwurzel größer als das erste Glied der rechten Seite ist, so daß die zweite Lösung $1/\omega^2$ negativ wird, also auf imaginäre Drehzahlen führen würde.

Mit (9) ist die einzige kritische Drehzahl ω_k unseres Rotors gefunden. Da nur ihr Quadrat bestimmt ist, so bleibt der Drehsinn gleichgültig.

Man kann den Rotor gefahrlos unterhalb der kritischen Drehzahl ω_k laufen lassen. Man kann diese Drehzahl aber auch überschreiten, wenn man dies beim Anlaufenlassen des Rotors nur so rasch durchführt, daß die Welle nicht die Zeit findet, in der Nähe der kritischen

Drehzahl einen stationären Zustand auszubilden[1]. Oberhalb der kritischen Drehzahl ω_k läuft der Rotor dann wieder ruhig, ja sogar ruhiger als unterhalb der kritischen Drehzahl; denn mit zunehmendem Wert ω^2 oberhalb ω_k^2 nimmt, wie man aus (7) nach kurzer Überlegung schließt, auch der absolute Betrag von Δ zu und somit die Auslenkung y (8) des Scheibenschwerpunkts mehr und mehr ab: je höher die Drehzahl ist, umso genauer stellt sich der Schwerpunkt S in den Punkt W_0 ein (Abb. 12), d. h. umso genauer zentriert sich die Scheibe selbst. Diese wichtige Tatsache ist von *G. de Laval* experimentell entdeckt worden.

Man kann den Einfluß der Kreiselwirkung auf die kritische Drehzahl feststellen, wenn man beachtet, daß für eine punktförmige Scheibe, also $C=0$, statt (9) der kritische Wert

$$\frac{1}{\omega_0^2}=\alpha m, \qquad \text{also} \qquad \omega_0=\frac{1}{\sqrt{\alpha m}}. \tag{10}$$

käme. Bildet man die Differenz

$$\frac{1}{\omega_0^2}-\frac{1}{\omega_k^2}=\frac{1}{2}(\alpha m+\beta C)-\sqrt{\frac{1}{4}(\alpha m+\beta C)^2-\gamma^2 mC} \tag{11}$$

(wobei der Radikand noch leicht umgeformt wurde), so erkennt man, daß die rechte Seite stets positiv ist und nur Null werden könnte, wenn entweder wieder $C=0$ wäre, oder wenn $\gamma=0$ würde, was bei der fliegenden Welle nicht möglich ist, aber bei anderen Lagerungsarten vorkommen kann (wie wir später sehen werden).

Mithin erhöht die Kreiselwirkung, wenn sie überhaupt vorhanden ist, die kritische Drehzahl stets.

Setzt man

$$C=mk^2, \tag{12}$$

so kann man (11) in der Gestalt

$$\frac{1}{\omega_0^2}-\frac{1}{\omega_k^2}=\frac{1}{\omega_0^2}p(k)$$

mit

$$p(k)\equiv\frac{1}{2}\left(1+\frac{\beta}{\alpha}k^2\right)-\sqrt{\frac{1}{4}\left(1+\frac{\beta}{\alpha}k^2\right)^2-\frac{\gamma^2}{\alpha^2}k^2} \tag{13}$$

schreiben. Dies gibt den Quotienten

$$\frac{\omega_k}{\omega_0}=\frac{1}{\sqrt{1-p(k)}}. \tag{14}$$

Man überblickt den Einfluß der Kreiselwirkung am besten, wenn man das Verhältnis ω_k/ω_0 der kritischen Drehzahl mit und ohne Kreiselwirkung über einer Abszisse k aufträgt. Weil $p(0)=0$ ist und auch $\partial(\omega_k/\omega_0)/\partial k$ an der Stelle $k=0$ verschwindet (wie man leicht nach-

[1] Vgl. Technische Dynamik, S. 778.

rechnet), so haben diese Kurven stets den Typ von Abb. 13. Ihre Asymptote für $k \to \infty$ findet man, indem man (13) in der Form

$$\left[p - \frac{1}{2}\left(1 + \frac{\beta}{\alpha} k^2\right)\right]^2 = \frac{1}{4}\left(1 + \frac{\beta}{\alpha} k^2\right)^2 - \frac{\gamma^2}{\alpha^2} k^2$$

schreibt oder umgeformt

$$p = \frac{(\gamma^2/\alpha^2)\, k^2}{\left(1 + \frac{\beta}{\alpha} k^2\right) - p};$$

daraus folgt

$$p(\infty) = \frac{\gamma^2}{\alpha\beta}$$

und also

$$\left(\frac{\omega_k}{\omega_0}\right)_\infty = \mu = \sqrt{\frac{\alpha\beta}{\alpha\beta - \gamma^2}}. \tag{15}$$

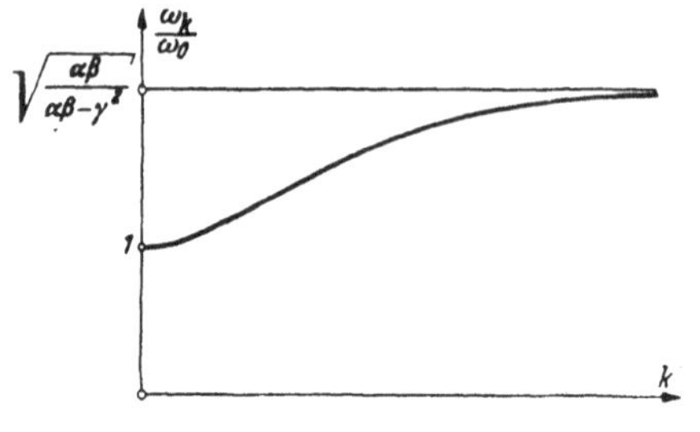

Abb. 13. Einfluß der Kreiselwirkung auf die kritische Drehzahl.

Im Falle der fliegenden Welle ist $\mu = 2$ (wie aus den Werten von α, β, γ in Ziff. **2** hervorgehen wird), sonst im allgemeinen kleiner, aber stets $\geqq 1$.

Daß die Kreiselwirkung die kritische Drehzahl nur erhöhen kann, wird verständlich, wenn man überlegt, daß ω_0 umso größer wird, je kleiner die Einflußzahl α, also je steifer die Welle ist. Da das Kreiselmoment der Biegung stets entgegenwirkt, so versteift es scheinbar die Welle, muß also ihre kritische Drehzahl in der Tat im allgemeinen vergrößern.

Wichtig ist noch die Bemerkung, daß für $e = 0$ das Gleichungssystem (6) für $\varDelta \neq 0$ nur die Nullösung $y = 0$, $\varphi = 0$ hat, für $\varDelta = 0$ aber einen beliebigen Ausschlag y (und eine davon allerdings abhängige Neigung φ) zuläßt. Dies besagt, daß man die kritische Drehzahl ω_k einfach auch als diejenige Drehzahl finden kann, bei welcher eine genau zentrierte Scheibe einer beliebigen stationären Auslenkung fähig wäre. Man nennt diese Aussage das Äquivalenzprinzip der kritischen Drehzahlen. Wir werden später noch von ihm Gebrauch machen.

Wir schieben hier die Bemerkung ein — die nichts mit kritischen Drehzahlen zu tun hat —, daß eine Drehkraft von der Form (2) auch bei nicht gebogener Welle schon dann auftritt, wenn auf ihr eine Scheibe irgendwie schräg, also mit ungenauer Stellung aufgesetzt ist, nämlich so, daß zwischen der geraden Wellenachse und der Symmetrieachse (Figurenachse) der Scheibe ein (in der Regel nur sehr kleiner)

Winkel φ besteht. Dies mag z. B. bei nicht sorgfältig gebauten Schwungrädern vorkommen, und die Drehkraft K_p (2), welche erhebliche Werte annehmen kann, äußert sich dann als Biegemoment und zusätzliche, offenbar pulsierende Lagerkraft und ruft gelegentlich unvorhergesehene und störende Resonanzerscheinungen hervor.

2. Die Einflußzahlen. Die Zahlenwerte der kritischen Drehzahlen, zu denen wir nun wieder zurückkehren, können berechnet werden, sobald man die drei *Maxwell*schen Einflußzahlen α, β und γ kennt. Sie für eine gegebene Welle zu ermitteln, ist eine Aufgabe der Elastostatik, die wir hier nicht ausführlich behandeln können. Wir wollen nur an die drei Methoden erinnern, mit denen man diese Einflußzahlen findet, und zunächst für die vier in Abb. 14 veranschaulichten Lagerungsarten und Bezeichnungen die Werte von α, β, γ sowie von $\alpha\beta-\gamma^2$ und μ (15) zusammenstellen, und zwar unter der Voraussetzung, daß die Welle kreiszylindrisch gestaltet sei und die reziproke Biegesteifigkeit

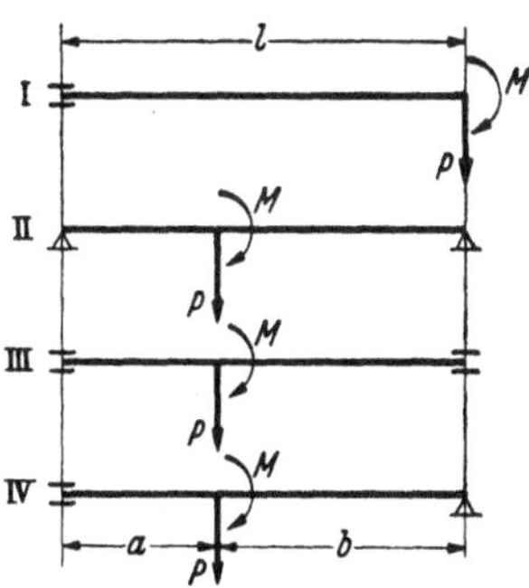

Abb. 14. Vier Wellenlagerungen.

$$\lambda = \frac{1}{EJ} \tag{16}$$

habe, wo E der Elastizitätsmodul und $J = \pi d^4/64 \approx 0{,}049\, d^4$ das axiale Flächenträgheitsmoment des Wellenquerschnitts vom Durchmesser d ist. Dann hat man in den vier Fällen der Reihe nach:

$$\left.\begin{aligned} \text{I.}\quad & \alpha = \frac{1}{3}\lambda l^3, \quad \beta = \lambda l, \quad \gamma = \frac{1}{2}\lambda l^2, \\ & \alpha\beta-\gamma^2 = \frac{1}{12}\lambda^2 l^4, \quad \mu = 2; \end{aligned}\right\} \tag{17}$$

$$\left.\begin{aligned} \text{II.}\quad & \alpha = \frac{1}{3}\lambda\frac{a^2b^2}{l}, \quad \beta = \frac{1}{3}\lambda\frac{a^3+b^3}{l^2}, \quad \gamma = \frac{1}{3}\lambda\frac{ab(b-a)}{l}, \\ & \alpha\beta-\gamma^2 = \frac{1}{9}\lambda^2\frac{a^3b^3}{l^2}, \quad \mu^2 = \frac{a^3+b^3}{abl}; \end{aligned}\right\} \tag{18}$$

$$\left.\begin{aligned} \text{III.}\quad & \alpha = \frac{1}{3}\lambda\frac{a^3b^3}{l^3}, \quad \beta = \lambda\frac{ab(a^3+b^3)}{l^4}, \quad \gamma = \frac{1}{2}\lambda\frac{a^2b^2(b-a)}{l^3}, \\ & \alpha\beta-\gamma^2 = \frac{1}{12}\lambda^2\frac{a^4b^4}{l^4}, \quad \mu^2 = 4\,\frac{a^3+b^3}{l^3}; \end{aligned}\right\} \tag{19}$$

$$\left.\begin{aligned} \text{IV.}\quad & \alpha = \frac{1}{12}\lambda\frac{a^3b^2(3a+4b)}{l^3}, \quad \beta = \frac{1}{4}\lambda\frac{a(a^3+4b^3)}{l^3}, \quad \gamma = \frac{1}{4}\lambda\frac{a^2b(2b^2-a^2)}{l^3}, \\ & \alpha\beta-\gamma^2 = \frac{1}{12}\lambda^2\frac{a^4b^3}{l^3}, \quad \mu^2 = \frac{1}{4}\,\frac{(3a+4b)\,(a^3+4b^3)}{bl^3}. \end{aligned}\right\} \tag{20}$$

Die Herleitung dieser Formeln geschieht entweder durch Integration der Biegegleichung oder mittels der *Castigliano*schen Sätze.

Die erste Methode geht von der Biegegleichung

$$\frac{d^2 y}{d x^2} = \lambda M_x \tag{21}$$

aus, wo y die Durchbiegung an der Stelle x und M_x das dortige Biegemoment ist. Im Falle I beispielsweise hat man, wenn die x-Achse in der Einspannstelle beginnt,

$$\frac{d^2 y}{d x^2} = \lambda [P(l-x)+M]$$

oder integriert mit den Randbedingungen $y=0$ und $dy/dx=0$ für $x=0$

$$\frac{dy}{dx} = \lambda \left[P\left(lx - \frac{1}{2}x^2\right) + Mx\right],$$

$$y = \lambda \left[P\left(\frac{1}{2}lx^2 - \frac{1}{6}x^3\right) + \frac{1}{2}Mx^2\right].$$

Dies gibt mit $P=1$ und $M=0$ an der Stelle $x=l$

$$y = \frac{1}{3}\lambda l^3 \equiv \alpha, \qquad \frac{dy}{dx} = \frac{1}{2}\lambda l^2 \equiv \gamma$$

und mit $P=0$ und $M=1$ an dieser Stelle

$$\frac{dy}{dx} = \lambda l \equiv \beta, \qquad y = \frac{1}{2}\lambda l^2 \equiv \gamma,$$

also die genannten Werte (17).

Die *Castigliano*sche Methode geht von der [mittels (21) berechneten] Formänderungsarbeit

$$L = \frac{1}{2}\int M_x d\varphi = \frac{1}{2}\int M_x \frac{d\varphi}{dx} dx = \frac{1}{2}\int M_x \frac{d^2y}{dx^2} dx = \frac{1}{2}\int \lambda M_x^2 dx \tag{22}$$

aus; dann ist[1]

$$\frac{1}{P}\frac{\partial L}{\partial P} = \alpha, \qquad \frac{1}{M}\frac{\partial L}{\partial M} = \beta, \qquad \frac{1}{P^2}\frac{\partial L}{\partial a} = \gamma, \tag{23}$$

wenn $x=a$ die Koordinate des Angriffspunkts der Kraft P ist. Im Falle II beispielsweise ist infolge einer Kraft P das Biegemoment im ersten Abschnitt a der Welle $M_x = -P(b/l)\,x$, im zweiten Abschnitt b analog $M_x = -P(a/l)x'$, wenn im ersten Abschnitt die x-Achse vom linken Lager ausgeht, im zweiten Abschnitt dagegen eine x'-Achse in umgekehrter Richtung vom rechten Lager. Damit gibt (22) nach einfacher Rechnung

$$L = \frac{1}{6}\lambda \frac{a^2 b^2}{l} P^2 = \frac{1}{6}\lambda \frac{a^2(l-a)^2}{l} P^2$$

und daraus nach der ersten und dritten Gleichung (23) in der Tat die

[1] Vgl. Technische Dynamik, S. 83ff. Die dritte Formel folgt daraus, daß beim Fortschreiten der Kraft um die Strecke da die Biegung um $dy = \gamma da \cdot P$ zunimmt, die Formänderungsarbeit also um $dL = P dy = P^2 \gamma da$.

Werte α und γ von (18). Ebenso hat man bei einer Drehkraft M die Biegemomente $(M/l)x$ bzw. $(M/l)x'$ und also

$$L = \frac{1}{6}\lambda\frac{a^3+b^3}{l^2}M^2,$$

was nach der zweiten Gleichung (23) den Wert β (18) liefert.

In verwickelteren Fällen, insbesondere bei Wellen mit veränderlichem Querschnitt, wie sie technisch nicht selten vorkommen, ermittelt man die Biegelinie am besten graphisch nach der *Mohr*schen Methode, indem man das (häufig selbst graphisch ermittelte) Biegemoment als kontinuierliche Belastung eines gespannten Seiles ansieht und dazu die Seilkurve konstruiert: diese ist dann in einer ganz bestimmten Weise zu der gesuchten Biegelinie affin und liefert so die Werte von α, β und γ.

Die Formeln (17) bis (20) haben bestätigt, daß tatsächlich die Einflußzahl γ sowohl die Neigung φ infolge einer Einheitskraft wie auch die Durchbiegung y infolge eines Einheitsmoments angibt. Dies ist ein allgemein gültiger Reziprozitätssatz, und ebenso gilt allgemein, daß der aus drei zusammengehörenden Einflußzahlen α, β und γ gebildete Ausdruck $\alpha\beta-\gamma^2$, ihre sogenannte Determinante, stets größer als Null ist[1].

3. Die kritischen Drehzahlen des Gegenlaufes. Wenn die Exzentrizität e genau gleich Null wird, was zufälligerweise vorkommen kann, so ist, wie die Erfahrung zeigt, und wie sich auch theoretisch verstehen läßt[2], noch eine zweite stationäre Bewegung der Scheibe möglich, die als hypozykloidische Präzession anzusprechen ist. Die Scheibe besitzt dabei eine Eigendrehgeschwindigkeit $\omega_e = 2\omega$ und eine Präzessionsgeschwindigkeit $\omega_p = -\omega$. Sie bewegt sich dabei so, wie wenn ein um ihren Schwerpunkt geschlagener, in ihr fester Kreis auf der Innenseite eines doppelt so großen raumfesten Kreises (dessen Mittelpunkt natürlich auf der ungebogenen Wellenachse liegt) ohne Gleiten abrollen würde. Dabei tritt ein Kreiselmoment auf, das nach § 1, Ziff. **1** (1) (Seite 3) mit $\delta = 180° - \varphi$ für kleine Werte φ den Betrag

$$K_p^* = (A + B_0)\,\omega^2\varphi \tag{24}$$

besitzt und den Winkel φ zu vergrößern sucht. Mit der Abkürzung

$$C^* = A + B_0, \tag{25}$$

die für dünne Scheiben nahezu streng den Wert

$$C^* = 3\,B_0 \tag{26}$$

[1] Für diese Sätze vgl. Technische Dynamik, S. 87f. und S. 90.

[2] Vgl. Technische Dynamik, S. 784.

hat, kommt jetzt für $e=0$ statt (6) das Gleichungssystem

$$\left.\begin{aligned}\left(\frac{1}{\omega^2}-\alpha m\right)y-\gamma C^*\varphi=0,\\ -\gamma m y+\left(\frac{1}{\omega^2}-\beta C^*\right)\varphi=0,\end{aligned}\right\}\tag{27}$$

so daß man also in den Formeln von Ziff. **1** lediglich C mit $-C^*$ zu vertauschen hat.

Somit treten zwei kritische Drehzahlen des sogenannten Gegenlaufs auf, die im Hinblick auf (9) (Seite 16) durch die Formel

$$\frac{1}{\omega_k^{*2}}=\frac{1}{2}(\alpha m+\beta C^*)\pm\sqrt{\frac{1}{4}(\alpha m+\beta C^*)^2-(\alpha\beta-\gamma^2)mC^*}\tag{28}$$

gegeben sind. Der Radikand ist stets positiv, wie aus folgender Umformung von (28) hervorgeht, bei welcher wieder die kritische Drehzahl ohne Kreiselwirkung ω_0 (10) benützt ist:

$$\frac{\omega_k^*}{\omega_0}=\frac{1}{\sqrt{1-p^*(k^*)}}\tag{29}$$

mit

$$p^*(k^*)=\frac{1}{2}\left(1-\frac{\beta}{\alpha}k^{*2}\right)\mp\sqrt{\frac{1}{4}\left(1-\frac{\beta}{\alpha}k^{*2}\right)^2+\frac{\gamma^2}{\alpha^2}k^{*2}},\tag{30}$$

wobei

$$C^*=mk^{*2}\tag{31}$$

gesetzt ist. Weil jetzt $p^*(0)=0$ bzw. $=1$ und $p^*(\infty)=-\infty$ bzw. $=\gamma^2/\alpha\beta$ ist, so erhält man

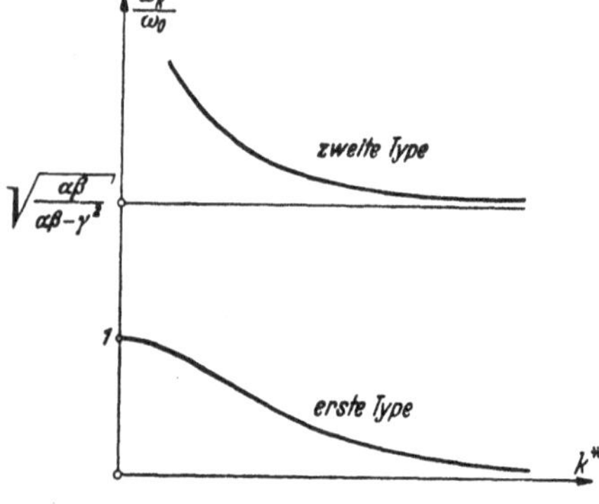

Abb. 15. Kritische Drehzahlen des Gegenlaufes.

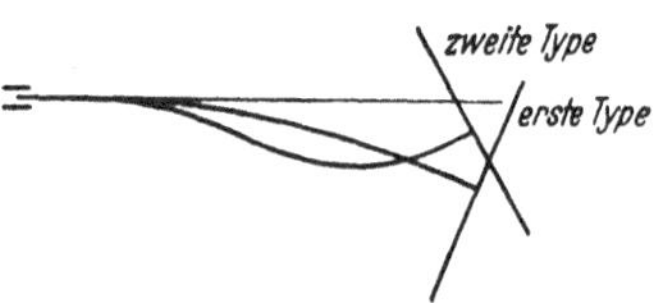

Abb. 16. Wellenformen des Gegenlaufes.

die Kurventypen von Abb. 15 und erkennt, daß von den beiden kritischen Drehzahlen des Gegenlaufes die eine kleiner, die andere größer als die kritische Drehzahl ohne Kreiselwirkung ist, und auch kleiner bzw. größer als die in Ziff. **1** gefundene kritische Drehzahl ω_k, die man wohl im Gegensatz zu den jetzigen auch als kritische Drehzahl des Gleichlaufes bezeichnet. Die Wellenform beim kritischen Ausschlag des Gegenlaufes zeigt Abb. 16 schematisch.

Während nun aber beim stationären Gleichlauf die Welle wie ein starres Gebilde umläuft, so muß sie sich beim Gegenlauf unablässig in sich selbst verbiegen. Eine derartige Verformung ist indessen nur bei einem idealen Stoff ohne Energieverbrauch möglich; in Wirklichkeit muß sie den kritischen Zustand des Gegenlaufes dämpfen. Diese Dämpfung und der Umstand, daß sowieso die Exzentrizität e nur sehr selten genau genug verschwindet, mögen der Grund dafür sein, daß der kritische Zustand des Gegenlaufes zumeist kaum wahrnehmbar ist und sich bisher nie als gefährlich erwiesen hat. Bei sehr scharf zentrierten Scheiben, z. B. bei den Rotoren mancher Kreiselapparate, kann man, wenn man sie von der Ruhe aus auf ihre volle Drehzahl anlaufen läßt, beobachten, daß sie zuerst im Gegenlauf schwach schleudern (ω_{k1}^*), sich dann zunächst wieder beruhigen, bald darauf im Gleichlauf von neuem, und zwar sehr heftig schleudern (ω_k) und sich schließlich der Selbsteinstellung nähern, die nur noch einmal vorübergehend bei ganz hoher Drehzahl (ω_{k2}^*) durch ein leichtes Schleudern im Gegenlauf unterbrochen wird.

4. Die mehrfach besetzte Welle. Auch für Wellen mit mehreren Scheiben, wie sie hauptsächlich bei den Rotoren der Dampfturbinen vorkommen, gilt das Äquivalenzprinzip, wie man ähnlich wie in Ziff. **1** beweisen kann, und somit sind kritische Drehgeschwindigkeiten ω_k dann zu erwarten, wenn bei fehlenden Exzentrizitäten aller Scheiben eine stationäre Durchbiegung der Welle möglich ist, das heißt, von einem mitumlaufenden Bezugssystem aus besehen, wenn die Durchbiegungen y_i und die Neigungen φ_i der Biegelinie der Wellenachse an den Orten der Scheiben [mit den Massen m_i und den wie in Ziff. **1** (12) (Seite 17) definierten Trägheitshalbmessern k_i] gerade von den Fliehkräften und Kreiselmomenten

$$\left.\begin{aligned} F_i &= m_i\,\omega_k^2\,y_i\,, \\ K_{pi} &= m_i\,k_i^2\,\omega_k^2\,\varphi_i \end{aligned}\right\} \tag{32}$$

hervorgerufen werden. Man benützt auch hier die *Maxwell*schen Einflußzahlen, nämlich die Durchbiegung α_{ij} am Orte i infolge einer positiven Einheitskraft am Orte j, die Neigung β_{ij} am Orte i infolge eines positiven Einheitsmoments am Orte j und die Neigung γ_{ij} am Orte i infolge einer positiven Einheitskraft am Orte j, wobei γ_{ij} nach einem allgemein gültigen Reziprozitätssatze zugleich auch wieder die Durchbiegung am Orte i infolge eines positiven Einheitsmomentes am Orte j ist.

Dann hat man im kritischen Zustand des Gleichlaufes bei einer Welle mit n Scheiben das Gleichungssystem

$$\left.\begin{aligned}
y_1 &= \omega_k^2\left[\alpha_{11} m_1 y_1 + \cdots + \alpha_{1n} m_n y_n - (\gamma_{11} m_1 k_1^2 \varphi_1 + \cdots + \gamma_{1n} m_n k_n^2 \varphi_n)\right],\\
&\vdots\\
y_n &= \omega_k^2\left[\alpha_{n1} m_1 y_1 + \cdots + \alpha_{nn} m_n y_n - (\gamma_{n1} m_1 k_1^2 \varphi_1 + \cdots + \gamma_{nn} m_n k_n^2 \varphi_n)\right],\\
\varphi_1 &= \omega_k^2\left[\gamma_{11} m_1 y_1 + \cdots + \gamma_{1n} m_n y_n - (\beta_{11} m_1 k_1^2 \varphi_1 + \cdots + \beta_{1n} m_n k_n^2 \varphi_n)\right],\\
&\vdots\\
\varphi_n &= \omega_k^2\left[\gamma_{n1} m_1 y_1 + \cdots + \gamma_{nn} m_n y_n - (\beta_{n1} m_1 k_1^2 \varphi_1 + \cdots + \beta_{nn} m_n k_n^2 \varphi_n)\right].
\end{aligned}\right\} \quad (33)$$

Dieses Gleichungssystem läßt dann und nur dann nichtverschwindende Lösungen $y_1, \ldots y_n, \varphi_1, \ldots \varphi_n$, also kritische Zustände zu, wenn die analog zu Ziff. **1** (7) (Seite 16) gebildete $2n$-reihige Determinante ihrer Koeffizienten verschwindet. Dies tritt, wie man beweisen kann[1], für genau n (im allgemeinen verschiedene) Werte ω_k ein, die man die kritischen Drehzahlen (des Gleichlaufes) nennt, und von denen jede einzelne infolge der Kreiselwirkungen der Scheiben höher liegt, als ihr Wert ohne Rücksicht auf die Kreiselwirkungen wäre.

Die Zahlenwerte $\omega_{k\nu}$ $(\nu = 1, 2, \ldots n)$ dieser kritischen Drehzahlen können schon bei wenigen Scheiben nur mühsam, bei vielen Scheiben überhaupt nicht mehr mit erträglichem Rechenaufwand dadurch gefunden werden, daß man jene $2n$-reihige Determinante explizit ausrechnet und ihre Nullstellen aufsucht, — zumal da zuvor erst einmal alle Einflußzahlen α_{ij}, β_{ij} und γ_{ij} bekannt sein müßten, deren Gesamtzahl $3n^2$ allerdings wegen der allgemeinen Reziprokalformeln

$$\alpha_{ij} = \alpha_{ji}, \qquad \beta_{ij} = \beta_{ji}, \qquad \gamma_{ij} = \gamma_{ji} \qquad (34)$$

sich auf $\frac{3}{2}\,n(n+1)$ ermäßigt, jedoch z. B. bei dem nicht seltenen Fall von $n = 5$ Scheiben immerhin noch 45 betragen würde.

Glücklicherweise gibt es nun aber völlig ausreichende und gut durchgebildete Näherungsmethoden, die die Aufgabe lösen, für eine gegebene Welle mit vorgeschriebener Besetzung die kritischen Drehzahlen verhältnismäßig rasch und genau genug zu finden. Aus der großen Mannigfaltigkeit solcher Methoden[2] wählen wir zwei aus, von denen die eine sehr einfach und die zweite sehr genau ist. In beiden Fällen beschränken wir uns auf die tiefste kritische Drehzahl ω_{k1}, mit deren Ermittlung man sich in den meisten Fällen praktisch begnügen darf. Wie man die Zahlenwerte der höheren Kritischen nötigenfalls wenigstens abschätzen kann, werden wir später noch andeuten.

---

[1] Vgl. Technische Dynamik, S. 814.

[2] Vgl. Technische Dynamik, Kap. X, § 3.

a) Erste Näherungsmethode. Man multipliziere die ersten n Gleichungen (33) der Reihe nach mit den Scheibenmassen $m_1, \ldots m_n$ und addiere sie dann; so kommt

$$\sum_i m_i y_i = \omega_{k1}^2 \left[m_1 y_1 \sum_j \alpha_{j1} m_j + \cdots + m_n y_n \sum_j \alpha_{jn} m_j - \right.$$
$$\left. -(m_1 k_1^2 \varphi_1 \sum_j \gamma_{j1} m_j + \cdots + m_n k_n^2 \varphi_n \sum_j \gamma_{jn} m_j)\right].$$

Erweitert man Glied für Glied mit g^2 und beachtet die Reziprokalformeln (34), so kann man dafür mit den Scheibengewichten $G_j = m_j g$ auch schreiben

$$g \sum_i G_i y_i = \omega_{k1}^2 \left[G_1 y_1 \sum_j \alpha_{1j} G_j + \cdots + G_n y_n \sum_j \alpha_{nj} G_j - \right.$$
$$\left. -(G_1 k_1^2 \varphi_1 \sum_j \gamma_{1j} G_j + \cdots + G_n k_n^2 \varphi_n \sum_j \gamma_{nj} G_j)\right].$$

Die Summen rechts haben jetzt eine sehr einfache Bedeutung gewonnen: gemäß der Definition der Einflußzahlen sind nämlich

$$\eta_1 = \sum_j \alpha_{1j} G_j, \quad \ldots \quad \eta_n = \sum_j \alpha_{nj} G_j \tag{35}$$

gerade die statischen Durchbiegungen der waagerecht gelagerten Welle an den Orten der Scheiben infolge der gesamten statischen Lasten $G_1, G_2, \ldots G_n$ aller Scheiben (denen man die Gewichte der Wellenstücke zugeschlagen zu denken hat, wie ja auch schon deren Massen den Scheibenmassen zugerechnet sein sollten). Ebenso sind die Summen

$$\psi_1 = \sum_j \gamma_{1j} G_j, \quad \ldots \quad \psi_n = \sum_j \gamma_{nj} G_j \tag{36}$$

die statischen Neigungen der waagerecht gelagerten Wellen infolge der Scheibengewichte. Somit hat man

$$\omega_{k1}^2 = g \frac{\sum G_i y_i}{\sum G_i (y_i \eta_i - k_i^2 \varphi_i \psi_i)}. \tag{37}$$

Diese immer noch exakte Formel wird zu einer Näherungsformel, wenn man für die (unbekannten) Werte y_i und φ_i (das sind die dynamischen Auslenkungen und Neigungen der Wellenachse infolge der Fliehkräfte und Kreiselmomente) geeignete Näherungen einführt. Da abzuschätzen ist, daß bei der tiefsten kritischen Drehzahl ω_{k1} die dynamische Biegelinie von annähernd gleichem Typ sein wird wie die statische Biegelinie, so setzt man mit einer belanglosen Konstanten $\varkappa$ genähert

$$y_i = \varkappa \eta_i, \qquad \varphi_i = \varkappa \psi_i \qquad (i = 1, 2, \ldots n)$$

und erhält so den Näherungswert für ω_{k1}^2

$$\bar{\omega}_{k1}^2 = g \frac{\sum G_i \eta_i}{\sum G_i (\eta_i^2 - k_i^2 \psi_i^2)}. \tag{38}$$

Diese Näherung ist viel besser, als sie zunächst aussieht. Denn die Fehler in den einzelnen Gliedern werden sich schon durch die Summenbildung etwas verwischen; vor allem aber werden sie sich deswegen ziemlich aufheben, weil sie einigermaßen gleichartig im Zähler und Nenner auftreten. An Hand von genau, doch mühsam gerechneten Vergleichsbeispielen kann man sich darauf verlassen, daß der Fehler von $\bar{\omega}_{k1}$ in (38) kaum größer als 1% wird und zumeist noch erheblich kleiner bleibt. Wenn man, wie z. B. stets bei Dampfturbinen, die statische Durchbiegung sowieso bestimmen muß, was auch bei Wellen mit vielen Scheiben und mit veränderlichem Querschnitt nach der *Mohr*schen Methode keine Schwierigkeiten bietet, so läßt sich der Näherungswert $\bar{\omega}_{k1}$ aus (38) sehr einfach berechnen.

b) Zweite Näherungsmethode. Einen noch viel genaueren Näherungswert von ω_{k1} erhält man, wenn man die Gleichungen (33) der Reihe nach mit $m_1 y_1, \ldots m_n y_n, m_1 k_1^2 \varphi_1, \ldots m_n k_n^2 \varphi_n$ multipliziert und dann addiert; so kommt

$$\begin{aligned}\sum_i m_i(y_i^2+k_i^2\varphi_i^2)=\omega_{k1}^2\Big[&\Big(m_1 y_1\sum_j \alpha_{j1} m_j y_j+\cdots+m_n y_n\sum_j \alpha_{jn} m_j y_j\Big)+\\&+\Big(m_1 y_1\sum_j \gamma_{j1} m_j k_j^2\varphi_j+\cdots+m_n y_n\sum_j \gamma_{jn} m_j k_j^2\varphi_j\Big)-\\&-\Big(m_1 k_1^2\varphi_1\sum_j \gamma_{j1} m_j y_j+\cdots+m_n k_n^2\varphi_n\sum_j \gamma_{jn} m_j y_j\Big)-\\&-\Big(m_1 k_1^2\varphi_1\sum_j \beta_{j1} m_j k_j^2\varphi_j+\cdots+m_n k_n^2\varphi_n\sum_j \beta_{jn} m_j k_j^2\varphi_j\Big)\Big].\end{aligned}$$

Rechter Hand heben sich die zweite und dritte runde Klammer gegenseitig auf, wie man leicht erkennt, wenn man die Summen ausführlich anschreibt und die dritten Reziprokalformeln (34) beachtet. Die Summen in der ersten und vierten runden Klammer können wegen der ersten und zweiten Reziprokalformel (34) in der Form

$$Y_1=\sum_j \alpha_{1j} m_j y_j, \ldots \qquad Y_n=\sum_j \alpha_{nj} m_j y_j, \tag{39}$$

$$\Phi_1=\sum_j \beta_{1j} m_j k_j^2\varphi_j, \ldots \qquad \Phi_n=\sum_j \beta_{nj} m_j k_j^2\varphi_j \tag{40}$$

geschrieben werden und bedeuten die Durchbiegungen infolge der gedachten „Kräfte“ $m_j y_j$ und die Neigungen infolge der gedachten „Drehkräfte“ $m_j k_j^2 \varphi_j (= C_j \varphi_j)$, und so hat man

$$\omega_{k1}^2=\frac{\sum m_i(y_i^2+k_i^2\varphi_i^2)}{\sum m_i(y_i Y_i-k_i^2\varphi_i\Phi_i)}. \tag{41}$$

In diese strenge Formel geht man nun wieder mit geeigneten Näherungswerten für die unbekannten dynamischen Größen y_i und φ_i ein. Man darf diese Größen sogar ziemlich roh abschätzen, z. B. bei einer beiderseits nicht eingespannt aufliegenden Welle für die y_i die

Werte einer entsprechenden Sinusfunktion und für die φ_i die zugehörigen Ableitungen nehmen. Im Nenner hat man dann zu den daraus folgenden „Kräften“ $m_i y_i$ die Durchbiegungen Y_i und zu den daraus folgenden „Drehkräften“ $m_i k_i^2 \varphi_i$ die Neigungen Φ_i zu ermitteln, etwa mittels des *Mohr*schen Verfahrens.

Man kann den Wert des Nenners aber zumeist noch bequemer finden, wenn man beachtet, daß der Ausdruck $\Sigma m_i y_i Y_i$ die doppelte Formänderungsarbeit der „Kräfte“ $m_i y_i$ bei den von ihnen erzeugten Durchbiegungen Y_i bedeutet und ebenso der Ausdruck $-\Sigma m_i k_i^2 \varphi_i \Phi_i$ die doppelte Formänderungsarbeit der „Drehkräfte“ $m_i k_i^2 \varphi_i$ bei den von ihnen erzeugten Neigungen $-\Phi_i$, wobei bezüglich des Vorzeichens daran zu erinnern ist, daß die Kreiselmomente $m_i k_i^2 \varphi_i$ im Gleichlauf die Neigungen φ_i zu verkleinern suchen. Diese doppelten Formänderungsarbeiten lassen sich nun aber ziemlich bequem graphisch folgendermaßen ermitteln.

Ist $M_x(my)$ das Biegemoment der „Belastungen“ $m_i y_i$, so gilt gemäß (22) von Ziff. **2** (Seite 20)

$$2L = \int \lambda M_x^2 \, dx,$$

wobei das Integral über die ganze Welle zu erstrecken ist, oder indem man das Biegemoment mit der bekannten *Culmann*schen Seileckskonstruktion in der Form

$$M_x(my) = hu(x) \tag{42}$$

darstellt (h=Polabstand, $u(x)$=Ordinate der Momentenfläche),

$$2L = h^2 U$$

mit der Abkürzung

$$U = \int \lambda u^2 dx. \tag{43}$$

In gleicher Weise kommt für das zweite Nennerglied in (41) mit dem Biegemoment $N(mk^2\varphi)$ der „Drehbelastungen“ $m_i k_i^2 \varphi_i$, nämlich

$$N(mk^2\varphi) = hv(x) \tag{44}$$

der Wert

$$2L' = h^2 V$$

mit der Abkürzung

$$V = \int \lambda v^2 dx. \tag{45}$$

Somit kann man (41) in der Gestalt schreiben

$$\omega_{k1}^2 = \frac{\Sigma m_i (y_i^2 + k_i^2 \varphi_i^2)}{h^2 (U+V)}. \tag{46}$$

Diese Formel, für einen einigermaßen gut geschätzten Wertesatz y_i, φ_i ausgewertet, erfüllt alle Forderungen, die man billigerweise an die Genauigkeit stellen kann. Aus exakt durchgerechneten Vergleichsbeispielen geht hervor, daß der Fehler im allgemeinen völlig innerhalb der Fehlergrenzen bleibt, die man sowieso bei graphischen Konstruktionen nicht unterschreiten kann.

Auch für die höheren kritischen Drehzahlen $\omega_{k2}, \ldots \omega_{kn}$ gibt es Näherungsverfahren. Sie sind aber erheblich umständlicher und sollen hier nicht weiter behandelt werden[1]. Will man wenigstens den Wert von ω_{k2} noch abschätzen — und praktisch genügt dies zumeist —, so wählt man eine Biegelinie mit einem Knoten, von welcher man annehmen darf, daß sie von der dynamischen Ausbiegung des zweiten kritischen Zustandes nicht allzu weit abweicht, und bildet damit die Werte (38) oder (46). Große Genauigkeit darf man dabei aber nicht erwarten.

Wir bemerken noch, daß man entsprechende Formeln für die kritischen Drehzahlen des Gegenlaufs (Ziff. 3) dadurch bekommt, daß man überall die k_i^2 durch die entsprechenden $-k_i^{*2}$ gemäß (31) ersetzt. Wir verzichten aber darauf, diese Formeln anzuschreiben, weil bei Wellen mit mehreren Scheiben bisher nie der kritische Zustand des Gegenlaufs beobachtet worden und auch nicht zu erwarten ist; denn die Voraussetzung seines Zustandekommens, nämlich das genaue Verschwinden der Exzentrizitäten aller Scheiben, ist sehr unwahrscheinlich.

5. Die dicht besetzte Welle. Wenn die Scheiben sehr dicht auf der Welle sitzen, so nähert man sich einem Grenzfall, der wieder verhältnismäßig einfach zu berechnen ist: nämlich der Welle mit unendlich vielen, unendlich dünnen Scheiben[2]. Ein solches System mag in vielen Fällen eine recht brauchbare Näherung für wirkliche Rotoren mit vielen Scheiben abgeben, wird aber natürlich auch schon durch eine massebehaftete Welle ohne Scheiben dargestellt. Weil das Äquivalenzprinzip immer noch gilt, so haben wir nach denjenigen Drehgeschwindigkeiten ω_k zu suchen, für welche eine solche Welle infolge der nun kontinuierlich verteilten Fliehkräfte und Kreiselmomente einer stationären Biegung fähig ist: sie sind als kritische zu bezeichnen.

Bedeutet $\bar{m}(x)$ an der Stelle x die Masse der Scheiben auf der Längeneinheit der Welle, deren (ursprünglich gerade) Mittelachse wir zur x-Achse wählen, so ist die Fliehkraft-„Belastung" der Längeneinheit bei der Biegung $y(x)$

$$\bar{F}(x) = \bar{m}(x)\,\omega_k^2 y(x). \tag{47}$$

[1] Vgl. Technische Dynamik, Kap. X, § 3.

[2] Vgl. *A. Stodola*, Z. ges. Turbinenwesen 15 (1918), S. 253; ferner *R. Grammel*, Z. VDI. 64 (1920), S. 911, und 73 (1929), S. 1114.

Ist ferner $r(x)$ der Scheibenhalbmesser an der Stelle x, so hat man für ein Element dx ein Element der Größe C (3) (Seite 15) vom Betrag

$$dC = dA - dB_0 = \frac{1}{2} r^2 \bar{m} dx - \frac{1}{4} r^2 \bar{m} dx = \frac{1}{4} \bar{m}(x) r^2(x) dx$$

und somit ein eingeprägtes Kreiselmoment je Längeneinheit der Welle

$$\bar{K}_p(x) = \frac{1}{4} \bar{m}(x)\, r^2(x)\, \omega_k^2 \frac{dy}{dx}, \tag{48}$$

und zwar wieder positiv gezählt im Sinne abnehmender Neigungen $\varphi = dy/dx$.

Man erkennt an einem Element der Welle (Abb. 17), daß ein eingeprägtes Moment $\bar{K}_p$ für sich allein eine Zunahme des Biegemomentes M_x mit sich brächte, so daß $dM_x/dx = \bar{K}_p$ wäre, vorausgesetzt daß man, wie schon in (21) (Seite 20), das Biegemoment M_x an der der positiven x-Achse zugewandten Seite eines Schnittes positiv im Sinne positiver Winkel φ zählt. Nehmen wir noch die aus der Biegelehre bekannte Tatsache hinzu, daß eine Belastung je Längeneinheit der Welle für sich allein der zweiten Ableitung $d^2 M_x/dx^2$ des Biegemoments gleich wäre, so haben wir im ganzen

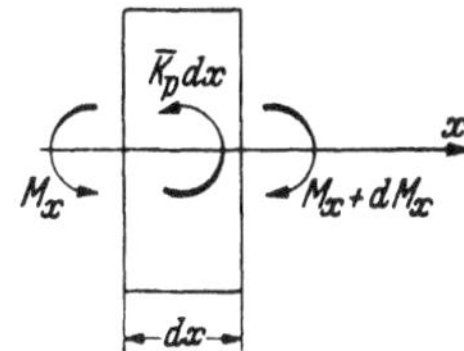

Abb. 17. Wellenelement.

$$\frac{d^2 M_x}{dx^2} = \frac{d\bar{K}_p}{dx} + \bar{F}$$

oder mit den Werten M_x(21), $\bar{F}$(47) und $\bar{K}_p$(48)

$$\frac{d^2}{dx^2}\left(\frac{1}{\lambda}\frac{d^2 y}{dx^2}\right) - \omega_k^2 \left[\frac{1}{4}\frac{d}{dx}\left(\bar{m} r^2 \frac{dy}{dx}\right) + \bar{m} y\right] = 0. \tag{49}$$

Diese Differentialgleichung, in welcher die Quadrate der kritischen Drehzahlen ω_k^2 als sogenannte Eigenwerte auftreten, hat sich für viele Rotorformen und Lagerungen lösen lassen[1]. Wir wollen uns hier auf den einfachen Fall beschränken, daß die Biegesteifigkeit λ sowie die Scheibenmasse $\bar{m}$ und die Scheibenhalbmesser r längs der ganzen Welle Festwerte sind. Dann nimmt (49) die Gestalt an:

$$\frac{d^4 y}{dx^4} - \lambda \bar{m} \omega_k^2 \left(\frac{1}{4} r^2 \frac{d^2 y}{dx^2} + y\right) = 0. \tag{50}$$

Dies ist eine Differentialgleichung vierter Ordnung mit konstanten Koeffizienten. Ihr allgemeines Integral setzt sich linear aus ihren vier partikulären und linear von einander unabhängigen Lösungen $\cos \varrho x$, $\sin \varrho x$, $\mathfrak{Cof}\ \sigma x$, $\mathfrak{Sin}\ \sigma x$ zusammen, wo ϱ und σ noch geeignet zu bestimmen sind.

[1] Vgl. *K. Karas*, Die kritischen Drehzahlen wichtiger Rotorformen, Wien 1935.

Auch diesen homogenen Rotor wollen wir nur für zwei besondere Lagerungsarten untersuchen, und zwar zuerst für beiderseitige Lagerung ohne Einspannung. Man erkennt sofort, daß das Integral, das für diese Welle paßt, welche, da nicht eingespannt, an beiden Enden das Biegemoment $M_x = (1/\lambda) d^2y/dx^2 = 0$ hat, bei einer Wellenlänge l die Form besitzt

$$y = a \sin \frac{\nu \pi x}{l} \qquad (\nu = 1, 2, \ldots), \tag{51}$$

wobei a eine belanglose Konstante ist, die die Größe des im kritischen Zustand (für $e = 0$) unbestimmt bleibenden Ausschlags der Welle mißt. Geht man mit (51) in die Gleichung (50) ein, so kommt

$$\frac{\nu^4 \pi^4}{l^4} + \lambda \bar{m} \omega_k^2 \left(\frac{\nu^2 \pi^2 r^2}{4 l^2} - 1 \right) = 0$$

und hieraus mit dem Wert λ (16) (Seite 19) die Gesamtheit aller kritischen Drehzahlen

$$\omega_{k\nu} = \sqrt{\frac{EJ}{\bar{m} l^4}} \frac{\nu^2 \pi^2}{\sqrt{1 - \left(\frac{\nu \pi r}{2 l}\right)^2}} \qquad (\nu = 1, 2, \ldots). \tag{52}$$

Ohne Kreiselwirkung ($r = 0$) hätte man unendlich viele kritische Drehzahlen

$$\omega_{0\nu} = \nu^2 \pi^2 \sqrt{\frac{EJ}{\bar{m} l^4}} \qquad (\nu = 1, 2, \ldots). \tag{53}$$

Mit Kreiselwirkung ($r \neq 0$) gibt es nur so viele kritische Drehzahlen, wie es positive ganze Zahlen ν gibt, welche kleiner als $2l/\pi r$ sind, wofür man auch schreiben kann

$$\frac{1}{\nu} > \frac{2 \pi r}{4 l} \equiv q; \tag{54}$$

der Quotient q ist das Verhältnis von Scheibenumfang zu vierfacher Länge der Welle. Für diese kritischen Drehzahlen gilt nach (52) und (53)

$$\omega_{k\nu} = \frac{\omega_{0\nu}}{\sqrt{1 - \nu^2 q^2}}; \tag{55}$$

sie sind also, soweit sie überhaupt existieren, stets größer als die entsprechenden kritischen Drehzahlen ohne Berücksichtigung der Kreiselwirkung. Als einander entsprechend sind dabei Werte $\omega_{k\nu}$ und $\omega_{0\nu}$ mit gleichem Wert ν bezeichnet, und das heißt nach (51) : mit gleichvielen Knoten (nämlich $\nu - 1$) der Biegelinie. Die kritischen Drehzahlen $\omega_{0\nu}$ steigen mit ν im Verhältnis $1:4:9:16\ldots$ an; die zugehörigen kritischen Drehzahlen $\omega_{k\nu}$ sind, abhängig vom Scheiben-Wellen-Parameter q, in Abb. 18 dargestellt. Man liest aus ihr, die Ungleichung (54) bestätigend, das bemerkenswerte Ergebnis ab:

Ist der Scheibenumfang mindestens gleich der vierfachen Wellenlänge, so verhindert die Kreiselwirkung jede kritische Drehzahl (des

Gleichlaufes); liegt er zwischen der vierfachen und der doppelten Wellenlänge, so gibt es nur eine kritische Drehzahl; liegt er zwischen der doppelten und der 4/3-fachen Wellenlänge, so gibt es nur zwei; allgemein gibt es p kritische Drehzahlen, wenn der Scheibenumfang zwischen dem $4/p$- und dem $4/(p+1)$-fachen der Wellenlänge liegt (jeweils mit Ausschluß der oberen und Einschluß der unteren Grenze).

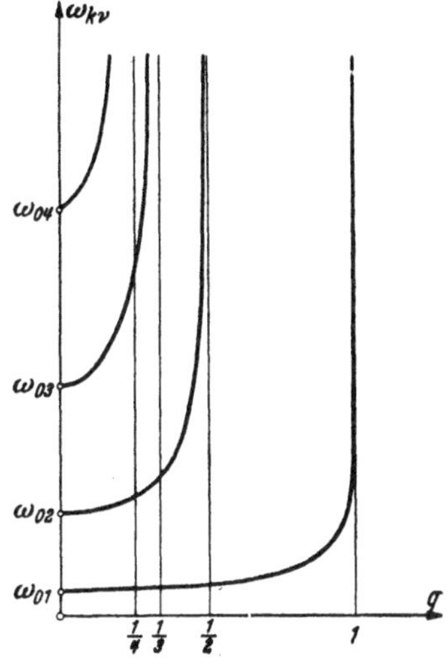

Abb. 18. Kritische Drehzahlen der beiderseits aufliegenden, dicht besetzten Welle.

Bei allen anderen Lagerungsarten der homogenen Welle sind die kritischen Drehzahlen erheblich umständlicher zu berechnen. Wir wollen dies wenigstens noch für die Welle durchführen, deren beiderseitige Lager wie Einspannungen wirken. In solchen verwickelteren Fällen ist es zweckmäßig, die Differentialgleichung (50) dimensionslos zu gestalten, indem man außer q (54) noch

$$\xi = \frac{x}{l}, \qquad \varepsilon^2 = \lambda \bar{m} l^4 \omega_k^2 \tag{56}$$

einführt. So kommt

$$\frac{d^4 y}{d\xi^4} - \varepsilon^2 \left(\frac{q^2}{\pi^2} \frac{d^2 y}{d\xi^2} + y \right) = 0 \tag{57}$$

mit dem allgemeinen Integral

$$y = a_1 \cos \varrho\xi + a_2 \sin \varrho\xi + a_3 \operatorname{Cof} \sigma\xi + a_4 \operatorname{Sin} \sigma\xi \tag{58}$$

(wobei unbedenklich ϱ und σ statt dem früheren ϱl und σl geschrieben werden darf, da diese Größen ja erst noch zu bestimmen sind). Setzt man (58) in (57) ein, so kommen für ϱ^2 und σ^2 die beiden quadratischen Gleichungen

$$f(\varrho^2) \equiv \varrho^4 + \frac{\varepsilon^2 q^2}{\pi^2} \varrho^2 - \varepsilon^2 = 0,$$

$$g(\sigma^2) \equiv \sigma^4 - \frac{\varepsilon^2 q^2}{\pi^2} \sigma^2 - \varepsilon^2 = 0,$$

die wir aber nicht auflösen (da dies nicht zum Ziele führen würde), sondern folgendermaßen weiterbehandeln.

Bildet man $g(\sigma^2) - f(\varrho^2) = 0$ und $\sigma^2 f(\varrho^2) + \varrho^2 g(\sigma^2) = 0$, so kommt

$$\sigma^4 - \varrho^4 - (\sigma^2 + \varrho^2) \frac{\varepsilon^2 q^2}{\pi^2} = 0,$$

$$\varrho^4 \sigma^2 + \varrho^2 \sigma^4 - (\sigma^2 + \varrho^2) \varepsilon^2 = 0,$$

oder nach Division mit dem gewiß nicht verschwindenden Ausdruck $\sigma^2 + \varrho^2$

$$\sigma^2 - \varrho^2 = \frac{\varepsilon^2 q^2}{\pi^2}, \qquad \varrho^2 \sigma^2 = \varepsilon^2,$$

wofür man besser schreibt

$$\varepsilon = \varrho\,\sigma, \tag{59}$$

$$\sigma^2 - \varrho^2 = \frac{q^2}{\pi^2}\,\varrho^2 \sigma^2. \tag{60}$$

Nun müssen aber auch noch die Randbedingungen

$$y = 0 \quad \text{und} \quad \frac{dy}{dx} = 0 \qquad \text{je für } \xi = 0 \text{ und } \xi = 1$$

erfüllt werden. Die ersten beiden verlangen gemäß (58) (für $\xi = 0$)

$$a_1 + a_3 = 0, \qquad \varrho a_2 + \sigma a_4 = 0.$$

Setzt man daher in (58) $a_3 = -a_1$ und $a_4 = -(\varrho/\sigma)a_2$, so geben die letzten beiden Randbedingungen (für $\xi = 1$)

$$\left.\begin{aligned} a_1(\cos\varrho - \mathfrak{Cof}\,\sigma) + a_2\left(\sin\varrho - \frac{\varrho}{\sigma}\,\mathfrak{Sin}\,\sigma\right) &= 0, \\ -a_1(\varrho\sin\varrho + \sigma\,\mathfrak{Sin}\,\sigma) + a_2\varrho(\cos\varrho - \mathfrak{Cof}\,\sigma) &= 0. \end{aligned}\right\} \tag{61}$$

Ein wirklicher Ausschlag der Welle, bei welchem also nicht $a_1 = a_2 = a_3 = a_4 = 0$ ist, und somit ein kritischer Zustand, tritt nur bei solchen Wertepaaren ϱ, σ ein, für die die Determinante der Koeffizienten von a_1 und a_2 in (61) verschwindet, also für

$$\varrho(\cos\varrho - \mathfrak{Cof}\,\sigma)^2 + (\varrho\sin\varrho + \sigma\,\mathfrak{Sin}\,\sigma)\left(\sin\varrho - \frac{\varrho}{\sigma}\,\mathfrak{Sin}\,\sigma\right) = 0$$

oder geordnet

$$\cos\varrho\,\mathfrak{Cof}\,\sigma - 1 = \frac{\sigma^2 - \varrho^2}{2\varrho\sigma}\sin\varrho\,\mathfrak{Sin}\,\sigma. \tag{62}$$

Nunmehr besteht die Lösung unserer Aufgabe darin, zusammengehörige Wertepaare ϱ, σ zu finden, die die beiden Gleichungen (60) und (62) befriedigen. Dann kennt man nach (59) auch die kritischen Werte ε und also nach (56) die kritischen Drehzahlen

$$\omega_k = \frac{\varrho\,\sigma}{\sqrt{\lambda \overline{m} l^4}}. \tag{63}$$

Da (62) eine transzendente Gleichung ist, so kann diese Lösung nicht explizit formelmäßig vollzogen werden, wohl aber graphisch. In einem kartesischen (σ, ϱ)-System (Abb. 19) zeichnet man sich einerseits die Kurvenschaar (60) mit dem Parameter q, andererseits die Kurve (62), wobei man sich nach (60) auf den Wertebereich $\sigma > \varrho$ beschränken darf. Dann sind die Koordinaten jedes Schnittpunkts einer Kurve (60) mit der Kurve (62) ein kritisches Wertepaar σ, ϱ.

Man stellt leicht fest, daß die Kurven (60) die Gerade $\varrho = \sigma$ im Nullpunkt berühren und die waagerechten Asymptoten $\varrho = \pi/q$ haben, weswegen als Parameter zweckmäßigerweise die Werte

$$\frac{1}{q}=\frac{4\,l}{2\,\pi\,r} \tag{64}$$

gewählt werden. Die Kurve (62) zerfällt in lauter Zweige mit den waagerechten Asymptoten $\varrho=\nu\pi$ $(\nu=1, 2, \ldots)$, entsprechend den kritischen Zuständen erster, zweiter, ... Ordnung mit $\nu-1$ Knotenpunkten der Biegelinie.

Aus dem so gewonnenen Diagramm (Abbildung 19) liest man ab, daß auch für die beiderseits eingespannt gelagerte Welle die Kreiselwirkung jeden kritischen Zustand (des Gleichlaufs) verhindert, wenn $q \geqq 1$ bleibt, und daß es bei ihr unter den gleichen Bedingungen genau p kritische Drehzahlen gibt wie vorhin bei der nicht eingespannten Welle.

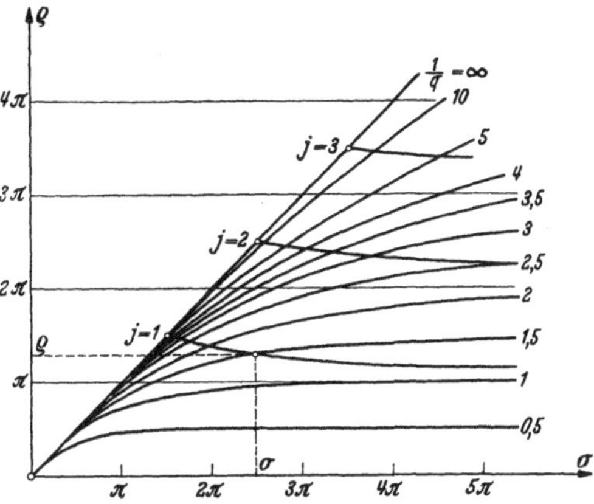

Abb. 19. (σ, ϱ)-Kurven der beiderseits eingespannten, dicht besetzten Welle.

Diese Tatsache gilt überhaupt für jede beiderseits gelagerte, mit Scheiben gleichmäßig dicht besetzte Welle, selbst wenn deren Biegesteifigkeit (wie z. B. bei abgesetzten Dampfturbinenwellen) längs der Welle veränderlich ist. Man beweist dies am schnellsten, indem man die lotrechten Asymptoten des entsprechenden $(q, \omega_{k\nu})$-Diagramms (vgl. Abb. 18) für diesen allgemeinen Fall aufsucht. Die zugehörige Differentialgleichung (50) (Seite 29) geht, wenn man sie mit ω_k^2 dividiert und dann $\omega_k=\infty$ setzt, mit festen Werten von $\bar{m}$ und r^2 über in

$$\frac{1}{4}\,r^2\,\frac{d^2 y}{d x^2}+y=0$$

oder mit der Abkürzung q (54) und der dimensionslosen Abszisse ξ (56)

$$\frac{d^2 y}{d \xi^2}+\left(\frac{\pi}{q}\right)^2 y=0,$$

unabhängig von der Biegesteifigkeit $1/\lambda$. Die einzige Lösung dieser Differentialgleichung zweiter Ordnung, die die Bedingung $y=0$ für $\xi=0$ der Lagerung am einen Wellenende erfüllt, ist

$$y=a \sin\frac{\pi\,\xi}{q}.$$

Damit die Lagerungsbedingung $y=0$ für $\xi=1$ am anderen Ende ebenfalls erfüllt ist, muß

$$q=\frac{1}{\nu} \qquad (\nu=1, 2, \ldots)$$

sein, in Übereinstimmung mit Abb. 18, womit unsere Behauptung erwiesen ist.

Man kann auch beweisen, daß die Kreiselwirkung stets jede kritische Drehzahl hinaufsetzt, wenn sie sie nicht überhaupt verhindert.

Auf den kritischen Zustand des Gegenlaufes brauchen wir nicht näher einzugehen, da er bei dicht besetzten Wellen nicht beobachtet wird.

§ 3. Fahrzeuge.

1. Die Zweischienenbahn. Wir wenden uns nunmehr den mannigfaltigen Kreiselwirkungen zu, die unbeabsichtigt überall da entstehen, wo Radsätze durch Schwenken ihrer Achse eine Präzession auszuführen gezwungen werden. Hierher gehören einerseits die Radsätze, auf denen Fahrzeuge aller Art laufen, andererseits Radsätze, die in solchen Fahrzeugen untergebracht sind, wie etwa Elektromotoren, Schiffsmaschinen usw. Dabei handelt es sich zumeist darum, festzustellen, ob die geweckten Kreiselmomente nützlich sind oder unerwünscht erscheinen und dann wenigstens ungefährlich bleiben. Bei Fahrzeugen, die an genau vorgeschriebene Bahnen gebunden sind, will man häufig auch wissen, wie die Kreiselmomente der Radsätze auf die Führungen dieser Bahnen einwirken, die man Schienen nennt. Je nach der Zahl der Schienen teilt man die Bahnen in Ein- und Zweischienenbahnen ein.

Zunächst haben wir es mit der gewöhnlichen Zweischienenbahn[1] zu tun. Hier entstehen Kreiselwirkungen offenbar erstens bei der Durchfahrt durch eine Kurve, zweitens bei Drehungen des Fahrzeuges um eine Achse, die in der Fahrtrichtung liegt, nicht jedoch bei Drehungen des Fahrzeuges um eine zu den Radachsen parallele Querachse.

Wir wenden uns zuerst der Kurvenfahrt zu. Wenn man die Kinetik dieser Bewegung untersuchen will — etwa um Fragen der Fahrsicherheit, des Oberbaues, der Schienenbefestigung, der Beanspruchung des Fahrzeuges usw. zu beantworten —, so muß man alle Kräfte und alle Drehkräfte kennen, die dabei auftreten. Hier wird es

[1] Die Kreiselwirkung bei Eisenbahnen haben zuerst *F. Kötter*, Sitzungsber. Berliner Math. Ges. 3 (1904), S. 36, sowie *F. Klein* und *A. Sommerfeld*, Über die Theorie des Kreisels, S. 771, Leipzig 1897/1910 behandelt.

sich hauptsächlich um die Kräfte handeln, die in einer senkrechten Projektion auf die mittlere Querebene des Fahrzeuges erscheinen, und um die Drehkräfte, deren Momentvektoren senkrecht zu einer solchen Ebene stehen (Abb. 20). Das sind erstlich das Gewicht G_0 aller Radsätze des Fahrzeuges, das Gewicht G_1 des Fahrzeuges selbst (ohne Radsatzgewicht), die in jene Ebene fallende Projektion Z der Zugkraft und die von der rechten und linken Schiene auf die Radkränze ausgeübten Gegenkräfte P_r und P_l (die im allgemeinen zunächst unbekannt sind, und deren Richtungen sich aus einer besonderen, hier nicht weiter durchgeführten Untersuchung ergeben, bei der man die Form der Schienenköpfe und der Radkränze berücksichtigen muß). Dazu kommen dann aber noch das Kreiselmoment K_{p0} der Radsätze und das Schleudermoment K_{p1} des Fahrzeuges (ohne die Radsätze).

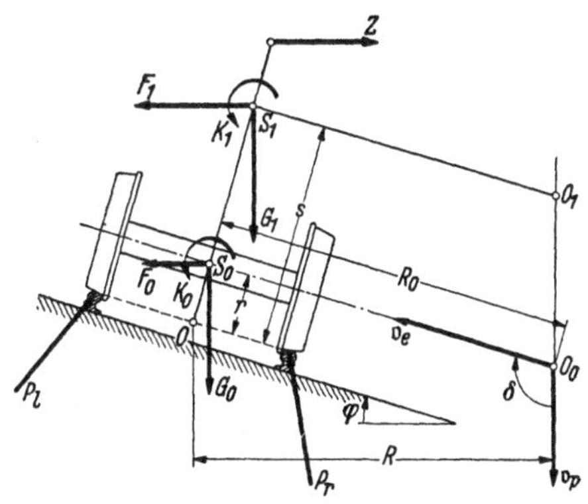

Abb. 20. Radsatz der Zweischienenbahn.

Das Kreiselmoment K_{p0} ist, wie in Formel (1) von § 1, Ziff. 1 (Seite 3),

$$K_{p0} = [A\,\omega_e + (A-B)\,\omega_p \cos\delta]\,\omega_p \sin\delta\,, \tag{1}$$

positiv im Sinne einer Verkleinerung des Winkels δ zwischen den Vektoren $\mathfrak{o}_e$ und $\mathfrak{o}_p$ gerechnet. Hierin ist A die Summe der axialen Drehmassen aller Radsätze des Fahrzeuges, B die Summe der äquatorialen Drehmassen für eine Achse durch den Schnittpunkt O_0 der Vektoren $\mathfrak{o}_e$ und $\mathfrak{o}_p$, welcher auf der Lotrechten durch den Krümmungsmittelpunkt der Bahnkurve vom Halbmesser R liegt, wobei man unbedenklich so rechnen darf, wie wenn sich alle Radachsen eines Fahrzeugs im gleichen Punkt O_0 träfen. Der Präzessionswinkel δ hängt mit dem Überhöhungswinkel φ (der bei Eisenbahnen in der Kurve stets von Null verschieden ist, bei Straßenbahnen aber auch Null sein kann) zusammen durch

$$\delta = 90^\circ + \varphi\,. \tag{2}$$

Die Eigendrehgeschwindigkeit ω_e und die Präzessionsgeschwindigkeit ω_p drücken sich in der Fahrgeschwindigkeit v (worunter wir unbedenklich die Geschwindigkeit aller Punkte der Hochachse durch den Fahrzeug-Schwerpunkt verstehen dürfen) und in dem Radhalbmesser r (genauer dem Fahrkreishalbmesser) einfach aus:

$$\omega_e = \frac{v}{r}, \qquad \omega_p = \frac{v}{R}, \tag{3}$$

so daß also ω_e stets viel größer als ω_p ist (bei Eisenbahnen in der Regel das Mehrhundertfache). Führt man dann noch die Summe B_0 der äquatorialen Drehmassen aller Radsätze des Fahrzeugs bezüglich ihrer Schwerpunkte S_0 ein durch die *Huygens*sche Beziehung

$$B = B_0 + \frac{G_0}{g} R_0^2, \tag{4}$$

wobei G_0 das Gesamtgewicht aller Radsätze und nach Abb. 20

$$R_0 = \frac{R}{\cos\varphi} - r \operatorname{tg}\varphi \approx R \tag{5}$$

der Abstand $O_0 S_0$ ist, so hat man statt (1)

$$K_{p0} = K_0 + M(F_0), \tag{6}$$

und zwar ist jetzt der erste Bestandteil

$$K_0 = A \frac{v^2}{rR} \cos\varphi + (B_0 - A) \frac{v^2}{R^2} \sin\varphi \cos\varphi \tag{7}$$

das eigentliche Kreiselmoment, gesehen vom Fahrzeug aus, und der zweite

$$M(F_0) = \frac{G_0}{g} \left(\frac{R_0}{R}\right)^2 v^2 \sin\varphi \cos\varphi \approx \frac{G_0}{g} v^2 \sin\varphi \cos\varphi \tag{8}$$

das Moment der Fliehkraft der Radsätze

$$F_0 = \frac{G_0}{g} \frac{v^2}{R^2} R_0 \cos\varphi \approx \frac{G_0}{g} \frac{v^2}{R} \tag{9}$$

bezüglich O_0. Man kann also weiterhin statt des auf O_0 bezogenen Kreiselmomentes K_{p0} das auf S_0 bezogene Kreiselmoment K_0 benützen, muß aber dafür am Fahrzeug die Fliehkraft F_0 in S_0 als weitere *d'Alembert*sche Kraft berücksichtigen.

In gleicher Weise schließt man, daß man das Schleudermoment K_{p1} des Fahrzeuges, bezogen auf den entsprechenden Punkt O_1 der Kurvenachse (Abb. 20), ersetzen darf durch das auf den Fahrzeug-Schwerpunkt S_1 bezogene Schleudermoment K_1, wenn man in S_1 die Fliehkraft des Fahrzeuges (ohne Radsätze)

$$F_1 \approx \frac{G_1}{g} \frac{v^2}{R} \tag{10}$$

hinzunimmt. Das Schleudermoment K_1 aber berechnet sich aus dem Kreiselmoment eines unsymmetrischen Kreisels gemäß § 9, Ziff. **11** des ersten Bandes. Nennt man A_1, B_1 und C_1 die Drehmassen des Fahrzeuges (ohne Radsätze) für die Quer-, Längs- und Hochachse durch S_1, so hat man in den dortigen Formeln[1] (96) und (97) (Seite 157)

[1] Die damaligen Abkürzungen K_1 und K_2 können wohl kaum mit dem jetzigen Kreiselmoment K_1 und dem später folgenden Kreiselmoment K_2 verwechselt werden.

$\varphi=0$ und $\omega_e=0$ zu setzen und erhält so das Schleudermoment in der positiven Knotenachse, also positiv im Sinne einer Vergrößerung des Winkels δ

$$K'=-(A_1-C_1)\,\omega_p^2 \cos\delta \sin\delta$$

oder mit (2) und (3), wenn wir K_1 (wie K_0) positiv im Sinne einer Verkleinerung von δ rechnen, also $K_1=-K'$ setzen,

$$K_1=-(A_1-C_1)\frac{v^2}{R^2}\sin\varphi\cos\varphi. \tag{11}$$

Für hochgebaute Fahrzeuge (Lokomotiven und Personenwagen) ist wohl zumeist $A_1>C_1$, für flachgebaute (z. B. niedrige Güterwagen) ist $A_1<C_1$.

Wir beschränken uns darauf, die aufgezählten Kräfte und Drehkräfte hinsichtlich der Fahrsicherheit zu bewerten. Das Gesamtgewicht G_0+G_1 und die Zugkraft Z suchen das Fahrzeug nach der Innenseite der Kurve umzukippen, die beiden Fliehkräfte F_0 und F_1 dagegen nach der Außenseite. Das Kreiselmoment K_0 (7) der Radsätze, dessen zweiter Teil (das Schleudermoment der Radsätze) gegenüber dem ersten Teil übrigens vernachlässigbar klein ist, sucht ebenfalls nach außen umzukippen, das Schleudermoment K_1 (11) des Fahrzeuges nach außen oder innen, je nachdem $A_1 \lesseqgtr C_1$ ist. Vergleicht man K_0 und K_1 etwa mit dem Moment der Fliehkräfte bezüglich des tiefsten Punktes O (Abb. 20)

$$M_0=(G_0 r+G_1 s)\frac{v^2}{gR}\cos\varphi, \tag{12}$$

so findet man, daß $K=K_0+K_1$ bei Eisenbahnwagen in der Regel nur einige Hundertstel von M_0 (12) beträgt, also die Fahrsicherheit kaum gefährden kann. Wesentlich größer wird K/M_0 bei Dampflokomotiven und bei elektrischen Lokomotiven, wenn deren Motoren sich im gleichen Sinne wie die Lauf- und Treibräder drehen.

Allgemein muß man bei elektrischen Lokomotiven oder Triebwagen das Kreiselmoment der Motoren dem der Räder positiv oder negativ hinzufügen, je nachdem sie sich im gleichen oder entgegengesetzten Sinne wie jene drehen, und tut dies am einfachsten, indem man die Drehimpulse der Motoren denen der Radsätze positiv oder negativ hinzufügt, das heißt, indem man bei einem Übersetzungsverhältnis $1:n$ von Rad zu Motor die n-fache axiale Drehmasse des Motors zu der des Radsatzes positiv oder negativ hinzuzählt. Ganz entsprechend hat man bei Dampflokomotiven mit Turbinenantrieb den Drehimpuls des querliegenden Turbinenrotors demjenigen der Räder positiv oder negativ hinzuzufügen. Die Kreiselwirkung solcher Rotoren darf wegen ihrer oft sehr hohen Drehzahl nicht unterschätzt werden.

Bei elektrischen Triebwagen mit Vorgelegemotoren (die sich also umgekehrt wie die Treibräder drehen) kann so das Kreiselmoment K_0 ganz oder nahezu völlig verschwinden oder, genauer gesagt, sich in zwei entgegengesetzte Kreiselmomente aufspalten, die dann allerdings eine innere Beanspruchung des Triebwerkes erzeugen.

Bedeutsamer in seiner Wirkung ist zumeist das Kreiselmoment, das bei einer Drehung des Fahrzeuges um seine Längsachse, bei den sogenannten Wankbewegungen geweckt wird, also insbesondere beim Einfahren in eine Kurve mit überhöhter Außenschiene und beim Ausfahren aus einer solchen Kurve. Nach der Regel vom gleichstimmigen Parallelismus der Drehachsen [vgl. § 5, Ziff. 2 des ersten Bandes (Seite 61)] dreht dieses Kreiselmoment K_2 um die Hochachse des Fahrzeuges, und zwar so, daß es den Wagen zu Beginn der Kurvenfahrt in die Kurve einzuschwenken sucht, am Ende der Kurvenfahrt dagegen wieder in die gerade Bahn. Soweit es nicht zu groß wird, ist dieses Kreiselmoment also durchaus nützlich. Sein Betrag ist

$$K_2 = A \omega_e \omega_p', \tag{13}$$

wobei ω_e seinen Wert (3) beibehalten hat und für ω_p' mit der Länge l der Überhöhungsrampe der Mittelwert

$$\omega_p' = \frac{v \varphi}{l} \tag{14}$$

genommen werden darf, so daß

$$K_2 = A \frac{v^2 \varphi}{l r} \tag{15}$$

wird.

Die günstige Wirkung des Kreiselmomentes K_2 verkehrt sich allerdings ins Gegenteil, wenn die Fahrgeschwindigkeit (die in K_2 quadratisch auftritt) sehr groß wird, ohne daß für eine entsprechend lange Übergangsrampe gesorgt ist. Dann ist das Kreiselmoment K_2 deutlich als Stoß zu fühlen, der das Fahrzeug beim Einfahren in die Kurve zu stark nach dem Krümmungsmittelpunkt hin, beim Ausfahren zu stark von ihm wegzudrehen sucht. Diese Stöße sind bei Wagen ohne Drehgestell, wo ihnen die große Drehmasse C_1 des Fahrzeuges entgegensteht, viel weniger gefährlich als bei Radsätzen, die in Drehgestellen gefaßt sind. Wegen des Spielraumes, den die Räder zwischen den Schienen haben, kann die viel kleinere Drehmasse des Drehgestells nicht verhindern, daß diese dann erheblich ecken. In der Tat hat sich diese Erscheinung bei elektrischen Schnellbahnen und bei Schnelltriebwagen bemerkbar gemacht und ist erst verschwunden, als man die Überhöhungsrampe verlängerte.

Um einen Begriff von der Größenordnung der Kreiselmomente K_0 und K_2 der Radsätze zu geben, führen wir noch an, daß beispielsweise für einen D-Zug-Wagen von 44000 kg Gewicht mit 6 Radsätzen vom Laufkreishalbmesser $r = 0{,}485$ m, je 927 kg Gewicht und je einer Drehmasse $A = 11{,}84$ mkgsek² in einer Kurve vom Halbmesser $R = 700$ m bei einem Überhöhungswinkel $\varphi = 65/1435$, einer Überhöhungsrampe von der Länge $l = 60$ m und einer Fahrgeschwindigkeit $v = 90$ km/h $= 25$ m/sek die beiden Kreiselmomente die Beträge

$$K_0 = 130 \text{ mkg}, \qquad K_2 = 70 \text{ mkg}$$

annehmen, also auf alle Fälle beachtet zu werden verdienen.

Schließlich ist noch zu erwähnen, daß Kreiselmomente K_0 nicht nur in Kurven entstehen, sondern auch durch Unregelmäßigkeiten in der Geradführung der Schienen hervorgerufen werden, Kreiselmomente K_2 nicht nur durch natürliche Überhöhungsrampen, sondern auch durch Gleisbuckel und unrunde Räder. Die ersten bringen den Wagen zum Wanken, die zweiten zum Schlingern, wobei die Federung zwischen Wagen und Radsatz eine wesentliche, rechnerisch aber schwer zu fassende Bedeutung hat. Man macht sich leicht klar, daß so jede Ungeradheit des Gleises bald einen Buckel, jeder Buckel bald eine Ungeradheit zur Folge haben muß: diese Kreiselmomente arbeiten systematisch auf eine Verschlechterung des Gleises hin; sie dürften auch die hauptsächliche Schuld an der so lästigen Riffelbildung tragen, die man an Straßenbahnschienen häufig beobachten kann.

2. Die Hängebahn. Unter den Bahnen mit einer Schiene hat man drei Typen zu unterscheiden: je nachdem der Schwerpunkt des Wagens tiefer als der Schienenkopf oder in gleicher Höhe mit ihm oder endlich höher als der Schienenkopf liegt, je nachdem also der Wagen von sich aus stabil oder indifferent oder labil ist, spricht man von einer Hängebahn oder von einer Schwebebahn oder endlich von einer Einschienenbahn im engeren Sinne. Die letztgenannte stellen wir auf später (§ 11) zurück, da bei ihr die künstliche Stabilisierung durch besondere Kreisel das wesentliche Problem vorstellt, und behandeln hier nur die beiden ersten Typen, zunächst die Hängebahn, deren bekannteste die nach dem System *Langen* gebaute in Wuppertal ist[1].

[1] Vgl. das Buch Einschienige Schwebebahnen, herausgegeben von der Continentalen Ges. f. elektr. Unternehmungen, Nürnberg, Elberfeld 1899.

Es handelt sich hier um Fahrzeuge, die nach Art von Abb. 21 vermittels zweier Drehgestellrahmen (*d*), die je zwei Räder (*r*) tragen, an einer von einem Träger (*t*) gehaltenen Schiene hängen. Jedes Drehgestell wird durch einen eigenen Elektromotor (*m*) angetrieben, so daß eine merkliche Zugkraft zwischen den Wagen für gewöhnlich nicht auftritt. Diesen Bahnen wird nachgerühmt, daß sie selbst enge Kurven mit hoher Geschwindigkeit ruhig und gefahrlos durchlaufen, insofern sich die Hochachse (*aa*) des Wagens von selbst so schräg legt, daß die Momente der Fliehkraft und des Gewichts sich nahezu aufheben, da das Kreiselmoment der Räder und das Schleudermoment des Wagens sich gut ausgleichen können.

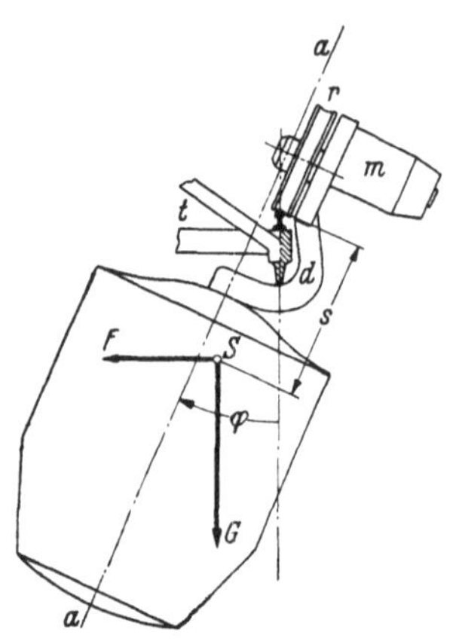

Abb. 21. Hängebahn.

Das Kreiselmoment K_0 der Radsätze (einschließlich der Motoren) sowie das Schleudermoment K_1 des Wagens berechnet sich nach den Formeln (7) und (11) von Ziff. **1**, worin nun φ den Winkel der Schräglage der Hochachse gegen die Lotlinie bedeutet. Diese Schräglage in der Kurve kann man leicht ermitteln. Ist nämlich S der Gesamtschwerpunkt des Fahrzeuges samt Rädern und Motoren vom Gesamtgewicht G und demgemäß

$$F = \frac{G}{g}\frac{v^2}{R} \tag{16}$$

die gesamte Fliehkraft in der Kurve vom Halbmesser R bei der Fahrgeschwindigkeit v, ferner s die Entfernung des Schwerpunkts S vom Schienenkopfe, so gilt in der Gleichgewichtslage, d. h. nach dem Abklingen etwaiger Schwingungen des Wagens um seine Längsachse, die Momentengleichung

$$G s \sin\varphi + K_0 + K_1 = F s \cos\varphi \tag{17}$$

oder mit den Werten F (16), K_0 (7) und K_1 (11) – wobei man das zweite Glied in K_0 weglassen darf, da es klein gegen das erste bleibt und übrigens schon in K_1 (11) enthalten ist, wenn dort A_1 und C_1 die Drehmassen des Wagens einschließlich der Räder und Motoren bedeuten – nach einfacher Rechnung

$$\operatorname{tg}\varphi = \frac{v^2}{gR}\left[1 - \frac{g}{sG}\left(\frac{A}{r} - \frac{A_1 - C_1}{R}\sin\varphi\right)\right]. \tag{18}$$

Das Glied v^2/gR vor der eckigen Klammer gibt den Wert $\operatorname{tg}\varphi_0$ für die

Schrägstellung des Wagens ohne Beachtung des Kreiselmoments der Räder und Motoren (Glied mit A) und ohne Rücksicht auf das Schleudermoment des Wagens (Glied mit $A_1-C_1>0$ bei den meisten Hängebahnen) an.

Man berechnet in (18) zuerst φ_0 (ohne die Zusatzglieder in der eckigen Klammer) und benützt diesen Wert φ_0 in dem letzten Glied, indem man dort unbedenklich $\sin\varphi=\sin\varphi_0$ nimmt; so findet man (mit den Zusatzgliedern) φ hinreichend genau aus (18).

Es sei, ungefähr den Verhältnissen in Wuppertal entsprechend, $G=15000$ kg, $v=36$ km/h $=10$ m/sek, $r=0{,}45$ m, $s=1$ m und $R=30$ m der kleinste Bahnhalbmesser. Die axiale Drehmasse der vier Räder von je 500 kg Gewicht mag $A'=4\cdot 7{,}5$ mkgsek^2 betragen, diejenige der zwei Motoren vom Übersetzungsverhältnis 1 : 4 je 1,875 mkgsek^2, so daß man von A' den Wert $2\cdot 4\cdot 1{,}875=15$ mkgsek^2 abziehen muß und also effektiv $A=15$ mkgsek^2 hat. Die Drehmassen des Wagens um die Quer- und Hochachse dürften rund $A_1=24000$ mkgsek^2 und $C_1=21000$ mkgsek^2 betragen. Mit diesen Werten gibt (18)

$$\operatorname{tg}\varphi = 0{,}340\,[1-0{,}0218+0{,}0654\,\sin\varphi].$$

Man findet hieraus $\varphi_0=18{,}8^\circ$, und mit diesem Wert von φ heben sich in der Tat die beiden letzten Glieder der eckigen Klammer bis auf den Wert 0,0007 auf: das Kreiselmoment der Räder samt Motoren und das Schleudermoment des Wagens gleichen sich also fast völlig aus, und der Wageninsasse, der im wesentlichen nur die Schwerkraft und die Fliehkraft fühlt, empfindet die Schräglage seines Wagens als durchaus natürlich.

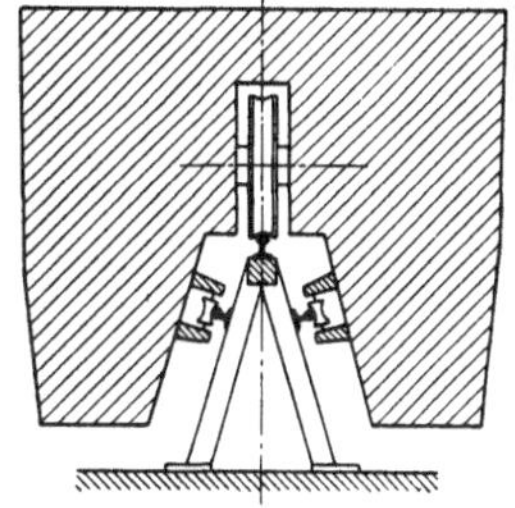
Abb. 22. Schwebebahn.

Für das Kreiselmoment K_2 (15), das beim Einfahren in die Kurve und beim Ausfahren aus ihr infolge der alsdann einsetzenden Drehung des Wagens um seine Längsachse bei entstehender und abklingender Schräglage geweckt wird, gilt das gleiche wie bei der Zweischienenbahn (Ziff. **1**). Es macht sich aber auch bei etwaigen Schwingungen des Wagens um seine Längsachse bemerklich, bringt dann die beiden Drehgestelle zum Anecken an der Schiene und wirkt somit schädlich, weil die Fahrt bremsend.

3. Die Schwebebahn. Wenn mit $s=0$ der Schwerpunkt des Wagens auf die Schiene fällt, wie dies Abb. 22 zeigt, so wollen wir von einer Schwebebahn sprechen (wiewohl diese Bezeichnung wohl auch für die in Ziff. **2** behandelte Hängebahn benützt wird). Diese Bahnform[1] hat man oft zu verwirklichen versucht; es ergaben sich aber stets Schwierigkeiten, deren tiefere dynamische Gründe nicht immer richtig erkannt worden sind.

Zwar ist der Wagen mit genauer oder nahezu genauer Lage des Schwerpunkts auf dem Schienenkopf bei der Geradefahrt genau oder sehr genähert im indifferenten Gleichgewicht, so daß er in der gewünschten aufrechten Stellung durch zwei Führungsschienen gehalten werden kann, ohne daß diese nennenswert beansprucht würden. Es ist aber in doppelter Weise ein Irrtum, zu meinen, daß der Wagen dann auch noch in der Kurve sein indifferentes Gleichgewicht besäße.

Denn erstens sucht das Kreiselmoment K_0 (7) der Räder, wenn es nicht etwa durch dasjenige von entgegengesetzt umlaufenden Motoren gerade aufgehoben wird, den Wagen in der Kurve nach außen umzuwerfen. Dieses Moment, das zudem mit dem Quadrat der Fahrgeschwindigkeit v wächst, muß also durch den Druck der Führungsschienen aufgehoben werden, und dieser kann recht beträchtlich sein.

Beispielsweise bei einer nach den Plänen von *F. B. Behr* 1897 in Tervueren bei Brüssel gebauten Versuchsstrecke für einen Wagen mit acht Rädern von je 750 kg Gewicht, einem Laufkreishalbmesser $r=0{,}68$ m und einer Drehmasse von zusammen $8 \cdot 22{,}5$ mkgsek^2, einer Fahrgeschwindigkeit $v=136$ km/h$=38$ m/sek und einem kleinsten Kurvenhalbmesser $R=400$ m hatte das Kreiselmoment K_0 (7) – wenn wir dort wieder nur den ersten Teil berücksichtigen und $\varphi=20°$ wählen – den hohen Betrag $K_0=900$ mkg. Dieses Moment mußte von den Führungsschienen aufgenommen werden, die 0,70 m vom Kopf der Hauptschiene abstanden, so daß also eine Druckkraft von rund 1300 kg entstand, die auf 8 bis 16 kleine Führungsräder zu verteilen war.

Zweitens ist aber der Wagen, auch wenn die Kreiselwirkung der Räder durch entgegengesetzt zu den Rädern umlaufende Motoren aufgehoben wird, bei der Kurvenfahrt infolge seines eigenen Schleudermoments K_1 (11) im allgemeinen doch nicht mehr im indifferenten Gleichgewicht. Dieses Moment verschwindet zwar für $\varphi=0$ beim aufrechten Wagen; es erscheint jedoch bei der geringsten Auslenkung φ, wie sie ohne Führungsschiene jederzeit vorkommen könnte, und sucht dann die Schrägstellung φ zu vergrößern oder zu verkleinern, je nachdem die Drehmasse A_1 des Wagens um seine Querachse größer oder kleiner ist als diejenige C_1 um die Hochachse. Der Wagen ist mithin in der Kurve ohne Führungsschienen nur dann als stabil an-

[1] Vgl. einen anonymen Aufsatz im Zentralblatt der Bauverwaltung 19 (1899), S. 553.

zusehen, wenn $A_1 < C_1$ wird; dies setzt eine sehr breite Bauform voraus, wie es die ausgeführten Wagen in der Tat zeigen. Der alsdann in der Kurve stabile Wagen würde sich aber überhaupt nicht schräg legen; das wäre für die Fahrgäste unbequem, und so sind auch bei ihm Führungsschienen nötig, die die Schräglage erzwingen und das damit nach (11) verbundene Schleudermoment aufnehmen müssen.

Bei den wirklich betriebenen Wagen hat man es schließlich vorgezogen, den Schwerpunkt ein wenig unter die Oberkante der Tragschiene zu legen, und ist so zur Hängebahn zurückgekehrt, ohne jedoch deren Vorzüge auszunützen. Wir wollen daher noch untersuchen, wie die indifferente Gleichgewichtslage in eine stabile übergeht, wenn der Abstand s des Wagenschwerpunkts vom Schienenkopf von Null an stetig wächst. Hierzu brauchen wir nur auf (18) zurückzugreifen, wo der Gleichgewichtswinkel φ implizit als Funktion von s dargestellt wird. Weil wir hier lediglich den Einfluß des Schleudermomentes des Wagens kennen lernen wollen, so denken wir uns das Kreiselmoment der Räder durch die Motoren ausgeglichen und setzen also $A=0$. Dann kann man (18) leicht umschreiben in

$$s = a\,\frac{\operatorname{tg}\varphi_0 \sin\varphi}{\operatorname{tg}\varphi - \operatorname{tg}\varphi_0} \tag{19}$$

mit

$$\operatorname{tg}\varphi_0 = \frac{v^2}{gR}, \qquad a = \frac{g(A_1 - C_1)}{GR}, \tag{20}$$

wobei also φ_0 die natürliche Schräglage eines Wagens mit unbeschränkt großem Wert s bedeutet.

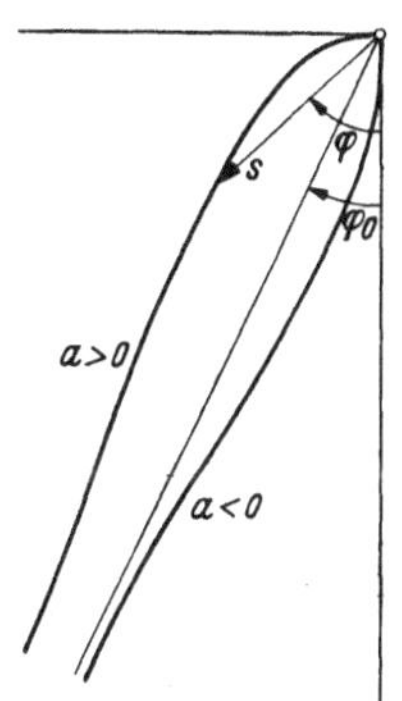

Abb. 23. (s,φ)-Diagramm.

Trägt man den Winkel φ der stabilen Schräglage als Funktion von s im Polarkoordinaten s, φ auf, so erhält man für jeden festen Wert φ_0 eine Schar von Kurven mit dem Parameter a. Abb. 23 zeigt zwei solche Kurven, je eine für $a<0$, d.h. $A_1 < C_1$ (breitgebaute Wagen) und für $a>0$, d. h. $A_1 > C_1$ (hochgebaute Wagen), getrennt durch die Gerade $\varphi=\varphi_0$, die zu $a=0$, d.h. $A_1 = C_1$ gehört. Für abnehmende Werte s nähert sich der Winkel φ der Grenze 0° oder 90°, je nachdem $A_1 \lessgtr C_1$ ist. Ohne seitliche Führungsschienen würde sich also ein hochgebauter Wagen mit geringer Tieflage des Schwerpunkts in der Kurve übermäßig schräg legen und ein breitgebauter unnatürlich steif stehen bleiben.

4. Das Kraftfahrzeug. Bei Kraftfahrzeugen treten in der Kurvenfahrt der Art nach die gleichen Kreiselwirkungen auf wie bei Eisenbahnen, nämlich ein Kreiselmoment der Räder, welches den Wagen nach außen umzuwerfen sucht, und ein Schleudermoment des Wagens, das wohl in der Regel wegen $A_1 < C_1$ entgegengesetzt wirkt, so daß im ganzen kaum eine erhebliche Beeinflussung der Fahrt übrig bleiben wird. Immerhin sollte man beachten, daß beim Einschlagen der Vorderräder mit Beginn der Kurve (und entsprechend beim Zurückführen am Ende der Kurve) ein Kreiselmoment jedes der beiden Räder um eine Achse parallel zur Längsachse des Wagens umzulegen strebt und jedenfalls die Achsschenkel immerhin merklich beansprucht. Man muß es für möglich halten, daß doch gelegentlich Störungen auf dieses Kreiselmoment zurückzuführen sind[1].

Auch die umlaufenden Teile des Triebwerkes bilden einen Kreisel. Je nachdem dessen Drehimpulsvektor nach vorn oder nach hinten weist, wird das Kreiselmoment des Triebwerkes den Wagen in der Kurve vorn belasten und hinten entlasten oder umgekehrt und bei plötzlichem Ansteigen der Straße den Wagen nach rechts oder nach links zu drehen suchen, bei plötzlichem Abfallen der Straße gerade umgekehrt. Feinfühligen Fahrern ist diese Erscheinung wohl bekannt; bei Stampfbewegungen des Wagens infolge von Unebenheiten der Straße kann sie sogar zu Achsbrüchen führen.

5. Das Schiff. In Schiffen, namentlich in großen, sind Radsätze mannigfacher Art untergebracht: Antriebsmaschinen, insbesondere Dampfturbinen, Schraubenwellen und Schiffsschrauben, Ventilatoren, elektrische Generatoren und Motoren, Schaufelräder bei Raddampfern usw. Die Achsen dieser Radsätze können längsschiffs, querschiffs oder lotrecht liegen, und die Schiffsbewegungen rufen in derartigen Rotoren Kreiselwirkungen von zum Teil hohem Betrag hervor.

Man beschreibt die Schiffsbewegungen am einfachsten an Hand eines Kreuzes rechtwinkliger Achsen, die etwa durch den Schiffsschwerpunkt gelegt als Längsachse, Querachse und Hochachse bezeichnet sein mögen. Abgesehen von der Schwerpunktsbewegung des Schiffes, die uns hier gleichgültig sein kann, kommen Drehungen des Schiffes um diese drei Achsen vor, die man der Reihe nach Rollen (oder Schlingern), Stampfen (oder Setzen) und Gieren — oder bei Schiffsmanövern Wenden — heißt. Wir legen die positive Richtung der drei Achsen nach vorn, nach links und nach oben, messen die drei Drehungen um diese Achsen durch die Winkel φ, χ und ψ (Abb. 24) und zählen diese Winkel positiv, wenn sie zusammen mit der positiven Richtung ihrer Achse eine Rechtsschraube bilden. Die Dreh-

[1] Über weitere Kreiselwirkungen vgl. *G. Becker*, *H. Fromm* und *H. Maruhn*, Schwingungen in Automobillenkungen, Berlin 1931.

impulse von Radsätzen, deren Achsen parallel zu den drei Schiffsachsen weisen, bezeichnen wir der Reihe nach mit D_φ, D_χ und D_ψ und zählen natürlich auch diese im selben Sinne positiv wie die Winkel φ, χ und ψ. Bei schrägliegenden Rotoren denken wir uns den Drehimpulsvektor in seine Komponenten nach den drei Schiffsachsen zerlegt.

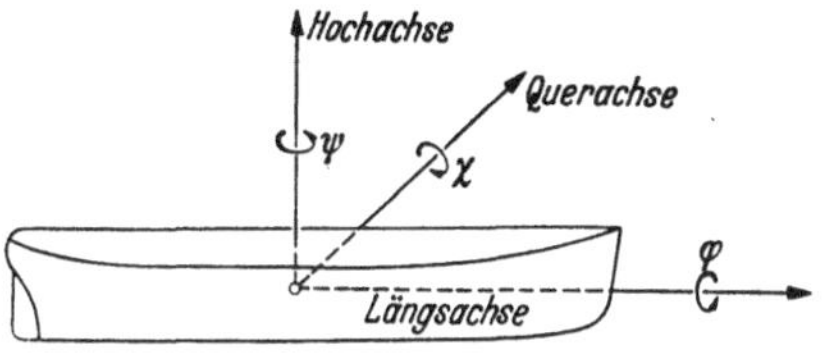

Abb. 24. Schiffsachsen.

Betrachten wir nur solche Radsätze, die als schnelle Kreisel gelten können (vgl. § 5, Ziff. **2**, Seite 60 bis 63 des ersten Bandes), so dürfen wir ihre Schleudermomente außer acht lassen und erhalten Kreiselmomente, die wir je nach ihrer Drehachse mit K_φ, K_χ und K_ψ bezeichnen und ebenfalls im gleichen Drehsinn wie die Winkel φ, χ und ψ positiv rechnen. Die Größe und der Drehsinn dieser Kreiselmomente ist in der folgenden Tabelle zusammengestellt, von deren Richtigkeit man sich an Hand von Formel (12) in § 5, Ziff. **2** des ersten Bandes sowie der dort ausgesprochenen Regel vom gleichstimmigen Parallelismus der Drehachsen leicht überzeugt, und in welcher übergesetzte Punkte Differentiationen nach der Zeit und somit $\dot\varphi$, $\dot\chi$ und $\dot\psi$ die Drehgeschwindigkeiten des Schiffes um seine drei Achsen bedeuten.

Radsatzachse	Rollen $\dot\varphi$	Stampfen $\dot\chi$	Gieren (Wenden) $\dot\psi$
längsschiffs D_φ	—	$K_\psi = +D_\varphi\dot\chi$	$K_\chi = -D_\varphi\dot\psi$
querschiffs D_χ	$K_\psi = -D_\chi\dot\varphi$	—	$K_\varphi = +D_\chi\dot\psi$
lotrecht D_ψ	$K_\chi = +D_\psi\dot\varphi$	$K_\varphi = -D_\psi\dot\chi$	—

Insofern die Roll-, Stampf- und Gierbewegungen des Schiffes periodisch verlaufen, äußern sich auch die geweckten Kreiselmomente K_φ, K_χ und K_ψ in periodischer Beanspruchung der Lager und Wellen der Radsätze. Die Gefährlichkeit dieser Drehkräfte besteht hauptsächlich darin, daß sie bei plötzlichen, stoßartigen Schiffsbewegungen, etwa in schwerem Seegang, für einen Augenblick groß genug werden können, um Achsen- und Lagerbrüche zu verursachen. Man hat so den rätselhaften Untergang der beiden ersten mit Parsonsturbinen angetriebenen Torpedoboote „Viper“ und „Cobra“ erklären wollen. Bei querschiffs liegenden Turboaggregaten, wie sie zu Beleuchtungszwecken oft verwendet werden, wird die Kreiselwirkung infolge der hohen Drehzahlen gelegentlich so groß, daß man zu Längsschiffslagerung übergehen muß, in der Erwartung, daß die Stampf-, Gier-

und Wendebewegungen in der Regel viel weniger heftig sind als die Rollbewegungen.

Es möge sich beispielsweise um einen Turbinendampfer handeln, welcher Stampfbewegungen von der Amplitude χ_0 und der Schwingungsdauer t_χ macht, so daß man in erster Näherung

$$\chi = \chi_0 \sin \frac{2\pi t}{t_\chi}$$

setzen darf, woraus als Höchstwert der Präzessionsgeschwindigkeit

$$(\dot{\chi})_{\chi=0} = \frac{2\pi\chi_0}{t_\chi}$$

folgt. Dies gibt für einen längsschiffs gelagerten Rotor von der Drehmasse A (in mkgsek^2) und der minutlichen Drehzahl n, wenn wir χ_0 im Gradmaß ausgedrückt mit χ_0° bezeichnen und die Dauer t_χ einer vollen Schwingung in Sekunden messen, einen Höchstwert des Kreiselmomentes

$$K_\psi = \frac{\pi^3}{2700} \frac{A n \chi_0^\circ}{t_\chi} \quad \text{(in mkg)}. \tag{21}$$

Ebenso kommt bei Gierschwingungen von der Amplitude ψ_0^0 und der Schwingungsdauer t_ψ ein Höchstwert des Kreiselmomentes

$$K_\chi = \frac{\pi^3}{2700} \frac{A n \psi_0^\circ}{t_\psi} \tag{22}$$

und für Steuerbewegungen von solcher Geschwindigkeit, daß eine volle Wendung von $\psi = 360^\circ$ die Zeit t_0 erfordern würde,

$$K_\chi = \frac{\pi^2}{15} \frac{A n}{t_0}. \tag{23}$$

Man findet etwa für eine 7000-pferdige Dampfturbine von 2500 kg Gewicht und einem Trägheitsarm von 0,60 m sowie einer Drehzahl von $n = 3000$ Uml/min bei Stampfbewegungen mit einer Amplitude $\chi_0^\circ = 6^\circ$ und einer Schwingungsdauer $t_\chi = 6$ sek oder bei Wendebewegungen von $t_0 = 60$ sek Vollumlaufdauer Kreiselmomente K_ψ und K_χ je mit Höchstwerten von rund 3000 mkg. Solche Beträge dürfen bei der Berechnung der Maschine, ihrer Lager und ihrer Welle keinesfalls unbeachtet gelassen werden.

Ganz entsprechende Formeln kommen für querschiffs liegende Maschinen, nämlich bei Rollschwingungen mit der Amplitude φ_0° und der Schwingungsdauer t_φ

$$K_\psi = \frac{\pi^3}{2700} \frac{A n \varphi_0^\circ}{t_\varphi}, \tag{24}$$

bei Gierschwingungen mit der Amplitude ψ_0° und der Schwingungsdauer t_ψ

$$K_\varphi = \frac{\pi^3}{2700} \frac{A n \psi_0^\circ}{t_\psi} \tag{25}$$

und bei Steuerbewegungen wieder

$$K_\varphi = \frac{\pi^2}{15} \frac{A n}{t_0}. \tag{26}$$

Dieses Kreiselmoment (26) ist namentlich für Raddampfer von Bedeutung. Sei beispielsweise die axiale Drehmasse der Schaufelräder $A = 17000$ mkgsek² (entsprechend einem Gesamtgewicht von 25000 kg und einem Trägheitsarm von 2,60 m), so findet man bei $n = 60$ Umdrehungen in der Minute für eine in $t_0 = 60$ sek ausgeführte Vollwendung $K_\varphi = 11000$ mkg, wodurch je nach Bauart des Schiffes eine Rollung von mehreren Graden Amplitude ausgelöst werden kann. Derselbe Radsatz gibt bei Rollschwingungen von $\varphi_0^\circ = 15^\circ$ Amplitude und einer Schwingungsdauer $t_\varphi = 4$ sek ein größtes Kreiselmoment von sogar $K_\psi = 44000$ mkg, eine für schweren Seegang gefährlich hohe Zahl. Die Kreiselmomente des Schaufelrades beeinträchtigen außerdem die Steuerfähigkeit des Schiffes in unangenehmer Weise, weil offenbar eine Steuerbewegung nach Backbord eine Rollbewegung nach Steuerbord erzeugt und umgekehrt; diese Drehkräfte arbeiten der natürlichen Schräglage des Schiffes in der Kurvenfahrt gerade entgegen.

Allgemein stellen die Kreiselmomente bei Schiffen aber auch noch eine Verkoppelung zwischen den Roll-, Stampf-, Gier- und Wendebewegungen her. Welcher Art diese Verkoppelung ist, und welche Wirkungen sie im Einzelnen hat, mögen wir nun untersuchen.

6. Kreiselkoppelung der Schiffsschwingungen. Nehmen wir die Längs-, Quer- und Hochachse des Schiffes durch seinen Schwerpunkt als (x, y, z)-Kreuz, so werden seine sechs Freiheitsgrade durch die Variabeln $x, y, z, \varphi, \chi, \psi$ dargestellt. Eine sorgfältige Untersuchung der Dynamik des Schiffes[1] ergibt das von vornherein einleuchtende Ergebnis, daß, für Schwingungen von durchweg kleinen Amplituden, die Schwingungen in der x- und y-Richtung (also längsschiffs und querschiffs) bei den üblichen Schiffsformen von denen in der z-Richtung, die man wohl auch Tauchschwingungen nennt, und von den Roll-, Stampf- und Gierschwingungen unabhängig sind, so daß wir sie, da sie auch zu keinen Kreiselwirkungen führen, weiterhin unbeachtet lassen dürfen, wenn wir uns fortan auf kleine Schwingungen beschränken. Wohl aber gibt es eine, wenn auch in der Regel nur schwache Koppelung der Tauchschwingungen mit den Stampfschwingungen.

[1] Das Schrifttum über die Dynamik des Schiffes, insbesondere über die hier maßgebenden Arbeiten von *W. Froude* und *A. Kriloff*, findet man aufgeführt in der Enzyklopädie der math. Wissenschaften, Bd. IV, 3. Teilband, Art. 22, insbesondere S. 536ff. Die Kreiselwirkungen sind dort allerdings nicht berücksichtigt.

Im einzelnen treten bei den vier Schwingungen, die durch die Variabeln z, φ, χ, ψ definiert sind, folgende Kräfte und Drehkräfte auf:

1. Die lotrechte Kraft $-\gamma F z$ wobei γ das spezifische Gewicht der Flüssigkeit und F die sogenannte Schwimmfläche, d. h. der waagerechte Querschnitt ist, der aus dem ruhenden Wasserspiegel durch das ruhende Schiff herausgeschnitten wird. Diese Kraft ist die Änderung des statischen (archimedischen) Auftriebs bei einer Schwerpunktshebung oder -senkung z.

2. Die rückführenden Drehkräfte $-G h_1 \varphi$ und $-G h_2 \chi$ bei (kleinen) Auslenkungen φ und χ infolge der alsdann unsymmetrisch werdenden Auftriebskräfte, wobei G das Schiffsgewicht ist und h_1 sowie h_2 die sogenannte Quermetazenter- und Längsmetazenterhöhe bedeuten.

3. An Schiffen, deren Querebene durch den Schwerpunkt keine Symmetrieebene ist, eine lotrechte Kraft $\gamma M \chi$ bei jeder Stampfbewegung χ und eine Drehkraft $-\gamma M z$ mit querschiffs liegendem Vektor bei jeder Hebung oder Senkung z des Schwerpunkts, wobei M das statische Moment der Schwimmfläche bezüglich ihrer Schnittlinie mit der (y, z) -Ebene ist. Da wir später diese beiden Werte nicht weiter als zu einer kurzen Abschätzung benützen werden, so verzichten wir darauf, diese Ausdrücke genauer zu begründen (was übrigens nicht schwierig ist).

4. Die Widerstände, die sich als Dämpfung infolge des umgebenden Wassers den Schwingungen entgegenstellen, nämlich eine lotrechte Kraft $-W_z$ und drei Drehkräfte $-W_\varphi$, $-W_\chi$, $-W_\psi$ um die drei Achsen, wobei wir die expliziten Ausdrücke dieser Widerstände zunächst dahingestellt sein lassen; sie können nur durch Modellversuche gefunden werden und sind wohl zu den Quadraten der zugehörigen Geschwindigkeiten und Drehgeschwindigkeiten proportional.

5. Die Kreiselmomente unserer Tabelle in Ziff. **5**.

6. Die Einwirkung des Seeganges, also der Wellen, auf das Schiff, nämlich eine lotrechte Kraft $F_0(t)$ und drei Drehkräfte $F_1(t)$, $F_2(t)$ und $F_3(t)$ um die φ-, χ- und ψ-Achse.

Nunmehr können wir die Bewegungsgleichungen des Schiffes im Seegang ohne weiteres ansetzen, nämlich eine Gleichung für die lotrechten Beschleunigungen $\ddot{z}$ der ganzen Schiffsmasse G/g und drei Gleichungen für die Drehbeschleunigungen $\ddot{\varphi}$, $\ddot{\chi}$ und $\ddot{\psi}$ der Roll-, Stampf- und Gierbewegungen des Schiffes mit den Drehmassen A_1, B_1 und C_1 um die Längs-, Quer- und Hochachse:

$$\frac{G}{g}\ddot{z} + W_z + \gamma F z - \gamma M \chi = F_0(t), \tag{27}$$

$$A_1\ddot{\varphi} + W_\varphi + G h_1 \varphi \qquad + D_\psi \dot{\chi} - D_\chi \dot{\psi} = F_1(t), \tag{28}$$

$$B_1\ddot{\chi} + W_\chi + G h_2 \chi + \gamma M z - D_\psi \dot{\varphi} \qquad + D_\varphi \dot{\psi} = F_2(t), \tag{29}$$

$$C_1\ddot{\psi} + W_\psi \qquad + D_\chi \dot{\varphi} - D_\varphi \dot{\chi} \qquad = F_3(t). \tag{30}$$

Diese Gleichungen, insbesondere (28) bis (30), sind ein Beispiel für das in § 12, Ziff. **2** und **3** des ersten Bandes untersuchte allgemeine System mit gyroskopischen Termen und bestätigen die schon damals festgestellte antisymmetrische Gestalt dieser Terme (die durch die Faktoren D_φ, D_χ, D_ψ gekennzeichnet sind). Übrigens wollen wir nicht die Bemerkung unterdrücken, daß in den Gleichungen (28) bis (30), da sie sich auf bewegliche Achsen beziehen, eigentlich auch noch die Komponenten der zugehörigen Gerüstgeschwindigkeit der Drehimpulsvektoren hinzugefügt werden müßten; diese Glieder enthalten aber nur die Produkte von je zweien der drei Größen $\dot{\varphi}$, $\dot{\chi}$, $\dot{\psi}$ [vgl. etwa die Gleichungen (7) von § 10, Ziff. **1**, Seite 166 des ersten Bandes] und sind also zu vernachlässigen, da wir uns von vornherein auf kleine Schwingungen beschränkt haben.

Ohne die gyroskopischen Terme sind nur die Tauchschwingung z (27) und die Stampfschwingung χ (29) mit einander gekoppelt, und auch diese Kopplung ist nur schwach und kann mit $M=0$ ganz fehlen; die Rollschwingung φ (28) ist dann noch für sich unabhängig, und das Gieren ψ (30) ist überhaupt noch keiner freien Schwingung fähig. Die gyroskopischen Terme erzeugen nun mannigfaltige Koppelungen zwischen den vier Bewegungen: Ein Radsatz D_φ längsschiffs verkoppelt jede Stampfschwingung auch noch mit einer nun geweckten Gierschwingung; ein Radsatz D_χ querschiffs verkoppelt ebenso jede Rollschwingung mit einer dadurch verursachten Gierschwingung; ein lotrechter Radsatz D_ψ endlich verkoppelt die Roll- und Stampfschwingungen miteinander.

Zu den Wellenkräften und -drehkräften F_0, F_1, F_2 und F_3 bemerken wir nur, daß sie, soweit die Meeresdünungen als sogenannte Gerstnersche Wellen angesehen werden können (was weitgehend zutrifft), als reine Sinus- und Cosinusglieder angesetzt werden dürfen, und zwar mit Vorzahlen, die sich aus der Schiffsform und der Wellenhöhe und -länge leicht berechnen lassen. Würde man dann noch geeignete Ansätze für die Widerstandsglieder W_z, W_φ, W_χ und W_ψ wählen, etwa Ausdrücke proportional zu $\dot{z}$, $\dot{\varphi}$, $\dot{\chi}$ und $\dot{\psi}$, so könnte man das System der Gleichungen (27) bis (30) allgemein und vollständig integrieren. Damit wäre aber, weil sehr unübersichtliche Endformeln entstünden, nicht viel für die Anschauung gewonnen. Wir ziehen es daher vor, an einigen Beispielen den sachlichen Inhalt jenes Gleichungssystems und also die Art der wichtigsten Koppelungen aufzuzeigen.

Es handle sich zuerst um ein Schiff, das quer zu einem Wellenzug fährt und von ihm zu Stampfschwingungen χ angeregt wird. Wir fragen darnach, wie diese Schwingung durch den Drehimpuls D_φ der längsschiffs liegenden Antriebsmaschine (samt Schiffsschraube und Schraubenwelle) beeinflußt wird, und welche weiteren Schwingungen etwa durch die Kreiselwirkung der Maschine dabei erzeugt werden. Weil die Dämpfung der Stampfschwingungen sehr erheblich ist – so erheblich, daß alle etwa erregten freien Schwingungen sofort abklingen und jeweils merklich nur die vom Wellengang erzwungenen Schwingungen übrig bleiben –, so ist es unumgänglich, die Dämpfung zu berücksichtigen. Dagegen wollen wir die Koppelung zwischen den Stampf- und Tauchschwingungen hier nicht beachten; sie ist bei vielen Schiffen sowieso klein oder ganz verschwindend. Wir setzen also $M=0$ und haben es dann nur noch mit den beiden durch D_φ gekoppelten Gleichungen (29) und (30) zu tun. Die Drehkraft F_2 der Wellen auf das Schiff dürfen wir in der Form $F_2 = c_2 \sin \alpha t$ ansetzen, wobei $\alpha = 2\pi/t_0$ ist, wenn t_0 die zeitliche Periode jener Wellen bedeutet. Die Dämpfungsmomente wählen wir mit Festwerten w_χ und w_ψ in der Form $W_\chi = w_\chi \dot{\chi}$ und $W_\psi = w_\psi \dot{\psi}$, obwohl die wirkliche Dämpfung sicherlich einem viel verwickelteren Gesetz gehorcht; wir berufen uns dabei aber auf die Erfahrung, daß Ergebnisse von Schwingungsrechnungen, die mit einem derartigen Dämpfungsgesetz hergeleitet sind, auch für andere Dämpfungsgesetze wenigstens qualitativ ihre Gültigkeit zu bewahren pflegen. So kommt statt (29) und (30) das Gleichungssystem

$$\left.\begin{aligned} B_1 \ddot{\chi} + w_\chi \dot{\chi} + G h_2 \chi + D_\varphi \dot{\psi} &= c_2 \sin \alpha t, \\ C_1 \ddot{\psi} + w_\psi \dot{\psi} \qquad\qquad - D_\varphi \dot{\chi} &= 0. \end{aligned}\right\} \tag{31}$$

Wir brauchen uns wegen der starken Dämpfung um die freien Schwingungen ($c_2=0$) nicht weiter zu kümmern und gehen lediglich mit den Ansätzen für erzwungene Schwingungen

$$\left.\begin{aligned} \chi &= a_1 \sin \alpha t + a_2 \cos \alpha t, \\ \psi &= b_1 \sin \alpha t + b_2 \cos \alpha t \end{aligned}\right\} \tag{32}$$

in (31) ein. Damit diese Gleichungen identisch erfüllt sind, muß gelten

$$\begin{aligned} &(G h_2 - \alpha^2 B_1) a_1 - \alpha w_\chi a_2 - \alpha D_\varphi b_2 = c_2, \\ &\alpha w_\chi a_1 + (G h_2 - \alpha^2 B_1) a_2 + \alpha D_\varphi b_1 = 0, \\ &D_\varphi a_2 - \alpha C_1 b_1 - w_\psi b_2 = 0, \\ &D_\varphi a_1 - w_\psi b_1 + \alpha C_1 b_2 = 0. \end{aligned}$$

Man findet aus den letzten beiden Gleichungen

$$\left.\begin{aligned} b_1 &= \frac{w_\psi a_1 + \alpha C_1 a_2}{w_\psi^2 + \alpha^2 C_1^2} D_\varphi, \\ b_2 &= \frac{w_\psi a_2 - \alpha C_1 a_1}{w_\psi^2 + \alpha^2 C_1^2} D_\varphi, \end{aligned}\right\} \tag{33}$$

und damit gehen die ersten beiden über in

$$\left(G h_2 - \alpha^2 B_1 + \frac{\alpha^2 C_1}{w_\psi^2 + \alpha^2 C_1^2} D_\varphi^2\right) a_1 - \alpha \left(w_\chi + \frac{w_\psi}{w_\psi^2 + \alpha^2 C_1^2} D_\varphi^2\right) a_2 = c_2,$$

$$\alpha \left(w_\chi + \frac{w_\psi}{w_\psi^2 + \alpha^2 C_1^2} D_\varphi^2\right) a_1 + \left(G h_2 - \alpha^2 B_1 + \frac{\alpha^2 C_1}{w_\psi^2 + \alpha^2 C_1^2} D_\varphi^2\right) a_2 = 0.$$

Daraus folgt durch Quadrieren und Addieren das Quadrat der Amplitude der Stampfschwingungen zu

$$a^2 = a_1^2 + a_2^2 = c_2^2 : \left[\left(G h_2 - \alpha^2 B_1 + \frac{\alpha^2 C_1}{w_\psi^2 + \alpha^2 C_1^2} D_\varphi^2\right)^2 + \right. \\ \left. + \alpha^2 \left(w_\chi + \frac{w_\psi}{w_\psi^2 + \alpha^2 C_1^2} D_\varphi^2\right)^2\right]$$

oder etwas umgeformt

$$a^2 = \frac{c_2^2}{(G h_2 - \alpha^2 B_1)^2 + \alpha^2 w_\chi^2 + f(D_\varphi^2)} \tag{34}$$

mit

$$f(D_\varphi^2) = \frac{\alpha^2 D_\varphi^2}{w_\psi^2 + \alpha^2 C_1^2} \left\{D_\varphi^2 + 2\,[w_\chi w_\psi + C_1 (G h_2 - \alpha^2 B_1)]\right\} \tag{35}$$

und dann vollends aus (33) das Quadrat der Amplitude der geweckten Gierschwingungen zu

$$b^2 = b_1^2 + b_2^2 = \frac{D_\varphi^2}{w_\psi^2 + \alpha^2 C_1^2} a^2. \tag{36}$$

Ohne Kreiselwirkung wäre das Quadrat der Amplitude der Stampfschwingungen

$$a_0^2 = \frac{c_2^2}{(G h_2 - \alpha^2 B_1)^2 + \alpha^2 w_\chi^2}. \tag{37}$$

Solange $f(D_\varphi^2) > 0$ bleibt, ist $a^2 < a_0^2$, und für jeden Wert $D_\varphi^2 > 0$ ist auch $b^2 > 0$. Die Funktion $f(D_\varphi^2)$ ist sicher positiv, wenn $G h_2 \geqq \alpha^2 B_1$ ausfällt, d. h. wenn die Wellenfrequenz[1] α tiefer liegt, als die Frequenz der ungedämpften freien Stampfschwingungen wäre. Aber sie bleibt auch noch für höhere Wellenfrequenzen α positiv, bis zu der Grenzfrequenz

$$\alpha'^2 = \frac{1}{B_1 C_1} \left(\frac{1}{2} D_\varphi^2 + w_\chi w_\psi + C_1 G h_2\right); \tag{38}$$

erst für $\alpha > \alpha'$ gibt es bei kleinen Werten D_φ^2 einen Bereich $f(D_\varphi^2) < 0$ und also $a^2 > a_0^2$. Angesichts der starken Dämpfungsziffern w_χ und w_ψ liegt allerdings α' in der Regel so hoch, daß derart raschpulsierende Wellen das Schiff kaum mehr zu beeinflussen vermögen; denn mit

[1] Unter Frequenz wollen wir hier und im Folgenden stets die Zahl der Schwingungen in 2π Zeiteinheiten (z. B. sek) verstehen (sogenannte Kreisfrequenz).

wachsender Wellenfrequenz α nimmt c_2 erfahrungsgemäß bald auf vernachlässigbare Beträge ab.

Wenn wir uns daher auf Wellenfrequenzen unter α' beschränken, so haben wir das Ergebnis: Die Kreiselwirkung der Maschine verkleinert die Amplitude der Stampfschwingungen χ des Schiffes, und zwar unabhängig vom Drehsinn der Maschine, ruft aber dafür eine Gierschwingung ψ hervor. Merklich kann diese Kreiselwirkung wohl nur bei Schiffen mit verhältnismäßig sehr starken Maschinen werden.

Man kann dieses Ergebnis auch so ausdrücken: Die Kreiselwirkung der Antriebsmaschine erhöht die Steifigkeit des Schiffes im Seegang. In der — allerdings bei weitem nicht zu erreichenden — Grenze $D_\varphi \to \infty$ würde nach (34) bis (36) $a^2 = b^2 = 0$, das Schiff also vollständig unnachgiebig im Seegang. Man erkennt dieses Verhalten noch deutlicher, wenn man die Amplitudenquadrate a^2 und b^2 als Ordinaten über einer Abszisse D_φ^2 aufträgt. Man erhält dann Kurven vom Typ der Abb. 25.

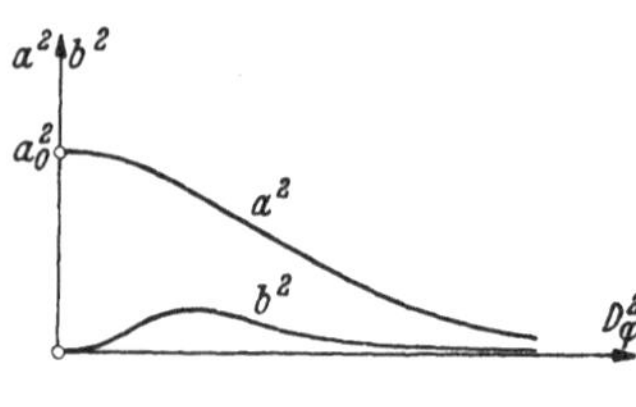

Abb. 25. Amplitudendiagramme.

Sodann betrachten wir noch einen Raddampfer, der parallel zu den Wellentälern einer quer zu ihm anlaufenden Dünung fährt. Hier muß man auf die Gleichungen (28) und (30) zurückgreifen, worin nun D_χ den Drehimpuls des Radsatzes samt den entsprechenden querschiffs umlaufenden Maschinenteilen bedeutet. Mit $W_\varphi = w_\varphi \dot{\varphi}$ und $F_1 \equiv c_1 \sin \alpha t$ entstehen so die Gleichungen

$$\left.\begin{aligned} A_1 \ddot{\varphi} + w_\varphi \dot{\varphi} + G h_1 \varphi - D_\chi \dot{\psi} &= c_1 \sin \alpha t, \\ C_1 \ddot{\psi} + w_\psi \dot{\psi} \qquad\qquad + D_\chi \dot{\varphi} &= 0. \end{aligned}\right\} \tag{39}$$

Vergleicht man dieses System mit (31), so kann man sofort alle früheren Ergebnisse (32) bis (38) übertragen, wenn man darin $\chi, B_1, w_\chi, h_2, c_2$ und D_φ ersetzt durch $\varphi, A_1, w_\varphi, h_1, c_1$ und $-D_\chi$. Und mithin verkleinert der Radsatz des Raddampfers die Amplitude der Rollschwingungen φ und ruft dafür auch hier eine Gierschwingung ψ hervor. Weil die Rollschwingungen stets unangenehmer sind als die Gierschwingungen, so ist diese Kreiselwirkung bei Raddampfern auf alle Fälle durchaus günstig, wenn sie wohl auch zahlenmäßig in der Regel wieder nicht sehr groß sein kann.

Ganz entsprechend ließe sich die Koppelung der Roll- und Stampfschwingungen φ und χ an Hand der Gleichungen (28) und (29) durch Rotoren mit lotrechter Achse untersuchen, etwa bei Schiffen, die mit Flettnerrotoren ausgestattet waren.

7. Das Zweirad. Während bei den bisher betrachteten, an sich stabilen Fahrzeugen die Kreiselwirkung sich als nützlich, gleichgültig oder schädlich erwiesen hat, aber jedenfalls an der Stabilität kaum etwas ändern konnte, so werden wir jetzt bei dem an sich durchaus labilen Zweirad finden, daß zu seiner Stabilisierung gerade die Kreiselwirkung der beiden Räder, neben einer anderen, durch die Schwerkraft selbst ausgelösten Wirkung, wesentlich beiträgt.

Was zunächst das Zweirad in seiner Gestalt als gewöhnliches Fahrrad anlangt, so ist seine Kinetik ein oft behandeltes[1] klassisches Problem der Mechanik. Die Lösung führt auf das ungereimte, jeder Erfahrung widersprechende Ergebnis, daß das Fahrrad üblicher Bauart oberhalb einer bestimmten Fahrgeschwindigkeit, die sogar ziemlich niedrig liegt (rund 20 km/h), nicht mehr stabil fährt. Dieses sonderbare Ergebnis rührt zweifellos davon her, daß die Theorie einen starren und starr mit dem Fahrrad verbundenen, also vollkommen ruhig sitzenden Fahrer (oder ein unbemanntes Fahrrad) voraussetzen muß und sich nicht darum kümmern kann, daß tatsächlich der Fahrer dem Fahrrad fortwährend größere oder kleinere, oft unbewußte und kaum merkliche Hilfen erteilt, sei es, indem er die Lenkstange bedient, sei es auch nur dadurch, daß er sein Körpergewicht leicht verlagert, wie etwa bei freihändigem Fahren. Diese Hilfen, die zwar oft bloß klein, aber doch für die Stabilität entscheidend sind, könnte die Theorie, wenn überhaupt, nur mit einem ungeheuren Rechenaufwand berücksichtigen, der schwerlich lohnen würde, umso weniger, als man auch dabei wieder Annahmen zu Grunde legen müßte, die das willkürliche oder unbewußte Verhalten des Fahrers doch wohl kaum richtig zu erfassen vermöchten.

Wir ziehen daher einen anderen Weg vor, dessen Ziel zwar etwas bescheidener ist, der aber dafür anschaulich zu den praktisch wichtigsten Erkenntnissen führt.

Das Fahrrad in der heute gebräuchlichen Gestalt besteht aus zwei drehbar verbundenen Teilen, dem Radrahmen mit Hinterrad und Tretkurbel, und der Lenkstange mit dem Vorderrad (Abb. 26). Für die moderne Bauart ist wesentlich der Umstand, daß die Lenkstangenachse, geometrisch verlängert, unter dem Mittelpunkt O_2 des Vorderrades vorbeigeht und vor dessen tiefstem Punkt A_2 den Boden in B trifft, und zwar so, daß der Radstand $a_1 = A_1A_2$ das etwa 9- bis 13-fache der Strecke $a_2 = A_2B$ ist. Auf dieser Anordnung der Punkte

[1] Vgl. insbesondere *F. J. W. Whipple*, Quart. Journ. Math. 30 (1898), S. 312, und *E. Carvallo*, Journ. Ecole Polyt. (2) 5 (1900), S. 119, und 6 (1901), S. 1.

A_1, A_2, B und O_2 beruht, wie wir sehen werden, im wesentlichen die Stabilisierbarkeit des Fahrrades. Jene Anordnung hat nämlich zweierlei Folgen.

Erstens beginnt bei einem während der Fahrt etwa einsetzenden seitlichen Neigen (Umfallen) des Zweirades die in O_2 angreifende Schwere des Vorderrades alsbald, dieses Rad in solchem Sinne um die Lenkstange zu drehen, daß das Fahrrad eine Kurve nach der richtigen Seite beschreibt. Ist nämlich C der Schnittpunkt des ursprünglich lotrechten Hinterradhalbmessers und der Lenkstangenachse, so kann sich bei aufrechtem Fahrrad — besehen von einem nebenher fahrenden Beobachter, für den also die Punkte A_1 und A_2 bei hinreichend rauh vorausgesetzter waagerechter Fahrbahn in Ruhe sind — der Radrahmen samt Hinterrad außer um die Achse $A_1 A_2$ nur um die Achse A_1 C drehen, die Lenkstange samt Vorderrad aber offenbar nur um die Achse $A_2 C$. Ist also das ganze Fahrrad um einen kleinen Winkel φ seitlich geneigt (vgl. Abb. 26), so tritt der Vektor des Gewichts des Vorderrades aus der Ebene $C A_1 A_2$ heraus (in Abb. 26 auf den Beschauer zu) und hat somit senkrecht zur Achse $A_2 C$ eine Komponente, welche windschief an der Achse $A_2 C$ vorbei geht (in Abb. 26 wieder vor $A_2 C$) und ein Drehmoment um $A_2 C$ besitzt, so daß das System Vorderrad-Lenkstange um die Achse $A_2 C$ gerade im richtigen Sinne gedreht und mithin das ganze Fahrrad in eine Kurve nach der Seite der Neigung geführt wird. Dadurch wird eine Fliehkraft geweckt, die das weitere Umfallen aufzuhalten strebt; oder anders ausgedrückt: es kommt so ganz von selbst eine Fahrform zustande, die der vorhandenen seitlichen Neigung in natürlicher Radstellung angemessen ist und sich ihr — bei entsprechender Nachhilfe durch den Fahrer selbst — völlig

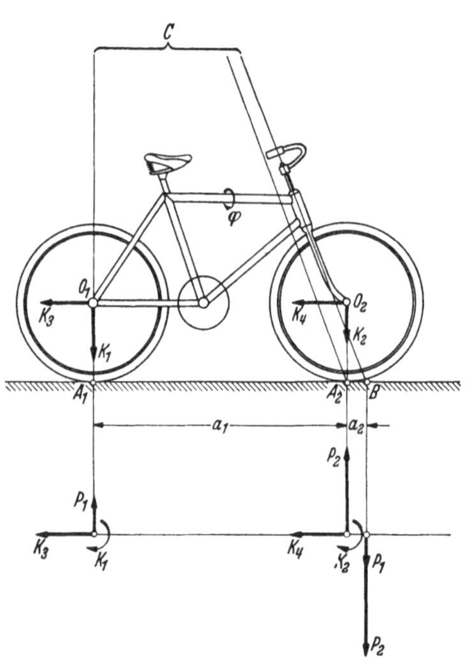

Abb. 26. Fahrrad.

anpassen kann. Der Fahrer empfindet dieses Verhalten des Fahrrades (bewußt oder unbewußt) als angenehm, und auf ihm, in Verbindung mit einer zweiten, jetzt noch zu besprechenden Kreiselwirkung, beruht die Tatsache, daß das Radfahren leicht erlernbar und das Stabilisieren der Fahrt mühelos ist.

Zweitens werden nämlich durch eine beginnende seitliche Neigung nun auch noch sehr günstige Kreiselmomente hervorgerufen, welche das Entstehen jener Kurvenfahrt erheblich unterstützen. Nehmen wir an, das ganze Fahrrad fange an, sich mit einer Drehgeschwindigkeit $\dot{\varphi}$ nach rechts (in der Fahrtrichtung gesehen) zu neigen, so werden im Hinterrad und im Vorrderad zwei (bei gleichen Rädern gleiche) Kreiselmomente

$$K_1 = K_2 = D\dot{\varphi} \tag{40}$$

geweckt, deren Vektoren lotrecht abwärts weisen (Abb. 26). Hier bedeutet D den Drehimpuls jedes Rades bei der Fahrt, also mit der axialen Drehmasse A eines Rades, der Fahrgeschwindigkeit v und dem Radhalbmesser r

$$D = A\,\frac{v}{r} \tag{41}$$

oder, da man das Rad nahezu wie einen Ring von der Masse $m = G/g$ und dem Halbmesser r ansehen darf, für Abschätzungen genau genug

$$D \approx \frac{G}{g}\,r v\,. \tag{42}$$

Man wird vermuten, daß die beiden Drehkräfte K_1 und K_2 den Radrahmen und das Vorderrad ebenfalls so zu drehen suchen, daß das Fahrrad in die richtige Kurve einbiegt.

Diese Vermutung, deren Richtigkeit sich keineswegs von selbst versteht, sondern wieder eine Folge der Anordnung der vier Punkte A_1, A_2, B und O_2 ist, kann folgendermaßen bestätigt werden. Das Kreiselmoment K_1 des Hinterrades kann als Kräftepaar (P_1, P_1) dargestellt werden, dessen eine Kraft vom untersten Punkt A_1 des Hinterrades auf die (hinreichend rauh zu denkende) Fahrbahn ausgeübt wird, wogegen die andere an der Lenkstange angreift, und zwar in deren tiefstem Punkte B (Abb. 26); wenigstens äußert sich die Wirkung des Hinterrades über den Rahmen auf das Vorderrad so wie eine solche Kraft in jenem mit der Lenkstange starr verbunden zu denkenden Punkte B. Diese Kraft sucht nun in der Tat gerade wieder das Vorderrad um die Achse A_2C zu drehen, und zwar, da B vor A_2 liegt, im richtigen, das Umfallen auffangenden Sinne.

Aber auch das Kreiselmoment K_2 des Vorderrades kann durch ein Kräftepaar (P_2, P_2) ersetzt werden, dessen eine Kraft in B, und dessen andere in A_2 angreift und von der Fahrbahn aufgenommen wird. Das Kreiselmoment K_2 des Vorderrades hat demnach die gleiche nützliche Wirkung wie das Kreiselmoment K_1 des Hinterrades.

Man darf als Maß für die Wirkung der beiden Kreiselmomente K_1 und K_2 die beiden in B angreifend gedachten Kräfte P_1 und P_2 ansehen, die das Vorderrad in die Kurve eindrehen, und zwar wird wegen

$$K_1 = (a_1 + a_2) P_1, \qquad K_2 = a_2 P_2$$

mit $K_1 = K_2$

$$\frac{P_2}{P_1} = \frac{a_1}{a_2} + 1. \tag{43}$$

Die rechte Seite hat bei den heutigen Fahrrädern den Wert 10 bis 14, und ebenso vielfach ist mithin die Kreiselwirkung des Vorderrades stärker als die des Hinterrades.

Jedenfalls unterstützt also die Kreiselwirkung in erwünschter Weise die Wirkung des in O_2 angreifenden Gewichts des Vorderrades bei der Stabilisierung des Fahrrades. Aber sie unterstützt sie nicht nur, sondern übertrifft sie sogar bei weitem. Denn während die Gewichtswirkung wegen der Reizschwelle der unvermeidlichen Reibung im Lenkstangenlager erst bei einer bestimmten seitlichen Neigung φ des Fahrrades anspricht, so wird die Kreiselwirkung nach (40) schon bei der geringsten seitlichen Drehbewegung $\dot{\varphi}$ geweckt. Die Drehimpulse der beiden Räder nehmen sozusagen das beginnende Umfallen des Fahrrades früher wahr als die Schwerkraft und können daher mit ihren Kreiselmomenten rascher eingreifen, als die Schwere des Vorderrades allein. Schon die Theorie des unbemannten oder mit einem starren Fahrer besetzten Fahrrades zeigt[1], daß diese Kreiselwirkung maßgebend an der Stabilisierung beteiligt ist, und bestätigt so unsere nicht formelmäßigen, sondern nur begrifflichen Überlegungen.

Sobald nun das Fahrrad in die Kurve geht, sei es infolge einer Seitenneigung, sei es nach dem Willen des Fahrers, werden zwei weitere Kreiselmomente K_3 und K_4 im Hinterrad und im Vorderrad erzeugt, deren Vektoren bei Rechtskurven waagerecht nach hinten, bei Linkskurven waagerecht nach vorne gerichtet sind, und welche die Beträge

$$K_3 = D\,\omega \cos\varphi_1, \qquad K_4 = D\,\omega \cos\varphi_2 \tag{44}$$

[1] Siehe *F. Klein* und *A. Sommerfeld*, Über die Theorie des Kreisels, S. 880.

haben, wenn ω die Wendegeschwindigkeit des Fahrrades in der Kurve ($\omega = v/R$ mit dem Kurvenhalbmesser R) ist und φ_1 sowie φ_2 die nur wenig von einander und von Null verschiedenen Neigungen der beiden Radachsen gegen die Waagerechte bedeuten. Diese Kreiselmomente suchen das geneigte Fahrrad aufzurichten, unterstützen also das Moment der Fliehkraft, bleiben jedoch gegenüber diesem, wie eine zahlenmäßige Abschätzung zeigt, immer geringfügig.

Wir stellen zusammenfassend fest, daß zwar die eigentliche stabilisierende Kraft beim Fahrrad die Fliehkraft ist, daß diese aber im wesentlichen durch die Kreiselmomente K_1 und K_2, die bei einer beginnenden Umfallbewegung entstehen, ausgelöst wird, und zwar hauptsächlich durch das Kreiselmoment K_2 des Vorderrades, indem dieses Kreiselmoment die Lenkstange in zweckmäßiger Weise führt.

Wenn der Fahrer selbst stabilisiert, indem er seinen Schwerpunkt verlagert oder die Lenkstange betätigt, so unterstützen ihn dabei die Kreiselmomente; ja sie werden ihm in unwachsamen Augenblicken sogar zuvorkommen.

Die Kreiselwirkung ist somit beim Fahrrad in jeder Hinsicht günstig, wobei es glücklicherweise weniger auf ihre Größe als auf ihr Vorhandensein überhaupt ankommt, so daß der Erbauer, der doch an Gewicht zu sparen wünscht, auch den Rädern kleine träge Massen und also kleinstmögliche Drehmassen geben darf.

Bei Motorrädern schließlich treten die gleichen Kreiselerscheinungen auf wie bei gewöhnlichen Fahrrädern; man hat lediglich den Drehimpuls der umlaufenden Teile des Motors, falls seine Achse quer liegt, dem Drehimpuls des von ihm angetriebenen Rades positiv oder negativ hinzuzufügen, je nachdem der Motor im gleichen oder im entgegengesetzten Sinne dieses Rades läuft. In der Regel ist trotz des großen Übersetzungsverhältnisses dieser zusätzliche Drehimpuls kleiner als der des Rades. Wenn der Motor allerdings mit der Achse des Vorderrades unmittelbar verbunden ist, wie bei einigen Bauarten, so kann dadurch das Kreiselmoment K_2 des Vorderrades so stark vergrößert werden, daß es die Stabilisierung gewissermaßen übersteuert, d. h. bei beginnender Seitenneigung des Motorrades die Lenkstange zu hastig dreht und so zu Unzuträglichkeiten führt. Auch die Lenkung durch den Fahrer mag dadurch beeinträchtigt werden, insofern beim Einbiegen in eine Kurve das Kreiselmoment K_4 ungehörig groß wird. Daß sich derartige Bauarten nicht wohl bewährt haben, dürfte wahrscheinlich auf diese zu großen Kreiselwirkungen zurückzuführen sein.

§ 4. Flugzeuge.

1. Die Kreiselmomente. Jedes Flugzeug enthält, wenn es nicht durch Düsen angetrieben wird oder ein Segelflugzeug ist, in seinen raschlaufenden Motoren und Luftschrauben und, falls es ein Hubschrauber ist, in seinen Hubschrauben offensichtlich Kreisel von großem Drehimpuls. Daher sind bei jedem Abweichen vom genau geraden Flug Kreiselwirkungen von beträchtlichem Betrag zu erwarten. Zweifellos darf man alle diese Kreisel als schnelle Kreisel behandeln, da ihre Eigendrehgeschwindigkeit sicherlich immer sehr groß bleibt gegen die Drehgeschwindigkeiten, deren der Flugzeugkörper fähig ist, und die als die Präzessionsgeschwindigkeiten dieser Kreisel anzusehen sind. Ist D der Drehimpuls eines solchen Kreisels, etwa eines Motors samt seiner Luftschraube, und ω_p die Geschwindigkeit einer Flugzeugdrehung, und bedeutet δ den Winkel zwischen den zugehörigen Vektoren $\mathfrak{D}$ und $\mathfrak{o}_p$, so haben wir also mit dem Kreiselmoment

$$K_p = D\,\omega_p \sin\delta \tag{1}$$

bei einem symmetrischen Kreisel zu rechnen. Der Drehimpuls setzt sich zusammen aus demjenigen D_0 des Motors und demjenigen D_1 der Luftschraube, wobei auf das Vorzeichen zu achten ist, wenn etwa ein Getriebe zwischengeschaltet wird, so daß Motor und Luftschraube möglicherweise entgegengesetzt umlaufen. In diesem Falle wirkt nur die Differenz $|D_1 - D_0|$ nach außen (also auf den Flugzeugkörper), wogegen allerdings die beiden einzelnen Kreiselmomente $K_0 = D_0\,\omega_p \sin\delta$ und $K_1 = D_1\,\omega_p \sin\delta$ als innere Beanspruchung des Triebwerks in Rechnung zu stellen sind. Ganz Entsprechendes gilt, wenn ein Motor mehrere Luftschrauben antreibt.

Die Luftschraube ist nur dann ein symmetrischer Kreisel, wenn sie mindestens drei Flügel hat (die ja wohl stets rotationssymmetrisch angeordnet und unter sich gleich sind). Bei zweiflügligen Luftschrauben muß man die Ausdrücke für das Kreiselmoment des unsymmetrischen Kreisels in § 9, Ziff. **11** des ersten Bandes benützen, insbesondere dort die Formeln (96) bis (99) (Seite 157). In ihnen bedeutet K_x die Komponente des Kreiselmoments in der Eigendrehachse der Luftschraube, $-K'$ die Komponente des Kreiselmoments, die (bei positivem Betrag) den Vektor der Eigendrehung der Luftschraube mit dem Vektor der Drehung des Flugzeuges zur Deckung zu bringen strebt; die dritte, zu K_x und $-K'$ senkrechte Komponente ist $-K''$. Weil man auch die zweiflüglige Luftschraube stets als schnellen Kreisel ansehen kann, so darf man in den Ausdrücken K_1, K_2 und K_3, aus denen sich K_x, $-K'$

und $-K''$ aufbauen, das Quadrat ω_p^2 gegen das Produkt $\omega_e\,\omega_p$ vernachlässigen und erhält so die Komponenten

$$K \equiv -K' = [A + (B - C)\cos 2\varphi]\,\omega_e\,\omega_p \sin\delta,$$
$$K_q \equiv -K'' = (B - C)\,\omega_e\,\omega_p \sin\delta \sin 2\varphi,$$
$$K_x = \tfrac{1}{2}(B - C)\,\omega_p^2 \sin^2\delta \sin 2\varphi.$$

Hierin ist φ der Drehwinkel der Luftschraube, A ihre axiale Drehmasse, und B und C sind die beiden äquatorialen Hauptdrehmassen der Luftschraube bezüglich ihres Schwerpunktes. Man kann mit dem Eigendrehimpuls $D_1 = A\,\omega_0$ der Luftschraube auch schreiben

$$K = \left(1 + \frac{B-C}{A}\cos 2\varphi\right) D_1\,\omega_p \sin\delta, \tag{2}$$

$$K_q = \frac{B-C}{A} D_1\,\omega_p \sin\delta \sin 2\varphi, \tag{3}$$

$$K_x = \frac{B-C}{2A} (A\,\omega_p)\,\omega_p \sin^2\delta \sin 2\varphi \tag{4}$$

und diese Ausdrücke folgendermaßen deuten.

Erstens ist die Hauptkomponente K des Kreiselmomentes (die mit $B = C$ wieder in den Anteil der Luftschraube am Kreiselmoment (1) überginge) auch bei festen Werten von ω_p und δ nicht mehr von festem Betrage, sondern sie schwankt mit der doppelten Frequenz der Eigendrehung $\omega_e (= d\varphi/dt)$ zwischen den beiden Werten

$$\left(1 \mp \frac{B-C}{A}\right) D_1\,\omega_p \sin\delta \tag{5}$$

hin und her, und das bedeutet, da bei stabförmigen Körpern angenähert $B = A$ und $C = 0$ ist, daß sie nahezu zwischen Null und dem Betrag $2\,D_1\,\omega_p \sin\delta$, jedenfalls aber um den Mittelwert $D_1\,\omega_p \sin\delta$ hin und her schwankt.

Zweitens tritt bei der zweiflügligen Luftschraube eine zur Hauptkomponente K und zur Schraubenachse senkrechte Komponente K_q hinzu, welche ebenfalls mit der doppelten Frequenz der Eigendrehung zwischen den beiden Werten

$$\mp \frac{B-C}{A} D_1\,\omega_p \sin\delta, \tag{6}$$

also nahezu zwischen $\mp D_1\,\omega_p \sin\delta$ hin und her schwankt.

Drittens hat das Kreiselmoment eine mit der gleichen Frequenz $2\,\omega_e$ pulsierende Komponente K_x in der Schraubenachse, die man aber wohl um so eher außer acht lassen darf, als sie wegen des kleinen Faktors $A\,\omega_p$ neben der Ungleichförmigkeit des Antriebsmotors kaum eine Rolle spielen kann, wenn sie auch vielleicht dessen Gang ein wenig beeinflussen mag.

Weil nun die Eigendrehung der Luftschraube und also die Pulsationsfrequenz $2\,\omega_e$ der Kreiselmomente K und K_q sehr groß ist gegenüber allen möglichen Drehgeschwindigkeiten des Flugzeuges und auch gegenüber den Frequenzen der Schwingungsbewegungen, die ein Flugzeug als Ganzes während des Fluges vollziehen kann, so brauchen wir in der Kinetik des starr gedachten Flugzeuges nur den zeitlichen Mittelwert der Komponenten K und K_q des Kreiselmomentes zu berücksichtigen, und das heißt, auch bei der zweiflügeligen Luftschraube lediglich den Wert (1).

Die dann noch übrig bleibenden Pulsationen von K und K_q werden sich in Erzitterungen des Flugzeuges äußern, sozusagen in Hochfrequenzschwingungen, die sich den Flugzeugbewegungen und den Schwingungen in seiner Flugbahn überlagern. Diese Erzitterungen werden neben den Erschütterungen des Flugzeuges durch den oder die Motoren kaum besonders fühlbar sein; sie wirken aber natürlich auf die Beanspruchung der Lager ungünstig ein, und ihre wesentlichste Gefahr besteht wohl darin, daß sie die Schraubenflügel oder andere Triebwerk- oder Flugzeugteile zu Schwingungen mit Resonanzen veranlassen.

Weiterhin haben wir es also nur noch mit den Kreiselmomenten (1) zu tun, die bei irgendwelchen Drehgeschwindigkeiten des nunmehr starr gedachten Flugzeugkörpers auftreten.

Wenn das Flugzeug ein Paar genau entgegengesetzt laufende Motoren und Luftschrauben oder auch mehrere derartige Paare besitzt, so äußern sich die beiden alsdann entgegengesetzt gleichen Kreiselmomente lediglich in inneren Beanspruchungen des Flugzeugkörpers, welche sehr bedeutend sein können und bei seinem Bau berücksichtigt werden müssen.

Wird dagegen das Flugzeug durch e i n e Luftschraube angetrieben (ohne oder mit entgegengesetzt gleich umlaufenden Paaren weiterer Luftschrauben), so wird deren Kreiselmoment den Flug, soweit er nicht geradeaus und schwingungsfrei erfolgt, unmittelbar beeinflussen. Man kann ohne jede Rechnung schon an Hand der Regel vom gleichstimmigen Parallelismus der Drehachsen (erster Band, Seite 61) voraussagen, daß alle Wendebewegungen des Flugzeuges (etwa im Kurvenflug) dieses zu Kippungen um seine Querachse erregen, und alle Kippungen des Flugzeuges (etwa beim Beginn oder Ende eines Sturzfluges) zu Wendungen um seine Hochachse. Tatsächlich sind diese Kreiselwirkungen sogar noch erheblich mannigfaltiger, und um sie ganz zu überblicken, müssen wir uns jetzt mit der Kinetik des fliegenden Flugzeuges befassen.

2. Die Grundlagen der Kinetik des Flugzeuges. Die Kinetik des Flugezuges ist ein weit entwickeltes Wissensgebiet[1]. Wir wollen dieses Gebiet hier nur in dem Umfange betreten, als wir seine Erkenntnisse für die Beurteilung der Kreiselwirkungen gebrauchen, und werden dabei die Grundlagen soweit vereinfachen, wie es für unsere Zwecke zulässig erscheint.

Wir beziehen die Lage des Flugzeuges auf ein raumfestes kartesisches Achsenkreuz (X, Y, Z); die positive X-Achse liege in der ursprünglichen Flugrichtung, die positive Y-Achse weise waagerecht nach links, die positive Z-Achse lotrecht aufwärts. Da es uns nur auf die Richtungen dieser Achsen ankommt, so bezeichnen wir ebenso auch die dazu parallelen Achsen durch den Schwerpunkt des Flugzeuges (Abb. 27). Weiter brauchen wir ein im Flugzeug festes kartesisches Achsenkreuz (x, y, z); dieses möge übereinstimmen mit den Hauptachsen des Flugzeuges durch den Schwerpunkt, und wir dürfen also voraussetzen, daß die positiven Achsen x, y, z beim ungestörten Geradflug waagerecht nach vorn, waagerecht nach links und lotrecht aufwärts weisen. Die Drehungen um diese Längs-, Quer- und Hochachse messen wir, wie beim Schiff, durch die Drehgeschwindigkeiten $\dot{\varphi}$, $\dot{\chi}$ und $\dot{\psi}$ jeweils positiv im Sinne einer Rechtsschraube zusammen mit der positiven x-, y- und z-Achse, und nennen solche Drehungen der Reihe nach Rollen, Kippen und Wenden.

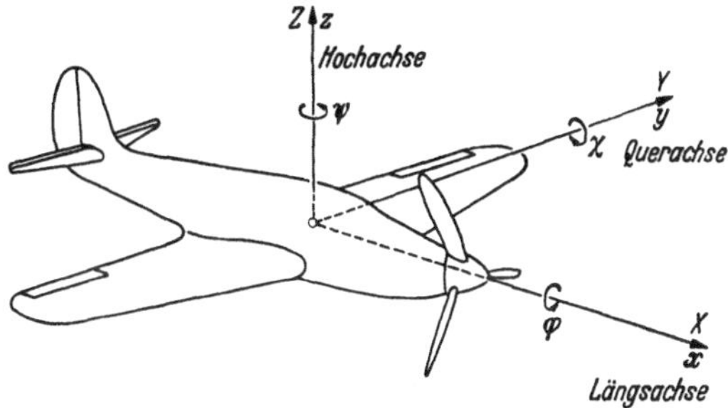

Abb. 27. Flugzeugachsen.

Da wir uns für unsere jetzigen Fragestellungen auf diejenige Genauigkeit beschränken wollen, die nur kleine Abweichungen vom normalen Geradflug berücksichtigt, so werden wir voraussetzen, daß die Winkel φ und χ sowie die Drehgeschwindigkeiten $\dot{\varphi}$, $\dot{\chi}$ und $\dot{\psi}$ kleine Größen sind, so daß wir also insbesondere die Produkte der Drehgeschwindigkeiten untereinander als klein von höherer Ordnung behandeln und außerdem $\cos\varphi = \cos\chi = 1$ und $\sin\varphi = \varphi$, $\sin\chi = \chi$ setzen dürfen. Hochachse und Querachse sollen sich mithin immer nur langsam und nur wenig aus der Lotrechten und Waagerechten

[1] Vgl. etwa die Darstellung von *B. M. Jones*, Dynamics of the Airplane, in W. F. Durands Handbuch „Aerodynamic Theory“, Bd. 5, Berlin 1935.

entfernen; die Längsachse soll nur langsame Wendungen $\dot{\psi}$ vollziehen, während ihre Richtung ψ gegen die ursprüngliche Flugrichtung allerdings ohne Beschränkung wechseln darf.

Der Einfachheit halber setzen wir weiter voraus, daß die Figurenachse des Kreisels, den die Luftschraube samt ihrem Motor vorstellt, durch den Schwerpunkt des Flugzeuges gehe und mit seiner Längsachse zusammenfalle. Je nachdem der Kreisel im Drehsinn von φ umläuft oder umgekehrt, soll sein Drehimpuls D positiv oder negativ gerechnet werden und die Luftschraube rechts- oder linksläufig heißen.

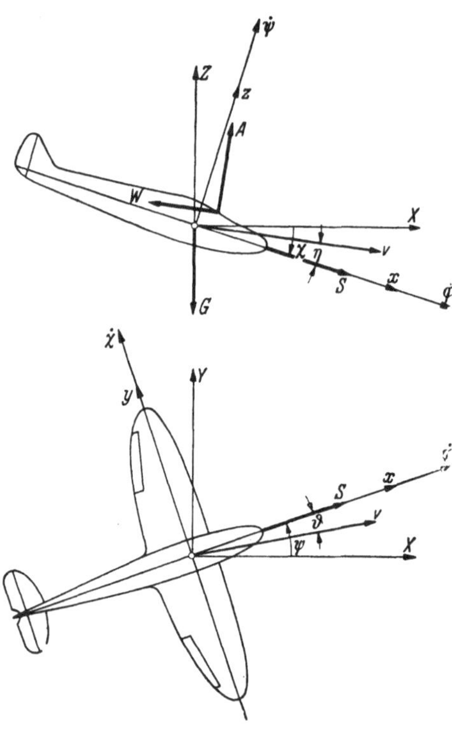

Abb. 28. Gestörte Lage des Flugzeuges.

Die normale Fluggeschwindigkeit v_0 darf weder der Größe noch der Richtung nach als völlig unveränderlich behandelt werden. Wir bezeichnen mit ξ ihren Zuwachs, ausgedrückt in Bruchteilen ihres Betrages v_0, so daß die augenblickliche Geschwindigkeit $v = v_0(1+\xi)$ ist. Ihre Richtung, die beim ungestörten Flug mit der x-Richtung zusammenfällt, möge augenblicklich mit der x-Richtung einen Winkel bilden, dessen Projektionen auf die (x,z)- und die (x,y)-Ebene wir η und ϑ nennen (Abb. 28). Auch ξ, η und ϑ behandeln wir als kleine Größen.

Wenn das Flugzeug in seinem ruhigen, geraden Flug gestört wird, sei es durch Ruderausschläge, sei es durch Böen, so vollzieht es Wende- und Kippbewegungen, möglicherweise mit Schwingungen um irgendeine Mittellage. Wir möchten wissen, wie die Wende- und Kippbewegung sowie die Amplituden und Frequenzen solcher Schwingungen vom Luftschraubenkreisel beeinflußt werden, ob erwünscht, ob schädlich. Dazu wird es nötig sein, die Differentialgleichungen jener Störung anzusetzen, nämlich den Impulssatz für die Bewegung des Schwerpunktes des Flugzeuges und den Drehimpulssatz für die Drehung des Flugzeuges um seinen Schwerpunkt, also die kinetischen Grundgleichungen (21) und (23) von § 2, Ziff. 4 des ersten Abschnitts des ersten Bandes (Seite 23).

Der Drehimpulssatz zunächst, zerlegt nach den drei selber bewegten Achsen x, y, z, führt auf Gleichungen von der Form (7) von § 10, Ziff. 1 des ersten Bandes (Seite 166). Den dortigen Drehkomponenten $\omega_x, \omega_y, \omega_z$ entsprechen hier die Größen $\dot{\varphi}, \dot{\chi}, \dot{\psi}$. Die dortigen Komponenten $(B-C)\,\omega_y\,\omega_z$ usw. der sogenannten Gerüstgeschwindigkeit dürfen wir hier aber vernachlässigen, da sie die Produkte der $\dot{\varphi}, \dot{\chi}, \dot{\psi}$ enthalten (dies bedeutet, daß wir die Schleudermomente des Flugzeuges außer acht lassen). Sind also A_1, B_1 und C_1 die Drehmassen des ganzen Flugzeuges um seine Längs-, Quer- und Hochachse, und M_x, M_y und M_z die Komponenten des Störmomentes bezüglich des Schwerpunkts, so lautet das erste Tripel der Störungsgleichungen

$$A_1\ddot{\varphi} = M_x, \qquad B_1\ddot{\chi} = M_y, \qquad C_1\ddot{\psi} = M_z. \tag{7}$$

Der Impulssatz (oder Schwerpunktssatz) sodann erfordert, vor allem die Beschleunigungskomponenten festzustellen. Nach der Formel (3) von § 2, Ziff. 1 des ersten Abschnitts des ersten Bandes (Seite 16) ist die Beschleunigungskomponente in der Flugrichtung gleich $\dot{v}=v_0\dot{\xi}$, diejenige in der Hauptnormalen der Bahn gleich $kv^2=v\,\omega$, wenn k die Krümmung der Bahn und also ω die Drehgeschwindigkeit der Bahntangente bedeutet. Der zugehörige Vektor $\mathfrak{o}$ hat gemäß Abb. 28 die Komponenten $\dot{\chi}-\dot{\eta}$ und $\dot{\psi}-\dot{\vartheta}$ in der (x,z)- und (x,y)-Ebene, und somit sind die Beschleunigungskomponenten in der Bahntangente und senkrecht dazu in der (x,z)- und (x,y)-Ebene

$$b_t = v_0\,\dot{\xi}, \qquad b_m = v_0(\dot{\chi}-\dot{\eta}), \qquad b_n = v_0(\dot{\psi}-\dot{\vartheta}).$$

Ist also G das Gewicht des ganzen Flugzeuges, und sind P_t, P_m und P_n die Komponenten der Störkräfte, so lautet das zweite Tripel der Störungsgleichungen

$$\frac{G}{g}\,v_0\,\dot{\xi} = P_t, \qquad \frac{G}{g}\,v_0(\dot{\chi}-\dot{\eta}) = P_m, \qquad \frac{G}{g}\,v_0(\dot{\psi}-\dot{\vartheta}) = P_n. \tag{8}$$

Wenn wir in die Momente M_χ und M_ψ auch die Kreiselmomente

$$K_\chi = -D\,\dot{\psi}, \qquad K_\psi = D\,\dot{\chi} \tag{9}$$

mit aufnehmen, so brauchen wir uns um den Luftschraubenkreisel nicht weiter zu kümmern. In den Komponenten $P_t, P_m, P_n, M_\varphi, M_\chi, M_\psi$ sollen selbstverständlich auch die Störungen der natürlichen

Kräfte und Drehkräfte mit einbezogen sein, die sich im gleichförmigen Flug gerade aufheben.

Die Ermittlung der Momente M_φ, M_χ, M_ψ und der Kräfte P_t, P_m, P_n ist eine Grundaufgabe der Aerodynamik, welche letzten Endes nur durch Modellversuche, mit einer beschränkten Genauigkeit wohl auch rechnerisch zu lösen ist, wobei man davon ausgehen muß, daß Auftrieb und Widerstand einer schräg bewegten Fläche, z. B. eines kurzen Stückes df einer Tragdecke bei der Geschwindigkeit v und der Luftdichte ϱ durch die Formeln

$$dA = \frac{\varrho v^2}{2} c_a df, \qquad dW = \frac{\varrho v^2}{2} c_w df \tag{10}$$

dargestellt sind, worin die Beiwerte c_a und c_w vom Schrägstellungswinkel (dem sogenannten Anstellwinkel) und von der Flächengestaitung, wohl auch vom Einfluß benachbarter Körper (Flugzeugteile usw.) abhängen. Im einzelnen erhält man so die folgenden **Luftkraftmomente** (Drehkräfte):

1. Bei einer Rollbewegung $\dot{\varphi}$ ein Dämpfungsmoment

$$M'_\varphi = -w_\varphi \dot{\varphi} \qquad (w_\varphi > 0) \tag{11}$$

und ein Wendemoment

$$M''_\psi = -q\dot{\varphi} \qquad [q \geqq 0]. \tag{12}$$

Das Moment M'_φ rührt davon her, daß sich beispielsweise bei einer Rollung $\dot{\varphi} > 0$ die Anstellwinkel der linken Tragdecke und damit auch die Auftriebskräfte verkleinern, diejenigen der rechten aber vergrößern, und zwar in der Entfernung y von der Rollachse (x-Achse) um $y\dot{\varphi}/v_0$, so daß, da c_a in weitem Umfang sehr nahezu eine lineare Funktion des Anstellwinkels ist, in der Tat M'_φ proportional zu $\dot{\varphi}$ wird; kleinere Beiträge zu M'_φ liefern auch die anderen Teile des Flugzeuges. Das Moment M''_ψ kommt zum Teil von der Widerstandsverminderung der linken und der Widerstandsvermehrung der rechten Tragdecke infolge $\dot{\varphi}$ (mit ähnlicher Begründung), zum Teil auch von der bei einer Rollung $\dot{\varphi}$ geweckten Seitenkraft eines hochliegenden Seitenleitwerkes. In der Regel ist der Koeffizient q positiv; doch kann er bei seltenen Sonderbauarten auch negativ werden [dies soll die eckige Klammer in (12) andeuten].

2. Bei einer Kippbewegung $\dot{\chi}$ ein Dämpfungsmoment

$$M'_\chi = -w_\chi \dot{\chi} \qquad (w_\chi > 0), \tag{13}$$

im wesentlichen vom Höhenleitwerk herrührend.

3. Bei einer Wendebewegung $\dot{\psi}$ ein Dämpfungsmoment

$$M'_\psi = -w_\psi \dot{\psi} \qquad (w_\psi > 0), \tag{14}$$

im wesentlichen vom Seitenleitwerk herrührend, nebst einem in der Regel kleineren Beitrag von den Tragdecken und vom Rumpf, sowie ein Rollmoment

$$M''_\varphi = -p\dot{\psi} \qquad (p > 0), \tag{15}$$

herrührend von der Geschwindigkeitsvergrößerung der Teile des rechten Tragdecks nebst entsprechender Auftriebsvergrößerung und einer Geschwindigkeits- und also Auftriebsverminderung des linken Tragdecks bei einer Wendung ψ beispielsweise nach links. Das Moment M''_φ erteilt dem Flugzeug in der Kurve seine Schräglage; daß es proportional zu $\dot{\psi}$ ist, erkennt man, wenn man beachtet, daß die Geschwindigkeitsänderung in der Entfernung y von der Hochachse (z-Achse) gleich $y\dot{\psi}$ ist.

4. Infolge der Winkel η und ϑ, welche die Abweichung der Längsachse von der Flugrichtung messen, die Momente

$$M'''_\varphi = -h\vartheta, \quad M'''_\chi = -j\eta, \quad M'''_\psi = -k\vartheta. \tag{16}$$

Die Momente M'''_φ und M'''_ψ rühren teilweise vom Seitenleitwerk her, teilweise von einer etwaigen Pfeilstellung der Tragdecken, das Moment M'''_χ teilweise vom Höhenleitwerk, teilweise von der sogenannten Druckpunktwanderung, die darin besteht, daß bei vielen Flügelprofilen die Entfernung der Resultanten aus Auftrieb A und Widerstand W vom Flugzeugschwerpunkt sich mit dem Anstellwinkel ändert. Die Koeffizienten h, j und k sind wohl meist positiv, können aber auch negativ sein; wir sprechen nachher noch von ihnen.

5. Die von den Rudern herrührenden Momente

$$\left.\begin{array}{l} M^*_\varphi = r_q\alpha_q + r'_s\alpha_s, \qquad M^*_\chi = r_h\alpha_h, \qquad M^*_\psi = r_s\alpha_s \\ \qquad (r_q > 0, \quad r_h > 0, \quad r_s > 0) \quad [r'_s > 0]. \end{array}\right\} \tag{17}$$

Hier bedeutet α_h den Ausschlag des Höhenruders, positiv abwärts, α_s den des Seitenruders, positiv nach links, α_q den des Querruders, positiv abwärts am linken Flügel, aufwärts am rechten Flügel. Die Koeffizienten r_q, r_h und r_s sind stets, der Koeffizient r'_s in der Regel positiv. Die Ruderausschläge haben neben einer Vergrößerung des Leitwerks- bzw. Flügelwiderstands, der hier unbedenklich außer acht gelassen werden kann, Auftriebs- und Seitenkräfte zur Folge, die innerhalb weiter Grenzen proportional zu den Ausschlägen selbst sind und also zu den Momenten von der Form (17) führen.

Sodann zählen wir die Luftkräfte (soweit sie Störkräfte sind) im einzelnen auf:

1. Die Komponente

$$P_t' = G(\chi - \eta) \tag{18}$$

des Gewichts in der Bahntangente infolge eines Störwinkels $\chi-\eta$, wobei nach Verabredung $\sin(\chi-\eta)=\chi-\eta$ zu setzen ist.

2. Infolge der Verringerung des Anstellwinkels um η eine Herabsetzung des Widerstandes in der Bahntangente um

$$P_t'' = E\eta \qquad [E>0] \tag{19}$$

und eine Verringerung des Auftriebs, also eine Kraft in der (x,z)-Ebene

$$P_m'' = F\eta \qquad (F>0). \tag{20}$$

3. Infolge einer Schräglage φ eine seitliche Komponente des Gewichts

$$P_n' = -G\varphi. \tag{21}$$

4. Infolge eines Schiebewinkels ϑ eine weitere Seitenkraft

$$P_n'' = U\vartheta \qquad (U>0), \tag{22}$$

teils vom Seitentrieb des Rumpfes, teils von einer seitlichen Komponente des Schraubenzuges S herrührend.

5. Infolge einer Änderung ξ der Fluggeschwindigkeit eine Änderung des Auftriebs $A=G$ wegen $d(v^2)=2\,v\,dv\approx 2\,v_0^2\xi$ um die Kraft

$$P_m''' = -2\,G\xi \tag{23}$$

und des Schraubenzugs $S=W$ um

$$P_t''' = -2\,S_0\xi \tag{24}$$

(wobei S_0 der Schraubenzug am Stand ist), wie man folgendermaßen findet. Erfahrungsgemäß darf man

$$S = S_0 - \varkappa\varrho v^2$$

setzen, hat also $dS=-2\varkappa\varrho v\,dv\approx -2\varkappa\varrho v_0^2\xi = 2(S-S_0)\xi$. Davon ist aber die Vermehrung des Widerstandes $dW=2W\xi=2S\xi$ abzuziehen, so daß in der Tat die Kraft (24) übrig bleibt.

6. Die Ruderkräfte

$$P_m^* = -R_h\alpha_h, \quad P_n^* = -R_s\alpha_s \qquad (R_h>0,\, R_s>0), \tag{25}$$

wobei die stets positiven Koeffizienten R_h und R_s mit den Koeffizienten in (17) zusammenhängen durch die Beziehungen

$$r_h = a_h R_h, \qquad r_s = a_s R_s; \tag{26}$$

darin sind a_h und a_s ziemlich genau die Entfernungen des Flugzeugschwerpunkts von den Flächenschwerpunkten des Höhen- und Seitenleitwertes.

Einige weitere Kräfte, die von der Auftriebs-, Seitentriebs- und Widerstandsänderung der Leitwerte bei Drehungen $\dot\varphi$, $\dot\chi$ und $\dot\psi$ herrühren, dürfen wir als unbedeutend hier unterdrücken.

Setzt man nunmehr die Momente und Kräfte (9) und (11) bis (26) in die Bewegungsgleichungen (7) und (8) ein und bringt außer den Rudermomenten und -kräften alles auf die linke Seite, so erscheinen die folgenden sechs Grundgleichungen:

$$A_1\ddot{\varphi}+w_\varphi\dot{\varphi}+p\dot{\psi}+h\vartheta \qquad =r_q\alpha_q+r_s'\alpha_s, \tag{27}$$

$$B_1\ddot{\chi}+w_\chi\dot{\chi} \qquad +j\eta+D\dot{\psi}=r_h\alpha_h, \tag{28}$$

$$C_1\ddot{\psi}+w_\psi\dot{\psi}+q\dot{\varphi}+k\vartheta-D\dot{\chi}=r_s\alpha_s, \tag{29}$$

$$\frac{G}{g}v_0\dot{\xi}-G(\chi-\eta)-E\eta+2S_0\xi=0, \tag{30}$$

$$\frac{G}{g}v_0(\dot{\chi}-\dot{\eta})+2G\xi-F\eta \qquad =-R_h\alpha_h, \tag{31}$$

$$\frac{G}{g}v_0(\dot{\psi}-\dot{\vartheta})+G\varphi-U\vartheta \qquad =-R_s\alpha_s. \tag{32}$$

Dieses System von sechs linearen Differentialgleichungen mit konstanten Koeffizienten muß, soweit unsere einschränkenden Voraussetzungen zutreffen, die vollständige Lösung unseres Problems enthalten. Die Koeffizienten A_1, B_1, C_1, p, w_φ, w_χ, w_ψ, r_q, r_h, r_s, F, G, U, R_h und R_s sind stets positiv, die Koeffizienten q, r_s' und E sind es in der Regel, wogegen die Koeffizienten h, j, k und der Drehimpuls D des Luftschraubenkreisels je nach Bauart des Flugzeuges und je nach dem Umlaufsinn der Luftschraube (samt Motor) positiv oder negativ sein können. Die Glieder $D\dot{\psi}$ und $-D\dot{\chi}$ sind auch hier als gyroskopische Terme zu bezeichnen. Weil in den Gleichungen (27) bis (32) wohl $\dot{\psi}$, aber nicht ψ explizit vorkommt, so sind sie, wie zu erwarten, von der Himmelsrichtung des Fluges unabhängig. Sie enthalten natürlich mit $\alpha_h=\alpha_s=\alpha_q=0$ die ungestörte Normallage

$$\left.\begin{array}{lll} \varphi=0, & \chi=0, & \psi=\text{konst.}, \\ \xi=0, & \eta=0, & \vartheta=0 \end{array}\right\} \tag{33}$$

des Flugzeuges im Geradeflug ohne Ruderausschläge.

3. Die stationären Kreiselwirkungen. Man kann aus den Störungsgleichungen (27) bis (32) einige wichtige Ergebnisse gewinnen[1], von denen ein Teil, aber freilich eben nur ein Teil, auch durch einfache Überlegungen zu finden wäre.

---

[1] Vgl. *L. Prandtl*, Z. Flugt. Motorluftsch. 1 (1910), S. 25; *A. Betz*, ebenda 2 (1911), S. 229; *R. Grammel*, ebenda 7 (1916), S. 53. Neben den Kreiselwirkungen der Luftschraube auf das Flugzeug gibt es bei jeder Schwenkung der Schraubenachse noch sozusagen innere Kreiselwirkungen am einzelnen Schraubenblatt infolge der Massenträgheit; über die große Mannigfaltigkeit dieser Wirkungen vgl. *R. Grammel*, Die Trägheitswirkungen in der Luftschraube des kurvenden Flugzeugs, Heft 36 der Schriften der Deutschen Akademie der Luftfahrtforschung, Berlin 1941.

Die Größen φ, ψ und ϑ kennzeichnen die Seiten- oder Querstabilität des Flugzeuges insofern, als ihr Kleinbleiben verbürgt, daß das Flugzeug weder aus seiner Flugrichtung gerät noch durch seitlichen Absturz bedroht ist. Die Größen χ, ξ und η kennzeichnen seine Längsstabilität insofern, als dieses weder durch Vorwärts- noch durch Rückwärtskippen gefährdet ist, solange diese Werte bei Störungen stets klein genug bleiben. Ohne Kreiselwirkung, also mit $D=0$ bestimmen die drei Gleichungen (27), (29) und (32) für sich die Seitenstabilität, die drei Gleichungen (28), (30) und (31) für sich die Längsstabilität, und zwar beide Gleichungstripel unabhängig voneinander. Infolge der gyroskopischen Terme haben wir als erste Kreiselwirkung:

Der Luftschraubenkreisel verknüpft die Seiten- und Längsstabilität des Flugzeuges miteinander.

Um diese Verkoppelung im einzelnen zu erkennen, nehmen wir an, daß die Ruder um feste Winkel ausgelenkt werden — auf solche feste Ausschläge wollen wir die Untersuchung beschränken —, daß also einige oder alle α_h, α_s und α_q von Null verschiedene feste Zahlen seien. Dann stellen die sechs Gleichungen (27) bis (32) die durch derartige Ruderausschläge erzeugten Störbewegungen des Flugzeuges dar, also vermutlich mehr oder weniger gedämpfte oder auch wohl angefachte Schwingungen um eine neue Nullage φ_0, χ_0, ξ_0, η_0, ϑ_0 und möglicherweise um eine mittlere Wendegeschwindigkeit $\dot{\psi}_0=\omega_0$.

Zuerst wollen wir diese neue Lage und mittlere Bewegung ermitteln und uns erst später mit den Schwingungen befassen. Man erhält ihre Bestimmungsgleichungen, indem man in (27) bis (32) alle zeitlichen Ableitungen gleich Null setzt, ausgenommen $\dot{\psi}$, wofür ω_0 zu nehmen ist, also

$$p\,\omega_0+h\vartheta_0=r_q\alpha_q+r_s'\alpha_s, \tag{34}$$

$$D\omega_0+j\eta_0=r_h\alpha_h, \tag{35}$$

$$w_\psi\,\omega_0+k\vartheta_0=r_s\alpha_s, \tag{36}$$

$$2\,S_0\xi_0-G\chi_0-(E-G)\eta_0=0, \tag{37}$$

$$2\,G\xi_0-F\eta_0=-R_h\alpha_h, \tag{38}$$

$$\frac{G}{g}\,v_0\,\omega_0+G\varphi_0-U\vartheta_0=-R_s\alpha_s\,. \tag{39}$$

Von den zahlreichen für die Steuerfähigkeit des Flugzeuges wichtigen Folgerungen, die sich aus diesen sechs Gleichungen ziehen lassen, heben wir nur diejenigen heraus, die die Kreiselwirkung der Luftschraube angehen.

Aus (34) und (36) findet man, wenn man

$$\varDelta = h w_\psi - k p \neq 0 \tag{40}$$

voraussetzt,

$$\omega_0 = \frac{1}{\varDelta}\left[(h r_s - k r_s')\alpha_s - k r_q \alpha_q\right], \tag{41}$$

$$\vartheta_0 = \frac{1}{\varDelta}\left[w_\psi r_q \alpha_q - (p r_s - w_\psi r_s')\alpha_s\right]. \tag{42}$$

Bei einer Linkskurve ist, wie man leicht überlegt, ein positiver Ruderausschlag α_s des Seitenruders und gegebenenfalls ein negativer Ausschlag α_q des Querruders erforderlich. Wir wollen jetzt weiter voraussetzen, daß

$$\varDelta > 0, \qquad h > 0, \qquad k > 0 \tag{43}$$

sein soll. Dann ist bei allen vernünftig gebauten Flugzeugen auch

$$h r_s - k r_s' > 0, \qquad p r_s - w_\psi r_s' > 0, \tag{44}$$

wie man leicht bestätigen würde, wenn man diese Werte wirklich ausrechnete. Und hiernach gehört in der Tat zu $\alpha_s > 0$ und $\alpha_q < 0$ ein positiver Wert ω_0 (Linkswendung), aber ein negativer Wert ϑ_0, was soviel wie ein Nachhinken der Längsachse gegen die Wendebewegung bedeutet, wie es bei allen Flugzeugen bekannt ist. Man erkennt hieraus – und eine genauere Stabilitätstheorie bestätigt dies –, daß die Ungleichungen (43) die Bedingungen für die sogenannte statische Seitenstabilität vorstellen. Man erkennt ferner, daß ω_0 (41) und ϑ_0 (42) unabhängig vom Drehimpuls D der Luftschraube sind, und das gleiche gilt also für den aus (39) folgenden Wert φ_0 der Schräglage des Flugzeuges in der Kurve. Damit ist die Erkenntnis gewonnen:

Nachdem etwaige Schwingungen abgeklungen sind, vollzieht sich die durch feste Ausschläge des Seiten- und Querruders eingeleitete Wendebewegung des Flugzeuges sowohl nach ihrer Geschwindigkeit ω_0, wie nach der damit verbundenen Schräglage φ_0 des Flugzeuges und dem Nachhinken ϑ_0 der Längsachse ganz unabhängig vom Schraubenkreisel.

Weiter folgt unter der Voraussetzung $j \neq 0$ aus (35)

$$\eta_0 = \frac{1}{j}(r_h \alpha_h - D\,\omega_0), \tag{45}$$

sodann aus (38) mit (45)

$$\xi_0 = \frac{1}{2Gj}\left[(F r_h - j R_h)\alpha_h - D F \omega_0\right], \tag{46}$$

ferner aus (37) mit (45) und (46)

$$\chi_0 = \frac{1}{G^2 j}\left\{\left[(S_0 F - EG + G^2) r_h - j S_0 R_h\right]\alpha_h - D(S_0 F - EG + G^2)\omega_0\right\} \tag{47}$$

und endlich aus (45) und (47) die Differenz

$$\gamma_0 = \chi_0 - \eta_0 = \frac{1}{G^2 j}\left\{\left[(S_0 F - EG) r_h - j S_0 R_h\right]\alpha_h - D(S_0 F - EG)\,\omega_0^2\right\}, \tag{48}$$

worin man nach Belieben noch den Wert ω_0 aus (41) einsetzen mag. Zur Diskussion dieser Werte setzen wir jetzt

$$j > 0 \tag{49}$$

voraus. Dies ist offenbar die Bedingung für die statische Längsstabilität, wie man aus der Gleichung (28) erkennt, wenn man dort $D=0$ und $\alpha_h=0$ nimmt: die Drehkraft $j\eta$ sucht dann für $j>0$ einen etwaigen Kippausschlag χ rückgängig zu machen. Ferner ist bei allen vernünftig gebauten Flugzeugen

$$Fr_h - jR_h > 0, \qquad (S_0F - EG)r_h - jS_0R_h > 0. \tag{50}$$

Nunmehr zeigen die Glieder mit α_h in (45) bis (48), wie ein positiver (negativer) Ausschlag des Höhenruders ein Abkippen (Aufkippen) χ_0 der Längsachse, ein Absteigen (Aufsteigen) γ_0 der Flugbahn, eine Vergrößerung (Verkleinerung) ξ_0 der Fluggeschwindigkeit und ein Voreilen η_0 der Längsachse vor der Kippbewegung erzeugt. Wichtiger sind für uns hier aber die Glieder mit dem Faktor $D\omega_0$; sie liefern folgende Erkenntnisse:

Ein rechtsdrehender Schraubenkreisel ($D>0$) veranlaßt das Flugzeug bei einer Links- bzw. Rechtswendung ($\omega_0>0$ bzw. <0) zu einer Kippung aufwärts ($\chi_0<0$) bzw. abwärts ($\chi_0>0$); diese ist verbunden mit einem Aufstieg bzw. Abstieg der Flugbahn unter einem Winkel γ_0 (<0 bzw. >0) gegen die Waagerechte, sowie einer Verminderung bzw. Vermehrung ξ_0 (<0 bzw. >0) der Fluggeschwindigkeit. Bei einem linksdrehenden Schraubenkreisel ($D<0$) kehrt sich der Sinn dieser Kreiselwirkungen um. Dabei sind die Winkel χ_0 und γ_0 sowie die Veränderung ξ_0 der Fluggeschwindigkeit um so größer, je größer die Wendegeschwindigkeit $|\omega_0|$ und der Drehimpuls $|D|$ des Schraubenkreisels sind, und je kleiner die Längsstabilität (j) des Flugzeuges ist.

Mithin ist bei rechtsdrehender Luftschraube eine Links- bzw. Rechtswendung ohne Kippung nur möglich, wenn das Höhenruder ab- bzw. aufkippend betätigt wird, bei linksdrehender Luftschraube umgekehrt.

Und weil erfahrungsgemäß ein ungewolltes Abkippen des Flugzeuges zumeist bedenklicher ist als ein unvorhergesehenes Aufkippen, so folgt die Regel: Das Wenden nach der Drehseite der Luftschraube ist im allgemeinen gefährlicher als nach der anderen Seite.

Nur nebenbei wollen wir bemerken, daß natürlich auch die aus (39) folgende Schräglage φ_0 des Flugzeuges in der Kurve

$$\varphi_0 = -\frac{v_0\,\omega_0}{g} + \frac{1}{G}(U\vartheta_0 - R_s\alpha_s) \tag{51}$$

vom Schraubenkreisel beeinflußt wird, wie man erkennt, wenn man sich hier die Werte ω_0 (41) und ϑ_0 (42) eingesetzt denkt.

Aus den bisherigen Rechnungen ist aber weder eine durch das Höhenruder ausgelöste Kreiselwirkung ersichtlich noch irgendwelche Abhängigkeit der Wendegeschwindigkeit vom Schraubenkreisel. Daß außer der errechneten Kippwirkung noch weitere Kreiselwirkungen vorhanden sein müssen, lehrt aber schon eine einfache Überlegung auf Grund der Regel vom gleichstimmigen Parallelismus der Drehachsen. Um solche aufzufinden, wollen wir aus den beiden Gleichungen (27) und (29) den Winkel ϑ entfernen; indem wir sie der Reihe nach mit k und $-h$ multiplizieren und dann addieren, kommt

$$A_1 k \ddot{\varphi} - C_1 h \ddot{\psi} + (k w_\varphi - h q)\dot{\varphi} + (k p - h w_\psi)\dot{\psi} + D h \dot{\chi} = k r_q \alpha_q - (h r_s - k r_s')\alpha_s.$$

Die rechte Seite ersetzt man gemäß (41) durch den Festwert $-\omega_0 \varDelta$, die Klammer vor $\dot{\psi}$ gemäß (40) durch $-\varDelta$ und integriert dann einmal nach der Zeit; dies gibt

$$A_1 k \dot{\varphi} - C_1 h \dot{\psi} + (k w_\varphi - h q)\varphi - \varDelta \cdot \psi + D h \chi + \omega_0 \varDelta \cdot t = 0. \qquad (52)$$

Dabei haben wir eine Integrationskonstante sogleich weggelassen, weil wir davon ausgehen, daß zu Beginn der Zeitrechnung der Flug noch ganz ungestört sei und sich in der usrprünglichen Richtung $\psi=0$ vollziehe; d. h. wir setzen fest, daß zur Zeit $t=0$ auch noch φ, χ, ψ sowie $\dot{\varphi}$ und $\dot{\psi}$ verschwinden.

Jetzt setze die Störung ein, hervorgerufen durch irgendwelche Ruderausschläge. Nach einiger Zeit hat sich die Störung durch Abdämpfen der etwa entstandenen Schwingungen auf den Zustand beruhigt, der durch die schon ermittelten Größen φ_0, χ_0 und ω_0 gekennzeichnet ist. Wir erhalten den zugehörigen Wert von ψ, indem wir in (52) den Größen φ, χ und $\dot{\psi}=\omega$ den Zeiger Null anhängen und zugleich die Ableitung $\dot{\varphi}_0$ des festen Winkels φ_0 gleich Null setzen, nämlich

$$\psi = \omega_0 t - \frac{1}{\varDelta}\left[C_1 h\, \omega_0 - (k w_\varphi - h q)\varphi_0\right] + \frac{D h}{\varDelta}\, \chi_0. \qquad (53)$$

Die beiden ersten Glieder rechter Hand kümmern uns hier wenig: sie zeigen nur genauer, wie das Flugzeug — immer abgesehen von den gedämpften Schwingungen — eine Kurve ohne Kreiselwirkung durchfliegt, nämlich indem es etwas hinter dem Azimut zurückbleibt, welches einer von Anfang an gleichmäßigen Wendegeschwindigkeit ω_0 entspräche.

Das letzte Glied allein in (53) hängt vom Schraubenkreisel ab und zeigt eine Zusatzwendung

$$\psi_1 = \frac{Dh}{\Delta}\chi_0 \tag{54}$$

als Kreiselwirkung, herrührend von einer Kippung χ_0. Diese Kippung kann nun entweder unmittelbar vom Höhenruder herrühren oder gemäß (47) bei einem Kurvenflug ω_0 vom Schraubenkreisel induziert sein, so daß mit dem letzten Glied von (47) allein aus (54)

$$\psi_2 = -D^2 \frac{h}{G^2 j \Delta}(S_0 F - EG + G^2)\,\omega_0 \tag{55}$$

wird. Das sind also zwei weitere Kreiselwirkungen, die wir folgendermaßen in Worte fassen können:

Ein rechtsdrehender Schraubenkreisel ($D > 0$) veranlaßt das Flugzeug bei einer vom Höhenruder hervorgerufenen Kippung abwärts ($\chi_0 > 0$) bzw. aufwärts ($\chi_0 < 0$) zu einer damit proportionalen Wendung nach links ($\psi_1 > 0$) bzw. rechts ($\psi_1 < 0$). Bei einem linksdrehenden Schraubenkreisel ($D < 0$) kehrt sich der Sinn dieser Wendewirkung um.

Die Wendebewegung ω_0 eines eingeleiteten Kurvenfluges wird vom Schraubenkreisel, gleichgültig in welchem Sinn er umläuft, um einen zu ω_0 proportionalen Betrag ψ_2 gehemmt (Hemmwirkung des Schraubenkreisels).

Mithin ist bei rechtsdrehender Luftschraube ein Ab- bzw. Aufkippen ohne Wendebewegung nur möglich, wenn das Seiten- oder Querruder rechts- bzw. linkswendig betätigt wird, bei linksdrehender Luftschraube umgekehrt.

Die Hemmwirkung wächst zwar mit D^2, ist aber glücklicherweise die wenigst gefährliche der drei aufgeführten Kreiselwirkungen; sie beeinträchtigt lediglich die Wendigkeit des Flugzeuges.

4. Die Kreiselkoppelung der Flugzeugschwingungen. Mit den drei gefundenen Kreiselwirkungen – Kipp-, Wende- und Hemmwirkung – ist der Einfluß des Schraubenkreisels auf den Verlauf des Fluges noch keineswegs erschöpft. Das Aussehen der Schwingungen oder aperiodischen Bewegungen, die bei jedem Übergang aus einem Flugzustand in einen anderen auftreten, kann durchaus verschieden sein, je nachdem ein Schraubenkreisel vorhanden ist oder nicht. Auskunft hierüber geben natürlich die Störungsgleichungen (27) bis (32), die sich, weil linear mit konstanten Koeffizienten, vollständig integrieren lassen. Die Integration bis zu expliziten Schlußformeln durchzuführen, ist allerdings eine etwas umständliche Aufgabe, die wir uns lieber durch einige nicht wesentlich einschränkende Voraussetzungen vereinfachen wollen.

Die Größen h, j und k, welche, wie schon erwähnt, für die Stabilität des Flugzeuges verantwortlich sind, bleiben bei den meisten Flugzeugen sehr klein positiv und sind oft von Null kaum zu unterscheiden, wie auch aus ihrer Definition in (16) einleuchten wird. Wir wollen nun einfach

$$h = j = k = 0 \tag{56}$$

nehmen. Was dies bedeutet, geht aus den drei Gleichungen (27) bis (29) hervor. Setzt man nämlich, auf jeden Ruderausschlag verzichtend, auch $\alpha_h = \alpha_s = \alpha_q = 0$, so treten dann die Schiebewinkel η und ϑ in den Drehimpulsgleichungen (27) bis (29) überhaupt nicht mehr, die Drehwinkel φ, χ und ψ aber nur noch in zeitlichen Ableitungen auf: Das Flugzeug ist jetzt in jeder Lage φ, χ, ψ im Gleichgewicht (wobei man sich daran zu erinnern hat, daß unter φ und χ stets kleine Winkel zu verstehen waren und sind); das Flugzeug ist, wie man sagt, statisch indifferent. Tatsächlich baut man die Flugzeuge zwecks leichter Lenkbarkeit (Wendigkeit) gerne so, daß sie innerhalb gewisser Grenzen von φ und χ diese Indifferenz genau oder wenigstens sehr annähernd zeigen.

Mit der Voraussetzung (56) sind nunmehr die drei Drehgleichungen (27) bis (29) von den drei Schwerpunktsgleichungen (30) bis (32) völlig entkoppelt. Die ersten drei Gleichungen sind für unsere Fragestellung natürlich viel wichtiger als die letzten drei, und so wollen wir die ersten drei allein weiterbehandeln. Sie zeigen sofort folgendes:

Während ohne Schraubenkreisel die Seitenbewegung (φ, ψ) von der Längsbewegung (χ) unabhängig ist, verkoppelt der Schraubenkreisel beide miteinander, insbesondere also auch die Seiten- und Längsschwingungen.

Diese Verkoppelung wollen wir nun näher untersuchen. Dabei können die Ruderausschläge α_h, α_s und α_q nicht mehr alle drei als feste, von Null verschiedene Werte vorausgesetzt bleiben, weil sie das indifferente Flugzeug ja doch in kurzer Zeit umwerfen würden. Sie mögen also irgendwelche willkürlichen Funktionen der Zeit sein und können dann zugleich als Ausdruck der Böen angesehen werden, die den ruhigen Flug stören; kurzum die Glieder mit α_h, α_s und α_q sollen irgendwelchen Zwang vorstellen, der auf das Flugzeug ausgeübt wird. Erfolgt dieser Zwang beispielsweise periodisch, so macht das Flugzeug erzwungene Schwingungen von gleicher Periode und von um so größeren Amplituden, je stärker der Zwang und je geringer die durch die Glieder mit w_φ, w_χ und w_ψ gemessene Dämpfung ist.

Indessen ist, im Gegensatz zum Schiff mit seinem periodischen Zwang im Wellengang, beim Flugzeug ein solcher periodischer Zwang weniger von Belang, als ein einmaliger Stoß durch eine Bö oder einen plötzlichen Ruderausschlag. Das so angestoßene und dann sich selbst überlassene Flugzeug vollzieht, falls es, obwohl statisch indifferent, doch dynamisch stabil ist, gedämpfte Eigenschwingungen um eine (von der ursprünglichen möglicherweise verschiedene) Ruhelage. Diese Schwingungen gehorchen den drei Gleichungen (27) bis (29), in denen wir also alle Glieder mit h, j, k, α_h, α_s und α_q streichen müssen. Man kann diese Gleichungen dann einmal integrieren und erhält so das System

$$\left.\begin{aligned} A_1\dot{\varphi} + w_\varphi\varphi + p\psi &= 0, \\ B_1\dot{\chi} + w_\chi\chi + D\psi &= 0, \\ C_1\dot{\psi} + w_\psi\psi + q\varphi - D\chi &= 0. \end{aligned}\right\} \tag{57}$$

Daß wir dabei je eine Integrationskonstante in jeder Gleichung weggelassen haben, hat folgende Bedeutung. Die von Null verschiedenen Integrationskonstanten würden, wie man leicht einsieht, bei der weiteren Rechnung auf eine von $\varphi=0$, $\chi=0$, $\psi=0$ verschiedene neue Nullage führen, wie sie das statisch indifferente Flugzeug tatsächlich annehmen kann, und welche von der zufälligen Stärke und Art des ursprünglichen Stoßes abhängt. In Wirklichkeit besitzt das Flugzeug aber in der Regel doch eine, wenn auch nur schwache, statische Stabilität, und das besagt, daß dann auch die neue Nullage immer noch mit der alten ($\varphi=0$, $\chi=0$, $\psi=0$) zusammenfällt. Jedenfalls wollen wir das fortan voraussetzen.

Gleichungssysteme von der Form (57) lassen sich, wie wir von früheren Fällen her wissen, durch Ansätze von der Form

$$\varphi = a e^{\sigma t}, \qquad \chi = b e^{\sigma t}, \qquad \psi = c e^{\sigma t} \tag{58}$$

integrieren. Mit (58) folgt aus (57)

$$\left.\begin{aligned} (\sigma A_1 + w_\varphi) a + p c &= 0, \\ (\sigma B_1 + w_\chi) b + D c &= 0, \\ q a - D b + (\sigma C_1 + w_\psi) c &= 0. \end{aligned}\right\} \tag{59}$$

Aus diesen drei Gleichungen kann man das Verhältnis $a:b:c$ und den zugehörigen Wert von σ bestimmen, also, wenn beispielsweise σ reell und negativ ist, das Verhältnis der Anfangswerte der durch den Stoß hervorgebrachten Auslenkungen φ, χ und ψ und die Stärke des Abklingens dieser Auslenkungen. Eliminiert man a, b und c aus (59), indem man die Determinante der Koeffizienten von a, b und c gleich Null setzt, so kommt

$$\begin{vmatrix} \sigma A_1 + w_\varphi & 0 & p \\ 0 & \sigma B_1 + w_\chi & D \\ q & -D & \sigma C_1 + w_\psi \end{vmatrix} = 0$$

oder ausgerechnet die folgende Gleichung für die Werte σ:

$$(\sigma B_1+w_\chi)\,[(\sigma A_1+w_\varphi)\,(\sigma C_1+w_\psi)-pq]+D^2(\sigma A_1+w_\varphi)=0\,. \tag{60}$$

Man zerlegt die eckige Klammer in ihre Linearfaktoren:

$$[(\sigma A_1+w_\varphi)\,(\sigma C_1+w_\psi)-pq]\equiv A_1C_1(\sigma+\sigma')\,(\sigma+\sigma'') \tag{61}$$

mit den (von den σ wohl zu unterscheidenden) Abkürzungen

$$\left.\begin{aligned}\left.\begin{matrix}\sigma'\\ \sigma''\end{matrix}\right\} &= \frac{1}{2A_1C_1}\left[(A_1w_\psi+C_1w_\varphi)\mp\sqrt{(A_1w_\psi+C_1w_\varphi)^2-4A_1C_1(w_\varphi w_\psi-pq)}\right]\\ &= \frac{1}{2A_1C_1}\left[(A_1w_\psi+C_1w_\varphi)\mp\sqrt{(A_1w_\psi-C_1w_\varphi)^2+4A_1C_1pq}\right].\end{aligned}\right\} \tag{62}$$

Aus der zweiten Form von σ' und σ'' geht hervor, daß der Radikand positiv ist, wenn wir jetzt ausdrücklich auch noch $q>0$ voraussetzen (da ja A_1, C_1 und p sicher positiv sind); aus der ersten Form von σ' und σ'' geht hervor, daß die Quadratwurzel kleiner ist als die Klammer davor, wenn wir jetzt noch voraussetzen, daß $w_\varphi w_\psi-pq>0$ bleibt, was in der Tat für Flugzeuge üblicher Bauart zutrifft. Wir haben es daher mit einem Flugzeug zu tun, für welches σ' und σ'' reell und positiv sind. Führt man also außer σ' und σ'' (62) noch die ebenfalls positiven Abkürzungen

$$\sigma_A=\frac{w_\varphi}{A_1}\,,\qquad \sigma_B=\frac{w_\chi}{B_1} \tag{63}$$

ein, so kommt statt (60)

$$B_1C_1(\sigma+\sigma_B)(\sigma+\sigma')(\sigma+\sigma'')+D^2(\sigma+\sigma_A)=0\,. \tag{64}$$

Diese Gleichung für σ deutet man in einem kartesischen (σ,D^2)-System; sie stellt darin eine Kurve dritter Ordnung dar, und zwar erhält man je nach der Rangordnung der vier positiven Werte σ', σ'', σ_A und σ_B Kurven, wie sie Abb. 29 (Seite 76) beispielsweise für $\sigma'<\sigma''<\sigma_A<\sigma_B$ oder $\sigma'<\sigma_B<\sigma''<\sigma_A$ oder $\sigma'<\sigma_A=\sigma_B<\sigma''$ oder $\sigma'<\sigma''=\sigma_A=\sigma_B$ zeigt. Wenn man sich ihr Aussehen auch für die übrigen Rangordnungen überlegt, so stellt man leicht fest, daß sie alle auf der allein brauchbaren oberen Halbebene ($D^2>0$) mit einem Zweig gegen die Asymptote $\sigma=-\sigma_A$ ins Unendliche streben und außerdem noch einen nach unten konkaven Bogen in der oberen Halbebene besitzen, oder daß sie in einen solchen Bogen und die Gerade $\sigma=-\sigma_A$ zerfallen; endlich daß sie die Abszissenachse in den Punkten $-\sigma'$, $-\sigma''$ und $-\sigma_B$ treffen.

Für $D=0$ hat man also die drei Werte

$$\sigma_1^{(0)}=-\sigma'\,,\qquad \sigma_2^{(0)}=-\sigma''\,,\qquad \sigma_3^{(0)}=-\sigma_B\,, \tag{65}$$

und das bedeutet nach (58) drei Lösungen, welche ein aperiodisch gedämpftes Zurückgehen des durch einen Stoß gestörten Fluzgeuges in seine Ruhelage beschreiben: das statisch indifferente Flugzeug ohne Schraubenkreisel ist gemäß unseren Voraussetzungen dynamisch stabil und aperiodisch gedämpft.

Nun untersuchen wir den Einfluß des Schraubenkreisels, nehmen also $D^2 \neq 0$ an. Wenn D^2 stetig von Null an wächst, so gibt es, solange D^2 noch klein genug ist, nach wie vor drei reelle Schnittpunkte unserer Kurve mit der Parallelen im Abstand D^2 zur Abszissenachse in der oberen Halbebene, also nach wie vor ein aperiodisch gedämpftes Zurückgehen des Flugzeuges in seine Ruhelage. Wenn aber D^2 größer

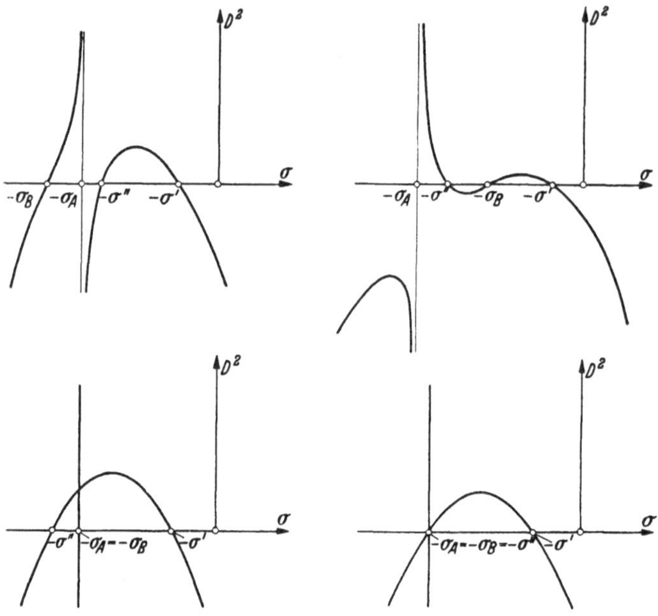

Abb. 29. Darstellung der Gleichung (64).

und größer wird, so bleibt schließlich nur noch ein reeller Schnittpunkt $\sigma_1 < 0$ übrig, wogegen die beiden anderen Wurzeln der Gleichung (64) konjugiert komplex geworden sind, und zwar, wie wir beweisen werden, mit negativem Realteil, so daß sie also die Form

$$\sigma_2 = -\varepsilon + i\varrho, \qquad \sigma_3 = -\varepsilon - i\varrho \qquad (\varepsilon > 0) \tag{66}$$

besitzen. Die zu ihnen passenden Konstanten a, b und c sind dann ebenfalls konjugiert komplex, so daß man beispielsweise für φ die Lösung

$$\begin{aligned}\varphi &= a_1 e^{-\sigma_1 t} + (a_2 - i a_3) e^{(-\varepsilon + i\varrho) t} + (a_2 + i a_3) e^{(-\varepsilon - i\varrho) t} \\ &= a_1 e^{-\sigma_1 t} + 2 e^{-\varepsilon t} (a_2 \cos\varrho t + a_3 \sin\varrho t)\end{aligned}$$

hat, und analog für χ und ψ. Die Glieder mit a_2 und a_3 bedeuten eine gedämpfte wirkliche Schwingung, und somit hat man das wichtige Ergebnis:

Ein an sich aperiodisch gedämpftes Flugzeug kann bei hinreichend starkem Schraubenkreisel nach jeder Störung zu gedämpften Seiten- und Längsschwingungen übergehen.

Jetzt müssen wir aber noch den Beweis dafür nachtragen, daß tatsächlich stets $\varepsilon > 0$ ist, wie groß auch D^2 sein mag. Dazu brauchen wir nur auf die in § 12, Ziff. 4 des ersten Bandes (Seite 260) aufgestellten *Hermite-Hurwitz*schen Bedingungen zurückzugreifen, unter denen eine Gleichung dritten Grades lauter Wurzeln mit negativem Realteil besitzt. Sie lauten für die Gleichung

$$\alpha_0 \sigma^3 + \alpha_1 \sigma^2 + \alpha_2 \sigma + \alpha_3 = 0$$

einfach

$$\alpha_0 > 0, \quad \alpha_1 > 0, \quad \alpha_3 > 0, \quad \alpha_1 \alpha_2 - \alpha_0 \alpha_3 > 0.$$

In unserem Falle ist gemäß (64) und wegen $\sigma' > 0$, $\sigma'' > 0$, $\sigma_A > 0$, $\sigma_B > 0$

$$\begin{aligned} \alpha_0 &= B_1 C_1 > 0, \\ \alpha_1 &= B_1 C_1 (\sigma' + \sigma'' + \sigma_B) > 0, \\ \alpha_3 &= B_1 C_1 \sigma' \sigma'' \sigma_B + D^2 \sigma_A > 0, \\ \alpha_1 \alpha_2 - \alpha_0 \alpha_3 &= B_1^2 C_1^2 [(\sigma' + \sigma'' + \sigma_B)(\sigma' \sigma'' + \sigma' \sigma_B + \sigma'' \sigma_B) - \sigma' \sigma'' \sigma_B] + \\ &\quad + D^2 B_1 C_1 [\sigma' + \sigma'' + \sigma_B - \sigma_A]. \end{aligned}$$

Im letzten Ausdruck ist die erste eckige Klammer offensichtlich positiv, die zweite aber ist zufolge (62) und (63)

$$\sigma' + \sigma'' + \sigma_B - \sigma_A = \frac{w_\chi}{B_1} + \frac{w_\psi}{C_1},$$

also ebenfalls positiv, und mithin sind sämtliche *Hermite-Hurwitz*schen Bedingungen erfüllt, und dies besagt:

Der Schraubenkreisel kann das Flugzeug niemals zu Schwingungen mit wachsender Amplitude anfachen, kann also niemals seine Stabilität gefährden.

Wenn D^2 mehr und mehr wächst, nimmt die Dämpfungskonstante ε mehr und mehr ab, die Frequenz ϱ aber mehr und mehr zu, wie man aus dem Grenzfall $D^2 \to \infty$ erkennt, für welchen (64) zerfällt in

$$\sigma = -\sigma_A \quad \text{und} \quad B_1 C_1 \sigma^2 + D^2 = 0,$$

so daß man außer $\sigma_1 = -\sigma_A$ in der Tat noch die beiden Wurzeln

$$\sigma_2 \to i\,\infty, \qquad \sigma_3 \to -i\,\infty$$

hat. Dies besagt, daß sich das Flugzeug mit s e h r starkem Schraubenkreisel sehr steif verhält und bei einer Störung in außerordentlich rasche (wenn auch kleine) Schwingungen gerät, die nur langsam wieder erlöschen.

Wir haben die Voraussetzungen so gewählt, daß das Flugzeug ohne Schraubenkreisel aperiodisch gedämpft war. Mit weniger scharfen Voraussetzungen hätte man ein Flugzeug, das auch schon ohne Schraubenkreisel Schwingungen vollziehen könnte, und zwar, falls es dynamisch stabil ist, gedämpfte Schwingungen; die Werte σ' und σ'' wären dann konjugiert komplex von der Form $-\varepsilon \mp i\varrho$, und der nach unten konkave Kurvenbogen in der entsprechenden Abb. 29 läge dann ganz unterhalb der σ-Achse. Man kann zeigen, daß auch bei einem derartigen Flugzeug der Schraubenkreisel die Frequenzen ϱ erhöht, ohne aber seine dynamische Stabilität zu gefährden.

Es wäre indessen irrig, zu meinen, daß das Flugzeug, falls an sich statisch indifferent, durch den Schraubenkreisel in ein statisch stabiles verwandelt werden könnte. Denn auch noch so große gyroskopische Glieder in (57) können nicht verhindern, daß dort von Null verschiedene Integrationskonstanten hinzutreten dürfen, welche, wie schon festgestellt, nach jeder Störung eine neue Nullage φ_0, χ_0, ψ_0 zulassen.

Da der Schraubenkreisel also schon ein statisch indifferentes Flugzeug nicht zu stabilisieren vermag, so ist er noch weniger imstande, ein labiles Flugzeug zu stabilisieren. An Stelle eines mathematischen Beweises hierfür (der nach der Methode von § 12, Ziff. 4 des ersten Bandes an Hand der sechs Gleichungen (27) bis (32) mit nun wenigstens teilweise negativen Werten von h, j und k zu führen wäre) begnügen wir uns mit einer wohl einleuchtenden physikalischen Begründung. Könnte der Schraubenkreisel ein labiles Flugzeug stabilisieren, so müßte er auch schon fähig sein, ein solches daran zu verhindern, um seine Längsachse, falls es um diese labil ist, so langsam umzufallen, daß dabei keine merklichen Luftkräfte geweckt würden. Daß er dazu völlig unfähig ist, liegt auf der Hand. Wäre aber das Flugzeug um die Längsachse stabil, so könnte es nur noch um die Querachse (in den Freiheitsgraden χ, η und ξ) und um die Hochachse (in den Freiheitsgraden ψ und ϑ) labil sein. Das ist aber eine ungerade Zahl von labilen Freiheitsgraden, und dies schließt nach Satz *I* von § 12, Ziff. 4 des ersten Bandes (Seite 261) eine gyroskopische Stabilisierung aus. Aber selbst eine gerade Zahl von labilen (oder auch wohl indifferenten) Freiheitsgraden könnte nach Satz *II* von dort keinesfalls durch einen Schraubenkreisel allein stabilisiert werden; denn da sicherlich Dämpfungen vorhanden sind (z. B. die Glieder mit w_φ, w_χ und w_ψ), so müßten einige Freiheitsgrade des Flugzeuges bei jeder Störung künstlich angefacht, d. h. negativ gedämpft werden, und dazu ist, wenn es überhaupt möglich wäre, jedenfalls der Schraubenkreisel niemals in der Lage.

5. Das Trudeln des Flugzeuges. Es gibt bei Flugzeugen gelegentlich noch eine ganz andere, sehr gefürchtete Kreiselerscheinung, das sogenannte Trudeln. Darunter versteht man die verhältnismäßig rasche Drehung des Flugzeuges um eine lotrechte oder nahezu lotrechte Achse, die aber keine seiner Hauptachsen ist, sondern schräg zum Hauptachsenkreuz steht und nicht einmal durch den Schwerpunkt hindurchgehen muß, welcher dabei lotrecht oder nahezu lotrecht abwärts stürzt. Der kinematisch einfachste Fall ist in Abb. 30 dargestellt, wobei die Längsachse unter dem Winkel δ gegen die lotrechte Trudelachse steht, um welche das Flugzeug dabei mit der Drehgeschwindigkeit ω rotiert. Wenn die Querachse ebenfalls schräg gegen die Waagerechte liegt, so ist die Drehachse von ω eine beliebige Achse jetzt zunächst durch den Schwerpunkt, und da dessen Hauptdrehmassen A_1, B_1, C_1 im allgemeinen verschieden sind, so haben wir es dann mit einem unsymmetrischen Kreisel zu tun, der eine permanente Drehung um eine Schwerpunktsachse vollzieht, die keine seiner Hauptachsen ist.

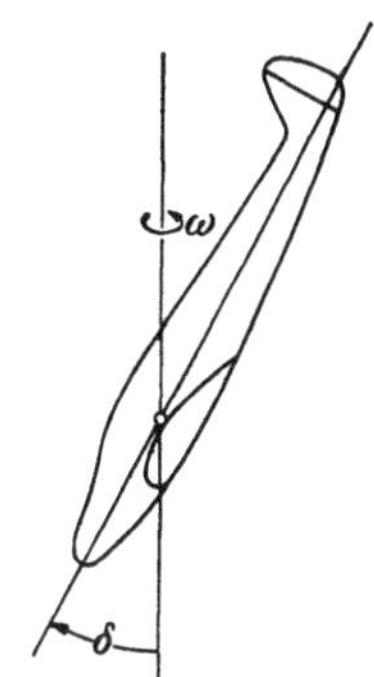

Abb. 30. Trudelndes Flugzeug.

Dies erinnert an die *Staude*schen Drehungen, die wir in § 10, Ziff. **2** und **3** des ersten Bandes (Seite 171) untersucht haben. Der Unterschied gegen jene Drehungen besteht lediglich darin, daß dort der Stützpunkt ein beliebiger Punkt des Körpers war, und daß das Moment der Schwere bezüglich des Stützpunkts die permanente Drehung unterhielt, während jetzt wenigstens zunächst der Schwerpunkt der gedachte Festpunkt ist (betrachtet von einem die Sturzbewegung mitmachenden Beobachter) und dafür die Luftkraftmomente die permanente Drehung (Trudelbewegung) unterhalten. Man kann daher die Überlegungen für die *Staude*schen Drehungen des unsymmetrischen Kreisels in weitem Umfang auf das Trudeln der Flugzeuge übertragen, insbesondere die damaligen Erkenntnisse, daß erstens nur bestimmte Drehachsen, die die Mantellinien des sogenannten *Staude*schen Kegels bilden, permanente Drehachsen sein können, und daß zweitens nur ein Teil dieser Drehachsen zu stabilen Drehungen gehört.

Damit erklärt sich die Tatsache, daß erfahrungsgemäß ein Flugzeug nur selten und nur in ganz bestimmter Lage und Bewegung ins Trudeln kommt, und daß solche Trudelbewegungen glücklicherweise häufig instabil sind und von selbst in einen unregelmäßigen und dann vom Piloten leichter beherrschbaren Bewegungszustand übergehen, aber auch die Tatsache, daß gelegentlich eine Trudelbewegung fast plötzlich in eine andere umspringt.

Noch allgemeinere Trudelbewegungen kommen vor, nämlich solche, bei denen die Trudelachse nicht durch den Schwerpunkt hindurchgeht, aber doch wenigstens im Flugzeug fest ist oder mit ihm fest verbunden gedacht werden kann. Auch dann noch hat man es mit permanenten Drehungen nach Art der *Staude*schen Drehungen des unsymmetrischen Kreisels zu tun.

Eine explizite Berechnung dieser Trudelbewegungen, also insbesondere des zugehörigen *Staude*schen Kegels und der stabilen Mantelteile dieses Kegels, scheint bis jetzt noch nicht möglich zu sein, da die zugehörigen Luftkraftmomente, soweit überhaupt bekannt, nur durch versuchsmäßig ermittelte Kurven gegeben sind[1]. Wir erwähnen nur, daß man in der Regel zwei verschiedene Typen von Trudelbewegungen unterscheiden kann, nämlich eine langsamere mit steiler Längsachse, raschem Absturz und großer Entfernung der Trudelachse vom Schwerpunkt, und eine schnellere mit weniger geneigter Längsachse, langsamerem Absturz und kleiner Entfernung der Trudelachse vom Schwerpunkt.

6. Der Hubschrauber. Wenn ein Flugzeug nicht durch Tragdecken, sondern durch eine oder mehrere Luftschrauben mit lotrechter oder nahezu lotrechter Achse getragen wird, so spricht man von einem Hubschrauber. Auch bei ihm treten mannigfache Kreiselwirkungen auf, die wir aber nur qualitativ aufzählen wollen. Wenn die Hubschrauben paarweise und dann natürlich mit entgegengesetzt gleichen Drehimpulsen vorhanden sind, äußern sich die etwaigen Kreiselmomente lediglich in inneren Beanspruchungen des Flugzeugkörpers. Eine einzelne Hubschraube dagegen verkoppelt wieder die Flugzeugbewegungen miteinander, nämlich die Drehungen um alle Achsen, die zur Hubschraubenachse senkrecht stehen. So hat jede Neigung dieser Achse nach vorne eine Neigung seitwärts zur Folge und umgekehrt. Man kann sich diese Wirkungen alle wieder an Hand der Regel vom gleichstimmigen Parallelismus der Drehachsen leicht klarmachen. Im übrigen ist der Hubschrauber mit einer einzigen Hubschraube im wesentlichen ein System, das wir später (§ 7) unter der Bezeichnung des Kreiselpendels ausführlich rechnerisch behandeln werden. Ein Teil jener Rechnungen würde sich auch auf den Hubschrauber übertragen lassen.

[1] Vgl. etwa Kap. VIII in dem früher angeführten Artikel von *B. M. Jones*.

Zweiter Abschnitt.

Kreiselgeräte.

Wir betreten das eigenste Anwendungsgebiet des Kreisels, wenn wir nunmehr zu den technischen und wissenschaftlichen Geräten übergehen, in denen er als wesentliches dynamisches Organ benützt wird. Auf diesem Gebiete sind seine schönsten und wichtigsten Erfolge zu verzeichnen. Es handelt sich dabei um Anzeigegeräte, um Meßgeräte und um Regelgeräte, das heißt um Vorrichtungen, welche entweder eine gesuchte Richtung auffinden und anzeigen sollen, z. B. die wahre Lotrichtung oder die Nordrichtung, oder welche eine bestimmte Richtung festhalten sollen, etwa eine vorgeschriebene Fahrt- oder Flugrichtung, oder welche eine unbekannte Fahrtänderung oder Drehgeschwindigkeit anzeigen oder messen oder regeln sollen, oder schließlich welche einen oder mehrere Hilfsmotoren steuern sollen, die dann etwa ein Flugzeug stabilisieren oder die Fahrtrichtung eines Schiffes festhalten.

Wir werden sehen, daß für alle diese Zwecke und Aufgaben der schnelle symmetrische Kreisel hervorragend geeignet ist. Weil er dabei nur einen Zeiger zu steuern oder einen elektrischen Strom zu schließen oder einen kleinen Druck anzuzeigen hat, kann er fast beliebig leicht und klein gestaltet sein, so klein, wie es eben mit den technischen Möglichkeiten seines Antriebs, seiner Lagerung und namentlich seines Schutzes vor unvermeidlichen Störungen zu vereinbaren ist. Der Theorie seiner Störungsfehler werden wir unsere besondere Aufmerksamkeit zuwenden müssen.

Was nun die systematische Einteilung der großen Mannigfaltigkeit derartiger Geräte anlangt, so untersuchen wir zuerst die Vorrichtungen, die von dem ältesten und wohl geistvollsten Anwendungsprinzip des Kreisels ausgehen, nämlich von seiner Fähigkeit, bei geeigneter Lagerung die Richtung und Größe des Vektors der Erddrehung anzugeben. Wir nennen solche Kreisel kurzweg Kompaßkreisel. Sie dienen teils zur Anzeige der Nordrichtung, teils zum Nachweis der Erddrehung ohne astronomische Hilfsmittel und haben ihre Spitze und technische Vollendung im Kreiselkompaß erreicht.

Die weiteren Kreiselgeräte kann man im wesentlichen in zwei Klassen einteilen: nämlich einerseits in solche mit sogenannten Pendelkreiseln, bei denen die Kreiselachse (Figurenachse) lotrecht (oder nahezu lotrecht) steht und dann zumeist noch zwei Freiheitsgrade der Drehung besitzt — diese Geräte dienen in der Regel als künstliche Horizonte —, und andererseits in solche mit waagerechten (oder nahezu waagerechten) Kreiselachsen (Figurenachsen), sogenannte Wende- und Lagekreisel, welche zumeist nur noch zwei stark eingeschränkte Freiheitsgrade oder sogar nur noch einen und zudem eingeschränkten Freiheitsgrad der Drehung aufweisen, während dann ein letzter Freiheitsgrad völlig an ein Fahr- oder Flugzeug gefesselt ist — diese Geräte sollen in der Regel eine Kursrichtung oder eine Drehgeschwindigkeit anzeigen (sogenannte Kurskreisel, Richtkreisel und Wendezeiger), gelegentlich aber auch wieder den Horizont (sogenannte Stützkreisel).

Schließlich bleiben dann noch einige Sondergeräte zu besprechen übrig, die an keine dieser beiden Achsrichtungen gebunden sind und als Differentiatoren, als Integratoren und als Regler dienen.

Wir beabsichtigen nicht, sämtliche erdachten oder ausgeführten Kreiselgeräte lückenlos vollständig aufzuzeigen, sondern wollen uns auf die am wichtigsten erscheinenden Typen beschränken, wobei wir uns bemühen werden, alle wesentlichen Bau- und Wirkungsarten zu Wort kommen zu lassen. Aufgegebene oder durch Vervollkommnung überholte Typen werden wir wenigstens insoweit behandeln, als sie geschichtliche Bedeutung haben oder für das Verständnis der weiteren Entwicklung der Geräte wichtig sind.

§ 5. Geräte mit Kompaßkreiseln.

1. Das Gyroskop. Die Idee des Kreiselkompasses, dessen Gedankenkreis wir uns jetzt zuwenden, geht auf *Foucault* zurück, welcher drei grundsätzlich bedeutsame Kreiselversuche ausgedacht hat.

Der erste Versuch betrifft einen symmetrischen, astatischen, d. h. in seinem Schwerpunkt möglichst reibungsfrei gestützten Kreisel mit seinen möglichst uneingeschränkten drei Freiheitsgraden (also im Idealfall den kräftefreien Kreisel von § 4 des ersten Bandes). Wir haben schon in § 6, Ziff. 3 des ersten Bandes (Seite 75) erkannt, daß ein derartiger Kreisel, falls er ein schneller ist, einen gewissen Richtungssinn gegenüber etwaigen Störungen besitzt. *Foucault* und nahezu gleichzeitig mit ihm *Person* und *Sire* hatten den geistreichen Gedanken, diesen Richtungssinn zum Nachweis der Erddrehung zu verwenden[1].

[1] *L. Foucault*, Recueil des travaux scientifiques, S. 401 und 576, Paris 1878; *C. C. Person*, Comptes rendus 35 (1852), S. 417 und 549; *G. Sire*, Bibl. univ. Genève, Arch. sciences phys. et natur. 1 (1858), S. 105; *G. Trouvé*, Comptes rendus 101 (1890), S. 357; *F. Klein* und *A. Sommerfeld*, Über die Theorie des Kreisels, S. 731.

Hätte man einen wirklich astatischen, vollkommen kräftefreien, symmetrischen Kreisel, reibungsfrei in einem masselosen Gehänge gelagert, zur Verfügung, so müßte dieser, gleichgültig mit welchem Drehimpuls begabt, eine reguläre Präzession um seine raumfeste Drehimpulsachse vollziehen (§ 4, Ziff. **2**, Seite 51 des ersten Bandes). Er müßte dies auch dann noch tun, wenn sein Schwerpunkt beliebig bewegt wird (§ 4, Ziff. **1**, Satz *I* des ersten Bandes), also etwa ein nicht raumfester, sondern erdfester Punkt ist, so daß die Drehimpulsachse mit sich selbst parallel bleibend die Erdbewegung mitmacht. Würde man als Drehimpulsachse insbesondere die Figurenachse des Kreisels selbst wählen, so behielte diese ihre Richtung allezeit genau bei in dem sogenannten Inertialraum, in welchem unsere Mechanik gilt, und auf welchen bezogen das System der Fixsternwelt mit größter Genauigkeit als ruhend angesehen werden darf; das heißt: die Figurenachse eines solchen Kreisels würde dauernd nach dem gleichen Fixstern zeigen, also — vorausgesetzt, daß sie nicht zufällig in Richtung der Erdachse steht — die scheinbare Drehbewegung der Fixsternwelt gegenüber der irdischen Umgebung mitmachen und dadurch die wirkliche Drehbewegung der Erde anzeigen und beweisen, allerdings mit einer grundsätzlichen, wenn auch praktisch völlig belanglosen Einschränkung, die wir bei dieser Gelegenheit ein für alle Male feststellen wollen.

Die Drehbewegung der Erde hat als weit überwiegende Komponente einen in der Erdachse liegenden, vom Erdmittelpunkt gegen den Nordpol hin gerichteten Vektor $\mathfrak{o}^*$ vom „siderischen" Betrag

$$\omega^* = \frac{2\pi}{86164{,}1} = 7{,}29212 \cdot 10^{-5}\ \mathrm{sek}^{-1} \tag{1}$$

(der Nenner gibt die Zahl der Sekunden eines Sterntages an). Dazu kommt, wie wir später (§ 10, Ziff. **1**) ausführlicher erörtern werden, ein auf der Ebene der Ekliptik senkrecht stehender, sehr viel kleinerer Vektor der Präzessionsdrehung der Erdachse, die in etwa 25500 Jahren einen Kreiskegel mit einem Erzeugungswinkel von 23,5° um die Normale der Ekliptikebene beschreibt; ferner die ebenfalls gegenüber $\mathfrak{o}^*$ sehr kleinen Drehvektoren der Erdnutationen sowie der Polschwankungen. Die Summe von $\mathfrak{o}^*$ und diesen zusätzlichen Vektoren unterscheidet sich vom Vektor $\mathfrak{o}^*$ der täglichen Erddrehung in der Richtung nur um Bruchteile von Bogensekunden, im Betrag erst in der zehnten Dezimalstelle, so daß der völlig astatische Kreisel innerhalb jeder Beobachtungsmöglichkeit genau den Drehvektor $\mathfrak{o}^*$ anzeigen müßte, falls die Erde selbst ein vollkommen starres Gebilde wäre. Diese Anzeige wird lediglich durch die Verformung der Erdoberfläche in der Umgebung des Beobachtungsortes gefälscht, nämlich einerseits durch die mit Ebbe und Flut pulsierende Verzerrung des ganzen Erdkörpers, andererseits durch lokale Drehschiebungen der Erdscholle, wie sie aus feinsten astronomischen Beobachtungen gefolgert werden können. Eine sorgfältige Abschätzung[1] hat aber ergeben, daß auch diese lokalen Fehler beim *Foucault*schen Versuch — und überhaupt bei allen Kreiselgeräten, die auf die Erddrehung ansprechen — ganz außer acht gelassen werden dürfen. Der *Foucault*sche Versuch kann also äußerstenfalls den Vektor $\mathfrak{o}^*$ und insbesondere seinen Betrag ω^* (1) angeben.

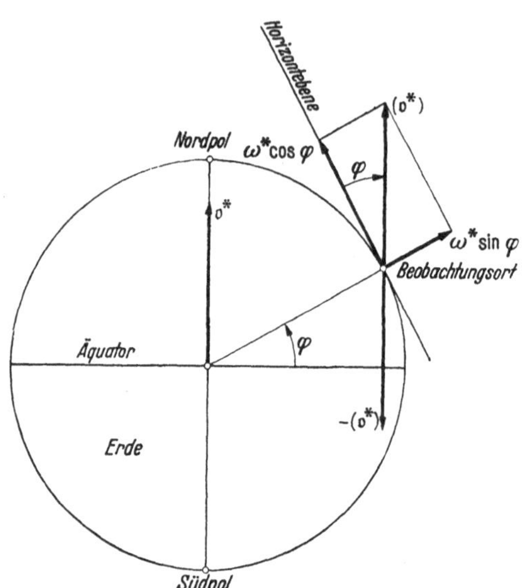

Abb. 31. Zerlegung des Vektors $\mathfrak{o}^*$ der Erddrehung.

Dabei ist es zweckmäßig, den Erddrehvektor $\mathfrak{o}^*$ gemäß Abb. 31 zu zerlegen, indem man im Beobachtungsort den parallel mit sich verschobenen Vektor $\mathfrak{o}^*$ als Vektor $(\mathfrak{o}^*)$ zusammen mit $-(\mathfrak{o}^*)$ aufträgt und dann $(\mathfrak{o}^*)$ in eine waagerechte Komponente vom Betrag $\omega^* \cos\varphi$ und eine lotrechte Komponente $\omega^* \sin\varphi$ aufspaltet, wobei φ die (vom Äquator positiv nach Norden gerechnete) geographische Breite (gleich Polhöhe) des Beobachtungsorts ist. Das Drehpaar $(\mathfrak{o}^*, -(\mathfrak{o}^*))$ bedeutet, wie man gemäß § 2, Ziff. **1** (5) des ersten Bandes (Seite 17) leicht feststellt, die jeweilige Geschwindigkeit, die der Beobachtungsort infolge der Erddrehung hat. Die Horizontebene des Beobachtungsorts dreht sich in jedem Augenblick um ihre Nordsüdlinie mit der Drehgeschwindigkeit $\omega^* \cos\varphi$ und um ihre Lotlinie mit $\omega^* \sin\varphi$.

Zu Beginn des Versuches möge der Eigendrehimpulsvektor $\mathfrak{D}_e$ des Kreisels genau waagerecht nach Norden weisen und also voraussetzungsgemäß ebenso die Figurenachse, deren mit $\mathfrak{D}_e$ zusammenfallender Halbstrahl künftig die N o r d s e i t e d e r F i g u r e n a c h s e heißen soll; dann wird sich die Horizontebene mit der Geschwindig-

[1] Vgl. *M. Schuler*, Festschrift zum 70. Geburtstag August Föppls (Beiträge zur technischen Mechanik und technischen Physik), S. 148, Berlin 1924.

keit $\omega^*\sin\varphi$ gegen sie verdrehen, d. h. die Nordseite der Figurenachse des völlig astatischen Kreisels wird im folgenden Zeitelement Δt scheinbar um den Winkel

$$\Delta\delta = \omega^* \sin\varphi\cdot\Delta t \tag{2}$$

nach Osten ausweichen, ohne sich, solange Δt noch als klein anzusehen ist, merklich aus der Horizontebene zu erheben (da sich für unendlich kleine Δt die Drehkomponente $\omega^*\cos\varphi$ für diese Stellung des Kreisels noch nicht bemerklich machen kann). Weist dagegen die Nordseite der Figurenachse zu Beginn des Versuchs genau waagerecht nach Osten, so erhebt sie sich scheinbar infolge der Drehung $\omega^*\cos\varphi$ der Horizontebene um den Winkel

$$\Delta\psi = \omega^* \cos\varphi\cdot\Delta t \tag{3}$$

über den Horizont und dreht sich außerdem scheinbar nach Süden um den Winkel $\Delta\delta$ (2). Man findet leicht, daß die Winkel $\Delta\delta$ und $\Delta\psi$ beispielsweise für eine geographische Breite $\varphi = +45°$ rund 10 Bogenminuten in der Zeitminute ausmachen, also an sich ohne weiteres beobachtbar wären.

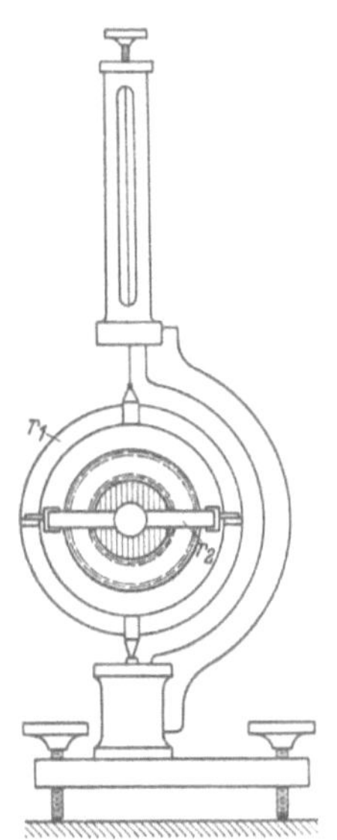

Abb. 32. Gyroskop.

Foucault führte den Versuch im Jahre 1852 (ein Jahr nach seinem berühmten Pendelversuche) mit einem von Hand (durch Schnuraufzug) angetriebenen Kreisel aus, allerdings mit zweifelhaftem Erfolg: er konnte zwar den richtigen Drehsinn des Winkels $\Delta\delta$ gerade noch beobachten, den Zahlenwert (2) aber nicht bestätigen. Sein Versuchsgerät ist in Abb. 32 dargestellt und von ihm Gyroskop genannt worden. Um die wesentlichste Störung, nämlich die Reibung im Cardangehänge des Kreisels, möglichst zu beseitigen, hängte *Foucault* den äußeren Ring (r_1) an einem langen, nahezu torsionsfreien Faden auf und vermied so wenigstens die Reibung in dem druckfreien unteren Zapfen fast vollständig. Auch die Reibung des inneren Ringes (r_2) gegen den äußeren suchte er durch Schneidenlager tunlichst herabzusetzen.

Man muß den *Foucault*schen Versuch noch gegen zwei naheliegende Einwände sichern. Der erste betrifft die Störung, die durch die träge Masse der Ringe bedingt ist. Diese haben, wenn sie zu Beginn des Versuches gegenüber ihrer Umgebung in Ruhe waren, in Wahrheit von der Erddrehung $\mathfrak{o}^*$ her einen Drehimpuls vom Betrag $A'\,\omega^*$, wenn

A' die zugehörige Drehmasse des Gehänges ist. Dieser Drehimpuls kommt zu dem Eigendrehimpuls des Kreiselkörpers $\mathfrak{D}_e$ vom Betrag $D_e = A\,\omega_e$ hinzu (vgl. § 5, Ziff. 4, Seite 67 des ersten Bandes), wobei A dessen Drehmasse um seine Figurenachse und ω_e seine Eigendrehgeschwindigkeit infolge des Antriebs ist. Da A' und A von gleicher Größenordnung sind, wogegen ω_e/ω^* selbst bei nur 10 Umläufen in der Sekunde den Wert $8{,}6164 \cdot 10^5$ hat, so unterscheidet sich die Richtung des resultierenden Drehimpulses im ungünstigsten Fall um höchstens eine Viertel-Bogensekunde von der Richtung der Figurenachse. Die Trägheit der Ringe kann den Versuch somit nicht im geringsten stören; denn obwohl die Figurenachse jetzt nicht mehr im Raum stillsteht, sondern einen Präzessionskegel um die von ihr verschiedene raumfeste Achse des resultierenden Drehimpulsvektors beschreibt, so ist doch dessen Erzeugungswinkel mit höchstens 0,25″ vollkommen unmerklich gegenüber dem zu erwartenden scheinbaren Ausweichwinkel der Kreiselachse von rund 10′ je Zeitminute.

Und genau so erledigt sich ein zweiter Einwand, nämlich daß ja auch schon die Figurenachse selbst beim Antrieb nur gegen die Erde, nicht aber gegenüber dem Raum festgehalten sei. Denn der dem Kreiselkörper dabei von der Erddrehung mitgegebene zusätzliche Drehimpuls ist ebenfalls verschwindend klein gegenüber dem Eigendrehimpuls D_e, so daß auch die dadurch geweckte reguläre Präzession völlig unmerklich bleibt.

Beide Präzessionen werden in Wirklichkeit ganz überdeckt durch die Erzitterungen der Figurenachse infolge unvermeidlicher kleiner Unwuchten. Diese Erzitterungen bedeuten zweifellos eine bedenkliche Störung des Versuches. Sein Scheitern allerdings ist wohl hauptsächlich auf drei Fehlerquellen zurückzuführen: erstens auf die Lagerreibung, die den Kreisel allmählich mit der Erddrehung mitzunehmen strebt; zweitens auf mangelhafte Zentrierung des Schwerpunkts, so daß der anfängliche Drehimpulsvektor $\mathfrak{D}_e$ infolge des, wenn auch kleinen, Momentes der Schwere im Laufe der Zeit mehr und mehr aus seiner Anfangslage ausweicht, wobei er die Figurenachse irgendwie mitnimmt; und drittens auf die vom Kreiselkörper erzeugten Luftströmungen, die auf die Cardanringe erheblich zurückwirken können.

Mit modernen Hilfsmitteln (elektrischem Antrieb des Kreisels auf sehr große Drehzahlen und Einkapselung des Kreiselkörpers) könnte man ohne Zweifel den *Foucault*schen Gyroskopversuch erfolgreicher gestalten. Seine Idee ist später mehrmals wieder aufgenommen worden, und es ist auch gelungen, Geräte zu bauen, die eine beliebig eingestellte Richtung im Raume mehrere Stunden lang bis auf Fehler von etwa 1° festzuhalten in der Lage waren. Da diese Geräte, die sich zum Teil von der Idee des Gyroskops ein wenig entfernen, vom Kreiselkompaß überholt worden sind und daher keine praktische Bedeutung mehr haben, so wollen wir sie hier nicht aufzählen[1]; wir werden aber in § 8 noch einmal auf die Aufgabe, eine bestimmte Richtung mittels Kreisels festzuhalten, zurückkommen.

2. Der Inklinationskreisel und das Barygyroskop. Der astatische Kreisel kann, wie ebenfalls *Foucault* zuerst erkannt hat, zur Bestimmung der Polhöhe und also der geographischen Breite φ eines Ortes dienen, wenn man ihm einen seiner drei Freiheitsgrade nimmt. Man hat zu diesem Zwecke lediglich den äußeren Cardanring des Gyroskopes so festzuhalten, daß die Figurenachse bei der Drehung des inneren Cardanringes gegen den äußeren sich nur noch in der jeweiligen Meridianebene bewegen kann. Die Figurenachse des Kreisels muß dann mit der sich weiterdrehenden Meridianebene eine erzwungene Drehung machen, deren Vektor der nach Abb. 31 (Ziff. **1**, Seite 84) parallel mit sich in den Beobachtungsort verschobene Vektor $(\mathfrak{o}^*)$ der Erddrehung $\mathfrak{o}^*$ ist. Diese Zwangsdrehung erzeugt nach der Regel vom gleichstimmigen Parallelismus (§ 5, Ziff. **2**, Satz *I* und Formel (10) des ersten Bandes, Seite 61 und 63) ein Kreiselmoment, das die Nordseite der Figurenachse in die Richtung nach dem Himmelspol zu drehen strebt.

Wenn ψ der augenblickliche Winkel zwischen den Vektoren $\mathfrak{o}^*$ (Erdachse) und $\mathfrak{D}_e$ (Figurenachse) ist, so hat das Kreiselmoment bei dem (gegenüber der Erddrehung ω^*) sicher als schnell anzusehenden Kreisel den Betrag $D_e\,\omega^* \sin\psi$ (wobei $D_e = A\,\omega_e$ wieder der Eigendrehimpuls des Kreisels von der axialen Drehmasse A und der Eigendrehgeschwindigkeit ω_e sein soll), und somit gilt für die Einstellbewegung der Nordseite der Figurenachse, bei einer Drehmasse B des Kreiselkörpers samt innerem Cardanring um die (waagerechte) Drehachse des inneren Ringes und mit dem Reibungsmoment R bei der Drehung des inneren Ringes,

$$B\ddot{\psi} = -D_e\omega^* \sin\psi - R. \tag{4}$$

Dies ist auch die Bewegungsgleichung eines Punktpendels mit der Länge $l = Bg/D_e\,\omega^*$ und entsprechender Lager- oder sonstiger Reibung. Von einem solchen Pendel ist bekannt, daß es Schwingungen

[1] Man vergleiche etwa den Artikel „Kreiselbewegung“ von *O. Martienssen* im Handb. d. Physikal. und Techn. Mechanik, Bd. 2, S. 456, Leipzig 1930, sowie das Buch von *H. Usener*, Der Kreisel als Richtungsmesser, Kap. 5, München 1917.

um seine Nullage $\psi=0$ vollzieht und unter Abklingen der Schwingungen gegen $\psi=0$ strebt, falls die Reibung zugleich mit $\dot{\psi}$ gegen Null geht, sonst aber, z. B. bei trockener Lagerreibung, auch in einer von $\psi=0$ etwas verschiedenen Lage zur Ruhe kommen kann. Ebenso verhält sich dieses *Foucault*sche Gerät: die Nordseite der Figurenachse des angetriebenen Kreisels wird um die Richtung nach dem Himmelspol zu schwingen streben und, soweit die Reibung sie nicht verhindert, genau oder nahezu genau in dieser Richtung, also mit der Erhebung φ der Polhöhe über dem Horizont zur Ruhe kommen. Man kann das Gerät füglich einen Inklinationskreisel nennen (obwohl sich im Gegensatz zum magnetischen Inklinatorium etwa auf der nördlichen Halbkugel der Erde die Nordseite seiner Figurenachse nicht zum magnetischen Nordpol senkt, sondern zum Himmelspol hebt). Könnte man die Reibung ausschalten, so wäre es ohne weiteres möglich, aus der Schwingungsdauer für kleine Ausschläge

$$t_0 = 2\pi \sqrt{\frac{B}{D_e\,\omega^*}} \tag{5}$$

die Drehgeschwindigkeit ω^* der Erde zu berechnen.

Foucault erhielt auch bei diesem seinem zweiten Kreiselversuch kein überzeugendes Ergebnis. Neben der unvermeidlichen Reibung liegt dabei die Schwierigkeit offenbar in der unvollkommenen Astasierung des Kreisels: gegenüber der Kleinheit des Kreiselmomentes $D_e\,\omega^* \sin\psi$ ist selbst die kleinste, der Messung sich entziehende Ungenauigkeit der Schwerpunktslage und ein damit verbundenes Schweremoment nicht vernachlässigbar.

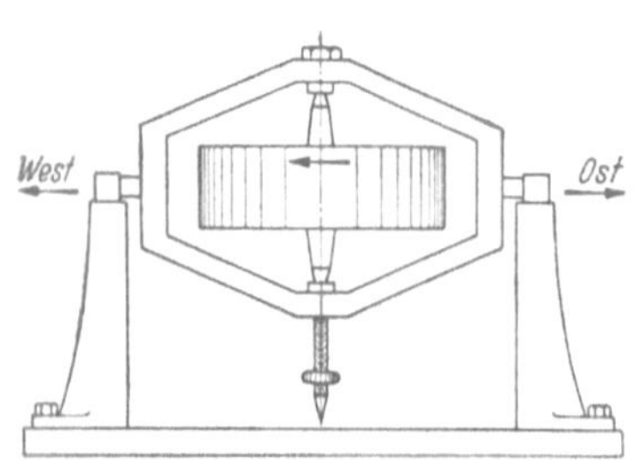

Abb. 33. Barygyroskop.

Man umgeht die Schwierigkeit, indem man an die Figurenachse ein Übergewicht G hängt, das zwar ebenfalls klein, aber doch im Vergleich mit der möglichen Ungenauigkeit der Schwerpunktslage als groß anzusehen ist. Die Figurenachse dieses Kreisels, der von *Gilbert*[1] vorgeschlagen und Barygyroskop genannt worden ist (Abb. 33), stellt sich freilich nicht in die Erdachsenrichtung ein, aber sie neigt sich doch bei hinreichend großer Eigendrehgeschwindigkeit ω_e merklich aus der Lotlinie (als ihrer Ruhelage bei nichtlaufendem Kreisel) gegen die Erdachse hin.

---

[1] *Ph. Gilbert*, Journ. de phys. 2 (1883), S. 106.

Man findet die Gleichgewichtslage der Figurenachse eines solchen Gyroskopes leicht an Hand von Abb. 34, worin O den Aufhängepunkt und zugleich den Schwerpunkt des Kreisels (samt Cardanring, aber ohne Übergewicht) und der Vektor $\mathfrak{G}$ vom Betrag G das Übergewicht bedeutet, das in der Entfernung s von O, positiv gerechnet auf der Nordseite der Figurenachse, in S aufgesetzt ist. Die Gleichgewichtslage ψ_0 folgt aus der Gleichheit des Schweremomentes und des Kreiselmomentes

$$sG \sin\psi_0 = D_e\,\omega^* \sin(\varphi + 90° - \psi_0),$$

also aus

$$\operatorname{tg}\psi_0 = \frac{D_e\,\omega^* \cos\varphi}{sG - D_e\,\omega^* \sin\varphi}. \tag{6}$$

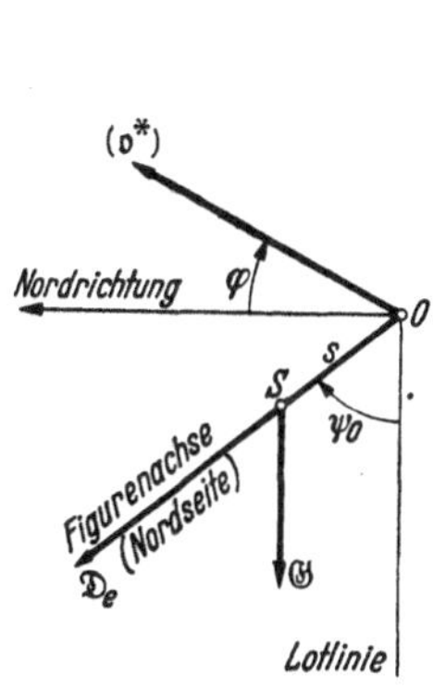

Abb. 34. Gleichgewichtslage des Barygyroskopes für $s > 0$.

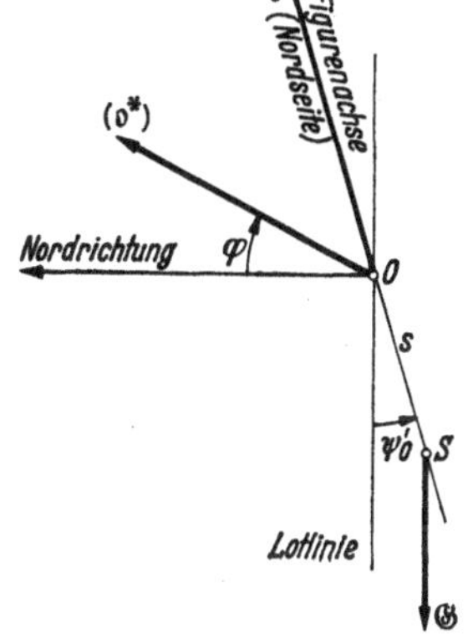

Abb. 35. Gleichgewichtslage des Barygyroskopes für $s < 0$.

Für negative Werte s, also mit einem Übergewicht auf der „Südseite" der Figurenachse (Abb. 35), kommt

$$\operatorname{tg}\psi_0' = -\frac{D_e\,\omega^* \cos\varphi}{(-s)G + D_e\,\omega^* \sin\varphi}, \tag{7}$$

und es ist offenbar für gleiche Werte D_e, G, $|s|$, φ

$$|\psi_0'| < \psi_0, \tag{8}$$

d. h. das Barygyroskop ist empfindlicher, wenn das Übergewicht auf der Nordseite der Figurenachse sitzt (diesen Fall zeigt Abb. 33), als wenn es auf ihrer Südseite angebracht ist.

Natürlich erfolgt die Einstellung in die Nullage ψ_0 bzw. ψ_0' im allgemeinen erst nach dem Abklingen von Schwingungen. Für diese findet man als Erweiterung von (4), wenn nun ψ den Winkel der Nordseite der Figurenachse mit der Lotrechten abwärts bedeutet,

$$B\ddot{\psi} = -sG \sin\psi + D_e\,\omega^* \sin(\varphi + 90° - \psi) - R,$$

und dafür kann man mit dem Winkel ψ_0 (6) und mit der Abkürzung

$$H^2 = (sG - D_e\,\omega^* \sin\varphi)^2 + (D_e\,\omega^* \cos\varphi)^2 \tag{9}$$

auch schreiben

$$B\ddot{\psi} + H \sin(\psi - \psi_0) + R = 0. \tag{10}$$

Man bestätigt hieraus die Nullage ψ_0 (ohne trockene Reibung) und stellt außerdem fest, daß für positives s der Wert H kleiner, die Schwingungsdauer also größer ist als für negatives s, und das besagt, daß für die empfindlichere Übergewichtslage (auf der Nordseite der Figurenachse) die Beobachtung schwieriger werden kann, als für die unempfindlichere, weil dann eine längere Beobachtungszeit erforderlich ist, während welcher der Kreisel möglicherweise inzwischen seinen Eigendrehimpuls mehr oder weniger verloren hat. Übrigens hat auch *Gilbert* nur qualitative Ergebnisse, keine quantitativ nachprüfbaren erzielt.

Es ist vorgeschlagen worden[1], bei einem waagerecht in der Nordsüdrichtung gelagerten Kreisel das dann vorhandene Kreiselmoment $D_e\,\omega^* \sin\varphi$ mit einer empfindlichen Waage zu messen; denn je nachdem der Eigendrehimpulsvektor $\mathfrak{D}_e$ nach Norden oder Süden weist, drückt die Nordseite der Figurenachse schwächer oder stärker als ihre Südseite auf die Unterlage.

Es mag hier angemerkt werden, daß dasselbe Kreiselmoment, welches beim Inklinationskreisel die Figurenachse in die Richtung der Erdachse hineinzuziehen sucht, wohl auch bei den sogenannten Zyklonen eine wichtige Rolle spielt. Die Zyklone sind Wirbelstürme mit ungefähr lotrechter Achse und verlaufen stets im Sinne der lotrechten Komponente $\omega^* \sin\varphi$ der Erddrehung, also auf der nördlichen Halbkugel im Gegenzeigersinn, auf der südlichen im Uhrzeigersinn (je von oben gesehen). Ihr Drehvektor bildet demnach mit dem Vektor $\mathfrak{o}^*$ den Winkel $90° - |\varphi|$. Dürfte man die Zyklone als einen starren Körper vom Eigendrehimpuls D_e ansehen, der längs der Erdoberfläche dahingleiten kann, so würde das durch die Erddrehung in ihm geweckte Kreiselmoment $D_e\,\omega^* \cos\varphi$ die Zyklone in gleichstimmigen Parallelismus mit der Erddrehung zu bringen, also unter Überwindung der entgegenstehenden Reibungskräfte insbesondere an der Erdoberfläche in den Nord- oder Südpol hineinzuziehen streben, je nachdem sie sich auf der nördlichen oder südlichen Halbkugel befindet. Man beobachtet nun tatsächlich ein solches Wandern der Zyklone polwärts, und sicherlich ist die Vermutung berechtigt, daß daran die Kreisel-

[1] *R. Grammel*, Die mechanischen Beweise für die Bewegung der Erde, S. 64, Berlin 1922.

wirkung der Erddrehung wesentlich beteiligt ist, obwohl es sich um einen starren Kreisel eigentlich nicht handelt. An genau beobachteten Zyklonen ist abgeschätzt worden[1], daß das genannte Kreiselmoment wenigstens der Größenordnung nach diejenige Kraft liefert, die zur Erklärung der polwärts gerichteten Komponente der Wandergeschwindigkeit der Zyklone vorhanden sein muß.

3. Der Deklinationskreisel. Man kann nun schließlich den astatischen Kreisel, wie wiederum zuerst *Foucault* entdeckte, auch dazu verwenden, den Meridian, also die Nordrichtung des Beobachtungsortes zu finden, und gerade diese Anwendung des astatischen Kreisels hat sich weiterhin als eine der folgenreichsten erwiesen. Zu diesem Behufe hat man lediglich dafür zu sorgen, daß die Figurenachse des Kreisels sich möglichst reibungsfrei in der Horizontebene des Beobachtungsortes drehen kann, indem man etwa die Drehachse des äußeren Cardanringes des Gyroskopes drehbar an die Lotlinie fesselt, und den inneren Cardanring senkrecht zum äußeren an diesem festklemmt. Dann beeinflußt die Lotkomponente $\omega^* \sin\varphi$ der Erddrehung den Kreisel nicht. Er ist aber gezwungen, die Nordkomponente $\omega^* \cos\varphi$ der Erddrehung mitzumachen, und diese ruft in ihm, wenn die Nordseite seiner Figurenachse den Winkel δ mit der Nordrichtung bildet, positiv etwa nach Westen gerechnet (Abb. 36), ein nach Norden drehendes Kreiselmoment vom Betrag $D_e\, \omega^* \cos\varphi \sin\delta$ hervor. Somit hat man für das bewegliche System (Kreiselkörper und Cardanringe) mit der Drehmasse C um die Lotachse die Bewegungsgleichung

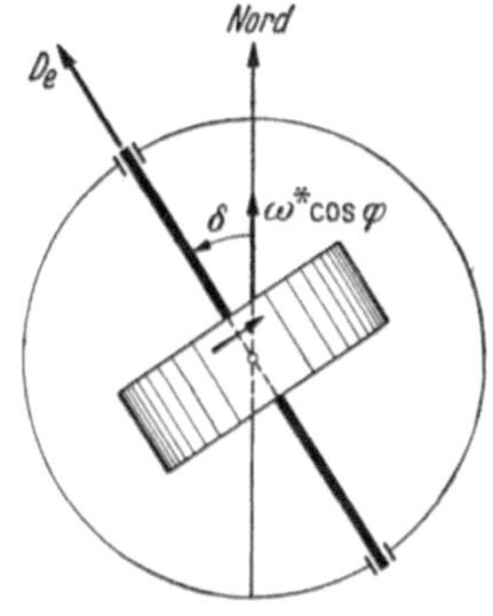

Abb. 36. Deklinationskreisel.

$$C\ddot{\delta} = -D_e\, \omega^* \cos\varphi \sin\delta - R, \qquad (11)$$

wobei R wieder das etwaige Reibungsmoment ist.

Diese Gleichung besagt nun einfach, daß die Nordseite der Figurenachse um die Nordrichtung Schwingungen macht und, je nach der Art der Reibung, mehr oder weniger genau in dieser Richtung zur Ruhe kommt und somit die Nordrichtung des Beobachtungsortes mehr oder weniger genau anzuzeigen fähig ist. Ein solches Gerät, das man füglich einen Deklinationskreisel nennen mag, stellt die ursprünglichste Form aller Kreiselkompasse dar.

[1] *W. Koenig*, Meteorol. Z. 32 (1915), S. 484 und 560.

Die Schwingungsdauer für kleine Ausschläge δ und ohne Reibung hat den Wert

$$t_0 = 2\pi \sqrt{\frac{C}{D_e\,\omega^* \cos\varphi}}\,, \tag{12}$$

so daß man aus ihr bei bekannter geographischer Breite φ wiederum die Drehgeschwindigkeit ω^* der Erde müßte bestätigen können.

Beides, die Anzeige der Nordrichtung und die Ermittlung von ω^*, hat *Foucault* wieder nur sehr unvollständig erreicht. Wegen des sehr kleinen Faktors ω^* im nordweisenden Kreiselmoment ist es nötig, den Eigendrehimpuls $D_e = A\,\omega_e$ durch Steigerung der Eigendrehgeschwindigkeit ω_e des Kreisels möglichst groß zu machen und außerdem die Reibung sorgfältig auszuschalten. Dies ist in der weiteren Entwicklung des Deklinationskreisels in der Tat gelungen. Diese schritt nach zwei Zielen fort, einerseits bis zu quantitativ auswertbaren Versuchen zum Nachweis der Erddrehung, andererseits bis zur Schaffung völlig einwandfreier, praktisch benützbarer Kreiselkompasse.

Ehe wir uns nun der weiteren Entwicklung des Deklinationskreisels zuwenden, bemerken wir noch, daß dieser gemäß (11) und (12) an den beiden Erdpolen ($\varphi = \pm 90°$) versagen würde und am wirksamsten in der Umgebung des Äquators ($\varphi = 0°$) ist.

Übrigens ist der schon beim Inklinationskreisel (Ziff. **2**) erwähnte Vorschlag, das von der Erddrehung herrührende Kreiselmoment zu messen, beim Deklinationskreisel weiter verfolgt worden. Wenn man die beiden Drehkräfte mißt, mit denen die beiden Cardanringe in Abb. 32 (Seite 85) gegen jenes Kreiselmoment festgehalten werden müßten, damit die Figurenachse waagerecht ostwestlich stehen bliebe, so kann man daraus auf einem bewegten Fahrzeug (z. B. in einem untergetauchten Boot) auf die Fahrgeschwindigkeit und die Fahrtrichtung schließen. Da dieser Vorschlag jedoch bisher nur theoretisch untersucht[1], aber noch in keiner Weise praktisch durchgebildet worden ist, so wollen wir ihn hier nur eben erwähnen.

4. Kreiselversuche zum Nachweis der Erddrehung. Den ersten gelungenen Kreiselversuch zum Nachweis der Erddrehung hat *A. Föppl*[2] durchgeführt, indem er den Deklinationskreisel trifilar aufhängte und den aus zwei Schwungrädern von je 30 kg Gewicht bestehenden Kreiselkörper elektrisch bis zu 2400 Uml/min antrieb, wobei die drei Aufhängefäden zugleich den Strom zuzuführen hatten

[1] *Ch. Fox*, Proc. Cambridge philos. soc. 45,2 (1949) S. 311. Man braucht dabei z. T. Überlegungen, die wir erst in § 6, Ziff. **3** kennen lernen werden.

[2] *A. Föppl*, Physikal. Z. 5 (1904), S. 416.

(Abb. 37). Um störende Luftströmungen auszuschalten, kapselte er den ganzen, 100 kg schweren Kreisel in ein Gehäuse ein.

Ist wieder δ das Azimut der Nordseite der Figurenachse, positiv von Norden nach Westen gezählt, und δ_1 ihr Azimut in der Ruhelage des nichtlaufenden Kreisels (Abb. 38), so hat man beim laufenden Kreisel mit dem Eigendrehimpuls $D_e = A\,\omega_e$ wie vorhin das von Westen nach Norden positiv gerechnete Kreiselmoment

$$K_1 = D_e\,\omega^* \cos\varphi \sin\delta \qquad (13)$$

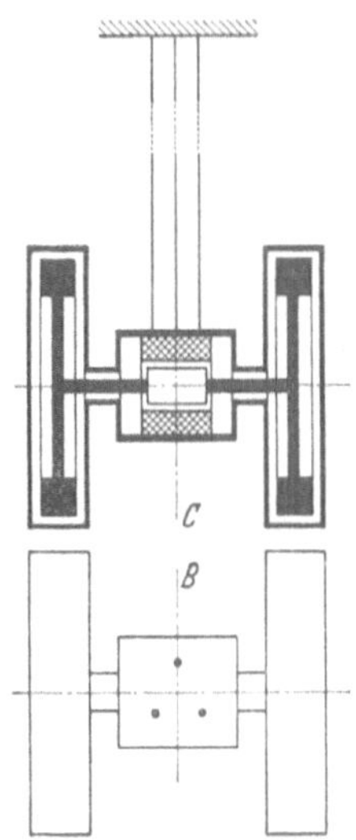

Abb. 37. Deklinationskreisel von *A. Föppl.*

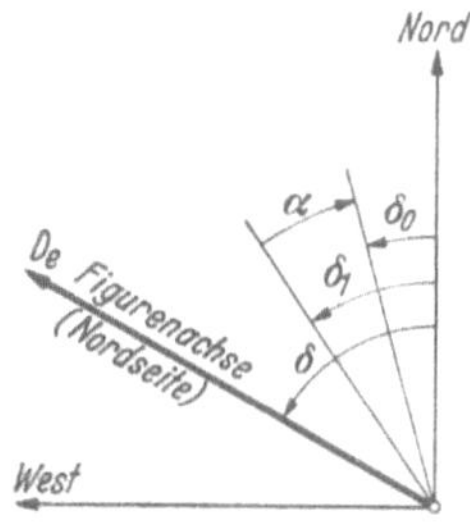

Abb. 38. Bezeichnungen beim Deklinationskreisel.

und außerdem ein rücktreibendes Moment der trifilaren Aufhängung, das, wie bekannt, jeweils proportional zur Sinusfunktion des Verdrehungswinkels ist, also in der Form

$$M_1 = h \sin(\delta - \delta_1) \qquad (14)$$

angesetzt werden kann und dann ebenfalls positiv von Westen nach Norden zu rechnen ist. Die Größe h ist dabei durch einen einfachen statischen Verdrehungsversuch oder durch einen Schwingungsversuch bei nichtlaufendem Kreisel in bekannter Weise zu ermitteln.

Da man von Reibungsmomenten absehen darf, so folgt das Mittelazimut δ_0 der Schwingungen des laufenden Kreisels aus $K_1 + M_1 = 0$; man findet

$$\operatorname{tg}\delta_0 = \frac{h \sin\delta_1}{D_e\,\omega^* \cos\varphi + h\cos\delta_1} \qquad (15)$$

und bildet daraus durch eine kleine Rechnung für den von Westen nach Norden positiv gezählten Winkel α zwischen der Ruhelage δ_1 und dem Mittelazimut δ_0 der Schwingungen

$$\operatorname{tg}\alpha = \operatorname{tg}(\delta_1 - \delta_0) = \frac{D_e\,\omega^* \cos\varphi \sin\delta_1}{D_e\,\omega^* \cos\varphi\cos\delta_1 + h}\,. \qquad (16)$$

Die Auslenkung α kann unmittelbar beobachtet werden; sie wächst mit Annäherung an den Äquator ($\varphi = 0°$) und ist jeweils am größten für $\delta_1 = 90°$, d. h. wenn die Figurenachse ursprünglich in die Ostwestlinie fiel. Aus (16) konnte *A. Föppl* die Drehgeschwindigkeit ω^* der Erde bis auf 2% genau finden.

Um so auffallender mußte es sein, daß die Dauer der azimutalen Schwingungen (die aus der durch das Moment M_1 ergänzten Gleichung (11) von Ziff. **3** folgen würde) nicht einmal annähernd mit der Beobachtung übereinstimmte. *A. Föppl* erkannte alsbald, daß hieran die elastische Nachgiebigkeit der Aufhängefäden schuld ist, d. h. der Umstand, daß infolge deren Dehnbarkeit die Figurenachse gar nicht

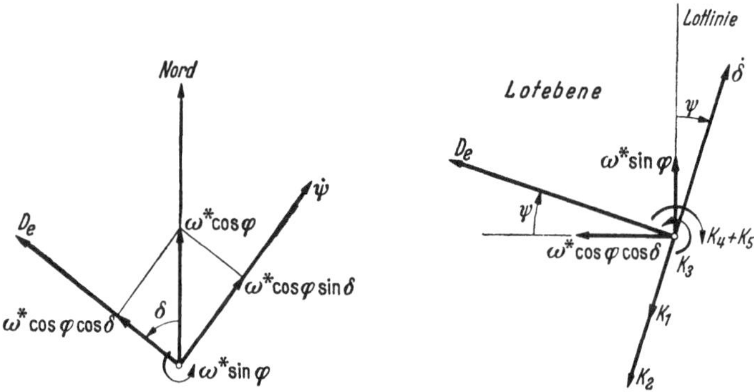

Abb. 39. Zerlegung des Drehvektors $\mathfrak{o}^*$.

Abb. 40. Lotebene durch die Figurenachse.

genau in einer waagerechten Ebene, sondern räumlich schwingt, so daß die Nordseite der Figurenachse außer ihrem Azimut δ jeweils noch eine (wenn auch nur kleine) Elevation ψ über die Waagerechte besitzen kann, die wir positiv nach oben rechnen wollen. Dabei wird ein elastisches Gegenmoment

$$M_2 = k \sin\psi \tag{17}$$

geweckt, unter k ein von Stoff und Dicke der Aufhängefäden abhängiger positiver Wert verstanden, den man wieder leicht durch einen Vorversuch bestimmen kann; und wir dürfen es dabei offen lassen, ob in (17) statt $\sin\psi$ nicht vielleicht genauer eine andere Winkelfunktion stehen müßte, die aber sicherlich für kleine Winkel ψ sich nicht mehr merklich von $\sin\psi$ unterscheiden könnte.

Um ferner das auftretende Kreiselmoment bequem in seine Komponenten nach den Drehachsen der Winkel δ und ψ zerspalten zu können, zerlegen wir auch noch die waaagerechte Komponente

$\omega^* \cos\varphi$ der Erddrehung in zwei Komponenten $\omega^* \cos\varphi \cos\delta$ und $\omega^* \cos\varphi \sin\delta$ (Abb. 39) und beachten dabei, daß die Lotlinie und der Drehvektor mit dem Betrag $\dot{\delta}$ (und ebenso die Vektoren mit den Beträgen D_e und $\omega^* \cos\varphi \cos\delta$) den sehr kleinen Winkel ψ miteinander einschließen (Abb. 40), so daß die Verzerrung, die der Winkel δ bei seiner Projektion auf die Horizontebene erleidet, klein von höherer Ordnung ist. Demnach haben wir die folgenden Komponenten des Kreiselmomentes:

1. von der Erddrehungskomponente $\omega^* \cos\varphi \sin\delta$ ein Kreiselmoment, positiv im Drehsinn $-\dot{\delta}$, vom Betrag

$$K_1 = D_e \omega^* \cos\varphi \sin\delta; \tag{18}$$

2. von der Drehung $\dot{\psi}$ ebenso das Kreiselmoment

$$K_2 = D_e \dot{\psi}, \tag{19}$$

positiv wie K_1;

3. von der Drehkomponente $\omega^* \cos\varphi \cos\delta$ ein Kreiselmoment

$$K_3 = D_e \omega^* \cos\varphi \cos\delta \sin\psi, \tag{20}$$

positiv im Sinne $-\dot{\psi}$;

4. von der Drehkomponente $\omega^* \sin\varphi$ ein Kreiselmoment

$$K_4 = D_e \omega^* \sin\varphi \cos\psi, \tag{21}$$

im Sinne $+\dot{\psi}$;

5. von der Drehung $\dot{\delta}$ ein ebensolches Kreiselmoment

$$K_5 = D_e \dot{\delta}. \tag{22}$$

Die Kreiselmomente K_1 bis K_5 regeln zusammen mit den elastischen Momenten M_1 (14) und M_2 (17) die Bewegung des ganzen Systems (Kreiselkörper und Kapsel). Sind wieder B und C dessen Drehmassen je um die (im Ruhezustand) waagerechte und um die lotrechte Achse in der zur Figurenachse senkrechten Ebene (Äquatorebene des Kreisels; vgl. Abb. 37, Seite 93), also um die Achsen der Drehungen ψ und δ (die zugleich Hauptachsen des Systems sind), so hat man für die räumliche Bewegung der Nordseite der Figurenachse, falls man von Dämpfungsgliedern absieht, die beiden Gleichungen

$$\left.\begin{aligned} C\ddot{\delta} &= -K_1 - K_2 - M_1, \\ B\ddot{\psi} &= -K_3 + K_4 + K_5 - M_2. \end{aligned}\right\} \tag{23}$$

Da sich diese Gleichungen auf ein im System festes, also mit dem System bewegliches Achsenkreuz beziehen, so müßten linker Hand eigentlich noch die Komponenten der zugehörigen Gerüstgeschwindigkeit des aus den Komponenten $C\dot{\delta}$ und $B\dot{\psi}$ bestehenden Drehimpulsvektors dieser Systembewegung $(\dot{\delta}, \dot{\psi})$ hinzugefügt werden [vgl. Formel (16) von § 1, Ziff. 4 des ersten Bandes, Seite 11]. Aber abgesehen davon, daß diese Gerüstgeschwindigkeit bei den sehr langsamen Bewegungen, um die es sich hier handelt, überhaupt sehr klein ist, besitzt sie nur eine (hier belanglose) Komponente in der Figurenachse, nicht aber in den Achsen der Drehungen $\dot{\delta}$ und $\dot{\psi}$. Die Gleichungen (23) lauten demnach explizit

$$\left.\begin{aligned} &C\ddot{\delta}+D_e\,\omega^*\cos\varphi\sin\delta+D_e\dot{\psi}+h\sin(\delta-\delta_1)=0,\\ &B\ddot{\psi}+D_e\,\omega^*\cos\varphi\cos\delta\sin\psi-D_e\,\omega^*\sin\varphi\cos\psi-D_e\dot{\delta}+k\sin\psi=0.\end{aligned}\right\}\quad(24)$$

Man kann die zweite dieser Gleichungen ganz erheblich vereinfachen, indem man erwägt, daß ω^* äußerst klein gegen die mittlere Drehgeschwindigkeit $\dot{\delta}$ der azimutalen Schwingungen bleiben wird; folglich streichen wir das zweite Glied unbedenklich gegen das vierte, zumal da es auch noch den sicher sehr kleinen Faktor sin ψ enthält. Mit nahezu gleichem Recht dürfen wir aber auch das erste Glied $B\ddot{\psi}$ weglassen; denn die ψ-Komponente der Schwingungen hat doch auf alle Fälle (wegen der geringen Dehnbarkeit der Aufhängefäden) äußerst kleine Amplituden und also (wegen der keineswegs kleinen Schwingungsdauer) fast unmerkliche Beschleunigungen (das Glied $D_e\dot{\delta}\equiv A\,\omega_e\dot{\delta}$ ist im Mittel tatsächlich mindestens das 10^7-fache des Gliedes $B\ddot{\psi}$). Ersetzt man dann noch $\sin\psi$ durch ψ und $\cos\psi$ durch 1, so lautet die vereinfachte zweite Gleichung (24) kurz und genau genug

$$k\psi=D_e(\dot{\delta}+\omega^*\sin\varphi).\quad(25)$$

Dies besagt, daß die Elevationsschwingung ψ synchron mit der azimutalen Schwingung δ geht, jedoch um eine Viertelsperiode in der Phase verschoben (vorauseilend). Für die azimutale Schwingung aber kommt, wenn wir mit dem Wert ψ aus (25) in die erste Gleichung (24) eingehen,

$$\left(C+\frac{D_e^2}{k}\right)\ddot{\delta}+D_e\,\omega^*\cos\varphi\sin\delta+h\sin(\delta-\delta_1)=0,$$

und dies formt man leicht um in

$$\left(C+\frac{D_e^2}{k}\right)\ddot{\delta}+H\sin(\delta-\delta_0)=0\quad(26)$$

mit dem Ruheazimut δ_0 (15) und mit

$$H^2=(D_e\,\omega^*\cos\varphi+h\cos\delta_1)^2+(h\sin\delta_1)^2.\quad(27)$$

Die Schwingungsgleichung (26) zeigt, daß infolge der Dehnbarkeit der Aufhängefäden die „azimutale" Drehmasse C scheinbar um den Betrag D_e^2/k vergrößert ist. Dies hat eine entsprechende Erhöhung der Schwingungsdauer t_0 zur Folge. Für kleine Ausschläge δ hat man jetzt

$$t_0=2\pi\sqrt{\frac{C}{H}+\frac{D_e^2}{kH}},\quad(28)$$

und diese durch das Zusatzglied D_e^2/kH vergrößerte Schwingungsdauer ist denn auch von dem Versuch *Föppls* gut bestätigt worden. (Man hat hier ein einfaches Beispiel für die in § 12, Ziff. **3**, Seite 257 des ersten Bandes allgemein berechnete scheinbare Vergrößerung der Massenträgheit infolge der Einwirkung verborgener Bewegungen).

Der Versuch ist mehrfach weitergeführt und verfeinert worden, allerdings mit Hilfsmitteln, wie sie erst die technische Vollendung des Kreiselkompasses liefern konnte. So gelang es *Schuler*[1], die Störungen insbesondere infolge Konvektionsströmungen soweit abzuschirmen, daß mit einem schwimmend aufgehängten Kreisel von 19000 Uml/min (wie wir ihn in § 6, Ziff. **1** beschreiben werden) der Meridian des Beobachtungsortes (Kiel) bis auf etwa 14″ genau bestimmt werden konnte; später vermochte *Hierholzer*[2] mit der Apparatur eines *Anschütz*schen Dreikreiselkompasses, also mit Kreiseln von 20000 Uml/min (vgl. später § 6, Ziff. **7**), die Genauigkeit so weit zu steigern, daß sich aus der Schwingungsdauer (28) der Wert von ω^* bis auf einen Fehler von 0,27‰, die Tageslänge also bis auf einen Fehler von 23 Sekunden ergab.

5. Elastische Bindung eines Freiheitsgrades. Da wir es hier zum erstenmal mit sehr rasch laufenden Kreiseln zu tun haben (im zuletzt genannten Falle 333 Uml/sek), so wollen wir auf eine Gefahr hinweisen, die beim Hantieren mit solchen Kreiseln zu beachten ist.

Wenn man einem schnellen Kreisel durch ein Zwangsmoment M eine Drehung δ seiner Figurenachse in einer Ebene senkrecht zur Achse des Moments aufzwingt (im Falle von Ziff. **4** also in einer waagerechten Ebene um eine lotrechte Achse) und dabei diese Ebene (also etwa den inneren Cardanring) elastisch nachgiebig bettet, so daß sie und mit ihr die an sie gefesselte Figurenachse ein wenig aus der Waagerechten heraus sich erheben kann, so hat man mit den bisherigen Bezeichnungen für diese Zwangsbewegung das analog zu (24) gebildete Gleichungssystem

$$\left.\begin{aligned} C\ddot{\delta}+D_e\dot{\psi}&=M,\\ B\ddot{\psi}-D_e\dot{\delta}+k\psi&=0 \end{aligned}\right\} \tag{29}$$

(wieder nur für kleine Werte von ψ gültig). Das sind zwei lineare Differentialgleichungen, die durch die gyroskopischen Terme $D_e\dot{\psi}$ und $-D_e\dot{\delta}$ miteinander gekoppelt sind. Die wieder durch den Faktor k

[1] *M. Schuler*, Festschrift zum siebzigsten Geburtstag August Föppls, S. 148.

[2] *W. Hierholzer*, Ein Kreiselversuch zur Bestimmung der Drehgeschwindigkeit der Erde, Diss. Göttingen 1938.

ausgedrückte Nachgiebigkeit der δ-Ebene kann insbesondere auch einfach in der Biegungsfähigkeit der Kreiselwelle (bei etwa starr in seiner Ebene gehaltenem Innenring) bestehen.

Solche Gleichungen stellen, wie wir von früheren Fällen her wissen, allemal eine von Eigenschwingungen begleitete Bewegung der Figurenachse des schnellen Kreisels vor. Die Eigenschwingungen sind hier die Nutationen (vgl. § 6, Ziff. 4, Seite 76 des ersten Bandes), und auf diese kommt es uns jetzt nicht an. Der wesentliche Teil der Bewegung wird dargestellt durch die von M abhängigen partikulären Integrale, und diese sind beispielsweise für ein unveränderliches Zwangsmoment M von der Form

$$\delta = \tfrac{1}{2}\, a t^2, \qquad \psi = b t, \tag{30}$$

wo die noch unbekannten Faktoren a und b durch Einsetzen der Lösung (30) in (29) zu ermitteln sind. Man erhält

$$C a + D_e b = M, \qquad D_e a = k b$$

und hieraus durch Auflösen nach a und b und Einführen in (30)

$$\delta = \frac{C k}{C k + D_e^2} \frac{M t^2}{2 C}, \tag{31}$$

$$\psi = \frac{D_e}{C k + D_e^2} M t \tag{32}$$

und daraus auch noch

$$\psi = \frac{D_e}{k} \dot{\delta}. \tag{33}$$

Ohne die (leicht aufzufindenden) allgemeinen Integrale von (29) auszurechnen, können wir alle wesentlichen Schlüsse schon aus (31) bis (33) ziehen.

Mit $k = \infty$, also völliger Unterdrückung des zweiten Freiheitsgrades, bestätigt man aus (31) und (32) nur wieder, daß der Kreisel ohne die geringste Möglichkeit des Ausweichens der Figurenachse ($\psi = 0$) dem Moment M so nachgibt, wie wenn kein Eigendrehimpuls D_e vorhanden wäre [$\delta = \frac{1}{2}(M/C)t^2$]. Ist aber, wie bei allen Befestigungsarten, k endlich, wenn auch vielleicht sehr groß, so genügt es nach (31), den Eigendrehimpuls D_e hinreichend groß zu wählen, um die Nachgiebigkeit δ gegenüber dem Zwangsmoment M beliebig herabzudrücken, den Kreisel also beliebig stark richtungssteif zu machen.

Einen vielleicht noch wichtigeren Schluß ziehen wir aus (33). Die von dem Moment M unterhaltene und sich steigernde Drehung δ hat nach (33) unweigerlich ein Anwachsen des Winkels ψ zur Folge, auch dann, wenn das Moment an sich nicht groß ist, und zwar um so mehr, je größer der Eigendrehimpuls D_e ist. Da die elastische Nachgiebigkeit nur bis zu einer gewissen Grenze geht, so muß das Anwachsen des Winkels ψ früher oder später eine Zerstörung des Systems herbeiführen, wenn man nicht rechtzeitig davon abläßt, die Drehgeschwindigkeit $\dot{\delta}$ durch ein Zwangsmoment M weiter zu steigern. Es ist also in hohem Maße gefährlich, die Figurenachse eines schnelllaufenden Kreisels zu einer zu raschen Präzession $\dot{\delta}$ um eine Achse zu zwingen, die von seiner Figurenachse verschieden ist. Man tut gut daran, dies beim Hantieren mit Kreiseln von großem Eigendrehimpuls nie zu vergessen.

Die Größe der Gefahr wird natürlich durch das Kreiselmoment $K = D_e \dot{\delta}$ gemessen. Wenn die Kreiselwelle sehr dünn ist, wie dies bei elektrisch angetriebenen Kreiseln der Fall zu sein pflegt, so kann jenes Kreiselmoment leicht einen Bruch der Welle verursachen oder sie mindestens unzulässig stark verbiegen.

Beispielsweise bei einem Kreiselkörper von 5 kg Gewicht, einem axialen Trägheitsarm von 5 cm und einer Umdrehungszahl von 20000 Uml/min wird $D_e = 267$ cmkgsek, und dies gibt, wenn man die Figurenachse etwa mit 24° in der Sekunde weiterdreht, was doch noch keineswegs übermäßig rasch erscheint, schon ein Kreiselmoment von rund 100 cmkg, also ein größtes Biegemoment von rund 50 cmkg, eine Beanspruchung, die die Kreiselwelle bei ihren üblichen Maßen (von etwa 10 cm Länge und 0,5 cm Dicke) keineswegs ohne Beschädigung aushalten könnte.

Übrigens muß man bei der zahlenmäßigen Auswertung von Kreiselversuchen die durch die Kreiselmomente hervorgerufene Biegung der Kreiselwelle mitunter durchaus berücksichtigen[1], wenn man zu richtigen Ergebnissen kommen will.

§ 6. Der Kreiselkompaß.

1. Die technische Entwicklung des Kreiselkompasses. Wie gegen Schluß von § 5, Ziff. **3** (Seite 92) schon erwähnt, ist der *Foucault*sche Deklinationskreisel zu einem vollwertigen Kreiselkompaß weiterentwickelt worden, und dieser stellt wohl das am besten durchgebildete aller Kreiselgeräte dar. Der Weg bis zu solcher Vollendung war mühsam und hat die Arbeit vieler Jahrzehnte erfordert. Es lohnt sich darum, einen kurzen Blick auf die Entwicklung zu tun, zumal da dies auch zum Verständnis der später folgenden Theorie des Kreiselkompasses und seiner Störungen nötig sein wird.

[1] Vgl. die erwähnte Arbeit von *W. Hierholzer*, Fußnote 2 von Seite 97.

Um den Deklinationskreisel zum wirklichen Kompaß zu gestalten, mußte erstens sein nach Norden drehendes Kreiselmoment ganz erheblich vergrößert, zweitens jede trockene Reibung und jedes Torsionsmoment bei etwaiger Aufhängung vermieden und drittens für eine möglichst rasche Dämpfung der Schwingungen, unter denen er sich schließlich nach Norden einstellt, gesorgt werden. Da der Kompaß, obwohl gelegentlich auch ortsfest benützt, doch hauptsächlich in bewegten Fahrzeugen (Seeschiffen, Luftschiffen, Flugzeugen) verwendet wird, so mußte endlich viertens erreicht werden, die Fahrtfehler, die er vermutlich haben wird, wenn er nicht mehr völlig astatisch ist – und man mußte tatsächlich zu nichtastatischen Kreiselsystemen übergehen –, auf ein erträgliches Maß herabzusetzen und womöglich kompensierbar zu machen. Das Ringen mit diesen vier Forderungen zeichnet sich in der Geschichte[1] des Kreiselkompasses deutlich ab.

Den ersten Fortschritt nach *Foucault* erzielte *Trouvé*[2], indem er (1865) einerseits zu elektromotorischem Antrieb des Kreisels überging und andererseits die starre Bindung der Figurenachse an die waagerechte Ebene dadurch aufhob, daß er den Kreisel cardanisch mit voller Freiheit lagerte und die Achse des äußeren Ringes durch ein angehängtes Gewicht lotrecht, die Figurenachse waagerecht stabilisierte. Eine ähnliche Ausführung baute bald darauf *Dubois*[3]. Diese beiden Geräte waren die ersten Kreiselkompasse; sie haben sich aber auf Schiffen nicht bewährt, weil sie wegen der Reibung in den Lagern der Cardanringe versagen mußten. *Lord Kelvin*[4] versuchte (1884), die Reibung durch eine torsionsfreie Fadenaufhängung statt der cardanischen Lagerung zu verringern, und schlug schließlich vor, das ganze System mit waagerechter Figurenachse stabil auf einer Flüssigkeit schwimmen zu lassen. Damit war nun in der Tat auch ein richtiger Weg gewiesen. Um das Ziel in Gestalt eines völlig brauchbaren und einwandfreien Kompasses wirklich zu erreichen, bedurfte es allerdings noch langer und mühsamer Versuche, die von *van den Bos* begonnen, von *Werner von Siemens* weitergeführt[5] und von *Anschütz-Kämpfe*[6] und seinen Mitarbeitern (1908) in seinem Einkreiselkompaß zu einem vorläufigen Abschluß gebracht wurden.

---

[1] Vgl. den Aufsatz von *O. Martienssen*, Z. VDI. 67 (1923), S. 182.

[2] *G. Trouvé*, Comptes rendus 101 (1890), S. 359, 463 und 913.

[3] *M. E. Dubois*, Comptes rendus 98 (1887), S. 227.

[4] *W. Thomson*, Nature 30 (1884), S. 524.

[5] Vgl. *O. Martienssen*, Physik. Z. 7 (1906), S. 535.

[6] *H. Anschütz-Kämpfe* und *M. Schuler*, Jahrb. Schiffbautechn. Ges. 10 (1909), S. 352; vgl. auch die deutschen Patentschriften der Klasse 42c.

Diesen ersten *Anschütz*-Kompaß, der die Grundlage weiterer Entwicklungsstufen bildete, stellt Abb. 41 schematisch und teilweise im Meridianschnitt (zunächst noch ohne die später zu besprechende Dämpfungsvorrichtung) dar. Der auf dünner Welle sitzende Kreiselkörper (*k*) ist der Kurzschlußanker (*a*) eines Drehstrommotors von 20000 Uml/min, dessen Ständer (*s*) an der den Kreisel umschließenden Kapsel, der sogenannten Kreiselkappe (*k'*), angebracht ist. Die Kappe wird von einem Schwimmer (*s'*) getragen, auf dem auch die Windrose (*r*) befestigt ist. Der Schwimmer schwimmt in einem mit Quecksilber gefüllten, cardanisch und an Federn aufgehängten Becken (*b*). Der Schwerpunkt des schwimmenden Systems liegt ein wenig tiefer als der Schwerpunkt der verdrängten Quecksilbermenge, so daß die Figurenachse (*f*) im Ruhezustand waagerecht liegt. Ein am Becken (*b*) befestigter Stift (*s''*) zentriert den Schwimmer und führt über einen zentralen Quecksilbertropfen und eine konzentrische Quecksilberrinne zwei Stromphasen isoliert zu, während die dritte Phase durch das Quecksilberbecken (*b*) eintritt.

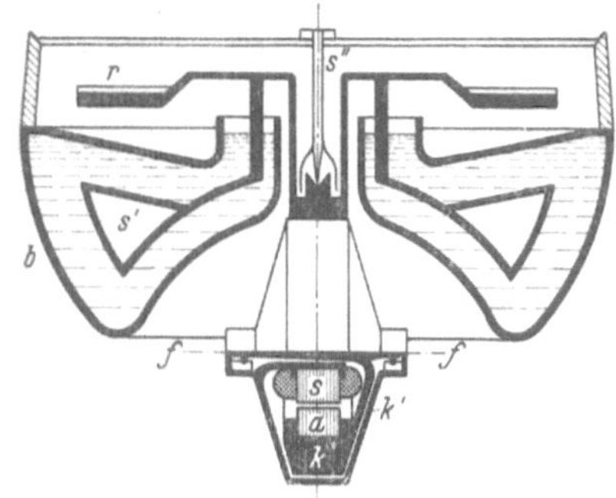

Abb. 41. *Anschütz*scher Einkreiselkompaß.

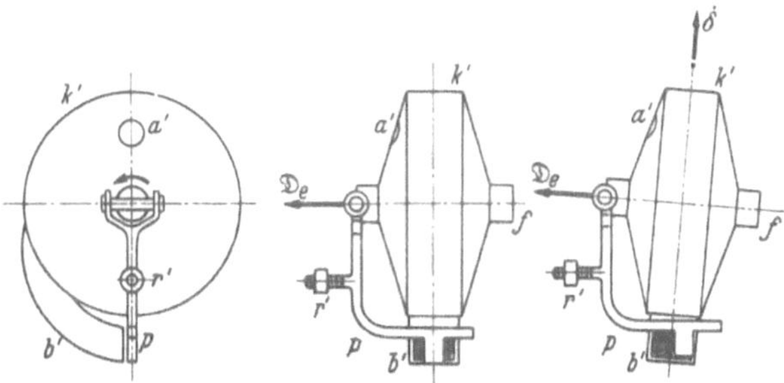

Abb. 42. Dämpfung des *Anschütz*schen Einkreiselkompasses.

Da bei der sehr großen Schwingungsdauer, die der Kreiselkompaß auf einem fahrenden Schiffe aus theoretischen Gründen haben muß (vgl. später Ziff. 2), alle sonst erprobten Dämpfungsarten, wie Flüssigkeits- oder Wirbelstromdämpfung, viel zu schwach wären und zudem bei Schiffswendungen das schwimmende System mitreißen würden, so daß der Kreiselkompaß stundenlang falsch zeigen müßte, so hat man (nach mehreren anderen Versuchen) die in Abb. 42 dargestellte

Vorrichtung angebracht. Der laufende Kreisel saugt durch eine Öffnung (a') in der Kreiselkappe (k') Luft an und stößt sie durch eine Düse (b') am Umfang wieder aus, und zwar westwärts. Ein Pendel (p), das quer zur Figurenachse schwingen und durch ein Reguliergewichtchen (r') justiert werden kann, deckt die Düsenöffnung symmetrisch ab, so daß die Reaktionskraft des waagerecht ausgeblasenen Luftstrahles nur ein belangloses kleines Moment um die Figurenachse erzeugt. Nun ist aber an Hand der Überlegungen von § 5, Ziff. 4 zu vermuten und wird später (Ziff. 2) von der Theorie bestätigt werden, daß mit jeder Deklinationsschwingung des Kreiselkompasses eine Elevationsschwingung seiner Figurenachse verknüpft ist (in Abb. 42 rechts dargestellt), und dann tritt die Düse (b') aus der Lotachse heraus, das Pendel (p) jedoch nicht; dieses öffnet daher die Nordseite der Düse mehr als ihre Südseite, so daß eine Reaktionskraft entsteht, die jetzt ein Drehmoment um die Achse δ hervorruft, und zwar offenbar im entgegengesetzten Sinne von $\dot{\delta}$. Die Deklinationsschwingung wird somit abgebremst und also gedämpft. Ohne eine solche Dämpfung würde es tagelang dauern, bis die Schwingungen des Kreiselkompasses auf eine erträgliche Amplitude abgesunken wären.

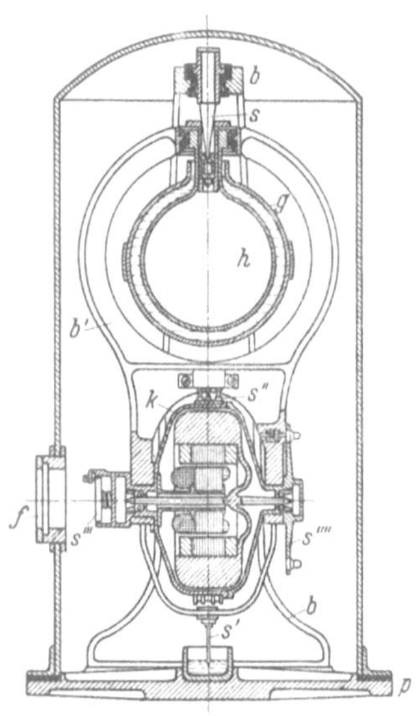

Abb. 43. *Anschütz*scher Vermessungskompaß.

Bei einem für Vermessungszwecke (etwa im Markscheidewesen und im Tunnelbau) durchgebildeten *Anschütz*schen Kreiselkompaß ist das schwimmende System ein wenig abgeändert, wie dies Abb. 43 zeigt. Auf der Grundplatte (p) ist an einem hufeisenförmigen Bügel (b), von dem nur die hintere Hälfte und der obere Schnitt gezeichnet ist, das mit Quecksilber gefüllte Gefäß (g) befestigt. In ihm schwimmt die Hohlkugel (h), die an zwei Bügeln (b') die Kreiselkappe (k) trägt. Das schwimmende System wird durch einen Stift (s) zentriert, der zugleich eine Stromphase zuführt. Die zweite Phase wird durch das Quecksilberbecken, die dritte durch einen Kontaktstift (s') zugeleitet; alle drei werden vom Bügel (b') mittels Schleifbürsten (s'') auf die Kreiselkappe übertragen. Die große Metazenterhöhe des schwimmenden Systems verbürgt eine sehr genaue Horizontallage der Figurenachse des Kreisels und eine kleine Schwingungsdauer der Azimutschwingungen [wie allerdings erst aus Ziff. 2, Formel (14) hervorgehen wird]. Zur Ablesung trägt die Kreiselkappe einen Spiegel (s'''). Um Kollimationsfehler auszuschalten, die durch ungenaue Justierung des Spiegels auf der Figurenachse entstehen, läßt sich die Kreiselkappe um genau 180° um die Figurenachse umklappen; hierzu ist mit ihr eine Scheibe (s'''') verbunden, die zwei um 180° versetzte Rasten hat, in welche ein Stift vom Bügel (b') her eingreifen kann. Das ganze Gerät ist in einem luftdichten Gehäuse eingeschlossen, und ein Fenster (f), das sich ebenfalls um 180° durchschlagen läßt, vermittelt das Ablesen des Spiegels. Mit diesem Gerät ist übrigens der in § 5, Ziff. 4 erwähnte Kreiselversuch von *Schuler* durchgeführt worden.

Ein wenig abgeändert wird der *Anschütz*sche Kreiselkompaß im Schachtbau als Bohrloch-Neigungsmesser[1] verwendet. Ein solcher Neigungsmesser, der äußerlich die Gestalt eines Rohres hat, das sich oben und unten mit Bürsten an das Bohrloch anlegt, enthält entweder eine Stahlkugel, die auf einer genau senkrecht zur Achse justierten Rose elastisch befestigt ist und durch ihre Lage auf der Rose die Bohrlochneigung nach Richtung und Größe anzeigt, oder zwei Pendel mit zu einander senkrechten Achsen, die durch ihre Neigungen die Ostwest- und die Nordsüdneigung des Bohrlochs anzeigen. Der am unteren Ende des Gerätes sitzende Kreiselkompaß hat lediglich die Aufgabe, die Rose oder die Pendelachsen dauernd in ihren ursprünglichen Himmelsrichtungen zu halten, damit die alle paar Meter vorgenommene selbsttätige Aufzeichnung oder nach oben elektrisch übertragene Anzeige der Stahlkugel oder der Pendel richtig ausgewertet werden kann. Dieses Richtungshalten kann entweder vom Kreisel unmittelbar oder noch besser von Wendemotoren vorgenommen werden, die vom Kreisel gesteuert werden (wie wir dies später in Ziff. 7 noch genauer schildern). Der Kreisel ist auch hier so gebaut, daß er eine Schwingungsdauer von nur wenigen Minuten hat, und braucht ebenfalls keine besondere Dämpfung.

Ehe wir die weitere Entwicklung des *Anschütz*schen Einkreiselkompasses zum Mehrkreiselkompaß verfolgen, wie sie bei stark schlingernden Schiffen notwendig geworden ist, wollen wir noch einige Einkreiselkompasse kennen lernen, bei deren Bau andere Wege beschritten worden sind.

An Stelle eines schwimmenden Systems verwendet der Einkreisel-

[1] Vgl. den angeführten Aufsatz von *O. Martienssen*, Z. VDI. 67 (1923), S. 186.

kompaß von *Sperry*[1] ein an Fäden aufgehängtes. Wie Abb. 44 schematisch andeutet, kann sich die Kreiselkappe (*k*) um eine waagerechte (im Ruhezustand ostwestlich gerichtete) Achse in einem lotrechten Ringe (*r*) drehen, der an einem Bündel feiner Drähte hängt. Der Aufhängckopf (*a*), der zugleich die Rose trägt und mit einem zweiten senkrechten Ring (*r'*) fest verbunden ist, kann sich in einer (cardanisch aufgehängten, in Abb. 44 nicht gezeichneten) Lagerung um die Lotachse drehen und wird durch einen Wendemotor jeder Deklination der Figurenachse so nachgedreht, daß in den Drähten keine Torsion entsteht. Der Wendemotor ist dabei durch Kontakte am inneren Ring (*r*) gesteuert (wie wir dies im Prinzip später noch genauer biem *Anschütz*schen Mehrkreiselkompaß kennen lernen werden). Der Kreisel selbst macht hier nur 8500 Uml/min, hat aber mehr als die zwanzigfache axiale Drehmasse des *Anschütz*schen Kreisels und somit nahezu das zehnfache nordweisende Richtmoment von jenem, was wegen der trockenen Reibung in den waagrechten Elevationslagern sowie in dem unteren Lager des inneren Ringes (*r*) im äußeren (*r'*) erforderlich ist.

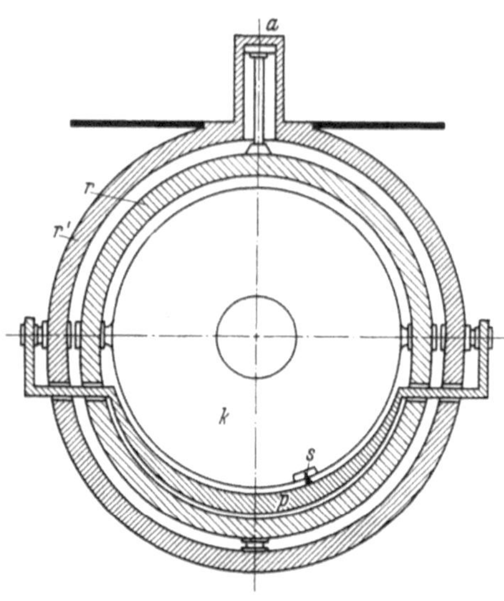

Abb. 44. Schema des *Sperry*schen Kompasses.

Zur Dämpfung ist am äußeren Ring (*r'*) ein bügelförmiges Pendel (*p*) aufgehängt, das durch einen exzentrischen Stift (*s*) mit der Kreiselkappe (*k*) in Verbindung steht. Bei den (von den Deklinationsschwingungen auch hier hervorgerufenen) Elevationsschwingungen der Figurenachse muß der Stift (*s*) das Pendel (*p*) heben, und dann übt dessen Gewicht über den Stift (*s*) ein Drehmoment um die Lotachse aus, das — bei richtiger Lage des Stiftes — jeweils gerade der Deklinationsschwingung entgegenarbeitet.

Es ist noch ein dritter Weg beschritten worden, um die störende Reibung des Kompaßkreisels bei seinem Einschwingen in die Nord-

[1] *E. A. Sperry*, USA Patent 1279471 und deutsche Patente, sowie Engineering 91 (1911), S. 427, und 93 (1912), S. 722.

lage zu verringern. Als erstes Beispiel erwähnen wir einen nicht für Schiffe, sondern für Vermessungszwecke bestimmten Landkompaß[1], der neuerdings von der Kreiselgeräte GmbH. in Berlin gebaut worden ist und als die eigentliche technische Verwirklichung des *Foucault*schen Deklinationskreisels (§ 5, Ziff. 3) mit den heutigen Hilfsmitteln angesehen werden kann. Wie Abb. 45 schematisch, teilweise im Meridianschnitt, zeigt, ist der Kreisel in seiner Kappe (k) mit waagerechter Achse in einen Hohlzylinder (h) fest eingebaut, und dieser kann sich um eine lotrechte Achse im Gehäuse (g) drehen und trägt die Kompaßrose (r). Der Zwischenraum ist mit einer Flüssigkeit erfüllt, und die Raumverhältnisse sind so gewählt, daß der Hohlzylinder samt Kreisel nahezu frei schwebt. Seine beiden Lagerzapfen (l_1 und l_2) sind Halbkugeln, die in entsprechenden Pfannen spielen, und dabei verhindert eine von einer Pumpe (p) unterhaltene Flüssigkeitsspülung jedes unmittelbare Berühren. Die drei Stromphasen werden dem Kreiselmotor dadurch zugeführt, daß die Zwischenraumflüssigkeit leitend gemacht wird (Propylalkohol mit Kalilauge), so daß drei ringförmige metallische Elektrodenpaare (e_1, e_2, e_3) die drei Stromphasen ohne merklichen Nebenschluß übertragen können. Da bei diesem Kompaß keine besondere Dämpfung vorgesehen ist, so klingen die Deklinationsschwingungen [deren Schwingungsdauer für kleine Amplituden schon in § 5, Ziff. 3, Formel (12), Seite 92, angegeben ist und hier nur etwa 72 Sekunden beträgt] sehr langsam ab, und daher ermittelt man die Nordrichtung durch Beobachten der Umkehrpunkte.

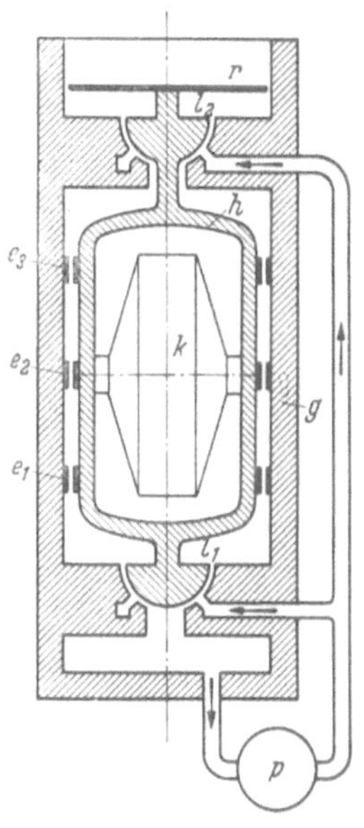

Abb. 45. Landkompaß der Kreiselgeräte GmbH.

Als zweites Beispiel führen wir noch den Kreiselkompaß von *S. G. Brown*[2] an, dessen Schema Abb. 46 zeigt. Die Kreiselkappe (k) ist mit Zapfen in einem lotrechten Cardanring (r) gelagert, der sich um eine lotrechte Achse drehen kann. Diese sitzt auf einem Öldrucklager, das durch eine Druckpumpe rasch aufeinander folgende Ölstöße erhält, so daß das ganze System sich auf einer pulsierenden

[1] Vgl. den Bericht von *K. Beyerle*, Fiat Review of German Science, Applied Mathematics, Bd. V, S. 227.

[2] Vgl. *O. Martienssen*, Z. VDI. 67 (1923), S. 185.

Ölschicht nahezu reibungslos um die Lotlinie drehen kann. Die eigenartige Dämpfungsvorrichtung besteht aus einer Düse (d) am Cardanring, durch welche der laufende Kreisel einen heftigen Luftstrahl sendet, und einer U-förmigen Röhre mit zwei Öffnungen, in die die Düse je nach Elevation der Figurenachse (f) ihren Luftstrahl stößt, so daß durch den jeweiligen Überdruck die Ölflüssigkeit in zwei kommunizierenden Gefäßen (g) reguliert wird. Wenn also die Figurenachse von Ost nach West schwingt und somit gemäß § 5, Ziff. 4, Formel (25) (Seite 96) die Elevation der Nordseite der Figurenachse positiv ist, so wird das Öl in die Südkammer gedrückt, und das südliche Übergewicht übt ein Drehmoment aus, dessen Vektor ostwärts weist und somit die Bewegung des von Ost nach West mitschwingenden Eigendrehimpulsvektors des Kreisels zu hemmen, die Deklinationsschwingung mithin abzubremsen sucht. Die Bewegungsenergie dieser Schwingung wird unmittelbar dadurch vernichtet, daß eine verstellbare Nadel (n) Widerstand beim Öldurchfluß erzeugt und so Durchflußenergie in Wärme verwandelt.

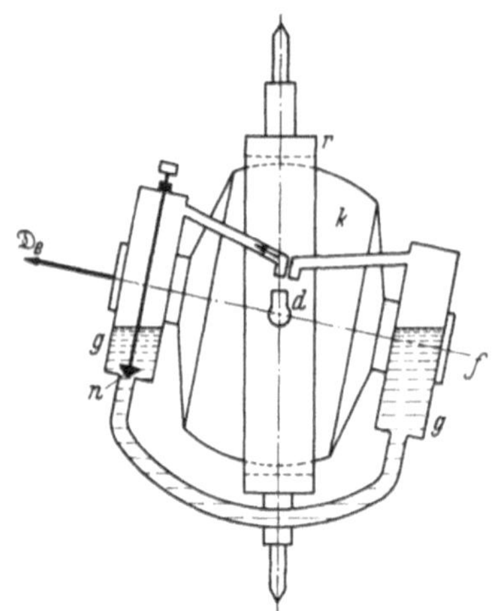

Abb. 46. *Brown*scher Kompaß.

Ein tieferes Verständnis der Wirkungsweise des Einkreiselkompasses ist nur möglich, wenn man sein Verhalten bei ortsfester Aufstellung und auf bewegten Fahrzeugen auch formelmäßig untersucht, wie wir das nun tun wollen.

2. Der ortsfeste Einkreiselkompaß. Wir legen den *Anschütz*schen Einkreiselkompaß von Ziff. 1 (Abb. 41, Seite 101) zugrunde. Dessen Bewegungs- und Einstellungstheorie[1] ist schon durch die Rechnungen von § 5, Ziff. 4 vorbereitet, so daß wir die dortigen Grundgleichungen (23) und explizit (24) (Seite 96) mit wenigen Änderungen hier übernehmen können. Es sei wieder D_e der Eigendrehimpuls des Kreisels und φ die geographische Breite des Aufstellungsortes; ferner seien B und C die Drehmassen des schwimmenden Systems

[1] Vgl. *O. Martienssen*, Physik. Z. 7 (1906), S. 565; Z. Instrumentenkunde 32 (1912), S. 309; ferner *M. Schuler*, Jahrb. Schiffbautechn. Ges. 10 (1909), S. 561. Wir weichen von diesen Theorien hier ein wenig ab.

um die (im Ruhezustand) waagerechte und lotrechte Achse in der zur Figurenachse senkrechten Ebene, und zwar durch den Drehpunkt des schwimmenden Systems (die Spitze des Zentrierstiftes s'' in Abb. 41), weiter δ die von Norden nach Westen positiv gerechnete Deklination der Nordseite der Figurenachse und ψ ihre Elevation über die Horizontebene. Das rücktreibende Moment $M_1 = h \sin(\delta - \delta_1)$ der damaligen Fadenaufhängung fällt jetzt weg; statt des Momentes $M_2 = k \sin \psi$ der Fadenelastizität kommt nun ein stabilisierendes Schwimmermoment

$$M_2 = hG \sin \psi, \tag{1}$$

wenn h die Metazenterhöhe des schwimmenden Systems vom Gewicht G ist (d. h. der Abstand zwischen Drehpunkt und Schwerpunkt des schwimmenden Systems). Außerdem ist infolge der Dämpfung (Abb. 42, Seite 101) ein von oben gesehen im Uhrzeigersinne (also entgegengesetzt zu $\dot{\delta}$) positiv drehendes Moment

$$M_3 = k \sin \psi \tag{2}$$

in der ersten Gleichung (23) hinzuzufügen, wobei k eine versuchsmäßig zu bestimmende Größe ist, die wir die Dämpfungsziffer nennen. Damit wird aus den damaligen Gleichungen (24)

$$\left.\begin{aligned} &C\ddot{\delta} + D_e\,\omega^* \cos\varphi \sin\delta + D_e\dot{\psi} + k \sin\psi = 0,\\ &B\ddot{\psi} + D_e\omega^* \cos\varphi \cos\delta \sin\psi - D_e\omega^* \sin\varphi \cos\psi - D_e\dot{\delta} + hG \sin\psi = 0. \end{aligned}\right\} \tag{3}$$

Diese Gleichungen bedeuten Schwingungen um eine Nullage δ_0, ψ_0, die wir erhalten, indem wir alle zeitlichen Ableitungen gleich Null setzen, also aus

$$\left.\begin{aligned} &D_e\,\omega^* \cos\varphi \sin\delta_0 + k \sin\psi_0 = 0,\\ &D_e\,\omega^* \cos\varphi \cos\delta_0 \sin\psi_0 - D_e\,\omega^* \sin\varphi \cos\psi_0 + hG \sin\psi_0 = 0. \end{aligned}\right\} \tag{4}$$

Zunächst für $k = 0$, also ohne Dämpfung, kommt sofort

$$\delta_0 = 0 \tag{5}$$

und

$$\operatorname{tg} \psi_0 = \frac{D_e\,\omega^* \sin\varphi}{hG + D_e\,\omega^* \cos\varphi}$$

oder genau genug

$$\psi_0 \approx \operatorname{tg} \psi_0 = \frac{D_e\,\omega^* \sin\varphi}{hG}, \tag{6}$$

weil bei Kreiselkompassen üblicher Bauart das erste Nennerglied hG etwa 2000mal so groß wie das zweite $D_e\,\omega^* \cos\varphi$ ist, wie wir nachher noch zahlenmäßig bestätigen werden. (Die instabile Nullage $\delta_0 = 180°$ haben wir dabei außer Betracht gelassen.) Mithin schwingt die Nordseite der Figurenachse des Kreiselkompasses ohne Dämpfung um die genaue Nordrichtung und um einen Elevationswinkel ψ_0, der auf der nördlichen Halbkugel positiv, auf der südlichen negativ und nur am Erdäquator Null ist. Man wählt tatsächlich die Metazenterhöhe h des schwimmenden Systems so groß, daß ψ_0 höchstens einige Bogenminuten beträgt.

Mit Dämpfung ($k>0$) lassen sich die Gleichungen (4) nicht mehr bequem explizit lösen; man bekommt aber auch dann genügend genaue Werte, wenn man, da doch immer noch δ_0 vermutlich sehr klein sein wird, im ersten Glied der zweiten Gleichung (4) $\cos\delta_0=1$ setzt. So erscheint wiederum die Lösung (6) für die Nullage der Elevation der Figurenachse und dazu aus der ersten Gleichung (4)

$$\sin\delta_0 = -\frac{k\sin\psi_0}{D_e\,\omega^*\cos\varphi} \tag{7}$$

oder mit dem Wert $\sin\psi_0 \approx \operatorname{tg}\psi_0$ aus (6)

$$\sin\delta_0 = -\frac{k}{hG}\operatorname{tg}\varphi. \tag{8}$$

Der Kompaß hat also mit Dämpfung eine fehlerhafte Nullage östlicher oder westlicher Deklination, je nachdem die geographische Breite φ positiv oder negativ ist. Sie beträgt tatsächlich höchstens einige Bogengrade, wenn man sich nicht allzu sehr einem der beiden Erdpole nähert, wo der Kompaßkreisel sowieso seine Richtkraft verliert und unbrauchbar wird. Man kann diese Mißweisung δ_0 ein für alle Male als Funktion der geographischen Breite berechnen und dann etwa durch Verdrehen der Rose gegenüber dem schwimmenden System oder noch einfacher in einer Tabelle berücksichtigen. Es sind auch Vorrichtungen ersonnen worden, die die Mißweisung δ_0 an Hand der Elevation ψ_0 (6) selbsttätig verbessern.

Um nun aber auch die Schwingungen zu finden, unter denen sich die Nordseite der Figurenachse schließlich in ihre Nullage einstellt, nehmen wir zuerst wieder den dämpfungsfreien Kompaß, setzen also in (3) die Dämpfungsziffer $k=0$. Außerdem dürfen wir dort unbedenklich das zweite Glied in der zweiten Gleichung gegen das letzte weglassen, da der Faktor $D_e\,\omega^*\cos\varphi\cos\delta$ nach dem Gesagten vernachlässigbar gegen den Faktor hG ist. Ferner nehmen wir genau genug $\cos\psi=1$ und $\sin\psi=\psi$, da wir bestätigen werden, daß außer ψ_0 auch die Amplituden der ψ-Schwingung immer sehr klein bleiben. Wenn wir uns dann der Einfachheit halber auf kleine Deklinationsschwingungen beschränken und also $\sin\delta=\delta$ setzen, so geht das System (3) mit (6) über in die einfachere Form

$$\left.\begin{aligned} C\ddot\delta + D_e\,\omega^*\cos\varphi\cdot\delta + D_e\dot\psi &= 0,\\ B\ddot\psi + hG\psi - D_e\dot\delta &= hG\operatorname{tg}\psi_0 \approx hG\psi_0. \end{aligned}\right\} \tag{9}$$

Dieses lineare Gleichungssystem läßt sich durch den Ansatz

$$\delta = a \cos \sigma t, \qquad \psi = \psi_0 + b \sin \sigma t$$

integrieren und liefert für a, b und σ die Gleichungen

$$(D_e \omega^* \cos \varphi - C\sigma^2) a + D_e \sigma b = 0,$$
$$(hG - B\sigma^2) b + D_e \sigma a = 0,$$

woraus durch Nullsetzen der Determinante der Koeffizienten von a und b für die Frequenzen σ der Schwingung die Gleichung folgt

$$BC\sigma^4 - (BD_e\omega^* \cos\varphi + ChG + D_e^2)\sigma^2 + hGD_e\omega^* \cos\varphi = 0. \quad (10)$$

Diese Gleichung hat zwei Wurzelquadrate σ^2, die in der Größe ungeheuer verschieden sind (wie wir alsbald bestätigen werden). In einem derartigen Fall erhält man die kleinere Wurzel genähert, indem man das Glied mit σ^4 unterdrückt, die größere, indem man das Absolutglied wegläßt und auch noch den verbleibenden gemeinsamen Faktor σ^2 fortstreicht. Beachtet man dann noch, daß im mittleren Glied, wie wir später noch zahlenmäßig bestätigen werden, das letzte Klammerglied D_e^2 mindestens 10^4 mal größer ist als das vorletzte ChG und dieses (wie wir schon wissen) wieder viel größer als das erste Glied $BD_e \omega^* \cos \varphi$, so hat man statt (10) genau genug

$$BC\sigma^4 - D_e^2 \sigma^2 + hGD_e \omega^* \cos \varphi = 0 \quad (11)$$

und also als kleine Frequenz genähert

$$\sigma = \sqrt{\frac{hG\omega^* \cos\varphi}{D_e}} \quad (12)$$

und als große Frequenz genähert

$$\sigma^* = \frac{D_e}{\sqrt{BC}}. \quad (13)$$

Zu der kleinen Frequenz gehört eine Schwingungsdauer

$$t_0 = \frac{2\pi}{\sigma} = 2\pi \sqrt{\frac{D_e}{hG\omega^* \cos\varphi}}, \quad (14)$$

von der wir nachher feststellen werden, daß sie im allgemeinen über eine Stunde beträgt. Die große Frequenz σ^* kann mit $D_e = A\,\omega_e$ auch in der Form

$$\sigma^* = \frac{A}{\sqrt{BC}}\,\omega_e \quad (15)$$

geschrieben werden, wobei A die axiale Drehmasse des Kreiselkörpers und ω_e seine Eigendrehgeschwindigkeit ist. Da der Ausdruck $A/\sqrt{BC}$ nicht allzu weit von 1 abweicht, so ist mithin σ^* bei 20000 Uml/min rund 10^6 mal größer als σ, und unsere Näherungsrechnung liefert daher in (14) und (15) Ergebnisse von hoher Genauigkeit.

Die Schwingungen mit der Frequenz σ^* bedeuten einfach die winzigen und sehr raschen Nutationen, die sich als kaum sichtbare und in der Regel rasch abgedämpfte Erzitterungen bemerklich machen und weiterhin ganz außer Betracht bleiben können.

Die wesentlichen δ- und ψ-Schwingungen sind diejenigen mit der Frequenz σ (12) und der Schwingungsdauer t_0 (14). Man kann sie, nachdem man dies erkannt hat, etwas einfacher folgendermaßen herleiten. Weil ψ immer klein bleibt, streicht man (wie schon in § 5, Ziff. 4) in der zweiten Gleichung (3) (Seite 107) das erste und zweite Glied gegen das letzte, so daß sie für kleine ψ und mit (6) übergeht in

$$\psi = \psi_0 + \frac{D_e}{hG} \dot{\delta}. \tag{16}$$

Mit diesem Wert von ψ (und $k=0$) wird dann aus der ersten Gleichung (3)

$$\left(C + \frac{D_e^2}{hG}\right) \ddot{\delta} + D_e \omega^* \cos\varphi \sin\delta = 0. \tag{17}$$

In dieser Schwingungsgleichung ist nun wieder die wirkliche Drehmasse C um das rein dynamische Glied D_e^2/hG vergrößert; und das bedeutet, daß das schwimmende System infolge des Kreisels eine scheinbare Drehmasse hat, die mindestens 10^4 mal so groß ist wie seine wirkliche: die Trägheit des schwimmenden Systems um seine Lotachse ist wesentlich dynamischer Natur. (Auch dies ist wieder ein Beispiel für die in § 12, Ziff. **3**, Seite 257 des ersten Bandes gefundene scheinbare Vergrößerung der Massenträgheit infolge einer verborgenen Bewegung.) Streicht man somit in der Klammer das Glied C gegen D_e^2/hG, so geht (17) für kleine Schwingungen δ über in

$$D_e \ddot{\delta} + hG\omega^* \cos\varphi \cdot \delta = 0, \tag{18}$$

also tatsächlich in die Gleichung einer Schwingung mit der Frequenz (12) und der Schwingungsdauer (14). Diese hängt übrigens von der geographischen Breite φ ab, hat ihren kleinsten Wert am Erdäquator und nimmt gegen die Pole hin über alle Grenzen zu, — woraus wiederum hervorgeht, daß der Kreiselkompaß in der Umgebung der beiden Pole versagt.

Man kann die Deklinationsschwingung mit der Amplitude δ_1 ansetzen in der Form

$$\delta = \delta_1 \cos\sigma t \tag{19}$$

und erhält dann aus (16) für die Elevationsschwingung mit Rücksicht auf (12) und (6)

$$\psi = \psi_0 - \sqrt{\psi_0 \operatorname{ctg}\varphi} \cdot \delta_1 \sin\sigma t. \tag{20}$$

Daraus ergibt sich zweierlei: einmal, daß in der Tat die (positive oder negative) Elevation ψ der Nordseite der Figurenachse unter der gleichen Voraussetzung (absolut genommen) klein bleibt, unter welcher dies auch ψ_0 tat, und sodann in Verbindung mit (19), daß die Kreiselspitze (d. h. nach früherem Sprachgebrauch der Punkt in der Entfernung 1 vom Schwerpunkt des Kreisels auf der Nordseite der Figurenachse) eine sphärische Ellipse beschreibt, deren Mittelpunkt $\delta=\delta_0=0$ und $\psi=\psi_0$ ist, und deren Halbachsen sich wie $1:\sqrt{\psi_0 \operatorname{ctg} \varphi}$ verhalten. Die Ellipse (in Abb. 47 viel zu breit gezeichnet) ist in Wirklichkeit wegen der Kleinheit von ψ_0 so schmal, daß bei ungenauer Beobachtung die ψ-Schwingung, welche übrigens der δ-Schwingung um die Zeit $t_0/4$ vorauseilt, völlig übersehen wird.

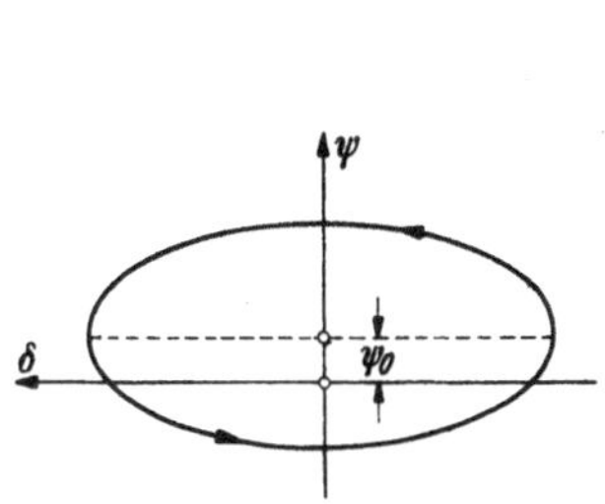

Abb. 47. Sphärische Ellipse der Kreiselspitze des ungedämpften Kreiselkompasses.

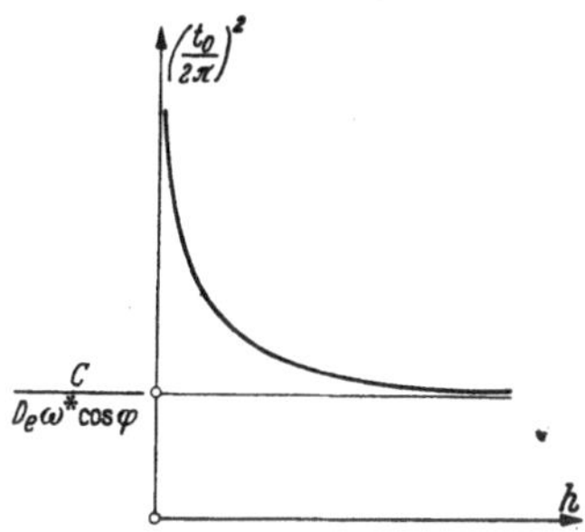

Abb. 48. Die Schwingungsdauer, abhängig von der Metazenterhöhe.

Hier müssen wir eine Überlegung über die Schwingungsdauer einschalten. Wenn man in der Schwingungsgleichung (17) zunächst das Glied C noch nicht gegen das Glied D_e^2/hG in der Klammer vernachlässigt, so erhält man für kleine Schwingungen statt (14) die genauere Formel für die Schwingungsdauer

$$t_0 = 2\pi \sqrt{\frac{ChG + D_e^2}{hGD_e\,\omega^* \cos\varphi}}\,. \tag{21}$$

Sieht man in diesem Ausdruck die Metazenterhöhe h als veränderlich an und trägt den Ausdruck $(t_0/2\pi)^2$ als Ordinate über der Abszisse h auf, so kommt die Hyperbel von Abb. 48 mit den Asymptoten $h=0$ und

$$t_{00} = 2\pi \sqrt{\frac{C}{D_e\,\omega^* \cos\varphi}}\,. \tag{22}$$

Die Größe t_{00} ist offenbar die in § 5, Ziff. **3** (12) (Seite 92) festgestellte Schwingungsdauer des *Foucault*schen Deklinationskreisels und des in Ziff. **1** beschriebenen Landkompasses Abb. 45 (Seite 105). Je mehr man dem Kreisel durch Verringerung der Metazenterhöhe h

die Möglichkeit zu Elevationsschwingungen neben seinen Deklinationsschwingungen gibt, um so mehr nimmt seine Schwingungsdauer zu.

Sieht man dagegen in (21) den Eigendrehimpuls D_e als veränderlich an und trägt nun $(t_0/2\pi)^2$ als Ordinate über der Abszisse D_e auf, so kommt die Hyperbel von Abb. 49 mit den Asymptoten $D_e=0$ und $(t_0/2\pi)^2=D_e/hG\,\omega^*\cos\varphi$, mit einem Kleinstwert von t_0 bei $D_e=\sqrt{ChG}$, nämlich

$$t_{0\,\min}=2\pi\sqrt{\frac{2}{\omega^*\cos\varphi}\sqrt{\frac{C}{hG}}}\,. \tag{23}$$

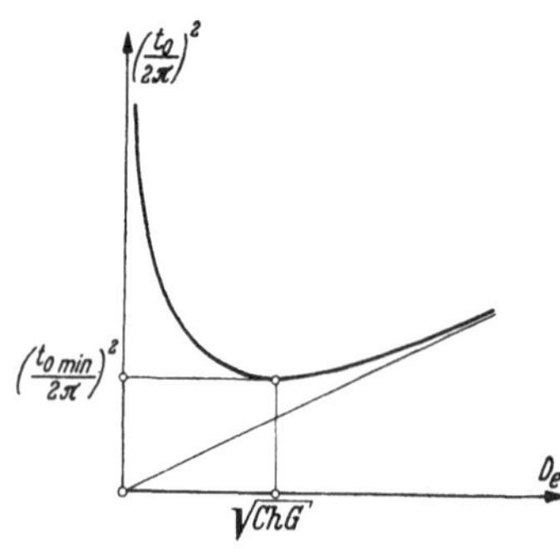

Abb. 49. Die Schwingungsdauer, abhängig vom Eigendrehimpuls.

Man war früher der irrigen Meinung, daß der Kreiselkompaß am besten mit dieser kleinsten Schwingungsdauer $t_{0\,\min}$ auszustatten sei (da man noch keine wirksamen Dämpfungsmethoden kannte), und dieser Irrtum hat seine weitere Entwicklung sehr lange aufgehalten.

Nunmehr kehren wir wieder zur Theorie der *Anschütz*schen Einkreiselkompasse zurück und berücksichtigen auch seine Dämpfung ($k>0$). Jetzt dürfen wir offensichtlich nach wie vor die (von k unabhängige) zweite Gleichung (3) (Seite 107) in der vereinfachten Form (16) (Seite 110) benützen, wogegen die erste Gleichung (3) für kleine ψ wegen (16) in

$$\left(C+\frac{D_e^2}{hG}\right)\ddot{\delta}+\frac{kD_e}{hG}\dot{\delta}+D_e\,\omega^*\cos\varphi\sin\delta+k\psi_0=0$$

übergeht. Wenn man hier wieder C gegen das viel größere dynamische Glied D_e^2/hG streicht und dann noch auf (7) (Seite 108) achtet, so kann man dafür einfacher schreiben

$$\ddot{\delta}+\frac{k}{D_e}\dot{\delta}+\frac{hG}{D_e}\,\omega^*\cos\varphi\,(\sin\delta-\sin\delta_0)=0\,, \tag{24}$$

und das ist die Differentialgleichung einer Schwingung, die proportional zur Geschwindigkeit gedämpft ist. Beschränken wir uns wieder auf kleine Ausschläge δ, ersetzen also $(\sin\delta-\sin\delta_0)$ durch $(\delta-\delta_0)$, so lautet die Lösung von (24), wie wir als bekannt voraussetzen dürfen, wie man aber auch nachträglich durch Einsetzen leicht bestätigen kann,

$$\delta=\delta_0+\delta_1 e^{-\frac{kt}{2D_e}}\cos\sigma' t \tag{25}$$

mit

$$\sigma'=\sqrt{\frac{hG\,\omega^*\cos\varphi-k^2/4D_e}{D_e}}\,. \tag{26}$$

Sie gehört zum Anfangswert $\delta = \delta_0 + \delta_1$ und stellt eine harmonische Schwingung mit abnehmender Amplitude und der Schwingungsdauer

$$t_0' = 2\pi \sqrt{\frac{D_e}{hG\omega^* \cos\varphi - k^2/4D_e}} \tag{27}$$

dar, welche immer größer als die Schwingungsdauer t_0 (14) (Seite 109) ohne Dämpfung ist. Der Nenner in (27) ist beim Kreiselkompaß immer positiv, die Bewegung also nie aperiodisch. Das logarithmische Dekrement (d. h. der natürliche Logarithmus des Quotienten zweier aufeinanderfolgender, von $\delta = \delta_0$ aus gerechneter Amplituden nach der gleichen Seite) wird

$$\lambda = \frac{k t_0'}{2 D_e}. \tag{28}$$

Schließlich folgt die Elevationsschwingung aus (16) und (25) mit (26) nach kurzer Zwischenrechnung zu

$$\psi = \psi_0 - \sqrt{\frac{D_e \omega^* \cos\varphi}{hG}}\, \delta_1 e^{-\frac{kt}{2D_e}} \sin(\sigma' t + \varrho), \tag{29}$$

wobei zur Abkürzung ein Hilfswinkel ϱ eingeführt ist, der durch

$$\sin\varrho = \frac{k}{2\sqrt{D_e h G \omega^* \cos\varphi}} \tag{30}$$

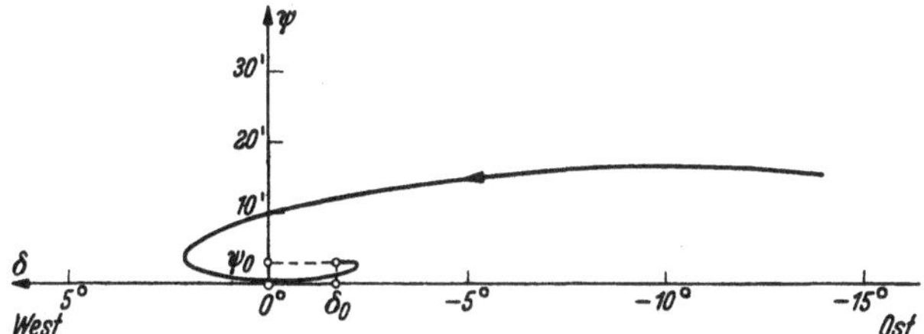

Abb. 50. Sphärische elliptische Spirale der Kreiselspitze des gedämpften Kreiselkompasses.

bestimmt sein soll. Und nun ist der Verlauf der Schwingung gemäß (25) und (29) nicht mehr durch die sphärische Ellipse Abb. 47, sondern durch eine sphärische elliptische Spirale darzustellen, von deren Aussehen die in der Richtung der ψ-Werte etwa zehnfach vergrößerte Abb. 50 (berechnet für den *Anschütz*schen Einkreiselkompaß) eine Vorstellung gibt.

Wir fügen zur Bestätigung unserer vorangehenden Abschätzungen noch einige Zahlenwerte an, die den ausgeführten *Anschütz*schen Einkreiselkompassen ungefähr entsprechen. Der 5 kg schwere Schwungring des Kreiselkörpers soll bei einem axialen Trägheitsarm von 5,3 cm auf 20000 Uml/min gebracht sein. Das schwimmende System hat ein Gewicht $G = 7{,}5$ kg und eine Metazenterhöhe $h = 2{,}7$ cm. Die geographische Breite sei $\varphi = 54{,}3^\circ$ (Kiel). Man findet den Eigendrehimpuls $D_e = 2{,}94 \cdot 10^5$ cmgsek und das Produkt $hG = 2 \cdot 10^4$ cmg und daraus nach (6) und (14) für den ungedämpften Kompaß

$$\psi_0 = 3', \qquad t_0 = 61{,}3 \text{ min}.$$

Beim gedämpften Kompaß möge die beobachtete Schwingungsdauer auf $t_0' = 68{,}5$ min angestiegen sein. Dann berechnen sich aus (27) und (28) die Dämpfungsziffer und das logarithmische Dekrement zu

$$k = 450 \text{ cmg}, \qquad \lambda = 3{,}15,$$

und dies entspricht einer Abnahme der Amplitude nach jeder Vollschwingung auf den dreiundzwanzigsten Teil; so viel läßt sich in der Tat mit Luftdämpfung erreichen. Die Mißweisung beträgt nach (8)

$$\delta_0 = -1{,}8^\circ.$$

Die „dynamische" Drehmasse um die Lotachse und um die Ostwestachse des Kompasses wird

$$\frac{D_e^2}{hG} = 4{,}3 \cdot 10^6 \text{ cmgsek}^2$$

und ist ungefähr 20000mal so groß wie die statische Drehmasse C (um die Lotachse), welche etwa gleich 200 cmgsek² sein mag. Außerdem ist [zur Bestätigung der Näherungen in den Formeln (6) und (11)] in der Tat $hG/D_e\,\omega^* \cos\varphi \approx 2000$ und $D_e^2/ChG \approx 2{,}15 \cdot 10^4$.

3. Die Fahrtfehler des Einkreiselkompasses. Bis jetzt ist nur klargelegt, wie der Kreiselkompaß auf ruhiger Unterlage aus einer beliebigen Deklination in die Nordrichtung oder (bei Dämpfung) wenigstens in ihre Nähe einschwingt. Es kann mehrere Stunden dauern, bis diese Einstellung merklich beendet ist. Dann aber tritt die Frage auf, wie die Bewegungen des Fahrzeuges, etwa des Schiffes, auf den Kreisel einwirken und seine richtige Anzeige möglicherweise stören.

Wir wenden uns zuerst den Mißweisungen zu, die durch die Fahrgeschwindigkeit bedingt sind. Ihr Vektor $\mathfrak{v}$ habe den Betrag v und bilde mit der Nordrichtung den Winkel α, positiv gerechnet von Norden nach Westen hin. Jede nördliche Fahrkomponente $v\cos\alpha$ wirkt wie ein zusätzlicher Drehvektor $\mathfrak{o}'$ der Erde, der auf der augenblicklichen Meridianebene senkrecht steht und bei positivem (negativem) Zahlenwert

$$\omega' = \frac{v\cos\alpha}{R} \tag{31}$$

waagerecht nach Westen (Osten) weist, wobei $R = 6{,}37 \cdot 10^6$ m der mittlere Erdhalbmesser ist. Jede westliche (östliche) Fahrkomponente $v\sin\alpha$ wirkt wie eine Verkleinerung (Vergrößerung) der örtlichen

Umfangsgeschwindigkeit der Erde, also wie eine Verkleinerung (Vergrößerung) der Drehgeschwindigkeit ω^* der Erde um den Wert $v \sin \alpha / R \cos \varphi$ (Abb. 51), so daß man ω^* zu ersetzen hat durch $\varkappa \omega^*$ mit

$$\varkappa = 1 - \frac{v \sin \alpha}{R \omega^* \cos \varphi}. \tag{32}$$

Man hat daher als waagerechte Komponente der Erddrehung den Wert

$$\omega'' = \varkappa \omega^* \cos \varphi \tag{33}$$

in Rechnung zu stellen.

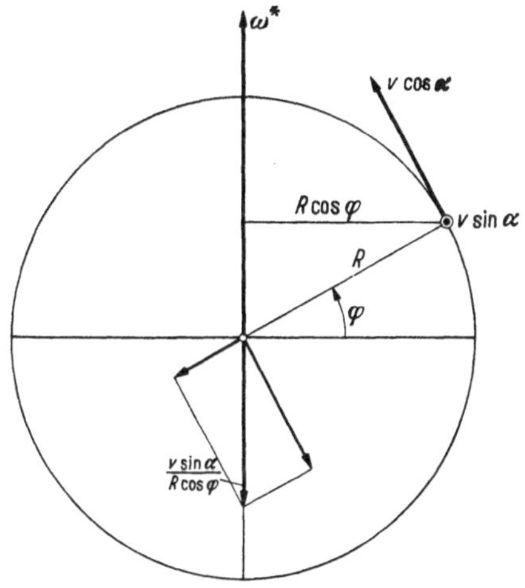

Abb. 51. Lotkomponente der Horizontdrehung infolge der Fahrgeschwindigkeit.

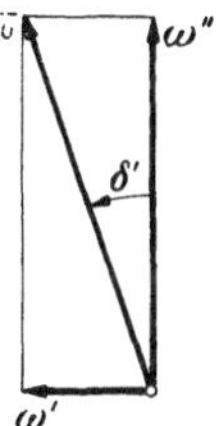

Abb. 52. Mißweisung infolge der Fahrgeschwindigkeit.

Im ganzen gibt dies (Abb. 52) einen wirksamen waagerechten Drehvektor $\bar{\mathfrak{o}}$, für dessen Azimut δ' man hat

$$\operatorname{tg} \delta' = \frac{\omega'}{\omega''} = \frac{v \cos \alpha}{\varkappa R \omega^* \cos \varphi} = \frac{v \cos \alpha}{R \omega^* \cos \varphi - v \sin \alpha} \tag{34}$$

(wobei wir wenigstens bei Schiffen $\operatorname{tg} \delta' = \delta'$ setzen dürfen), und dessen Betrag

$$\bar{\omega} = \sqrt{\omega'^2 + \omega''^2} = \omega^* \cos \varphi \sqrt{1 - \frac{2 v \sin \alpha}{R \omega^* \cos \varphi} + \frac{v^2}{R^2 \omega^{*2} \cos^2 \varphi}} \approx \varkappa \omega^* \cos \varphi \tag{35}$$

ist. Der Kreiselkompaß muß sich also in jedem Augenblick so verhalten, wie wenn statt der nordweisenden Drehkomponente $\omega^* \cos \varphi$ die Drehkomponente $\varkappa \omega^* \cos \varphi$ mit dem Azimut δ' (positiv von Norden nach Westen gerechnet) auf ihn einwirken würde. Dies bedeutet, wenn wir zunächst wieder von der Dämpfung absehen, daß seine Nullage nun nicht mehr $\delta_0 = 0$ (5) ist, sondern die Deklination $\delta = \delta'$ (34) hat.

Außerdem wird aber auch die lotrechte Komponente $\omega^* \sin \varphi$ der Erddrehung durch die Fahrgeschwindigkeit scheinbar geändert in

$\varkappa\,\omega^*\sin\varphi$, und das hat dann zur Folge, daß die Nullage der Elevation statt (6) jetzt den Wert

$$\psi_0' \approx \operatorname{tg}\psi_0' = \frac{\varkappa D_e\,\omega^*\sin\varphi}{hG} \tag{36}$$

annimmt, wie man leicht einsieht, wenn man die Herleitung von (6) aus (3) (Seite 107) mit $\varkappa\,\omega^*\sin\varphi$ statt $\omega^*\sin\varphi$ wiederholt. Man braucht übrigens praktisch auf den Unterschied zwischen den beiden stets kleinen Elevationswinkeln ψ_0 und ψ_0' kaum zu achten.

War der Kreiselkompaß also zu Beginn der Fahrt in seiner Nordlage zur Ruhe gekommen, so fängt er an, in die neue Lage δ' (34) einzuschwingen, wo er nach dem Abklingen der Schwingungen erneut zur Ruhe kommt. Die Mißweisung δ' (34), die er dann zeigt, ist aber nicht eigentlich als Fehler anzusehen, sondern bei bekannter Fahrgeschwindigkeit v und Fahrtrichtung α völlig bekannt. Sie kann in einer Tabelle ein für allemal festgelegt und aus ihr abgelesen werden. Für nicht allzugroße Fahrgeschwindigkeiten, also für Schiffe und Luftschiffe, und nicht allzuhohe Breitegrade φ beträgt die Mißweisung δ' (34) nur wenige Bogengrade. Für sehr große Geschwindigkeiten und hohe Breiten wird sie allerdings unzulässig groß; aber in solchen Fällen ist der Einkreiselkompaß schon aus anderen Gründen nicht mehr brauchbar und durch andere Geräte zu ersetzen, die wir später behandeln werden.

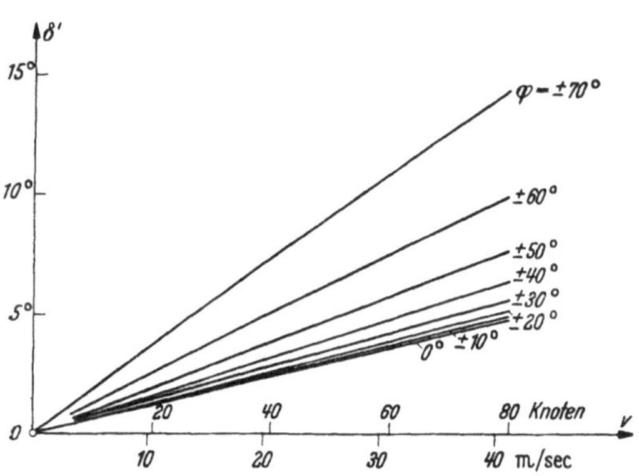

Abb. 53. Der Fahrtfehler δ' abhängig von v und φ für Nordkurs.

Wenn man die Fahrgeschwindigkeit in Knoten messen will, wie in der Schiffahrt üblich, so hat man sich daran zu erinnern, daß ein Knoten soviel wie eine in der Stunde durchfahrene Bogenminute des Meridians (eine Seemeile) bedeutet und also $\pi R/180\cdot 60$, das heißt 1,852 km/h = 0,514 m/sek vorstellt.

In Abb. 53 ist die Mißweisung δ', der sogenannte Fahrtfehler des Einkreiselkompasses, abhängig von der Fahrgeschwindigkeit v und der geographischen Breite φ für $\alpha = 0°$, also reinen Nordkurs, graphisch dargestellt. Für $\alpha = 180°$, also reinen Südkurs, haben die

Mißweisungen die entsprechenden negativen (also östlichen) Werte. Für Zwischenkurse hat man entweder genähert die zugehörige nördliche bzw. südliche Komponente des Fahrvektors $\mathfrak{v}$ zu nehmen oder genauer nach der Formel (34) mit $\alpha \neq 0°$ zu rechnen. Es sind übrigens auch Vorrichtungen ersonnen worden, die diesen Fahrtfehler selbsttätig durch Drehen der Kompaßrose am schwimmenden System ausmerzen.

Für die Schwingungsdauer der Schwingungen, die bei jeder Fahrgeschwindigkeit und bei jeder Änderung der Fahrgeschwindigkeit und auch schon bei jeder Kursänderung zu erwarten sind (da dabei immer neue Nullagen δ' vom Kompaß angesteuert werden müssen), gilt Formel (14) (Seite 109), jedoch mit $\varkappa\omega^* \cos\varphi$ statt $\omega^* \cos\varphi$. Diese Schwingungsdauer ist nach wie vor sehr groß (rund eine Stunde), und so wäre zu befürchten, daß es nach jeder Änderung des Fahrvektors $\mathfrak{v}$ stundenlang dauern würde, bis der Kompaß wieder eine genaue, um den jeweils bekannten Fahrtfehler verbesserte Anzeige erlaubt. Glücklicherweise ist es gelungen, diese lästigen Schwingungen dadurch zu verhindern, daß man sie durch den Einfluß gerade derjenigen Beschleunigungen aufhebt, welche jede Fahrtänderung erst hervorrufen.

Wir untersuchen jetzt also die Mißweisungen, die die Fahrbeschleunigung zur Folge haben muß. Ihr Vektor $\mathfrak{b}$ habe den Betrag b und bilde mit der Nordrichtung den Winkel β, wieder positiv gerechnet von Norden nach Westen hin. Jede nördliche Beschleunigungskomponente $b \cos\beta$ wirkt wie eine eingeprägte Drehkraft der trägen Masse G/g des schwimmenden Systems mit einem Momentvektor $\mathfrak{M}$, der auf der augenblicklichen Meridianebene senkrecht steht und bei positivem (negativem) Zahlenwert

$$M = h\frac{G}{g}\, b \cos\beta \cos\psi \approx h\frac{G}{g}\, b\cos\beta$$

waagerecht nach Westen (Osten) weist, wobei h wieder die Metazenterhöhe des schwimmenden Systems ist. Diese Drehkraft verlagert gemäß dem Drehimpulssatz (23) von § 2, Ziff. 4 des ersten Bandes (Seite 23) den Eigendrehimpuls D_e des Kreisels und also beim schnellen Kreisel zugleich auch seine Figurenachse mit der aus

$$D_e \dot{\delta} = M$$

folgenden Drehgeschwindigkeit

$$\dot{\delta} = \frac{hG}{g D_e}\, b \cos\beta\,. \tag{37}$$

Dies gibt im Ganzen eine Mißweisung

$$\delta'' = \frac{hG}{gD_e}\int b\cos\beta\,dt, \tag{38}$$

wobei das Integral über die ganze Beschleunigungszeit zu erstrecken ist.

Dieses Integral bedeutet aber einfach beim Anfahren des Fahrzeuges aus der Ruhelage seine schließlich erreichte Nordkomponente $v\cos\alpha$ der Fahrgeschwindigkeit v, bei jeder Geschwindigkeits- oder Kursänderung den Zuwachs $\Delta(v\cos\alpha)$ dieser Nordkomponente; also ist

$$\delta'' = \frac{hG}{gD_e}\Delta(v\cos\alpha). \tag{39}$$

Zu einem solchen Zuwachs $\Delta(v\cos\alpha)$ gehört aber zugleich ein Zuwachs des Fahrtfehlers $\Delta\delta'$, der nach (34) (Seite 115) – soweit man dort $\operatorname{tg}\delta'$ durch δ' ersetzen und die West-(Ost-)Komponente $v\sin\alpha$ der Fahrgeschwindigkeit gegen die Umdrehungsgeschwindigkeit $R\omega^*\cos\varphi$ der Erde vernachlässigen darf – die Größe

$$\Delta\delta' = \frac{\Delta(v\cos\alpha)}{R\omega^*\cos\varphi} \tag{40}$$

hat. Die beiden Mißweisungen $\Delta\delta'$ und δ'', also der vom Kreiselkompaß angestrebte Fahrtfehler oder Fahrtfehlerzuwachs und der von der Fahrzeugbeschleunigung tatsächlich erzeugte Beschleunigungsfehler oder dessen Zuwachs stimmen nach (39) und (40) innerhalb der nach unseren Voraussetzungen erreichbaren Genauigkeit dann überein, das heißt: der Kompaß besitzt dann den neuen Fahrtfehler δ' sofort nach Erreichen der neuen Fahrgeschwindigkeit oder des neuen Kurses, ohne daß eine Einschwingungsperiode nötig ist, wenn

$$\frac{1}{R\omega^*\cos\varphi} = \frac{hG}{gD_e} \tag{41}$$

wird. Soweit man die West-(Ost-) Komponente $v\sin\alpha$ der Fahrgeschwindigkeit gegen $R\omega^*\cos\varphi$ vernachlässigen, also nach (32) $\varkappa = 1$ setzen darf, kann man diese Bedingung mittels (14) auch in der Form

$$t_0 = 2\pi\sqrt{\frac{R}{g}} \tag{42}$$

schreiben.

Diese wichtige, von *Schuler*[1] gefundene Bedingung besagt: Der Kreiselkompaß stellt sich nach jeder Änderung der Fahrgeschwindig-

[1] Vgl. die von der Firma Anschütz & Co. herausgegebene Schrift „The Anschütz Gyro Compass" (1912), S. 74; *M. Schuler*, Physik. Z. 24 (1923), S. 344. Über dieses sogenannte Schulersche Prinzip, das auch für andere kinetische Vorrichtungen in bestimmtem Umfang gilt, vgl. auch *K. L. Stellmacher*, Z. angew. Math. Mech. 19 (1939), S. 154; *E. Schmid*, Jahrb. 1938 d. Deutsch. Luftfahrtforsch. III, S. 8; *K. L. Stellmacher*, Luftfahrt-Forsch. 16 (1939), S. 247; *K. Glitscher*, Wiss. Veröffentl. Siemens-Werke 19 (1940), S. 57.

keit oder des Kurses ohne merkliche Schwingungen in seine neue Nulllage δ' (34) ein, wenn seine Schwingungsdauer t_0 den Betrag (42) hat, den man leicht zu 84,4 min errechnet.

Die Bedingung (42) ist an die Voraussetzung geknüpft, daß die Fahrgeschwindigkeit klein gegen die Umfangsgeschwindigkeit der Erde bleibt, und daß die Dämpfung zunächst noch außer acht gelassen wird. Ferner ist sie nur für eine bestimmte geographische Breite φ ohne weiteres zu erfüllen, weil die Schwingungsdauer (14) von φ abhängt. Man könnte allerdings daran denken, durch Änderung der Metazenterhöhe h mit der geographischen Breite φ dafür zu sorgen, daß das Produkt $h \cos\varphi$ und damit auch t_0 ein Festwert wird. Tatsächlich begnügt man sich im allgemeinen damit, die Metazenterhöhe für diejenige geographische Breite, in der das Fahrzeug sich hauptsächlich aufhält, so einzustellen, daß die Bedingung (42) erfüllt ist, und einen dann noch übrig bleibenden Fehler in Kauf zu nehmen, der aus dem Vergleich der Ausdrücke δ' (34) und δ'' (39) ermittelt werden könnte und Schwingungen von zumeist nur kleiner und belangloser Amplitude zur Folge hat. (Man bemerkt übrigens, daß (42) die Schwingungsdauer eines Punktpendels von der Länge R wäre, wenn ein solches Pendel einen Sinn hätte.)

Die westliche (östliche) Komponente $b \sin\beta$ der Beschleunigung $\mathfrak{b}$ erzeugt im wesentlichen nur ein Verkanten des schwimmenden Systems um seine Nordsüdachse, also um die Figurenachse des Kreisels – wenigstens soweit man die Deklination δ' als klein ansehen darf; sonst müßte man noch eine kleine Verbesserung an dem Ausdruck δ'' (39) anbringen. Ein solches Verkanten hat keine unmittelbare Wirkung auf den Kreisel selbst (eine unter Umständen sehr folgenschwere mittelbare Wirkung werden wir aber später in Ziff. **5** kennen lernen).

Jetzt müssen wir auch noch untersuchen, ob diese Ergebnisse nicht vielleicht durch die Dämpfung des Kompasses beeinflußt werden. Hierzu greifen wir auf die Gleichungen (3) (Seite 107) zurück, an denen wir erstens die schon begründeten Vereinfachungen vorzunehmen, und zu denen wir zweitens noch die von der Fahrgeschwindigkeit und -beschleunigung herrührenden Glieder hinzuzufügen haben. Wir streichen also erstens die Beschleunigungsglieder $C\ddot{\delta}$ und $B\ddot{\psi}$ sowie das Glied $D_e\,\omega^* \cos\varphi \cos\delta \sin\psi$ und ersetzen zweitens (wie sofort zu begründen) in der ersten Gleichung (3) das Kreiselmoment $D_e\dot{\psi}$ durch $D_e(\dot{\psi} - v \cos\alpha/R)$ und in der zweiten das Glied $hG \sin\psi$ durch $hG \sin(\psi + b \cos\beta/g)$. Denn wenn das Fahrzeug die Nordkomponente $v \cos\alpha$ der Geschwindigkeit hat, so dreht sich seine Horizontebene infolge der Erdkrümmung mit der Drehgeschwindigkeit $v \cos\alpha/R$, und diese muß man, wenn ψ nach wie vor die Elevation über der sich drehenden Horizontebene bedeutet, von $\dot{\psi}$ abziehen, um die absolute Drehgeschwindigkeit zu erhalten, die doch für das Kreiselmoment maßgebend ist. Ferner wirkt jede nördliche Beschleunigungskomponente $b\cos\beta$ wie eine Auslenkung des Lotes nach Süden um den Winkel $\zeta = \operatorname{arc\,tg}(b\cos\beta/g) \approx b\cos\beta/g$, so daß in der Tat (Abb. 54) das stabilisierende Schwimmermoment (1) (Seite 107) gleich $hG\sin(\psi+\zeta)/\cos\zeta$ wird. Endlich müssen wir dann noch den früher erörterten Einfluß der Fahrkomponente $v\sin\alpha$ auf die scheinbare Änderung von ω^* berücksichtigen, indem wir ω^* ersetzen durch $\varkappa\omega^*$, mit dem Wert $\varkappa$ (32). Wenn man sich dann noch auf kleine Schwingungen δ und ψ und kleine Winkel ζ beschränkt, so kommt statt (3), gehörig geordnet,

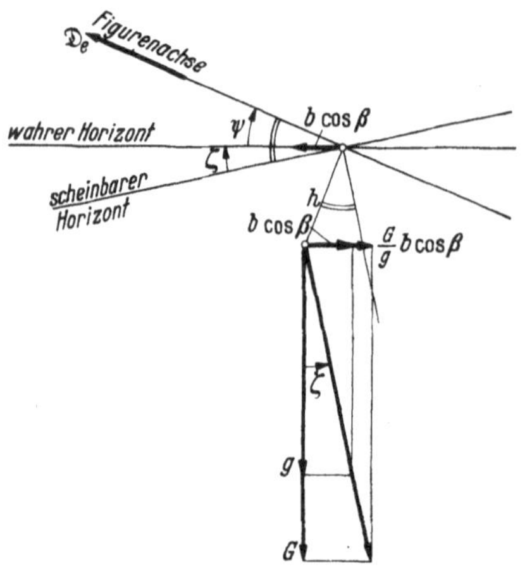

Abb. 54. Das Schwimmermoment im beschleunigten Fahrzeug.

$$\left.\begin{aligned} \dot{\psi} + \frac{k}{D_e}\psi + \varkappa\omega^*\cos\varphi\cdot\delta &= \frac{v\cos\alpha}{R}, \\ \dot{\delta} - \frac{hG}{D_e}\psi &= \frac{hGb\cos\beta}{gD_e} - \varkappa\omega^*\sin\varphi. \end{aligned}\right\} \tag{43}$$

Aus diesem System von Differentialgleichungen könnte man mit der Dämpfungsziffer $k=0$ leicht noch einmal unsere bisherigen Ergebnisse für Fahrt- und Beschleunigungsfehler herleiten.

Wir wollen uns für $k>0$ der Einfachheit halber auf den einen Fall beschränken, daß das Fahrzeug von der Ruhe aus in reinem Nordkurs mit unveränderlicher Beschleunigung anfährt, setzen also $\alpha=\beta=0$ (und damit $\varkappa=1$) sowie $v=bt$. Ferner nehmen wir an, daß der Kompaß die *Schuler*sche Bedingung in der Gestalt (41) (Seite 118) erfüllt, und können damit (43) umformen in

$$\left.\begin{aligned} \dot{\psi} + \frac{k}{D_e}\psi + \frac{gD_e}{RhG}\delta &= \frac{b}{R}t, \\ \dot{\delta} - \frac{hG}{D_e}\psi &= \frac{bhG}{gD_e} - \frac{gD_e}{RhG}\operatorname{tg}\varphi. \end{aligned}\right\} \tag{44}$$

Um die Bewegung δ der Figurenachse zu finden, eliminieren wir ψ, indem wir ψ aus der zweiten Gleichung (44) berechnen und in die erste einsetzen. So kommt nach einfacher Zwischenrechnung

$$\ddot{\delta} + \frac{k}{D_e}\dot{\delta} + \frac{g}{R}\delta = \frac{g}{R}\delta_0 + \frac{bkhG}{gD_e^2} + \frac{bhG}{RD_e}t, \tag{45}$$

wobei wir noch den Winkel δ_0 (8) (Seite 108) der Nullage des Kompasses mit Dämpfung benützt haben.

Das allgemeine Integral dieser Differentialgleichung lautet, wie man durch Einsetzen nachprüft,

$$\delta = e^{-\frac{kt}{2D_e}}(a_1 \cos\sigma' t + a_2 \sin\sigma' t) + \delta_0 + \frac{bhG}{gD_e}t \tag{46}$$

mit der Frequenz

$$\sigma' = \sqrt{\frac{g}{R} - \frac{k^2}{4D_e^2}},$$

die natürlich wegen (41) mit (26) übereinstimmt. Die noch offenen Integrationskonstanten a_1 und a_2 bestimmt man aus den Anfangsbedingungen. Deren erste lautet

$$\delta = \delta_0 \quad \text{für} \quad t = 0; \tag{47}$$

die zweite muß ausdrücken, daß beim Bewegungsbeginn die Beschleunigung b einsetzt, so daß gemäß (37) (Seite 117)

$$\dot{\delta} = \frac{bhG}{gD_e} \quad \text{für} \quad t = 0 \tag{48}$$

ist. [Man kann diese zweite Anfangsbedingung, ohne auf (37) zurückzugreifen, auch aus (44) ablesen. Wenn man dort die Werte δ_0 (8) und ψ_0 (6) für den Bewegungsbeginn einführt und noch auf die *Schuler*sche Bedingung (41) achtet, so kommt $\dot{\psi} = 0$ und $\dot{\delta} = bhG/gD_e$ für $t = 0$.] Diese Anfangsbedingungen (47) und (48) liefern $a_1 = a_2 = 0$, so daß die Lösung mit $v = bt$ lautet

$$\delta = \delta_0 + \frac{hGv}{gD_e}.$$

In dem zweiten Gliede rechts erkennt man nun aber mit $\alpha = 0$ und wegen (41) einfach die Mißweisung δ' (34) (Seite 115) und hat somit das Ergebnis

$$\delta = \delta_0 + \delta'. \tag{49}$$

Das bedeutet, daß der Kompaß bei dieser Fahrt auch mit eingeschalteter Dämpfung ohne Schwingungen jeweils die tabellarisch bekannte Mißweisung zeigt, welche nun eben von der Nullage δ_0 (8) des gedämpften ruhenden Kompasses aus zu zählen ist.

Das gleiche gilt natürlich für reinen Südkurs und unveränderliche Beschleunigung. Für andere Kurse und veränderliche Beschleunigungsvektoren ist das Ergebnis nicht ganz so einfach. Man kann es in jedem Falle aus dem System (43) durch entsprechende Integration ermitteln. Wir wollen diese Rechnungen nicht vorführen und begnügen uns damit, zu berichten, daß sich im allgemeinen wohl ein Einfluß der Dämpfung in Gestalt von Schwingungen bemerklich macht, daß jedoch im allgemeinen keine neuen Mißweisungen von störender Größe zu befürchten sind.

4. Die quasihydrostatische Dämpfung. Statt der bisher betrachteten, durch Abb. 42 (Seite 101) veranschaulichten Dämpfungsart, die jeweils ein der Deklinationsbewegung unmittelbar entgegenstehendes Drehmoment um die Lotachse liefert, aber durch die Schwingungen

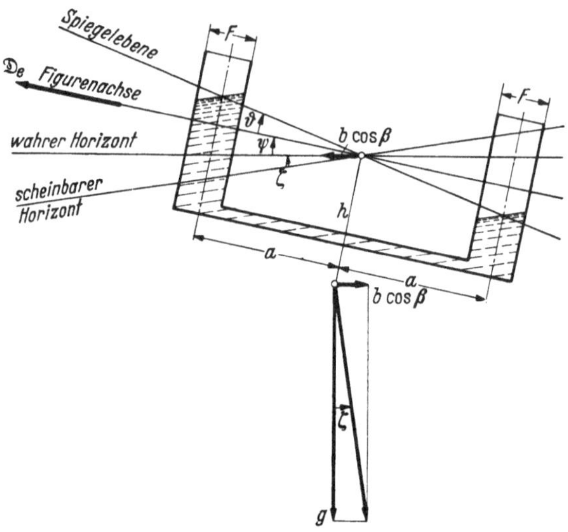

Abb. 55. Schema der quasihydrostatischen Dämpfung.

des Pendels gestört wird und dann auch zu Störungen des Kompasses führen kann, benützt man vielfach, beim *Anschütz*schen Kompaß seit 1911, eine Dämpfungsvorrichtung, die aus einem in der lotrechten Nordsüdebene liegenden, am Schwimmer befestigten Tanksystem nach Art des bei Schiffen üblichen *Schlick*schen Schlingertankes besteht und in Abb. 55 schematisch schon in einer Schräglage dargestellt ist, wie sie bei Elevationen ψ und zusätzlichen nördlichen Fahrbeschleunigungen $b \cos\beta$ auftritt. Wenn die mit Öl oder Glyzerin gefüllten, im Ruhestand lotrechten Tankröhren vom Querschnitt F verschieden hohe Spiegel zeigen, so gibt dies mit dem Hebelarm a und dem spezifischen Gewicht γ der Tankflüssigkeit bei einer Elevation ψ der Figurenachse und einem relativen (kleinen) Spiegelhöhenwinkel ϑ ein zusätzliches hydrostatisches Differenzmoment der Gewichte der beiden Flüssigkeitssäulen

$$M_4 = p\vartheta, \tag{50}$$

wobei zur Abkürzung

$$p = 2\gamma a^2 F (>0) \tag{51}$$

gesetzt ist und ein eigentlich noch hinzuzufügender Faktor $\cos(\psi+\zeta)$ unterdrückt werden darf, und zwar positiv gerechnet entgegengesetzt zu ψ. (Das Moment der ganzen Flüssigkeit bei einer Elevation ψ, aber noch $\vartheta = 0$, soll natürlich im Schwimmermoment M_2 (1) mit enthalten sein.) Daß das Moment M_4 über die Elevationen ψ auf die Deklinationen δ dämpfend wirkt, wird die folgende Rechnung zeigen.

Wir greifen dabei wieder auf die Ausgangsgleichungen (3) von Ziff. **3** (Seite 107) zurück, streichen dort jetzt das frühere Dämpfungsglied $k \sin\psi$ in der ersten Gleichung und fügen dafür in der zweiten Gleichung das Moment M_4 linker Hand positiv hinzu. Wenn wir dann diese beiden Gleichungen ebenso behandeln wie vorhin bei ihrer Umgestaltung in die Gleichungen (43) (Streichen des ersten Gliedes der ersten Gleichung sowie der ersten beiden Glieder der zweiten Gleichung, Hinzufügen der Glieder mit $v \cos\alpha$ und $b \cos\beta$ sowie des Faktors $\varkappa$ bei ω^* und Beschränkung auf kleine Ausschläge δ und ψ), so erscheinen jetzt die beiden folgenden Gleichungen, denen wir sofort noch eine alsbald zu erklärende dritte hinzufügen:

$$\left.\begin{aligned} &\dot{\psi} + \varkappa\omega^* \cos\varphi \cdot \delta = \frac{v\cos\alpha}{R}, \\ &\dot{\delta} - \frac{hG}{D_e}\psi - \frac{p}{D_e}\vartheta = \frac{hGb\cos\beta}{gD_e} - \varkappa\omega^* \sin\varphi, \\ &\dot{\vartheta} + q\psi + q\vartheta = -\frac{qb\cos\beta}{g}. \end{aligned}\right\} \tag{52}$$

Die dritte Gleichung bedeutet dabei das Gesetz für die Bewegung der Tankflüssigkeit, wie man folgendermaßen erkennt. Im einen Tank steht die Flüssigkeit gegenüber dem scheinbaren Horizont um eine zum (kleinen) Winkel $\zeta+\psi+\vartheta$ proportionale Strecke höher als im anderen. Das hydrostatische Druckgefälle zwischen den beiden Tankröhren ist somit ebenfalls zu diesem Winkel proportional. Nach dem *Hagen-Poiseuille*schen Gesetz gilt also für die Strömungsgeschwindigkeit durch das enge Verbindungsrohr und somit auch für die zu ihr proportionale Größe $\dot{\vartheta}$

$$\dot{\vartheta} = -q(\zeta + \psi + \vartheta) \qquad (q > 0) \tag{53}$$

mit einem Faktor q, den man am besten durch einen einfachen Versuch bestimmt. Dies ist aber mit dem Wert $\zeta = b\cos\beta/g$ gerade die dritte Gleichung (52).

Dieses Gleichungssytsem tritt bei dieser **quasihydrostatischen Dämpfung** (auch **Schlingertankdämpfung** genannt) an die Stelle der früheren Gleichungen (43) (Seite 120). Wir wollen einige Folgerungen daraus ziehen, ohne ihren Inhalt völlig auszuschöpfen[1].

Für den ortsfesten Kompaß folgt mit $v=0$, $b=0$ (also $\varkappa=1$) und $\dot\psi = \dot\delta = \dot\vartheta = 0$ aus (52) die Nullage

$$\delta_0 = 0, \qquad \psi_0 = -\vartheta_0 = \frac{D_e\,\omega^*\sin\varphi}{hG-p} \tag{54}$$

an Stelle der früheren Nullage δ_0 (8), ψ_0 (6) (Seite 107 und 108). Die quasihydrostatische Dämpfung hat also vor der früheren den Vorteil, daß sie keine Mißweisung δ_0 der Deklination δ hervorruft.

Daß die Schwingungen des ortsfesten Kompasses wirklich gedämpft sind, folgt in der Weise, daß man in die verkürzten Gleichungen (52) mit dem Ansatz

$$\delta = a_1 e^{rt}, \qquad \psi = a_2 e^{rt}, \qquad \vartheta = a_3 e^{rt} \tag{55}$$

eingeht. Dies führt auf folgende Determinantengleichung der Koeffizienten:

$$\begin{vmatrix} \varkappa\,\omega^*\cos\varphi & r & 0 \\ r & -\dfrac{hG}{D_e} & -\dfrac{p}{D_e} \\ 0 & q & r+q \end{vmatrix} = 0$$

oder ausgerechnet

$$r^3 + q r^2 + \frac{hG\varkappa\,\omega^*\cos\varphi}{D_e}\,r + \frac{q\varkappa\,\omega^*\cos\varphi}{D_e}\,(hG-p) = 0. \tag{56}$$

Der Ansatz (55) umfaßt lauter aperiodisch oder periodisch gedämpfte Teilbewegungen, wenn diese Gleichung dritten Grades nur Wurzeln r mit negativem Realteil besitzt. Die Bedingungen hierfür lauten nach (37) von § 12, Ziff. 4 des ersten Bandes (Seite 260)

$$q > 0, \qquad \frac{pq\varkappa\,\omega^*\cos\varphi}{D_e} > 0, \qquad \frac{q\varkappa\,\omega^*\cos\varphi}{D_e}\,(hG-p) > 0. \tag{57}$$

Die beiden ersten Bedingungen sind wegen $p>0$, $q>0$ von selbst erfüllt; die letzte Bedingung ist deswegen erfüllt, weil man natürlich das Metazentermoment p der Tankflüssigkeit stets viel kleiner als dasjenige hG des ganzen schwimmenden Systems wählt, da sonst dessen Stabilität gefährdet wäre. Damit ist aber erwiesen, daß dieses Tanksystem in der Tat die Deklinationsbewegung abdämpft.

Die Schwingungsdauer t_0 berechnet man in der Weise, daß man die Gleichung (56) wirklich auflöst, was am besten zahlenmäßig ge-

---

[1] Vgl. *A. L. Rawlings*, The Theory of the Gyroscopic Compass and its Deviations, § 68, London 1929; *K. Glitscher*, Festschrift zum 60. Geburtstag Arnold Sommerfelds, S. 72, Leipzig 1929; *J. W. Geckeler*, Ing.-Arch. 4 (1933), S. 66 und 127; *B. V. Bulgakov*, Ing.-Arch. 11 (1940), S. 461.

schieht. Sie hat eine reelle (negative) Wurzel und zwei konjugiert komplexe $r=\varrho\pm i\sigma$; ihr Imaginärteil σ ist dann die Schwingungsfrequenz. Man wählt sie bei den ausgeführten Kompassen stets in der Nähe der *Schuler*schen Frequenz $\sqrt{g/R}$, da dann, wie weitere Rechnungen gezeigt haben, auch hier nur kleine Mißweisungen infolge der Fahrbeschleunigung auftreten.

Will man das Verhalten des Kompasses bei irgendwelchen Bewegungen des Fahrzeuges kennen lernen, so muß man für dessen Geschwindigkeit und Beschleunigung die Gleichungen (52) vollständig integrieren. Dies geschieht nach den für ein solches System von linearen Differentialgleichungen bekannten Regeln und erfordert lediglich einige Rechenarbeit. Wir beschränken uns darauf, für eine Anfahrt von der Ruhe aus in nördlicher Richtung bei unveränderlicher Beschleunigung bis zum Erreichen einer vorgeschriebenen und von da an unveränderlichen Fahrgeschwindigkeit das Ergebnis einer solchen Rechnung durch das Diagramm[1] Abb. 56 vorzuführen. Dabei bedeutet die gestrichelte Kurve das uns schon aus Ziff. 3 bekannte Verhalten des Kompasses ohne Dämpfung, der die *Schuler*sche Bedingung (41) erfüllt: der Fahrtfehler δ' (34) würde ohne Schwingungen am Ende der Anfahrzeit t' erreicht sein und dann unverändert bleiben. Die ausgezogene Kurve gibt das Verhalten des Kompasses mit Dämpfung wieder: der Fahrtfehler bleibt hinter seinem Wert δ' (34) etwas zurück, und nach Erreichen der Endgeschwindigkeit setzt eine gedämpfte Schwingung um die Deklination δ' (34) ein, deren erste Amplituden immerhin etwa ein Drittel von δ' betragen. Darin ist ein gewisser Nachteil der quasihydrostatischen Dämpfung zu erblicken, die indessen doch so große Vorteile im Ganzen bietet, daß sie sich gegen die Dämpfungsart von Abb. 42 (Seite 101) seit langem durchgesetzt hat.

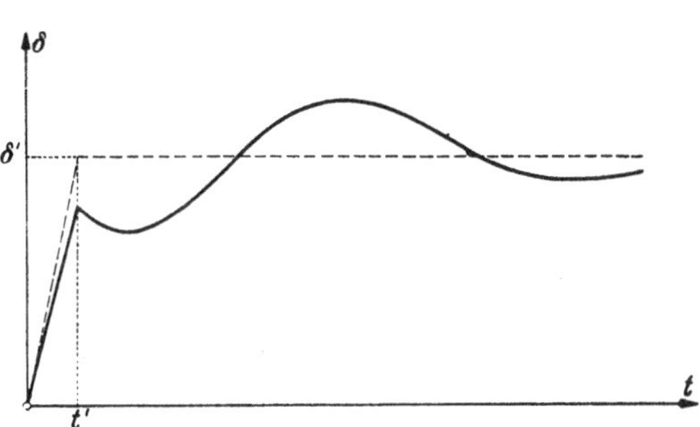

Abb. 56. Mißweisung bei Anfahrt.

Es ist wohl auch vorgeschlagen worden, die Dämpfung während der Dauer von Geschwindigkeits- und Kursänderungen des Fahrzeuges auszuschalten, etwa dadurch, daß man das Verbindungsrohr

[1] *J. W. Geckeler*, a. a. O. S. 135.

elektromagnetisch schließt; doch kann dies auch wieder schädlich werden, weil der Kompaß währenddessen möglicherweise durch Spannungsschwankungen des Antriebsstromes Stöße erhält, die sofort abgedämpft werden sollten.

5. Der Schlingerfehler. Dem bis dahin entwickelten Kreiselkompaß, welcher auch auf bewegten Fahrzeugen befriedigend genau zu sein schien, ist beim Einbau in rasche und stark schlingernde Schiffe eine Schwierigkeit entstanden, deren Überwindung viel Mühe machte und dazu zwang, ihn noch um eine entscheidende Stufe weiter zu entwickeln. Der Hauptteil der Schlingerbewegungen eines Schiffes besteht in Pendelungen um seine Längsachse oder allgemeiner um fortwährend selbst wechselnde Achsen parallel zu seiner Längsachse. Ein auf dem Schiff außerhalb dieser Achsen aufgehängtes Pendel und ebenso auch jedes schwimmende System verhält sich infolge seiner eigenen Trägheit so, wie wenn in seinem Schwerpunkt eine Kraft angriffe, die entgegengesetzt zu der von den Schlingerbewegungen hervorgerufenen Beschleunigung des Aufhängepunktes bzw. Metazentrums ist. Wenn das schwimmende System für die Drehungen um alle seine waagerechten Achsen die gleiche Trägheit besäße und keinen Kreisel enthielte, so hätte diese Scheinkraft keinerlei weitere Folge, als daß es in Schwingungen um eine Achse parallel zur Schlingerachse des Schiffes geriete.

Infolge des eingebauten Kreisels hat nun aber das schwimmende System, wie wir wissen, eine ungemein große dynamische Trägheit um die Lotachse und um die Ostwestachse, aber nur eine kleine tatsächliche Trägheit um die Nordsüdachse, so daß es zwar etwaigen Drehbeschleunigungen um die Nordsüdachse ganz leicht nachgibt, jedoch gegenüber Drehbeschleunigungen um die Ostwestachse sich äußerst steif verhält. Fährt also das schlingernde Schiff genau nord- oder südwärts, so wird das schwimmende System zwar in Pendelungen um die Nordsüdachse geraten, ohne daß dies aber den Kreisel und seine Anzeige stören kann. Fährt das Schiff genau west- oder ostwärts, so wird das schwimmende System den Schlingerbewegungen überhaupt nicht merklich nachgeben; zwar wird der Eigendrehimpulsvektor des Kreisels infolge des pulsierenden Momentes jener Scheinkraft ein klein wenig um die Nordlage hin und her schwanken, aber doch im ganzen (wie man leicht abschätzt) kaum nachweisbar.

Ganz anders indessen verhält sich der Kreiselkompaß bei einem anderen Kurs, und dies müssen wir jetzt untersuchen[1]. Anfänglich

[1] Vgl. *M. Schuler*, Z. angew. Math. Mech. 2 (1922), S. 233.

weise der Eigendrehimpulsvektor und mit ihm die Nordseite der Figurenachse genau nach Norden; der Schiffskurs und mit ihm die Schlingerachse habe das Azimut α, positiv gezählt von Norden nach Westen (Abb. 57). Infolge der Schlingerbewegungen habe das Metazentrum O des schwimmenden Systems eine waagerechte Beschleunigung $\mathfrak{b}$ jeweils senkrecht zur Schlingerachse und vom Betrag

$$b = b_0 \sin \nu t, \tag{58}$$

wobei also ν die Frequenz der Schlingerbewegungen ist. (Es genügt, von der *Fourier*schen Reihe, in welche man wohl b allgemein entwickeln könnte, das Hauptglied (58) mit der Grundfrequenz ν zu berücksichtigen.)

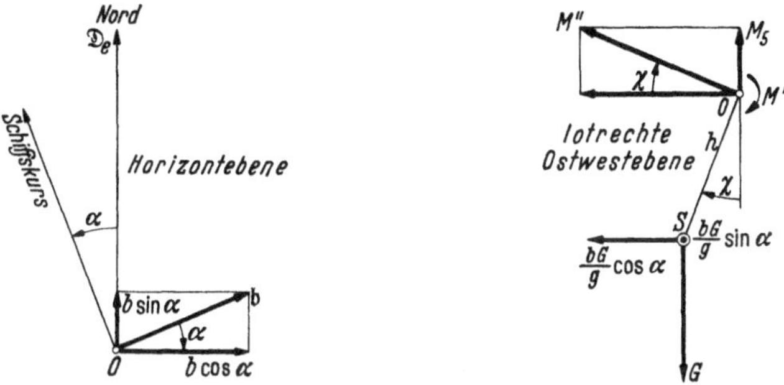

Abb. 57. Die Schlingerbeschleunigung $\mathfrak{b}$.

Abb. 58. Die Schlingermomente.

Wesentlich ist nun die Zerlegung von $\mathfrak{b}$ in eine westöstliche und eine südnördliche Komponente $b \cos \alpha$ und $b \sin \alpha$. Infolge der ersten entsteht im Schwerpunkt S des schwimmenden Systems (Abb. 58) eine Scheinkraft mit dem Moment bezüglich der Nordsüdachse durch O

$$M' = \frac{b h G}{g} \cos \alpha \cos \chi \approx \frac{b_0 h G}{g} \cos \alpha \sin \nu t, \tag{59}$$

wobei χ den (kleinen) Pendelungswinkel des schwimmenden Systems um die Nordsüdachse bedeutet. Wenn A' dessen Drehmasse dabei ist, und wenn wir auch bei diesen Pendelungen zunächst wieder von jeder Dämpfung absehen, so lautet ihre Differentialgleichung für kleine Ausschläge

$$A' \ddot{\chi} + h G \chi = M' \equiv \frac{b_0 h G}{g} \cos \alpha \sin \nu t$$

mit dem Integral für die erzwungene Schwingung

$$\chi = \frac{b_0 h G \cos \alpha}{g A' (\nu_0^2 - \nu^2)} \sin \nu t, \tag{60}$$

wobei

$$\nu_0 = \sqrt{\frac{h G}{A'}} \tag{61}$$

offenbar die Eigenfrequenz der Pendelungen χ ist. Dabei durften wir voraussetzen, daß $\nu_0^2 \neq \nu^2$ sein wird, da das schwimmende System viel rascher pendelt als das schlingernde Schiff.

Die Beschleunigungskomponente $b \sin\alpha$ erzeugt im Schwerpunkt S eine entgegengesetzt gerichtete Scheinkraft, deren Momentvektor bezüglich O die Neigung χ gegen die Ostwestachse und den Betrag

$$M'' = \frac{b\,h\,G}{g} \sin\alpha = \frac{b_0\,h\,G}{g} \sin\alpha \sin\nu t$$

hat und in eine waagerechte Komponente $M'' \cos\chi \approx M''$ und eine senkrechte Komponente

$$M_5 = M'' \sin\chi \approx \frac{b_0\,h\,G}{g} \sin\alpha \sin\nu t \cdot \chi \tag{62}$$

zerlegt werden kann. Dies gibt mit (60) und (61)

$$M_5 = \frac{b_0^2\,h^2\,G^2 \sin 2\alpha}{4\,g^2 A' (\nu_0^2 - \nu^2)} (1 - \cos 2\nu t) = \frac{b_0^2\,h\,G}{4\,g^2} \frac{\nu_0^2 \sin 2\alpha}{\nu_0^2 - \nu^2} (1 - \cos 2\nu t),$$

also ein lotrechtes Moment, das im Sinne wachsender δ positiv gerechnet ist und aus zwei Teilen besteht. Der zweite Teil, mit dem Faktor $\cos 2\nu t$, ist periodisch und hat den zeitlichen Mittelwert Null; er hat lediglich ein kaum merkliches periodisches Heben und Senken des Eigendrehimpulsvektors und damit der Figurenachse zur Folge und kann weiterhin außer Betracht bleiben. Der erste Teil

$$M_5' = H \sin 2\alpha \qquad \text{mit} \qquad H = \frac{b_0^2\,h\,G}{4\,g^2} \frac{\nu_0^2}{\nu_0^2 - \nu^2} > 0 \tag{63}$$

hat für jede Kursrichtung und zunächst noch $\delta = 0$ einen festen Betrag. Er verschwindet für die Haupt- oder Kardinalkurse $\alpha = 0°$, $\pm 90°$, $180°$ (N, W, O, S) und ist am größten für die Zwischen- oder Interkardinalkurse $\alpha = \pm 45°$, $\pm 135°$ (NW, NO, SW, SO).

Um seine Wirkung zu finden, setzen wir M_5' in die erste Gleichung (3) von Ziff. **2** (Seite 107) ein. Dort dürfen wir, wie immer, das erste Glied der ersten Gleichung und die ersten beiden Glieder der zweiten fortlassen und haben also für kleine Ausschläge δ und ψ und ohne Beachtung der Dämpfung ($k = 0$), wie alsbald erläutert werden wird,

$$\left.\begin{aligned} D_e \dot\psi + D_e\,\omega^* \cos\varphi \cdot \delta &= H \sin 2(\alpha - \delta),\\ D_e \dot\delta - h G \psi + D_e\,\omega^* \sin\varphi &= 0. \end{aligned}\right\} \tag{64}$$

Dabei haben wir sofort $\sin 2(\alpha - \delta)$ statt $\sin 2\alpha$ geschrieben, da sich inzwischen die Figurenachse infolge des Momentes M_5' schon um einen Winkel δ weitergedreht haben kann.

Eliminiert man ψ aus (64), so kommt die Differentialgleichung

$$\ddot\delta + \frac{h G}{D_e^2} (D_e\,\omega^* \cos\varphi + 2\,H \cos 2\alpha)(\delta - \delta_s) = 0, \tag{65}$$

wobei

$$\delta_s = \frac{H \sin 2\alpha}{2\,H \cos 2\alpha + D_e\,\omega^* \cos\varphi} \qquad \text{mit} \qquad H(63) \tag{66}$$

ist, als Verallgemeinerung der Gleichung (24) von Ziff. 2 (Seite 112), wenn man dort das Dämpfungsglied streicht und sich auf kleine Ausschläge beschränkt.

Aus (65) liest man ab, daß die Figurenachse Schwingungen um die Endlage δ_s macht, die somit als Schlingerfehler zu bezeichnen sind. In Wirklichkeit sind diese Schwingungen natürlich wieder gedämpft, und es würde keine Schwierigkeit bieten, die ganze Rechnung mit Rücksicht auf die Dämpfung sowohl der Schwimmerpendelungen wie der Deklinationsbewegung zu wiederholen und so einen genaueren Ausdruck für δ_s herzuleiten. Wir verzichten darauf, da es sich hier nur darum gehandelt hat, den Mechanismus des Schlingerfehlers δ_s überhaupt aufzuzeigen (bei welchem die etwaige Dämpfung nicht wesentlich ist), nicht aber darum, den genauen Wert von δ_s zu erhalten. Er kann bis zu 20° und mehr betragen und also die Anzeige des Kompasses durchaus hinfällig machen, und er läßt sich nicht, wie etwa der Fahrtfehler, zum voraus berechnen und berücksichtigen, weil man die Frequenzen ν der Schlingerbewegungen, von denen δ_s stark abhängt, und die zudem dauernd wechseln, nicht genau kennt. Vielmehr ergab sich, nachdem der Schlingerfehler zuerst aufgetreten und seine Ursache erkannt war, die Aufgabe, ihn dadurch unschädlich zu machen, daß man ihn ganz beseitigte oder hinreichend herabdrückte. Aus (66) sieht man übrigens noch einmal, daß er für die Zwischenkurse $\alpha = \pm 45°$, $\pm 135°$ am größten wird, und aus der zweiten Gleichung (64), daß zu jeder Schlingerbewegung δ des Kompasses wieder eine Elevationsbewegung ψ, die Schlingerelevation, gehört. Außerdem ist noch anzumerken, daß unter Umständen auch schon die Erschütterungen des Kompasses durch die Schiffsmaschinen bei ruhiger See einen Schlingerfehler hervorzurufen vermögen.

6. Die Beseitigung des Schlingerfehlers. Es gibt im wesentlichen vier Möglichkeiten, den Schlingerfehler zu beheben. Die erste besteht darin, der Schlingerelevation ψ entgegenzuwirken. Tatsächlich sind hierfür Vorrichtungen ähnlich den quasihydrostatischen Dämpfungen (Ziff. 4) ersonnen worden, z. B. beim *Brown*schen Kreiselkompaß (Ziff. 1); aber es scheint, daß sie sich nicht ganz bewährt haben.

Die zweite Möglichkeit, verwirklicht in einer von *H. L. Tanner*[1] entwickelten Abart des *Sperry*schen Kompasses (Ziff. 1) besteht darin, daß zum nordweisenden Hauptkreisel noch ein Nebenkreisel hinzugenommen wird, der ebenfalls um eine Nordsüdachse umläuft, jedoch

[1] Vgl. *G. B. Crouse*, Mech. Engineering 42 (1920), S. 619.

mit entgegengesetztem Drehsinn und mit kleinerem Eigendrehimpuls; er sucht bei Schlingerbewegungen entgegen dem Hauptkreisel auszuweichen, und dies wird durch eine geeignete Koppelung zwischen den beiden Kreiselachsen zur Beseitigung des Schlingerfehlers benützt. Ob sich dieser Kompaß in allen Fällen bewährt hat, ist nicht bekannt.

Die beiden anderen Wege gehen von der aus (66) mit H (63) folgenden Erkenntnis aus, daß man den Schlingerfehler klein halten kann, wenn man dafür sorgt, daß das schwimmende System auch um die Nordsüdachse mit sehr großer Schwingungsdauer, also sehr kleiner Frequenz ν_0 pendelt. Das ist aber durch Vergrößern der Drehmasse A' nur in geringem Maße zu erreichen; vielmehr muß man, wie bei der ungeheuer großen scheinbaren Trägheit der Drehungen um die Lot- und Ostwestachse, dynamische Mittel anwenden. In der Art, wie dies zu geschehen hat, trennen sich nun die beiden Wege völlig.

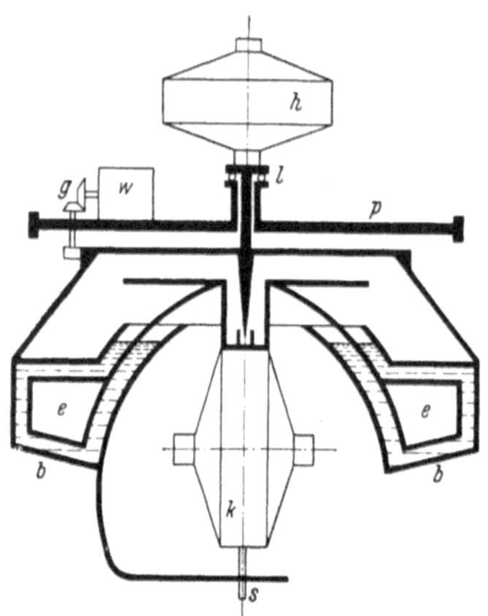

Abb. 59. *Martienssen*scher Kreiselkompaß.

Der eine Weg, der jedoch bis jetzt nicht ganz zum Ziele geführt hat, geht dahin, daß man (wie Abb. 59 schematisch zeigt) das schwimmende Kreiselsystem (e) durch einen unten an der Kreiselkappe (k) befestigten Stift (s) in einem nordsüdlichen Schlitz führt, der am Quecksilberbecken (b) des Schwimmers angebracht ist, und daß man dieses Becken durch einen Hilfskreisel (h) mit lotrechter Figurenachse in möglichst stets waagerechter Lage festzuhalten sucht. Das Becken samt Hilfskreisel ruht in einem Kugellager (l) auf einer waagerechten Platte (p), die in zwei (nicht dargestellten) Cardanringen aufgehängt ist und einen Wendemotor (w) trägt, der durch einen Hilfsstrom gesteuert wird, so daß er mittels eines Getriebes (g) das Becken (b) bei jeder Schiffsdrehung nachdreht, bis der Schlitz wieder in seiner nordsüdlichen Richtung steht. (Diese Nachdrehvorrichtung werden wir später noch genauer schildern.) Dadurch würde erreicht, daß der Kreisel selbst seine Elevationen ψ ungehindert ausführen kann, aber nicht um die Nordsüdachse zu pendeln vermag, — wenn der Hilfskreisel (h) seine Achse stets lotrecht hielte. Nun stellt aber ein derartiger Kreisel, wenn der Schwerpunkt der mit ihm hin- und herpendelnden Teile unter dem Mittelpunkt des Cardangehänges (Aufhängepunkt) liegt, ein Kreiselpendel dar, und wir werden in § 7 sehen, daß ein solches seinerseits wieder bei Bewegungen des Aufhängepunktes in seiner Lotlage gestört wird. Die Folge ist, daß der Schlingerfehler zwar wohl verringert, aber keineswegs ganz beseitigt wird, so daß Kompasse dieser Bauart nur bei mäßig stark schlingernden Schiffen verwendbar sind. Ein Beispiel bildet der von *Martienssen*[1] entworfene, seinerzeit von der Gesellschaft für nautische Instrumente in Kiel gebaute und von den Officine Galileo in Florenz noch etwas weiterentwickelte Kreiselkompaß, der auch noch eine neuartige, in ihrer Wirkungsweise umstrittene[2] Dämpfungsvorrichtung enthält.

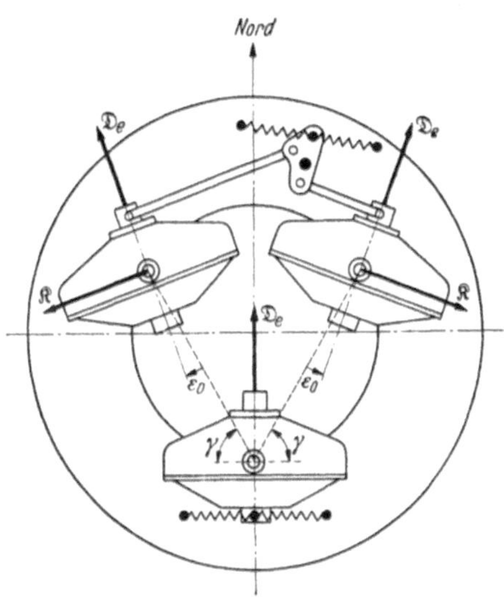

Abb. 60. Schema des *Anschütz*schen Dreikreiselkompasses.

Den anderen Weg beschritt zuerst wieder *Anschütz-Kämpfe* und hat so zusammen mit seinen Mitarbeitern von 1910 bis 1931 in mehreren Entwicklungsstufen seinen Einkreiselkompaß (Ziff. 1) zu einem Mehrkreiselkompaß von höchster Vollendung durchgebildet. Der grundlegende Gedanke bestand hierbei darin, dem bisherigen einzigen Hauptkreisel noch zwei gleichartige Nebenkreisel im schwimmenden System hinzuzufügen, deren Anordnung in der waagerechten Schwimmerebene dieses sogenannten Dreikreiselkompasses Abb. 60 schematisch zeigt. Während der Hauptkreisel in der Nulllage nach wie vor nach Norden weist, bilden die Figurenachsen der beiden Nebenkreisel in der Ruhelage (also bei nichtlaufenden Kreiseln) gleiche Winkel $\gamma = 60°$ mit der Ostwestachse. Alle drei Kreisel sind um lotrechte Zapfen im Schwimmer drehbar, aber durch Federn

[1] *O. Martienssen*, Z. Instrumentenkunde 39 (1919), S. 165, und Physik. Z. 29 (1928), S. 295.

[2] Vgl. die Schlußbemerkung des zweiten Aufsatzes von *O. Martienssen.*

elastisch an ihre Ruhelage gefesselt, wobei durch ein Gestänge dafür gesorgt wird, daß die Nebenkreisel sich immer nur um gleiche, entgegengesetzte Winkel ε aus ihrer Ruhelage herausdrehen können.

In der Nullage (also bei laufenden Kreiseln nach Abklingen aller Schwingungen) ist ein nordweisender Eigendrehimpuls vom Betrag $D_e[1+2\sin(\gamma+\varepsilon_0)]$ vorhanden, wenn ε_0 der Ausschlag der Nebenkreisel in der Nullage wird, wogegen die Ost- und Westkomponente der Drehimpulse der Nebenkreisel sich aufheben. Der Kompaß schwingt also nach wie vor mit der Figurenachse des Hauptkreisels nach Norden ein. Man erkennt aber schon ohne Rechnung an Hand einer einfachen Überlegung, daß die Nebenkreisel den Schlingerfehler bekämpfen. Denn wenn das Schlingern des Schiffes am Schwimmer ein Drehmoment mit nördlich (südlich) weisendem Vektor erzeugt, so zieht dieses die Pfeilspitzen der Drehimpulsvektoren $\mathfrak{D}_e$ der Nebenkreisel nach Norden (Süden), ruft somit Drehungen $\dot{\varepsilon}$ bei deren Figurenachsen hervor, und auf diese Drehungen $\dot{\varepsilon}$ antworten die beiden Nebenkreisel mit Kreiselmomenten $\mathfrak{K}$, und zwar der westliche (da hier der Vektor $\dot{\varepsilon}$ lotrecht abwärts bzw. aufwärts weist) mit einem Kreiselmoment, dessen Vektor den Winkel $90° - (\gamma+\varepsilon)$ mit der West-(Ost-) Richtung bildet, der östliche (da hier $\dot{\varepsilon}$ lotrecht aufwärts bzw. abwärts weist) ebenso mit einem Vektor $\mathfrak{K}$ unter dem Winkel $90° - (\gamma+\varepsilon)$ gegen die Ost-(West-) Richtung. Die Resultante der beiden Vektoren $\mathfrak{K}$ weist also nach Süden (Norden) und schwächt daher das ursprüngliche Schlingermoment.

Man schließt in gleicher Weise, daß jede Pendelung des Schwimmers um die Nordsüdachse durch die Nebenkreisel um so stärker gehemmt wird, je weicher ihre Federfesselung ist; und so gelang es in der Tat bei diesem ersten Dreikreiselkompaß, die Schwingungsdauer t_0 des Schwimmers um die Nordsüdachse von etwa 1 Sekunde vorher auf etwa 60 Sekunden zu steigern, und das bedeutet, daß der in H (63) stehende Faktor $\nu_0^2/(\nu_0^2-\nu^2)$ z. B. bei einer Schlingerdauer t' des Schiffes von 10 Sekunden (wegen $t_0=2\pi/\nu_0$, $t'=2\pi/\nu$) auf etwa $^1/_{35}$ seines früheren Betrages sinkt und also auch der Schlingerfehler δ_s (66) bei einem Zwischenkurs ($\alpha=\pm 45°$ oder $\alpha=\pm 135°$) auf den gleichen Bruchteil seiner Größe beim Einkreiselkompaß. Die Schwingungsdauer t_0 noch mehr zu erhöhen ist bei dieser Bauart schwierig, weil die Federn dann zu weich sein müßten und die Winkel ε zu groß würden.

In einer nächsten Entwicklungsstufe des *Anschütz*schen Kompasses ist der Hauptkreisel weggeblieben, und die beiden Nebenkreisel, deren Figurenachsen in der Ruhelage (also bei nichtlaufenden

Kreiseln) aufeinander senkrecht stehen und mit der Ostwestrichtung die Winkel $\gamma = 45^\circ$ bilden (Abb. 61), sind durch eine etwas andere (in Abb. 61 nicht dargestellte) Federfesselung an ihre Nullage ε_0 (also bei laufenden Kreiseln) gebunden und wieder durch ein Gestänge gezwungen, stets entgegengesetzt gleiche Ausschläge ε aus der Ruhelage aufzuzeigen. Ihr nordweisender Eigendrehimpuls in der Nullage ist jetzt allerdings nur $2D_e \sin(\gamma + \varepsilon_0)$, aber immerhin noch etwa gleich dem des Einkreiselkompasses; jedoch gelingt es in dieser (zudem viel gedrängteren und raumsparenden) Bauart, dem sogenannten Kugel- oder Feinmeßkompaß, die Schwingungsdauer um die Nordsüdachse auf etwa 15 Minuten hinaufzusetzen und damit den Schlingerfehler bis auf einen unmerklichen Rest zu beseitigen.

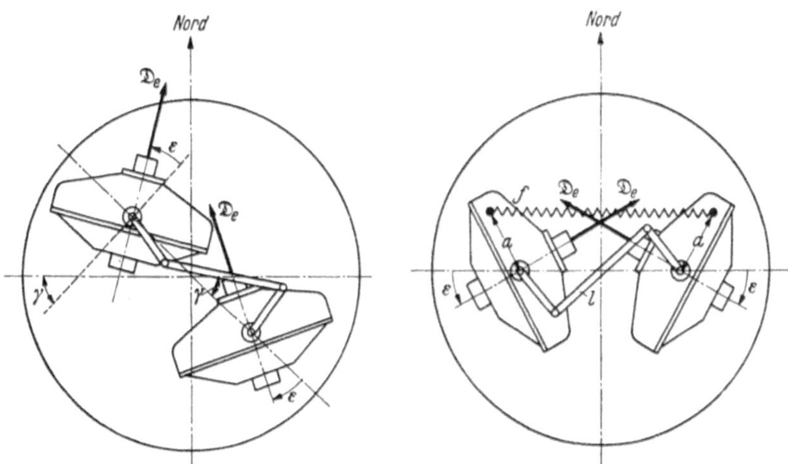

Abb. 61. Schema des *Anschütz*schen Kugel- oder Feinmeßkompasses.

Abb. 62. Schema des *Anschütz*schen Raumkompasses.

Es lag nahe, die Forderung noch weiter dahin zu verschärfen, daß die Schwingungsdauer auch um die Nordsüdachse den *Schuler*schen Wert t_0 (42) von 84,4 Minuten erhalte, und daß der Kompaß also um alle Achsen durch das Metazentrum des Schwimmers die gleiche dynamische Trägheit besitze. Es ist ohne jede Rechnung aus Gründen der Symmetrie klar, daß ein derartiger Kompaß nicht nur vollkommen frei von Schlingerfehlern sein muß, sondern außer der Nordrichtung zugleich auch den Horizont nach jedem Azimut hin anzuzeigen imstande sein wird. Sein Schema zeigt Abb. 62. Bei diesem sogenannten *Anschütz*schen Raumkompaß ist die Ruhelage der Kreiselachsen $\gamma = 0^\circ$, und wir werden sehen, daß dies zusammen mit einer geeigneten

Federfesselung hinreicht, die genannte Forderung zu erfüllen. Auch bei ihm ist dafür gesorgt, daß die Ausschläge ε der Drehimpulsvektoren $\mathfrak{D}_e$ immer entgegengesetzt gleich sind. (Die Symmetriekoppeln in Abb. 60 bis 62 wahren die verlangte Symmetrie nicht ganz streng; indessen ist der Fehler unerheblich, und so bevorzugt man sie doch vor genau arbeitenden, aber lange nicht so reibungsarmen Zahnsegmenten.) Das nordweisende Richtmoment entsteht bei diesem Kompaß also erst dadurch, daß die Figurenachsen seiner beiden Kreisel aus der Ostwestlage infolge der Kreiselmomente der Erddrehungskomponente $\omega^* \cos\varphi$ heraustreten und so die sogenannten Anstellwinkel ε erzeugen, die dann in der schließlich erreichten Nulllage ε_0 die Nordkomponente $2 D_e \sin\varepsilon_0$ des Eigendrehimpulses veranlassen.

Um unsere Behauptung, daß der geschilderte Kreiselverband gleiche Schwingungsdauern um die Ostwestachse (und damit zugleich um die Lotachse) und um die Nordsüdachse hat, zu beweisen, müssen wir seine dynamischen Grundgleichungen ansetzen[1]. Das sind zunächst für die (δ, ψ)-Schwingung wieder die früheren Gleichungen (3) (Seite 107), in denen wir nur statt des Eigendrehimpulses D_e des damaligen einen Kreisels die gesamte Nordkomponente $2 D_e \sin\varepsilon_0$ unserer jetzigen beiden Kreisel zu nehmen haben. Hierbei folgt der Auslenkungswinkel ε_0 der Nullage der beiden laufenden Kreisel aus der Gleichheit des Momentes $M(\varepsilon_0)$ der zugehörigen Federkraft $F(\varepsilon_0)$ mit dem von der Erddrehkomponente $\omega^* \cos\varphi$ erzeugten Kreiselmoment $D_e \omega^* \cos\varphi \cos\varepsilon_0$ jedes der beiden Kreisel, also aus

$$M(\varepsilon_0) = D_e \omega^* \cos\varphi \cos\varepsilon_0 . \tag{67}$$

Unterdrücken wir dann wieder die Glieder mit C und B und das zweite Glied der zweiten Gleichung (3) und lassen die Dämpfung außer Betracht ($k=0$), so haben wir für kleine Ausschläge δ und ψ als Verallgemeinerung früher wiederholt benützter Gleichungen das System

$$\left.\begin{aligned} \dot{\psi} + \omega^* \cos\varphi \cdot \delta &= 0, \\ \dot{\delta} - \frac{hG}{2 D_e \sin\varepsilon_0} \psi &= -\omega^* \sin\varphi, \end{aligned}\right\} \tag{68}$$

aus dem wir in bekannter Weise (durch Elimination von ψ oder von δ) auf die Schwingungsdauer der elliptisch polarisierten (δ, ψ)-Schwingung

$$t_{0\,(\delta,\psi)} = 2\pi \sqrt{\frac{2 D_e \sin\varepsilon_0}{hG\omega^* \cos\varphi}} \tag{69}$$

schließen.

---

[1] Vgl. *J. W. Geckeler*, Ing.-Arch. 6 (1935), S. 229.

Für die Auslenkungen χ (wieder positiv als Elevation der Westachse des Schwimmers) und ε kommen die sofort zu erklärenden Gleichungen

$$\left.\begin{aligned} A'\ddot{\chi} + 2D_e\dot{\varepsilon}\cos\varepsilon + hG\chi &= 0, \\ C'\ddot{\varepsilon} - D_e(\dot{\chi} + \omega^*\cos\varphi)\cos\varepsilon + M(\varepsilon) &= 0. \end{aligned}\right\} \tag{70}$$

Hierin bedeutet wieder A' die Drehmasse des Schwimmers um seine Nordsüdachse durch das Metazentrum (Drehpunkt des schwimmenden Systems) und C' die (äquatoriale) Drehmasse eines Kreisels samt seiner Kappe um eine senkrechte Achse durch seinen Schwerpunkt quer zu seiner Figurenachse. Die letzten Glieder in (70) sind schon erklärt. Das Glied $2D_e\dot{\varepsilon}\cos\varepsilon$ ist (Abb. 63) die Summe der beiden Südkomponenten der Kreiselmomente $\mathfrak{K}_\varepsilon$, die von den Drehungen $\dot{\varepsilon}$ geweckt werden. Das Glied $K_\chi = D_e(\dot{\chi} + \omega^*\cos\varphi)\cos\varepsilon$ ist der Betrag des in jedem Kreisel geweckten Kreiselmomentes $\mathfrak{K}_\chi$ infolge der Drehung $\dot{\chi} + \omega^*\cos\varphi$ (Abb. 64). Die an sich noch bei einer Elevationsbewegung $\dot{\psi}$ auftretenden Kreiselmomente $D_e\dot{\psi}\sin\varepsilon$ suchen beide Figurenachsen im gleichen Sinn um die Lotlinie zu drehen, werden also durch die Symmetriekoppel unwirksam gemacht. Folgerichtig lassen wir auch in (70) die Glieder mit A' und C' fort (da man wie früher zeigen kann, daß diese Drehmassen gegen die dynamischen Trägheiten bei den Bewegungen $\dot{\chi}$ und $\dot{\varepsilon}$ vernachlässigbar klein sind[1]) und haben also genau genug

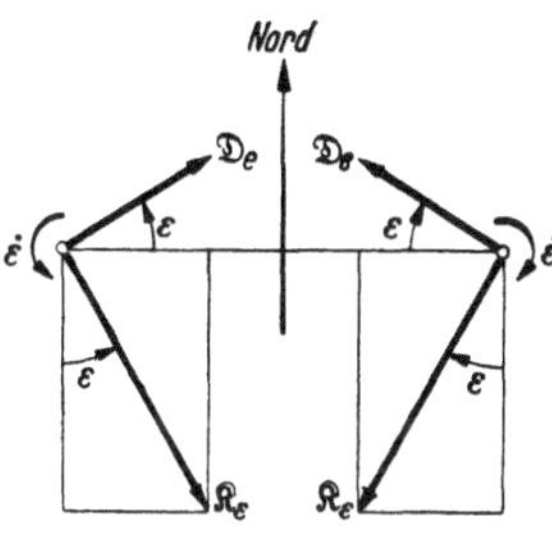

Abb. 63. Die Kreiselmomente $\mathfrak{K}_\varepsilon$.

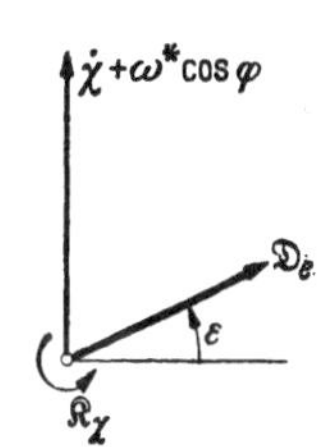

Abb. 64. Das Kreiselmoment $\mathfrak{K}_\chi$.

$$\left.\begin{aligned} \dot{\varepsilon} + \frac{hG}{2D_e\cos\varepsilon}\chi &= 0, \\ \dot{\chi} + \omega^*\cos\varphi &= \frac{M(\varepsilon)}{D_e\cos\varepsilon}. \end{aligned}\right\} \tag{71}$$

Setzen wir zur Abkürzung

$$m(\varepsilon) \equiv \frac{M(\varepsilon)}{\cos\varepsilon}, \tag{72}$$

so folgt aus der zweiten Gleichung (71)

$$\ddot{\chi} = \frac{1}{D_e}\frac{dm}{d\varepsilon}\dot{\varepsilon}$$

[1] Diese vernachlässigten Glieder würden ähnlich wie in Ziff. **2** die Nutationsschwingungen des Kreiselverbandes liefern. Über solche Schwingungen gekoppelter Kreisel vgl. *K. Magnus,* Ing.-Arch. 9 (1938) S. 178.

und daher mit dem Wert $\dot{\varepsilon}$ aus der ersten Gleichung (71)

$$\ddot{\chi} + \frac{hG}{2D_e^2 \cos\varepsilon} \frac{dm}{d\varepsilon} \chi = 0. \tag{73}$$

Mithin ist die Schwingungsdauer der durch (71) dargestellten (χ, ε)-Schwingung

$$t_{0(\chi,\varepsilon)} = 2\pi \sqrt{\frac{2D_e^2 \cos\varepsilon_0}{hG(dm/d\varepsilon)_{\varepsilon_0}}}. \tag{74}$$

Wir setzen dabei voraus, daß nicht zugleich eine (δ, ψ)-Schwingung angeregt sei, daß sich das anzeigende System also in seiner Nullage $\delta_0 = 0$ befinde, und haben daher $\cos\varepsilon$ und $dm/d\varepsilon$ an der Stelle $\varepsilon = \varepsilon_0$ zu nehmen.

Die beiden Schwingungsdauern $t_{0(\delta,\psi)}$ (69) und $t_{0(\chi,\varepsilon)}$ (74) stimmen überein, wenn

$$\left(\frac{dm}{d\varepsilon}\right)_{\varepsilon_0} = D_e \omega^* \cos\varphi \operatorname{ctg}\varepsilon_0$$

ist. Andererseits gibt (67) mit (72)

$$m(\varepsilon_0) = D_e \omega^* \cos\varphi$$

und somit durch Division

$$\frac{dm}{m} = \operatorname{ctg}\varepsilon \, d\varepsilon \qquad \text{für } \varepsilon = \varepsilon_0,$$

woraus in der Umgebung von $\varepsilon = \varepsilon_0$ mit einer Integrationskonstanten f

$$m(\varepsilon) = f \sin\varepsilon \tag{75}$$

und also

$$M(\varepsilon) = f \sin\varepsilon \cos\varepsilon \tag{76}$$

folgt. Diese Bedingung wird nun aber gerade durch die Federfesselung nach Abb. 62 (Seite 133) befriedigt. Denn mit einer Federzahl c und der dort eingetragenen Länge a ist offenbar das Moment der Federung

$$M(\varepsilon) = 2ca^2 \sin\varepsilon \cos\varepsilon,$$

so daß

$$f = 2ca^2 \tag{77}$$

sein muß.

Der gemeinsame Wert t_0 der Schwingungsdauern $t_{0(\delta,\psi)}$ und $t_{0(\chi,\varepsilon)}$ wird nunmehr nach (74) und (75) sowie (77)

$$t_0 = \frac{4\pi D_e}{\sqrt{2hGf}} = \frac{2\pi D_e}{a\sqrt{hGc}}, \tag{78}$$

und zwar bemerkenswerterweise und im Gegensatz zu t_0 (14) (Seite 109) völlig unabhängig von der geographischen Breite φ. Es gelingt bei der Bauart des Raumkompasses (Abb. 62) in der Tat, die Federzahl c so abzustimmen, daß die Schwingungsdauer t_0 (78) genau den *Schuler*-

schen Wert von 84,4 Minuten annimmt, ohne daß die Feder so schwach würde, daß allzu große Ausschläge $\varepsilon-\varepsilon_0$ aus der Nullage ε_0 auftreten. Damit ist dann auch die wichtigste Voraussetzung unserer Rechnung erfüllt.

Daß der Ruhelagewinkel $\gamma=0$ eines Zweikreiselsystems zusammen mit einer geeignet abstimmbaren Federfesselung gleiche und von der geographischen Breite unabhängige Schwingungsdauern um die drei Hauptachsen des schwimmenden Systems möglich macht und so zu einem an jedem Ort völlig schlingerfreien Kreiselkompaß führt, ist eine der schönsten Entdeckungen der Kreiseltechnik.

Man könnte die Bewegungsgleichungen (68) und (71) des schwimmenden Systems auch hier durch die Glieder für die Fahrgeschwindigkeit $\mathfrak{v}$ und für die Fahrbeschleunigung $\mathfrak{b}$ ergänzen (vgl. Ziff. **3**) und daraus in gleicher Weise wie früher die Fahrt- und Beschleunigungsfehler berechnen. Die Ergebnisse einer solchen Rechnung[1], die sich zum Teil von selbst verstehen, zum Teil aber erst zahlenmäßig zu gewinnen sind, kann man zusammenfassen, wie folgt. Der Raumkompaß hat den gleichen, ein für allemal tabellenmäßig festzulegenden Fahrtfehler (der ja unabhängig von jeder Kompaßbauart ist) wie der Einkreiselkompaß. Seine sonstigen Weisungsfehler infolge von Beschleunigungen usw. betragen bei Schiffen im äußersten Falle nur wenige Bogenminuten, der Fehler in der Horizontanzeige noch weniger. Sie können durch die bisher nicht beachtete (aber ebenso wie in Ziff. **4** berücksichtbare) Dämpfung ein wenig vergrößert werden, so daß es sich immer da, wo feinste Anzeige verlangt wird, empfiehlt, die Dämpfung selbsttätig oder von Hand auszuschalten.

7. Kreiselkompasse ohne Schlingerfehler. Weil wir erkannt haben, daß sich nur mit dem Mehrkreiselkompaß der Schlingerfehler beseitigen oder wenigstens hinreichend herabsetzen läßt, so dürfen wir uns darauf beschränken, die wichtigsten Kompasse dieser Bauart aufzuzählen,

Der *Anschütz*sche Dreikreiselkompaß[2], dessen Kreiselschema im Schwimmerhorizont Abb. 60 (Seite 131) darstellt, besteht in der Regel aus einem Mutterkompaß und beliebig vielen Tochterkompassen. Der Mutterkompaß wird im Schiffsinnern an einer geschützten, möglichst erschütterungsfreien Stelle aufgestellt und ist in Abb. 65 durch einen Längsschnitt in der lotrechten Nordsüdebene dargestellt.

---

[1] Sie ist sorgfältig durchgeführt von *J. W. Geckeler* in dem genannten Aufsatz.

[2] Vgl. die Schrift der Firma Anschütz & Co., „Der Anschütz-Kreiselkompaß".

Der nahezu kugelförmige Schwimmer (*s*) trägt auf seinem Kelch (*k*) den dreiteiligen Lagerbügel (*l*), an dessen drei Ecken die drei um lotrechte Achsen drehbaren Kreiselkappen (*k'*) hängen. Die Kreisel selbst sind so gebaut und betrieben, wie schon beim Einkreiselkompaß (Ziff. 1) beschrieben, also als Drehstrommotoren mit 20000 Uml/min. Auch die Stromzuführung und die Zentrierung des schwimmenden Systems geschieht wie dort durch einen Kontaktstift (*s'*). Im Boden

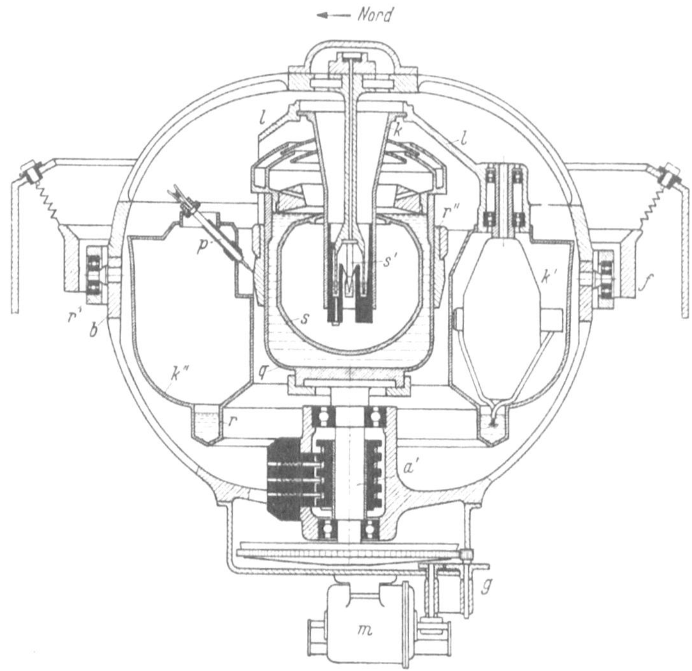

Abb. 65. Muttergerät des *Anschütz*schen Dreikreiselkompasses.

des Abschlußkessels (*k''*) der drei Kreisel ist eine kreisringförmige Rinne (*r*) angebracht, welche Öl enthält, das nicht nur die Schmierdochte bedient, sondern auch die quasihydrostatische Dämpfung (Ziff. 4) der Schwingungen dadurch bewirkt, daß die Rinne in Kammern mit engen ost- und westseitig angebrachten Verbindungsröhrchen unterteilt ist.

Um die Anzeige des Kompasses nach außen zu übertragen, hat man bei ihm erstmalig den Quecksilberkessel (*q*) des schwimmenden Systems um eine lotrechte Achse (*a'*) drehbar in einem Tragbügel (*b*) gelagert, der als innerer Cardanring zusammen mit dem äußeren

Cardanring (r') ein Cardangehänge bildet, welches im Federring (f) an 60 Hängefedern weich und stoßfrei aufgehängt ist. Der Abschlußkessel (k'') der drei Kreisel trägt nun eine Kontaktperle (p), und diese steht in einer am Nordpunkt ausgesparten Lücke eines Ringes (r''), der das Quecksilberbecken (q) umgibt. Sobald das Schiff von seinem Kurse abweicht, dreht es zunächst das Cardangehänge und das Quecksilberbecken (q) mit, die Kontaktperle (p) berührt dann die Ost- oder Westkante des Schlitzes und schließt damit einen elektrischen Strom, der einen Wendemotor (m) im einen oder anderen Sinne so antreibt, daß über ein Getriebe (g) der Quecksilberkessel (q) so lange zurückgedreht wird, bis die Kontaktperle (p) wieder berührungsfrei im Schlitze des Ringes (r'') steht. So wird aber nicht nur erreicht, daß der Quecksilberkessel (q) stets den Schlitz seines Ringes (r'') im Nordpunkt behält; vielmehr kann man den durch die Kontaktperle gesteuerten Strom mittels einer Verteilervorrichtung so genau zum gleichartigen Betrieb nicht nur des Wendemotors (m) des Mutterkompasses, sondern auch völlig synchron damit laufender weiterer Wendemotoren benützen, daß diese dann beliebig viele, an jeder gewünschten Stelle des Schiffes angebrachte Tochterrosen völlig azimutgleich mit dem Quecksilberkessel (q) des Mutterkompasses drehen und dadurch dessen Nordanzeige nach außen an jeden beliebigen Ort übertragen. Die Genauigkeit dieser Übertragung ist nur durch das unvermeidliche Spiel der Kontaktperle (p) in ihrem Schlitze begrenzt und im allgemeinen noch mit einem Fehler von höchstens etwa 0,5° behaftet, so daß eine der Tochterrose noch konzentrisch zugefügte sogenannte Minutenrose, die sich 36mal so schnell dreht wie die Gradrose und daher jede Abweichung des Schiffskurses von der vorgeschriebenen Fahrtrichtung vergrößert anzeigt, bei diesem Kompaß noch nicht voll ausgenützt werden kann; dies geschieht erst bei seinen weiteren Entwicklungsstufen.

Wir erwähnen noch, daß der Dreikreiselkompaß (sowie seine Nachfolger) in ein luftdichtes Gehäuse eingeschlossen werden, das mit Wasserstoff statt Luft gefüllt werden kann. Die Kreisel laufen dann in einer Atmosphäre von Wasserstoff, und so wird ihr Oberflächenwiderstand und damit ihr Stromverbrauch und ihre Erwärmung erheblich verringert und die Oxydation aller elektrischen Kontakte sowie das Rosten aller Stahlteile, die Bildung einer (Schleppfehler verursachenden) Oxydhaut der Quecksilberoberfläche und die Verharzung des Schmieröles vermieden.

Man kann den schon recht genau anzeigenden, nahezu schlingerfreien Dreikreiselkompaß ferner mit einem sogenannten Koppeltisch[1] verbinden, einem Gerät, das den Schiffsort (bei bekannter Stromversetzung) selbsttätig bestimmt und den Weg des Schiffes fortlaufend in die Schiffskarte einzeichnet. Endlich kann man ihn auf eine Selbststeueranlage einwirken[2] lassen, die die Rudermaschine des Schiffes bedient und den Schiffskurs viel genauer einhält als dies der beste Rudergänger von Hand leisten könnte, da der Kreiselkompaß jede Abweichung vom vorgeschriebenen Kurs früher fühlt, als jener es wahrzunehmen vermag. Allerdings hat sich gezeigt, daß der Kreiselkompaß hierfür eigentlich meist viel zu genau ist, so daß die Rudermaschine bei großen Schiffen, wo sie selber eine Anlage von großer Leistung (einige hundert Pferdestärken) bildet, viel zu oft umgesteuert wird und sich daher zu stark abnützt, wenn man die Selbststeueranlage nicht künstlich etwas weniger empfindlich macht. Besonders günstig ist diese selbsttätige Steuerung bei Luftschiffen, und sie ist auch tatsächlich bei den Zeppelin-Luftschiffen mit Erfolg angewendet worden.

Die zwar kleinen, aber doch gelegentlich störenden Unvollkommenheiten des Dreikreiselkompasses (Schleppfehler der Oberflächenspannung des Quecksilbers, Übertragung von Erschütterungen durch den Zentrierstift, totes Spiel der Kontaktperle in ihrem Schlitze und also unstetiges Nachdrehen, nicht völlig verschwindender Schlingerfehler) sind weiterhin in der vorletzten Entwicklungsstufe des *Anschütz*schen Kompasses (Kugel- oder Feinmeßkompaß) fast völlig (nämlich bis auf einen nur noch geringfügigen Schlingerfehler; vgl. Ziff. 6), in seiner letzten und wohl endgültigen Stufe (Raumkompaß) vollständig beseitigt worden. Da sich beide nur noch in der Anordnung der beiden Kreisel unterscheiden (vgl. Abb. 61 und 62, Seite 133), so können wir uns darauf beschränken, den *Anschütz*schen Raumkompaß noch im einzelnen zu beschreiben[3]. Seinen Aufbau zeigt im Schnitt mit einer lotrechten Ostwestebene Abb. 66 (wobei der leichteren Übersicht halber viele konstruktiven Feinheiten weggelassen sind, die für die folgende Beschreibung unwesentlich erscheinen).

Sein wichtigster Bestandteil ist die vollständig geschlossene, wieder mit Wasserstoff gefüllte Kreiselkugel (k) von 40 cm Durchmesser, die die beiden (in der Ruhelage $\gamma=0°$ dargestellten) Kreiselkappen (k') enthält und in keinerlei fester Berührung mit ihrer Umwelt steht, son-

[1] *M. Schuler*, Z. Fernmeldetechnik, Werk- und Gerätebau 1 (1920), S. 117 (Heft 11 und 12).

[2] *H. Anschütz-Kämpfe*, Verh. Deutsche Physik. Ges. 3 (3) (1922), S. 2.

[3] Vgl. die Schrift der N.V.Nederlandsche Technische Handel Mij Giro, „Das Anschütz-Horizontgerät".

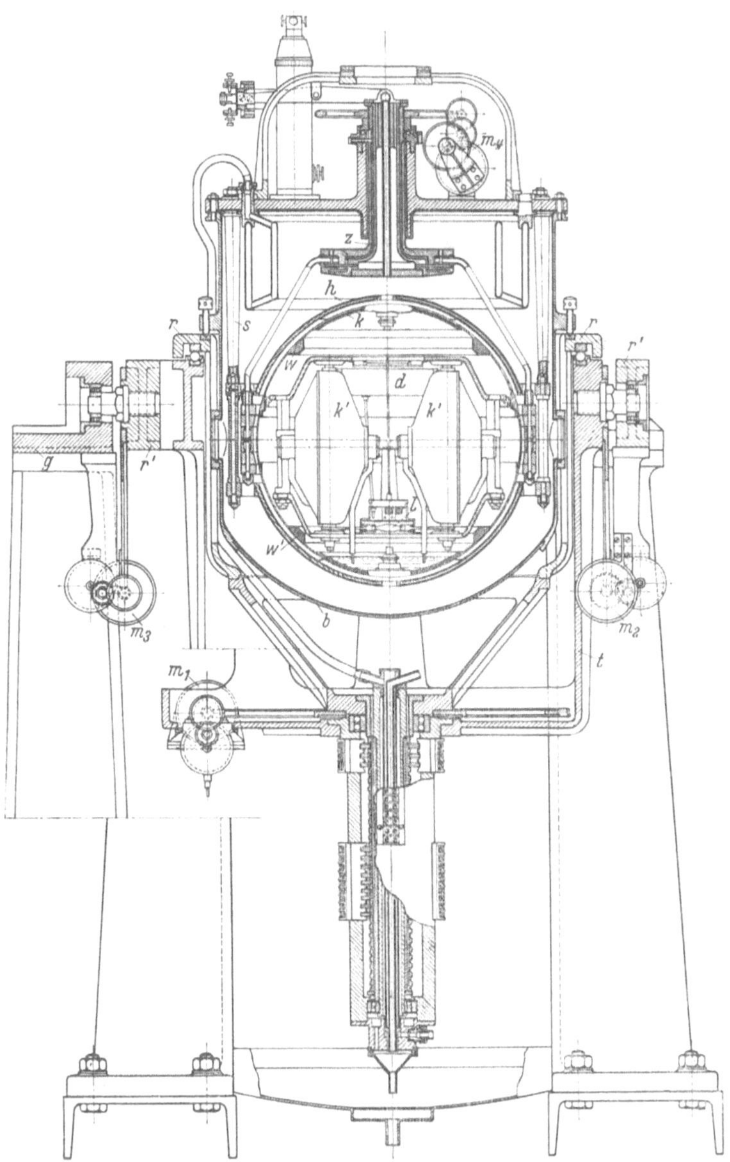

Abb. 66. Muttergerät des *Anschütz*schen Raumkompasses.

dern frei in einer konzentrischen Hüllkugel (*h*) von nahezu 42 cm Durchmesser schwebt. Der Zwischenraum ist von angesäuertem Wasser mit Glyzerinzusatz ausgefüllt, und das Gesamtgewicht der Kreiselkugel samt Inhalt ist so abgestimmt, daß es ihrem archimedischen Auftrieb gleich wird. Die oben und unten mit je einem Loch versehene Hüllkugel wird von vier Säulen (*s*) lotrecht verschieblich gehalten, die am Deckel des ebenfalls mit der Tragflüssigkeit angefüllten Behälters (*b*) befestigt sind. Dieser wird mittels eines (als Kugellagerschale großen Durchmessers ausgebildeten) Ringes (*r*) in einem Kugellager um die Lotlinie drehbar von einem Traggerüst (*t*) getragen. Man erkennt rechts den Drehzapfen, der dieses Traggerüst mit dem Cardanring (*r'*) verbindet, links (um 90° verdreht zu denken) den Drehzapfen dieses Ringes (*r'*) gegen das äußere Gestell (*g*). In Abb. 66 ist angenommen, daß das Schiff genauen Nordkurs habe, sonst sind Traggerüst (*t*) samt Zapfen, Cardanring (*r'*) und äußerem Gestell (*g*) entsprechend um die Lotlinie verdreht zu denken. Die Hüllkugel (*h*) ist durch Spinnbeine und einen Pilz mit einem Zylinder (*z*) verbunden, der sich ohne Drehung in einer Büchse lotrecht auf und ab verschieben kann.

In der Kreiselkugel sind die beiden Kreiselkappen um lotrechte Zapfen gegeneinander drehbar, so daß die Figurenachsen der beiden laufenden Kreisel infolge der Erddrehkomponente $\omega^* \cos\varphi$ ihre Anstellwinkel ε annehmen können, deren Nullwerte ε_0 in mittleren geographischen Breiten etwa 16° betragen. Die Kreisel laufen mit 21000 Uml/min. Die Federfesselung besorgt ein lotrechter Stahldraht (*d*), der unten am Mittelpunkt des Lenkers (*l*) (vgl. Abb. 62, Seite 133), oben am Tragteil der Zapfen befestigt ist, und man überzeugt sich leicht davon, daß dadurch sehr genähert das gleiche Federungsmoment M (76) wie durch die früher nur schematisch gedachten Federn (*f* in Abb. 62) entsteht. Die Metazenterhöhe h der Kreiselkugel wird so bemessen, daß die Schwingungsdauer t_0 (78) (Seite 136) ihren *Schuler*schen Wert von 84,4 Minuten erhält.

Die drei Drehstromphasen werden den beiden Kreiseln durch je zwei einander gegenüberstehende metallische Polkappen (oben und unten) und je einen um den Äquator der Kreiselkugel (*k*) und der Hüllkugel (*h*) gelegten metallischen Streifen durch das angesäuerte Wasser zugeführt, wobei jede Phase auf ihrem kürzesten Weg übertritt und wegen des kleinen Abstandes je zweier gegenüberliegender Metallbelage nur ein unbedeutender Stromverlust von Phase zu Phase durch die Flüssigkeit entsteht. Die genaue Zentrierung der Kreiselkugel in der Hüllkugel wird dadurch erreicht, daß an der Kreiselkugel (*k*) zwei Wechselstromspulen (*w* und *w'*) angebracht sind, die in den metallischen Einlagen der Hüllkugel (*h*) Wechselfelder entgegengesetzter Phase induzieren und zwischen den beiden Kugeln ein abstoßendes Kraftfeld erzeugen derart, daß der Abstand beider Kugeln stets erhalten bleibt und die Kreiselkugel sowohl in der Höhe wie seitlich genauestens in der Hüllkugel zentriert bleibt.

Durch Unterbrechungen im metallischen Äquatorring der Kugel und ihnen gegenüberstehende isolierte Metallplättchen des Äquators der Hüllkugel wird erreicht, daß bei jeder noch so kleinen Verdrehung der Hüllkugel (infolge einer Schiffsdrehung) gegen die Kreiselkugel der durch die Plättchen übergehende Teil des Stromes kleine Widerstandsänderungen leidet, die in einer *Wheatstone*schen Brücke und mittels Verstärker den Strom zum Betrieb des Wendemotors (m_1) und synchron damit der Motoren der Tochterrosen liefern. In ähnlicher Weise wird die Lotachse des Kompasses durch Wendemotoren (m_2 und m_3) am Cardanring (r') und am äußeren Gestell (g) lotrecht gehalten, ebenfalls mittels geeigneter Stromfühler, die stetig mit einer *Wheatstone*schen Brücke und Verstärkern arbeiten. Ein vierter Wendemotor (m_4) sorgt dafür, daß die Hüllkugel in ihrer Flüssigkeit stets auf gleicher Höhe gehalten wird.

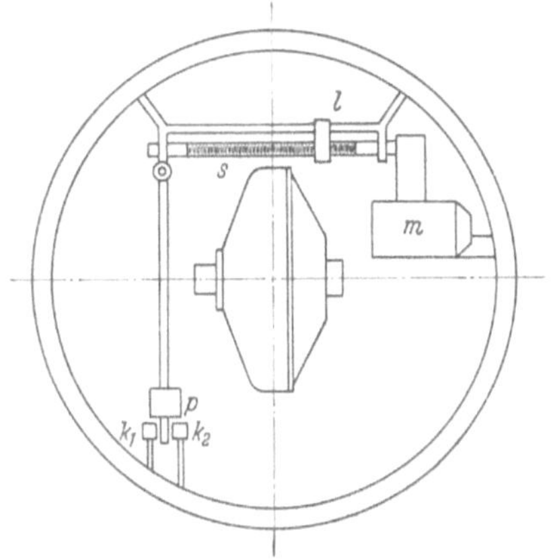

Abb. 67. Schema des Gewichtsausgleichs.

Schließlich ist noch ein wohldurchdachter Gewichtsausgleich vorgesehen. Wie wir nämlich von Ziff. 2 Formel (6) (Seite 107) her wissen, hebt sich oder senkt sich die Nordseite der Figurenachse über den Horizont je nach der geographischen Breite. Diese Hebung oder Senkung gleicht man durch ein kleines Übergewicht auf der Nord- oder Südseite der Figurenachse aus. Soll der Ausgleich für jede geographische Breite stimmen, so muß das Übergewicht mit wechselnder geographischer Breite verschoben werden. Abb. 67 zeigt gesondert und nur rein schematisch, wie dies beim Raumkompaß selbsttätig geschieht. Ein Wendemotor (m) in der Kreiselkugel treibt mittels Zahnradvorgelege eine Schraubenspindel (s), die ein kleines Laufgewicht (l) auf einer Schiene verschiebt. Der Wendemotor wird durch ein Pendel (p) gesteuert, das sich gegen Kontakte (k_1 und k_2) anlegen kann und dann durch Stromschluß den Wendemotor solange treibt, bis der Gewichtsausgleich das Pendel wieder in seine neutrale Lage bringt. Damit diese Vorrichtung aber nicht auch die Elevationsschwingungen ausgleicht und aufhebt, die für die auch hier angewandte quasihydrostatische Dämpfung unerläßlich sind, wählt man eine Übersetzung 1 : 100000 vom Wendemotor zur Spindel. Dann kann sich das Laufgewicht nur so langsam verschieben, daß die Beruhigungszeit für seine Verschiebung ein Vielfaches der Beruhigungszeit für das Einschwingen des Kompasses ausmacht.

Der so durchgebildete *Anschütz*sche Raumkompaß zeigt, ortsfest aufgestellt, sowohl den Meridian wie den Horizont völlig genau an, und auch die Übertragung der Anzeige seines Mutterkompasses auf die Tochtergeräte ist bis auf einen Fehler von höchstens 1′ genau. Daß er auch in Fahrt (nach Abzug des bekannten Fahrtfehlers) keine weiteren Fehler von mehr als einigen Bogenminuten aufweist, haben wir schon festgestellt (Ziff. **6**). Durch gewaltsame Versuche mit ihm ist nachgewiesen, daß seine genaue Anzeige selbst durch rasche Drehung seines Gestelles um 360° nicht im geringsten beeinträchtigt wird, und zwar nicht nur bei Drehungen um eine lotrechte Achse, sondern auch bei völligem Umkippen um eine waagerechte Achse (Looping). Man darf diesen Raumkompaß wohl als das am besten und bis zur höchsten Vollkommenheit entwickelte Kreiselgerät der Gegenwart bezeichnen.

Für Luftschiffe und Flugzeuge sind die *Anschütz*schen Mehrkreiselkompasse ohne Tochterrosen und in vereinfachter Form mit wesentlich geringerem Gewicht (zu dem jedesmal noch dasjenige eines Generators für den erforderlichen Wechselstrom von zumeist 333 Perioden je Sekunde hinzukommt) gebaut worden[1].

Man hat auch versucht, für Flugzeuge Bauarten zu entwickeln[2], die an Stelle eines schwimmenden Systems mit metazentrischer Horizontalhaltung astatische Kreisel verwenden, welche sich um luftgelagerte lotrechte Achsen in der Anordnung von Abb. 60 bis 62 drehen können, wobei dann die Horizontalhaltung durch sogenannte Lotfühler und Stützmotoren bewirkt wird, wie wir sie bei anderen Kreiselgeräten später (§ 7, Ziff. **3** bis **5**) noch schildern werden. Diese Geräte scheinen aber bis jetzt nicht bis zu voller Betriebsfähigkeit gediehen zu sein. Übrigens ist infolge der Fortschritte der Funkpeilung die genaue Kenntnis der Nordrichtung für Flugzeuge nicht mehr so wichtig wie früher, wohl aber die genaue Kenntnis des Horizontes im Blindflug, wie sie ja der Mehrkreiselkompaß ebenfalls vermittelt. Der künstliche Horizont allein wird aber durch Kreiselgeräte ganz anderer Bauart und Kreiselanordnung geliefert, denen wir uns jetzt zuwenden.

---

[1] Vgl. *J. W. Geckeler*, Jahrb. Lilienthal-Ges. 1936, S. 504.

[2] Vgl. den in Fußnote 1 von Seite 105 angeführten Fiat-Bericht von *K. Beyerle*. S. 225f.

§ 7. Künstliche Horizonte mit Pendelkreiseln.

1. Das Kreiselpendel ohne Dämpfung. Außer der Nordrichtung, die der Kreiselkompaß sehr genau und viel zuverlässiger anzuzeigen vermag als der Magnetkompaß, ist häufig die Kenntnis des Horizontes erwünscht, – wenn dieser, wie auf Schiffen bei Nacht oder im Tiefnebel oder auf Flugzeugen im Blindflug, nicht unmittelbar beobachtet werden kann –, sei es zur astronomischen Ortsbestimmung, sei es zur Regelung der Fluglage oder gar zur Steuerung des Flugzeuges. Zwar liefert der Raumkompaß, wie wir wissen (§ 6, Ziff. **6**), auch den wahren Horizont; aber seine Gesamtanlage ist für viele Zwecke zu umfangreich und zu schwer, und daher hat man einfachere und leichtere Geräte zu entwickeln versucht, die den wahren Horizont oder, was auf dasselbe hinauskommt, das wahre Lot möglichst genau anzeigen sollen.

Flüssigkeitsspiegel, Libellen, Pendel usw., die dies ortsfest leisten, versagen auf ungleichförmig oder mit Kursänderung fahrenden Schiffen und auf Flugzeugen; aber es liegt nahe, auch hier wieder den schnellen symmetrischen Kreisel zu verwenden, und zwar den Kreisel mit drei Freiheitsgraden und lotrechter Figurenachse, welche dann das wahre Lot und damit auch den wahren Horizont so genau angibt, wie sie selbst in der wahren Lotlinie gehalten werden kann. Obwohl ein derartiger Kreisel – wir nennen ihn Pendelkreisel – wegen seiner großen dynamischen Trägheit zweifellos weniger leicht gestört werden kann als etwa ein Pendel, so muß er doch unablässig in seiner Lotstellung überwacht werden, da ihn sonst Reibungseinflüsse sowie die Erddrehung allmählich aus der anfänglich eingestellten Lotlinie abweichen lassen würden. Hierzu steht aber im allgemeinen nur das Scheinlot, d. h. die Resultante aus dem wahren Lotvektor $\mathfrak{g}$ der Schwerebeschleunigung und der negativen Fahrzeugbeschleunigung $-\mathfrak{b}$, zur Verfügung, und wir werden ausführlich untersuchen müssen, inwieweit auch so noch der Pendelkreisel das wahre Lot anzuzeigen vermag.

Für die Überwachung des Pendelkreisels werden wir mehrere Möglichkeiten kennen lernen. Die erste, der wir uns jetzt zuwenden, besteht darin, daß man ihn entweder selbst als Pendel ausbildet, indem man ihn in einem Kugelgelenk oder auf einer Spitze laufen läßt und seinen (auf der Figurenachse liegenden) Schwerpunkt tiefer legt als seinen Stützpunkt – man hat dann bei ortsfester Aufstellung einfach den schnellen hängenden schweren Kreisel von § 7, Ziff. **9** des ersten Bandes (Seite 102) –, oder daß man ihn cardanisch aufhängt und den inneren Ring seines Cardangehänges starr mit einem Pendel verbindet oder einfach den Schwerpunkt des Kreiselkörpers tiefer legt als den Gehäusemittelpunkt – dann unterscheidet er sich vom schnellen hängenden schweren Kreisel nur durch die trägen Massen und die Gewichte der Cardanringe. Wir wollen diese beiden Bauarten, deren Dynamik, wie wir sehen werden, beim schnellen Kreisel nahezu dieselbe ist, unter dem Begriff des Kreiselpendels zusammenfassen. Seine Theorie[1] unterscheidet sich von der des schnellen schweren Kreisels dadurch, daß jetzt der Aufhängepunkt (Stützpunkt) nicht mehr in Ruhe zu sein braucht, sondern sich beliebig bewegen kann.

Das Schema eines solchen Kreiselpendels zeigt Abb. 68 sogleich für den allgemeinen Fall cardanischer Aufhängung. Die Kreiselkappe, die

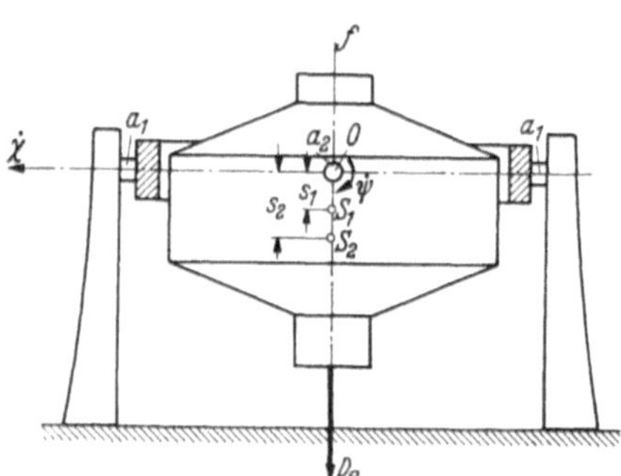

Abb. 68. Kreiselpendel im Cardangehänge.

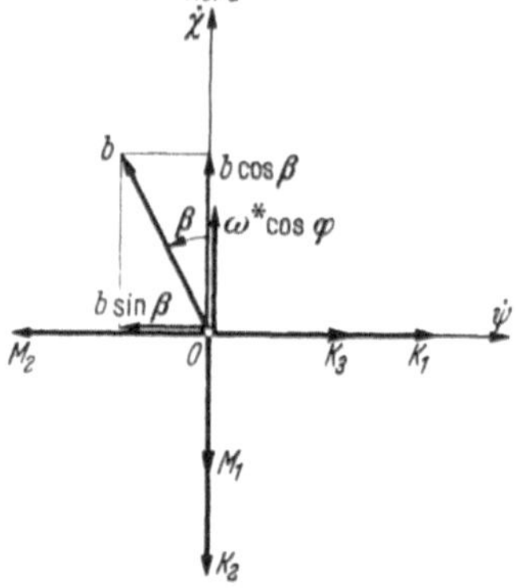

Abb. 69. Horizontebene.

den Kreiselkörper mit (im Ruhezustand) lotrechter Figurenachse (f) trägt, bildet den inneren Cardanring. Das ganze System (Kreiselkörper, Kappe und äußerer Ring) vom Gewicht G_1 mit dem Schwerpunkt S_1 kann sich um die (im Ruhezustand) waagerechte Achse a_1 drehen und hat dabei die Drehmasse B_1 und die Schwerpunkttieflage s_1 unter dem Gehäusemittelpunkt O (Aufhängepunkt, Stützpunkt). Das innere System (Kreiselkörper und Kappe) vom Gewicht G_2 mit dem Schwerpunkt S_2 kann sich um die (im Ruhezustand) waagerechte Achse a_2 drehen und hat dabei die Drehmasse B_2 und die Schwerpunktstieflage s_2 unter O. Der Drehwinkel um die Achse a_1 sei mit χ bezeichnet, der um die Achse a_2 mit ψ, und zwar positiv so gerechnet, daß der Drehvektor $\dot{\psi}$ mit positivem Zahlenwert nach Osten zeigt, wenn etwa der Drehvektor $\dot{\chi}$ mit positivem Zahlenwert nach Norden weist (Abb. 69). Den Eigendrehimpulsvektor $\mathfrak{D}_e$ rechnen wir positiv

[1] *R. Grammel*, Z. Flugt. Motorluftsch. 10 (1919), S. 1; *E. Schmid*, Luftf.-Forsch. 14 (1937), S. 283.

abwärts, so daß sein Zahlenwert $D_e = A\,\omega_e$ (wo A wieder die axiale Drehmasse des Kreiselkörpers und ω_e seine Eigendrehgeschwindigkeit ist) positiv oder negativ sein soll, je nachdem der Kreiselkörper, von oben gesehen, im Uhr- oder Gegenzeigersinne umläuft.

Gleichförmig geradlinige Bewegungen des Aufhängepunktes O sind nach den Grundgesetzen der Mechanik ohne Einfluß. Wird jedoch der Aufhängepunkt O mit seinem Fahrzeug in der Richtung β gegen die nordwärts weisende $\dot{\chi}$-Achse beschleunigt, wo β positiv von Norden nach Westen gerechnet ist, so hat der zunächst waagerecht angenommene Beschleunigungsvektor $\mathfrak{b}$ die Komponente $b \sin\beta$ in der negativen $\dot{\psi}$-Achse und die Komponente $b\cos\beta$ in der positiven $\dot{\chi}$-Achse, und diese wirken wegen der Massenträgheit des Systems wie eingeprägte Momente von den Beträgen

$$M_1 = s_1 \frac{G_1}{g}\, b \sin\beta, \tag{1}$$

positiv im Sinne von $-\dot{\chi}$, und

$$M_2 = s_2 \frac{G_2}{g}\, b \cos\beta, \tag{2}$$

positiv im Sinne von $-\dot{\psi}$. Die Drehung $\dot{\chi}$ erzeugt ein Kreiselmoment

$$K_1 = D_e \dot{\chi}, \tag{3}$$

positiv im Sinne $\dot{\psi}$, die Drehung $\dot{\psi}$ ein solches

$$K_2 = D_e \dot{\psi}, \tag{4}$$

positiv im Sinne $-\dot{\chi}$. Dazu kommt schließlich noch der Einfluß der Erddrehung ω^*. Ihre lotrechte Komponente $\omega^* \sin\varphi$ (vgl. Abb. 31, Seite 84) ist ohne Wirkung auf den schnellen Kreisel, solange dessen Figurenachse lotrecht steht, und erzeugt nur Kreiselmomente von der Größenordnung $D_e\,\omega^* \sin\varphi \cdot \chi$ bzw. $D_e\,\omega^* \sin\varphi \cdot \psi$, wenn seine Figurenachse die kleine Neigung χ bzw. ψ hat. Die waagerechte Komponente $\omega^* \cos\varphi$ dagegen ruft ein weiteres Kreiselmoment

$$K_3 = D_e\,\omega^* \cos\varphi, \tag{5}$$

positiv im Sinne $\dot{\psi}$, hervor. Sehen wir von Dämpfung zunächst ab, so lauten (wie sogleich noch schärfer zu begründen sein wird) die Bewegungsgleichungen unseres Systems für kleine Ausschläge χ und ψ

$$\left.\begin{aligned} B_1 \ddot{\chi} &= -s_1 G_1 \chi - M_1 - K_2, \\ B_2 \ddot{\psi} &= -s_2 G_2 \psi - M_2 + K_1 + K_3. \end{aligned}\right\} \tag{6}$$

Dabei haben wir (wie schon bei früheren Untersuchungen) nicht nur χ und ψ als klein von erster Ordnung behandelt, sondern auch $\dot{\chi}$, $\dot{\psi}$ und natürlich ω^* sowie b/g, und also alle bei endlichen Ausschlägen χ und ψ vorkommenden Faktoren $\cos\chi$ und $\cos\psi$ weggelassen, ferner $\sin\chi = \chi$ und $\sin\psi = \psi$ gesetzt und zudem alle Produkte kleiner Größen und insbesondere auch wieder die Gerüstgeschwindigkeit des selbst bewegten $(\dot{\chi}, \dot{\psi})$-Systems unterdrückt. Wir wollen aber darüber hinaus auch noch die Trägheitsglieder $B_1\ddot{\chi}$ und $B_2\ddot{\psi}$ vernachlässigen und können das wie beim Kreiselkompaß (§ 6, Ziff. 2) begründen: gegenüber der ungemein großen scheinbaren, dynamischen Trägheit aller schnellaufenden Kreisel kommt ihre wirkliche Trägheit und die Trägheit ihres Gehänges bei den sehr langsamen Bewegungen $\dot{\chi}$ und $\dot{\psi}$ der Figurenachsen solcher Kreisel zahlenmäßig überhaupt nicht in Betracht (vgl. die Abschätzung beim Kreiselkompaß Seite 110); die Vernachlässigung dieser Glieder bedeutet auch hier wieder nur, daß wir uns um die kleinen Nutationen des schnellen Kreisels nicht kümmern wollen — ebensowenig wie um die Rüttelschwingungen, die bei derartigen Kreiseln infolge von Unwuchten auftreten können und dann gelegentlich zu Schwierigkeiten führen[1].

Hiernach können wir die Bewegungsgleichungen (6) mit den Werten (1) bis (5) in der Form schreiben

$$\left.\begin{aligned} D_e\dot{\chi} &= s_2G_2\left(\psi + \frac{b}{g}\cos\beta\right) - D_e\,\omega^*\cos\varphi, \\ D_e\dot{\psi} &= -\,s_1G_1\left(\chi + \frac{b}{g}\sin\beta\right). \end{aligned}\right\} \tag{7}$$

Man kann diese Grundgleichungen des schnellen Kreiselpendels auch folgendermaßen deuten. Infolge einer Beschleunigung b des Aufhängepunktes neigt sich das Lot scheinbar um den kleinen Winkel $b\cos\beta/g$ entgegengesetzt zu positiven Winkeln ψ, so daß jeder Ausschlag ψ ein scheinbares Schweremoment $s_2G_2(\psi+b\cos\beta/g)$ hervorruft, dessen Vektor zusammen mit dem entgegengesetzt gerichteten Kreiselmoment K_3 nach dem Grundgesetz der Kinetik die Pfeilspitze des Vektors $\mathfrak{D}_e$ mit der Geschwindigkeit $D_e\dot{\chi}$ verschiebt; ebenso ist die zweite Gleichung (7) zu deuten. Außerdem erkennt man, daß eine etwaige lotrechte Beschleunigungskomponente b' ein Scheinmoment ergäbe, das den Faktor $(b'/g)\chi$ oder $(b'/g)\psi$ enthielte, welcher aber nach unseren Voraussetzungen klein von zweiter Ordnung ist.

Die Gleichungen (7) gelten gemäß ihrer Herleitung für ein $(\dot{\chi}, \dot{\psi})$-System, dessen Orientierung nach den Himmelsrichtungen fest ist, also noch nicht für ein Kreiselpendel, dessen Cardanachse a_1 sich etwa mit dem Fahrzeug (Schiff oder Flugzeug) dreht. Diese Schwierigkeit läßt sich aber dadurch beheben, daß man von jetzt an die Voraussetzung

$$s_1G_1 = s_2G_2 = sG \tag{8}$$

macht, die für alle Bauarten des Kreiselpendels genau genug erfüllt

[1] Vgl. *K. Magnus*, Z. angew. Math. Mech. 20 (1940), S. 165.

ist. Sie läßt sich übrigens dadurch nachprüfen, daß dann bei stillstehendem Kreisel die Schwingungsdauern des pendelnden Systems um die Achsen a_1 und a_2 sich wie $\sqrt{B_1} : \sqrt{B_2}$ verhalten müssen. Mit (8) ist in (7) jeder Unterschied zwischen den beiden Cardanachsen a_1 und a_2 verwischt: man kann damit das nach wie vor nach den Himmelsrichtungen orientierte $(\dot{\chi}, \dot{\psi})$-System von diesen Cardanachsen und also auch von der Längsachse des Fahrzeuges loslösen und somit im Raume ohne Drehung festhalten.

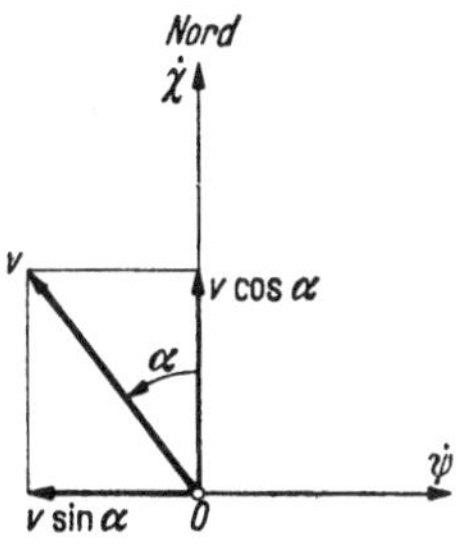

Abb. 70. Horizontebene.

An den Gleichungen (7) ist nun aber noch eine Verbesserung anzubringen, die den Einfluß der Erdkrümmung berücksichtigt. Wenn der Geschwindigkeitsvektor $\mathfrak{v}$ des Fahrzeuges das Azimut α hat, wiederum positiv von Norden nach Westen gezählt (Abb. 70), so muß man — mit gleicher Begründung wie in § 6, Ziff. 3 (Seite 119) — in den linken Gliedern $\dot{\chi}-v\sin\alpha/R$ und $\dot{\psi}-v\cos\alpha/R$ statt $\dot{\chi}$ und $\dot{\psi}$ schreiben, wobei R wieder der mittlere Erdhalbmesser ist. Im Ganzen hat man also statt (7) mit (8)

$$\left.\begin{aligned} \dot{\chi} &= \omega_p \psi + \frac{v\sin\alpha}{R} + \frac{b}{g}\,\omega_p \cos\beta - \omega^* \cos\varphi\,, \\ \dot{\psi} &= -\omega_p \chi + \frac{v\cos\alpha}{R} - \frac{b}{g}\,\omega_p \sin\beta\,. \end{aligned}\right\} \tag{9}$$

Dabei bedeutet die Abkürzung

$$\omega_p = \frac{sG}{D_e} \tag{10}$$

gemäß § 7, Ziff. 4, erste Formel (16) des ersten Bandes (Seite 85) einfach die Präzessionsgeschwindigkeit des ortsfest aufgestellten Kreiselpendels. Dies sind die Grundgleichungen für die Störungstheorie des Kreiselpendels; sie berücksichtigen die Fahrgeschwindigkeit, die Fahrbeschleunigung, die Erddrehung und die Erdkrümmung.

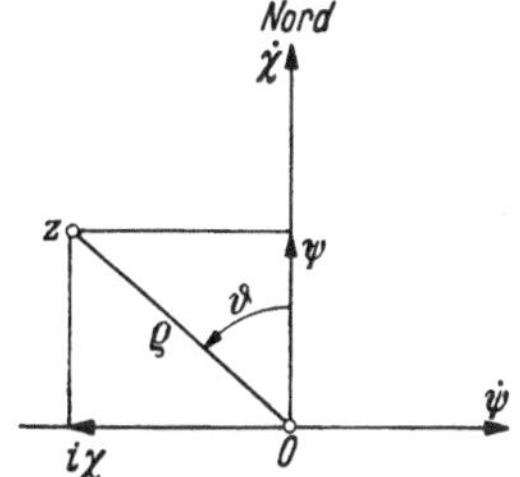

Abb. 71. Komplexe Ebene der Kreiselspitze.

Man kann die Gleichungen (9) für beliebig vorgeschriebene Zeitfunktionen der Fahrt $v(t)$, $b(t)$, $\alpha(t)$, $\beta(t)$ allgemein integrieren, und zwar am raschesten, indem man die erste Gleichung (9) mit $i=\sqrt{-1}$ multipliziert und zur zweiten addiert, also den komplexen Ausschlag

$$z = \psi + i\chi \tag{11}$$

einführt (Abb. 71), der gedeutet werden kann als die komplexe Ortskoordinate der sogenannten Kreiselspitze, d. h. des Punktes im Abstand 1 vom Stützpunkt O auf der Figurenachse gegen den Schwerpunkt S hin, in einer waagerechten komplexen Zahlenebene mit Nullpunkt senkrecht unter O. So wird aus (9) die eine lineare Differentialgleichung erster Ordnung

$$\dot{z} - i\,\omega_p z = -i\,\omega^* \cos\varphi + \frac{v}{R} e^{i\alpha} + i\frac{b}{g}\,\omega_p e^{i\beta}. \tag{12}$$

Ihr allgemeines Integral lautet mit einer im allgemeinen komplexen Integrationskonstanten a

$$z = \frac{\omega^* \cos\varphi}{\omega_p} + e^{i\omega_p t}\left[a + \int_0^t e^{-i\omega_p t}\left(\frac{v}{R} e^{i\alpha} + i\frac{b}{g}\omega_p e^{i\beta}\right)dt\right], \tag{13}$$

wie man leicht bestätigt.

Hierin bedeutet das erste Glied rechts die Auslenkung

$$\psi_0 = \frac{\omega^* \cos\varphi}{\omega_p} = \frac{D_e\,\omega^* \cos\varphi}{sG} \tag{14}$$

der Figurenachse infolge der Erddrehung, die wir schon vom Barygyroskop her kennen [§ 5, Ziff. **2**, Formel (6), Seite 89, wo nun voraussetzungsgemäß sG groß gegen $D_e\,\omega^*$ sein muß, damit $|\psi_0|$ klein bleibt]. Das zweite Glied $a e^{i\omega_p t}$ liefert etwa mit reellem a die zu einem zufälligen Anfangsausschlag $\psi_1 = a$ gehörende pseudoreguläre Präzession

$$\psi = a\cos\omega_p t, \qquad \chi = a\sin\omega_p t. \tag{15}$$

Die weiteren Glieder rechts sind die eigentlichen Störungsglieder, die wir nun zu untersuchen haben.

Zuerst nehmen wir an, das Fahrzeug werde von der Ruhe aus in der Richtung α gleichförmig und geradlinig beschleunigt, nachdem sich die Figurenachse des Kreisels in der Nullage ψ_0 (14) beruhigt habe. Es sei also $v = bt$ und $\alpha = \beta$. Dies verlangt gemäß (13) $a = 0$, und somit kommt nach einfacher Rechnung

$$z = \psi + i\chi = \psi_0 - \frac{v\sin\alpha}{R\,\omega_p} + i\,\frac{v\cos\alpha}{R\,\omega_p} - \frac{b}{g}\left(1 - \frac{g}{R\,\omega_p^2}\right)\left(1 - e^{i\omega_p t}\right)e^{i\alpha}. \tag{16}$$

Hier stellen nun offensichtlich die Glieder

$$\psi' = -\frac{v\sin\alpha}{R\,\omega_p}, \qquad \chi' = \frac{v\cos\alpha}{R\,\omega_p} \tag{17}$$

den von der Geschwindigkeit v beim Fahrtazimut α herrührenden Fahrtfehler dar, der wie beim Kreiselkompaß zu erklären ist und ein für allemal tabelliert werden kann. Da v/R auch bei großen Geschwindigkeiten v stets sehr klein gegen die Präzessionsgeschwindigkeit ω_p bleibt, so sind diese Fahrtfehler sehr gering, in der Regel nur einige Bogenminuten.

Das letzte Glied rechts in (16) bedeutet eine Schwingung, die zwar möglicherweise durch Dämpfung allmählich zum Abklingen gebracht werden könnte, aber immerhin die Anzeige dann doch einige Zeit lang beeinträchtigen würde. Diese Schwingung entsteht aber überhaupt nicht, wenn man das Kreiselgerät so baut, daß

$$\omega_p^2 = \left(\frac{sG}{D_e}\right)^2 = \frac{g}{R} \tag{18}$$

wird. Darin erkennt man wieder die schon vom Kreiselkompaß her (§ 6, Ziff. **3**, Seite 118) bekannte *Schuler*sche Bedingung, wonach die Schwingungsdauer, hier die Dauer eines Präzessionsumlaufs der Figurenachse um die Lotlinie beim ortsfesten Kreiselpendel,

$$t_0 = \frac{2\pi}{\omega_p} = 2\pi\sqrt{\frac{R}{g}} \tag{19}$$

sein muß, wenn sich das Kreiselpendel in seinen jeweiligen, bekannten Fahrtfehler ohne Schwingungen einstellen soll.

Im Gegensatz zum Kreiselkompaß hat man nun aber die Bedingung (18) beim Kreiselpendel bis jetzt nicht erfüllen können, weil sie bei den erreichbaren Werten von D_e so kleine Werte s verlangen würde, daß die unvermeidliche Lagerreibung in den Cardanzapfen sich störend bemerklich machen müßte. Statt auf 84,4 min hat sich die Dauer t_0 eines Präzessionsumlaufes nur bis auf etwa 15 bis 20 min steigern lassen, und dann kommt für das letzte Glied rechts in (16) nach Aufspaltung in Real- und Imaginärteil

$$\bar{z} = \bar{\psi} + i\bar{\chi}, \tag{20}$$

wobei

$$\left.\begin{aligned} \bar{\psi} &= -\varrho_0\,[\cos\alpha - \cos(\omega_p t + \alpha)]\,, \\ \bar{\chi} &= -\varrho_0\,[\sin\alpha - \sin(\omega_p t + \alpha)] \end{aligned}\right\} \tag{21}$$

mit

$$\varrho_0 = \frac{b}{g}\left(1 - \frac{g}{R\,\omega_p{}^2}\right) \tag{22}$$

ist, und das bedeutet die Bewegung der Kreiselspitze auf einem Kreise vom Halbmesser ϱ_0, dessen Mittelpunkt auf dem Fahrstrahl mit dem Azimut $\alpha + 180°$ in der Entfernung ϱ_0 vom Nullpunkt liegt, der also im Nullpunkt beginnt und mit der Drehgeschwindigkeit $|\omega_p|$ im Sinne der Präzession durchlaufen wird (falls $\varrho_0 > 0$, sonst umgekehrt). Der größte Wert, den diese Mißweisung erreichen kann, beträgt $2\,|\varrho_0|$.

Sodann behandeln wir den Fall, daß das Fahrzeug einen waagerechten B a h n k r e i s mit gleichförmiger Geschwindigkeit v beschreibe. Sein Halbmesser sei r, und die Drehgeschwindigkeit des Fahrzeuges auf seiner Kurve sei ε, und zwar bedeute $r > 0$, $\varepsilon > 0$ eine

Linkskurve, $r<0$, $\varepsilon<0$ eine Rechtskurve. Wird die Kurve von genau nördlicher Bahnrichtung aus begonnen, so hat man $v=r\varepsilon$, $b=r\varepsilon^2$, $\alpha=\varepsilon t$, $\beta=\varepsilon t+\pi/2$ zu setzen. Wenn das Kreiselpendel außerdem anfänglich die seiner Geschwindigkeit entsprechende Nullage $z=\psi_0+i\chi'$ mit ψ_0 (14) und $\chi'=r\varepsilon/R\,\omega_p$ gemäß (17) besaß, so ist nach (13) $a=i\chi'$, und somit folgt aus (13) zu einer beliebigen Zeit t

$$z=\psi_0+\chi' e^{i(\omega_p t+\pi/2)}-\varrho e^{i\vartheta}, \tag{23}$$

und zwar für $\varepsilon \neq \omega_p$ mit den Werten

$$\left.\begin{aligned} \varrho &= \frac{r\varepsilon^2}{g}\,\frac{2\,\omega_p}{\varepsilon-\omega_p}\left(1-\frac{g}{R\,\varepsilon\,\omega_p}\right)\sin\frac{\varepsilon-\omega_p}{2}\,t, \\ \vartheta &= \frac{\varepsilon+\omega_p}{2}\,t, \end{aligned}\right\} \tag{24}$$

dagegen für $\varepsilon=\omega_p$ mit den Werten

$$\left.\begin{aligned} \varrho &= \frac{r\,\omega_p^2}{g}\,\omega_p\left(1-\frac{g}{R\,\omega_p^2}\right)t, \\ \vartheta &= \omega_p t. \end{aligned}\right\} \tag{25}$$

In (23) bedeuten die beiden ersten Glieder rechts die bekannte und also berücksichtigbare Mißweisung des Kreiselpendels infolge der Erddrehung und infolge der Geschwindigkeit v, das dritte Glied die eigentliche Störung der Anzeige des Gerätes. Die beiden ersten Glieder stellen eine Präzession der Figurenachse mit dem Öffnungswinkel χ' auf einem Kegel dar, dessen Achse sich um den Fahrstrahl mit dem Winkel ψ_0 gegen die Lotlinie nach Norden oder Süden neigt, je nachdem ψ_0 (14), also D_e, positiv oder negativ ist. Diese Mißweisung beträgt aber kaum mehr als einige Bogenminuten. Viel größer und dann sehr bedenklich kann indessen das Störungsglied $\bar{z}=-\varrho e^{i\vartheta}$ werden. Wenn es gelänge, die *Schuler*sche Bedingung (18) zu verwirklichen, so würde dieses Glied wenigstens im Falle $\varepsilon=\omega_p$ verschwinden, im Falle $\varepsilon \neq \omega_p$ allerdings nicht. In Wirklichkeit muß man mit einer Störungs-Mißweisung rechnen, die im Falle $\varepsilon \neq \omega_p$ den Betrag

$$|\bar{z}|_{\max}=|\varrho|_{\max}=\left|\frac{r\varepsilon^2}{g}\,\frac{2\,\omega_p}{\varepsilon-\omega_p}\left(1-\frac{g}{R\,\varepsilon\,\omega_p}\right)\right| \tag{26}$$

erreichen kann, im Falle $\varepsilon=\omega_p$ sogar unablässig anwächst. Natürlich wird dann bald der Bereich unserer Voraussetzung kleiner Ausschläge χ und ψ überschritten werden; aber offensichtlich ist namentlich bei sehr weiten und lange Zeit durchmessenen Kreisbahnen, für welche ε sich dem Wert ω_p annähert, mit so großen Mißweisungen zu rechnen, daß dann das Kreiselpendel den wahren Horizont nicht mehr zuverlässig anzuzeigen vermag: es arbeitet, kurz gesagt, gut bei engen Kurven, schlecht bei weiten.

Übrigens ist $|\bar{z}|_{\max}$ kleiner, wenn ε und ω_p verschiedene Vorzeichen haben, als wenn gleiche. Da bei positivem (negativem) Eigendrehimpuls D_e – d. h. wenn der Kreisel von oben gesehen im Uhrzeigersinne (Gegenzeigersinne) umläuft – ω_p positiv (negativ) ist, die Präzession der Figurenachse nach (15) also in einer „Linkskurve" („Rechtskurve") erfolgt, so schließt man: Die Mißweisung $\bar{z}$ ist bei einer im Sinne der Kreiseldrehung durchlaufenen Kurve kleiner als bei einer genau gleich im entgegengesetzten Sinne durchlaufenen.

Wir können aus (23) auch die Bahn der Kreiselspitze in ihrer komplexen z-Ebene entnehmen, wobei wir uns auf das eigentliche Störungsglied $\bar{z} = -\varrho e^{i\vartheta}$ beschränken dürfen. Wir wollen diese Bahn sogleich in einer mit dem Fahrzeug (Flugzeug) fest verbundenen (waagerecht gedachten) $\bar{\zeta}$-Ebene aufzeichnen, die also seine Drehung ε mitmacht. Hierfür gilt

$$\bar{\zeta} = \bar{z}\, e^{-i\varepsilon t}, \tag{27}$$

wie man durch Trennen in Real- und Imaginärteil leicht bestätigt. Mithin haben wir nach (23)

$$\bar{\zeta} = -\varrho e^{i\bar{\vartheta}} \tag{28}$$

mit dem Wert ϱ aus (24) bzw. (25) und mit

$$\left.\begin{aligned} \bar{\vartheta} &= \frac{\omega_p - \varepsilon}{2}\, t && \text{für } \varepsilon \neq \omega_p, \\ \bar{\vartheta} &= 0 && \text{für } \varepsilon = \omega_p. \end{aligned}\right\} \tag{29}$$

Man formt dies um, indem man $\bar{\zeta} = \bar{\psi} + i\bar{\chi}$ in Real- und Imaginärteil zerlegt, und findet schließlich

$$\left.\begin{aligned} \bar{\psi} &= -p(r,\varepsilon)\sin(\varepsilon - \omega_p)t, \\ \bar{\chi} &= p(r,\varepsilon)\,[1 - \cos(\varepsilon - \omega_p)t] \end{aligned}\right\} \quad \text{für } \varepsilon \neq \omega_p \tag{30}$$

mit

$$p(r,\varepsilon) \equiv \frac{r\,\varepsilon^2}{g}\,\frac{\omega_p}{\varepsilon - \omega_p}\left(1 - \frac{g}{R\,\varepsilon\,\omega_p}\right) \tag{31}$$

bzw.

$$\left.\begin{aligned} \bar{\psi} &= -\frac{r\,\omega_p^2}{g}\,\omega_p\left(1 - \frac{g}{R\,\omega_p^2}\right)t, \\ \bar{\chi} &= 0 \end{aligned}\right\} \quad \text{für } \varepsilon = \omega_p \tag{32}$$

und deutet das Ergebnis, wie folgt.

Für $\varepsilon \neq \omega_p$ wird die Kurve der Kreiselspitze im Fahrzeug (Flugzeug) ein Kreis vom Halbmesser $|p(r,\varepsilon)|$, welcher die Längsachse des Fahrzeuges berührt und für $D_e > 0\,(< 0)$, also $\omega_p > 0\,(< 0)$ sowie unter der Voraussetzung $g/R\,\varepsilon\,\omega_p < 1$ sowohl bei einer Links- wie bei einer Rechtskurve links (rechts) vom Beobachter liegt (Abb. 72) und bei einer Linkskurve nach hinten (vorne), bei einer Rechtskurve nach vorne (hinten) durchlaufen zu werden beginnt. Allerdings durchläuft die Kreiselspitze jeweils während eines vollen Kurskreises des Fahrzeuges (Flugzeuges) nur einen Teilbogen jenes Kreises, nämlich vom Zentriwinkel $\sigma = 2\pi\,|1-\omega_p/\varepsilon|$. Es ist bemerkenswert, daß im Falle einer Kurve im entgegengesetzten Sinne der Kreiseldrehung die vom Aufhängepunkt zum Schwerpunkt hinweisende Seite der Figurenachse sich (entgegengesetzt zur Fliehkraft) nach dem Innern des Kurskreises neigt, während sie bei Kurven im Sinne der Kreiseldrehung sich (im Sinne der Fliehkraft) nach außen neigt.

Die Voraussetzung $g/R\varepsilon\,\omega_p < 1$ ist in allen wesentlichen Fällen erfüllt und kann nur bei sehr kleinen positiven Werten ε, also unge-

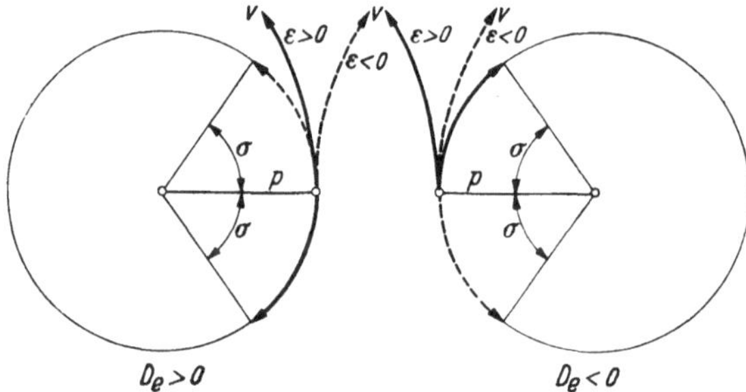

Abb. 72. Mißweisungskreise beim Kurvenflug.

heuer weiten Kurskreisen verletzt werden, für welche so wie so keine merkliche Störung mehr zu befürchten ist, wenn ein solcher Kurs nicht während außerordentlich langer Zeit genau eingehalten wird. Der naheliegende Gedanke, die Störung $\bar{z}$ beim Kurvenflug dadurch ganz zu beseitigen, daß man $g/R\varepsilon\,\omega_p = 1$, also gemäß (10) $s = gD_e/\varepsilon RG$ macht (indem man die Schwerpunktstiefe s etwa durch einen der später in § 8 zu beschreibenden Wendezeiger steuern läßt), ist leider nicht ausführbar, weil er bei den meisten Kurskreisen eine Präzessionsdauer t_0 von noch über 84,4 min erfordern würde.

Der jetzt noch übrig gebliebene Fall $\varepsilon = \omega_p$ ist rasch erledigt. Nach (32) fängt die Kreiselspitze nun an, in der Längsachse des Fahrzeuges (Flugzeuges) auszuwandern, und zwar, unter der stets erfüllten Voraussetzung $g/R\,\omega_p^2 < 1$, nach hinten oder vorne, je nachdem $D_e \gtrless 0$ ist. Es handelt sich also um eine typische Resonanz zwischen Kursbewegung und Präzession und eine unablässig zunehmende Mißweisung und schließlich um ein Unbrauchbarwerden des Gerätes. Diese Resonanz kann nur eintreten, wenn Bahndrehung und Kreiseldrehung entgegengesetzt sind. Für $\varepsilon = -\omega_p$ kann sich nichts dergleichen ereignen.

Es bereitet keine Schwierigkeit, sondern würde nur etwas mühsamer sein, das Bewegungsintegral (13) auch noch für andere Kurvenfahrten auszuwerten. Das letzte Beispiel hat aber schon deutlich erwiesen, daß ein Kreiselpendel auf beliebig bewegtem Fahrzeug (Flugzeug) keine große Genauigkeit in der Anzeige des wahren Horizontes verbürgen kann. Ehe wir untersuchen, wie die in manchen Geräten hinzugefügten Dämpfungsvorrichtungen dieses ungünstige Ergebnis vielleicht verbessern, wollen wir einige dieser Geräte kennen lernen.

Der Gedanke, das Kreiselpendel für einen künstlichen Horizont oder für ein künstliches Lot auf schwankenden Fahrzeugen, namentlich auf Schiffen, zu verwenden, ist sehr alt; er geht wohl auf *Serson* (1751) zurück[1] und wurde von *Troughton* später (1819) wieder aufgenommen[2]. Die von diesen beiden gebauten Kreisel (*Serson* setzte einfach eine Scheibe senkrecht auf die Figurenachse) vermochten infolge mangelhaften Antriebes ihren Zweck nur ganz unvollkommen zu erfüllen, nämlich dem Seemann bei Nacht oder Bodennebel die für die Ortsbestimmung wichtige Horizontlinie anzuzeigen. Die ganz ähnlich gebauten Kreisel von *Piazzi Smith*[3] (1863) und *Pâris*[4] (1867), ebenfalls noch von Hand angetrieben, waren dazu bestimmt, die Schiffsschwankungen aufzuzeichnen, ebenso der schon elektrisch bewegte Oszillograph von *Frahm*[5]. Befriedigen konnten diese Geräte jedoch ebensowenig wie ein Versuch *Towers*[6], auf diese Weise ein Gerüst zum Aufstellen von Scheinwerfern und leichten Geschützen auf Schiffen waagerecht zu halten, wobei der stabilisierende Kreisel als Turbine angetrieben wurde.

---

[1] Der sogenannte Horizontal Top von *Serson* ist beschrieben von *J. Short*, Philos. transact. London 47 (1751/52), S. 352; vgl. auch *J. A. Segner*, Specimen theoriae turbinum (turbo = Kreisel), Halae 1755.

[2] Der Nautical Top von *Troughton* wird erwähnt von *A. G. Greenhill* in der Encyclopaedia Britannica, Bd. 29, S. 195.

[3] *Piazzi Smith*, Transact. naval arch. 1863.

[4] *Pâris* (Vater und Sohn), Revue marit. colon. 20 (1867), S. 273, Comptes rendus 64 (1867), S. 731.

[5] Vgl. *E. W. Bogaert*, L'effet gyrostatique et ses applications, S. 107, Brüssel-Paris 1912.

[6] Vgl. *F. W. Lanchester*, Aerodynamik (deutsch von *C.* und *A. Runge*), Bd. 2, Anhang S. 322, Leipzig 1911.

Der erste einigermaßen brauchbare künstliche Horizont stammt von *Fleuriais*[1] und ist in Abb. 73 schematisch wiedergegeben. Der in einer feinen Spitze etwa 1 mm über seinem Schwerpunkt gestützte Kreisel (*k*) von 175 g Gewicht und etwa 6 cm Trägheitsarm wird vor der Benutzung als Flügelrad durch Preßluft angetrieben, die durch den Handgriff (*h*) zuströmt, so daß er sich während der Beobachtung mit mindestens 3000 Uml/min dreht und eine Präzessionsdauer von etwa 2 min besitzt. Er trägt zwei Plankonvexlinsen (*l*), deren Brennweite gleich ihrem Abstand ist, so daß ein feiner, die optische Achse schneidender und zur Figurenachse genau senkrechter Strich, der auf der ebenen Fläche jeder Linse eingeritzt ist, im Fernrohr eines angeschlossenen Sextanten (*s*) scharf abgebildet wird, so oft die optischen Achsen sich decken. Wenn die Figurenachse ungestört lotrecht steht, so verschmelzen die rasch aufeinander folgenden Bilder dieser Striche im Auge des Beobachters zu einer Linie, die den Horizont darstellt. Wenn der Kreisel jedoch infolge einer vorausgegangenen Störung eine Präzession um die Lotlinie beschreibt, so müssen die Striche während eines Präzessionsumlaufes offenbar einmal auf und ab schwanken, wobei sie in der Mittellage schräg, in den Umkehrlagen aber waagerecht stehen. Der Beobachter hat die Mittellage zu bestimmen und verwendet sie dann in bekannter Weise zur Ablesung der Höhe eines Sternes am Sextanten. Die Handhabung des Gerätes erfordert ziemliche Übung, zeitigt dann aber namentlich in einer von *Ponthus* und *Therrode* in Paris ausgeführten Bauart gute Erfolge. Statt der Linsen ist von den Zeisswerken eine elektromagnetische Ablesevorrichtung versucht worden.

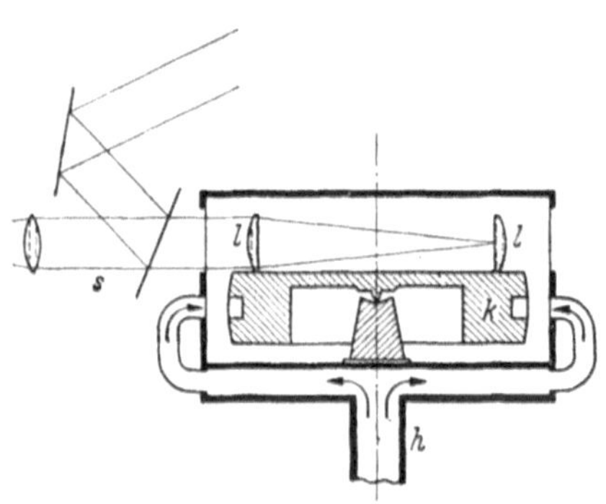

Abb. 73. *Fleuriais*scher Horizont.

Von *Anschütz* wurde vorgeschlagen, ohne Erhöhung der Präzessionsdauer (die die Beobachtung langwieriger machen würde), die Genauigkeit des Gerätes in der Beobachtungsrichtung dadurch zu vergrößern, daß der Kreisel in eigenartiger Weise cardanisch aufgehängt wird. Die Drehachse des inneren Ringes liegt in der Beobachtungsrichtung und nur sehr wenig über dem Schwerpunkt, diejenige

[1] *G. Fleuriais*, Bull. astron. 3 (1886), S. 579; vgl. auch *L. Favé*, Revue marit. colon. 84 (1910), S. 5.

des äußeren Ringes liegt wesentlich höher und wird tunlichst waagerecht gehalten. Dann ist die Präzessionsgeschwindigkeit proportional zum geometrischen Mittel der beiden Achsenabstände des Schwerpunkts, wie eine kurze, hier unterdrückte Rechnung zeigt. Beschleunigungen parallel zur äußeren Ringachse rufen ein Ausweichen der Figurenachse um die äußere Ringachse hervor, jedoch mit vergleichsweise kleinem Moment und also kleinem Ausschlag. Dafür rufen dann allerdings Beschleunigungen parallel zur inneren Ringachse ein Ausweichen um die innere Ringachse mit großem Moment und also großem Ausschlag hervor; aber diese Auslenkungen stören die Ablesegenauigkeit nicht. Man muß dann im wesentlichen nur noch die Mißweisung ψ_0 (14) berücksichtigen.

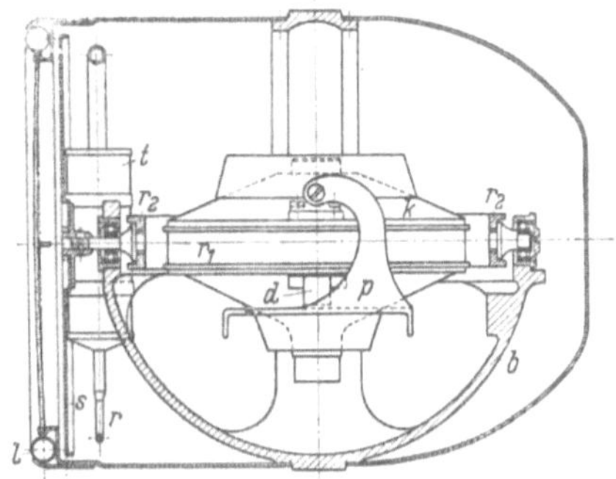

Abb. 74. *Anschütz*scher Fliegerhorizont.

Der *Tower*sche Gedanke der Stabilisierung von Geschützen auf dem schlingernden Schiff ist später in anderer Form von *Krupp* wieder aufgenommen und in der Weise verwirklicht worden[1], daß ein cardanisch aufgehängtes, mit Gleichstrom auf 10000 Uml/min angetriebenes Kreiselpendel von 13 cm Durchmesser durch einen Stromkontakt lediglich noch dafür sorgt, daß der Schuß in dem Augenblick ausgelöst wird, in welchem die Achse des Geschützrohres den vorgeschriebenen Erhöhungswinkel über dem Horizont hat, wobei ein geistvoll durchdachtes Zusatzgerät, das auf die Schlingerbewegung des Schiffes anspricht, es erreicht, daß die Drehbewegung des Geschützrohrs infolge des Schlingerns die Zielgenauigkeit nicht beeinträchtigt.

Ein besonders wichtiges Anwendungsgebiet des Kreiselpendels ist der von der Flugtechnik gewünschte künstliche Horizont für Blindflug und für die selbsttätige Steuerung des Flugzeuges. Nach verschiedenen Vorgängern[2] ist hier der *Anschütz*sche Fliegerhorizont[3] als ein technisch sehr sorgfältig durchgebildetes Gerät (1917) zu nennen, schematisch dargestellt in Abb. 74. Der linksdrehende

---

[1] Vgl. *O. Martienssen*, Handb. d. physikal. und techn. Mechanik, Bd. 2, S. 464, Leipzig 1930.

[2] Vgl. *K. Bennewitz*, Flugzeuginstrumente, Berlin 1922.

[3] Vgl. die gleichnamige Druckschrift von Anschütz & Co. in Kiel.

Kreisel (k) (Vektor $\mathfrak{D}_e$ aufwärts gerichtet) ist hier als Drehstrommotor in gleicher Weise wie der Kreisel des *Anschütz*schen Einkreiselkompasses (§ 6, Ziff. **1**, Seite 101) gebaut und auf 20000 Uml/min angetrieben. Er ruht in einem Cardangehänge, dessen Innenring (r_1) die Kreiselkappe ist, und dessen Außenring (r_2) auf einem am Flugzeug festen Bügel (b) sitzt. Die Achse des Außenrings ist parallel zur Längsachse des Flugzeuges und trägt, dem Piloten zugewandt, eine mit einem Horizontbild versehene Scheibe (s), welche die Querneigung des Flugzeuges unmittelbar abzulesen gestattet. Den scheinbaren Horizont kann man an einem kreisförmigen, zur Hälfte mit einer farbigen Flüssigkeit gefüllten Libellenrohr (l) erkennen. Es sind dann noch geeignete Dämpfungsvorrichtungen vorhanden, nämlich eine (ähnlich wie beim Einkreiselkompaß wirkende) Dämpfung mit Pendel (p) und lotrechter Luftdüse (d) (von der später noch zu sprechen sein wird), sowie eine quasihydrostatische Dämpfung (§ 6, Ziff. **4**, Seite 122) für die Querneigungen in Form eines mit der Horizontscheibe verbundenen Tanksystems (t) mit enger Verbindungsröhre (r).

Wir wollen die Fehler dieses Fliegerhorizontes abschätzen. Bei ihm ist $s=0{,}25$ cm, $G=5000$ g, $D=-1{,}7\cdot 10^5$ cmgsek und somit $\omega_p=-0{,}0073\ \text{sek}^{-1}$, was eine Präzessionsdauer von 14,3 min bedeutet. Man findet gemäß (14) und (17) für die geographische Breite $\varphi=45°$ die Mißweisungen infolge der Erddrehung und infolge einer nördlichen Fluggeschwindigkeit $v=720$ km/h $=200$ m/sek

$$\psi_0=-24', \qquad \chi'=-15'.$$

Diese Mißweisungen sind gering. Wenn nun aber das Flugzeug etwa mit einer Beschleunigung von rund $b=0{,}2\,g$ in 100 sek von der Ruhe aus auf seine Fluggeschwindigkeit $v=200$ m/sek kommt, so erreicht dabei der Fliegerhorizont nach (20) bis (22) eine zusätzliche Mißweisung

$$\bar{\psi}=-2{,}8°, \qquad \bar{\chi}=-7{,}5°,$$

und das ist entschieden zu viel, selbst wenn geeignete Dämpfungseinrichtungen diese Beträge noch ein wenig herabsetzen mögen. Auch bei Kurven können Mißweisungen von dieser Größenordnung auftreten, und so ist es verständlich, daß der *Anschütz*sche Fliegerhorizont, der sich bei langsamen Flugzeugen einigermaßen bewährte, bei raschen schließlich doch wieder aufgegeben werden mußte.

2. Die Dämpfung des Kreiselpendels. Wie der Kreiselkompaß, so muß auch das Kreiselpendel schon deswegen mit Dämpfung ausgestattet werden, weil sonst eine irgendwie erregte Präzession nicht von selbst abklingen könnte. Man hat hierfür verschiedene Vorrichtungen ausgedacht und durchgebildet, deren wichtigste wir jetzt aufzählen wollen[1].

Die Luftdämpfung (auch Düsendämpfung genannt) ist in Abb. 74 angedeutet und in Abb. 75 noch genauer dargestellt. Der eingekapselte Kreisel schleudert Luft durch eine Reihe je paarweie gegenüberliegender Düsen nach unten aus. Vor den Düsen liegen, an Pendeln befestigt, waagerechte Scheiben mit Schlitzen, die im ungestörten Falle den Düsenmund völlig freigeben. Die Pendel haben geringe träge Masse, und ihre etwaigen Schwingungen sind rasch gedämpft, so daß man annehmen kann, daß sie, ohne merklich nachzuhinken, alle Bewegungen der scheinbaren Lotlinie mitmachen, soweit sie dazu kinematisch imstande sind. Sobald die scheinbare Lotlinie gegen die Figurenachse geneigt ist, oder diese gegen jene, schieben sich die Pendelscheiben in solcher Weise vor die Düsenöffnungen, daß von zwei gegenüberliegenden Düsen die eine sich mehr schließt als die andere, so daß ein Reaktionsmoment um die zu den Pendelachsen senkrechte Achse entsteht. In Abb. 75 sind die Pendel (p) um die $\dot{\psi}$-Achse und die zugehörigen Düsen (d) für den Fall eines nach unten gerichteten Eigendrehimpulsvektors D_e dargestellt; für einen nach oben gerichteten müßten die Schlitze der Pendel vertauscht werden.

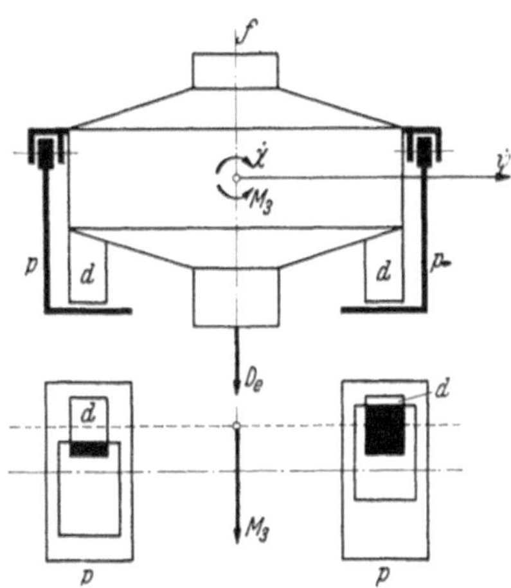

Abb. 75. Pendel und Düsen der Luftdämpfung.

Ist wieder (vgl. Abb. 69, Seite 146) $b \cos \beta$ die Beschleunigungskomponente des Aufhängepunktes in der Richtung der positiven $\dot{\chi}$-Achse, so ist der Winkel zwischen Figurenachse und Scheinlot in der Projektion auf eine lotrechte Ebene durch die $\dot{\chi}$-Achse gleich $\psi + b \cos \beta / g$ und so dürfen wir das entstehende Moment für kleine Ausschläge in der Form

$$M_3 = k\left(\psi + \frac{b}{g} \cos \beta\right) \tag{33}$$

ansetzen, positiv im Sinne $-\dot{\chi}$. Die Dämpfungszahl k läßt sich zuver-

[1] Vgl. *R. Grammel*, Z. Flugtechn. Motorluftsch. 10 (1919), S. 7; *M. Schuler* und *K. Magnus*, Luftf.-Forsch. 16 (1939), S. 318.

lässig nur durch einen Versuch bestimmen. Ganz ebenso liefert ein zweites Pendelpaar, das um die $\dot{\chi}$-Achse schwingen kann, samt dem zugehörigen Düsenpaar ein Moment um die $\dot{\psi}$-Achse

$$M_4 = k\left(\chi + \frac{b}{g}\sin\beta\right), \tag{34}$$

wobei man, wie die folgende Rechnung bestätigen wird, die Schlitze so anordnen muß, daß M_4 positiv im Sinne $\dot{\psi}$ ist.

Diese Momente M_3 und M_4 hat man in den Bewegungsgleichungen (6) (Seite 147) hinzuzufügen. Wenn man diese dann genau wie damals umformt, vereinfacht und ergänzt, indem man erstens die Drehmassen B_1 und B_2 gegenüber der dynamischen Trägheit des Systems vernachlässigt, zweitens die von der Erdkrümmung herrührenden Glieder hinzufügt, drittens wieder $s_1 G_1 = s_2 G_2 = sG$ setzt und viertens die Präzessionsgeschwindigkeit ω_p (10) (Seite 149) sowie nun noch die Abkürzung

$$\varkappa = \frac{k}{D_e} \tag{35}$$

einführt, so kommt statt (9)

$$\left.\begin{aligned} \dot{\chi} &= \omega_p \psi + \frac{v \sin\alpha}{R} + \frac{b}{g}\omega_p \cos\beta - \varkappa\chi - \varkappa\frac{b}{g}\sin\beta - \omega^* \cos\varphi, \\ \dot{\psi} &= -\omega_p \chi + \frac{v\cos\alpha}{R} - \frac{b}{g}\omega_p \sin\beta - \varkappa\psi - \varkappa\frac{b}{g}\cos\beta, \end{aligned}\right\} \tag{36}$$

und das bringt man auch hier mit $z = \psi + i\chi$ auf die komplexe Form

$$\dot{z} - (i\,\omega_p - \varkappa)z = -i\,\omega^* \cos\varphi + \frac{v}{R}e^{i\alpha} + \frac{b}{g}(i\,\omega_p - \varkappa)e^{i\beta}. \tag{37}$$

Diese Differentialgleichung unterscheidet sich von (12) (Seite 150) nur dadurch, daß $i\,\omega_p$ ersetzt ist durch $(i\,\omega_p - \varkappa)$, und hat also gemäß (13) das allgemeine Integral

$$\left.\begin{aligned} z = {} & \frac{(\omega_p - i\varkappa)\,\omega^* \cos\varphi}{\omega_p^2 + \varkappa^2} + \\ & + e^{(i\omega_p - \varkappa)t}\left\{a + \int_0^t e^{-(i\omega_p - \varkappa)t}\left[\frac{v}{R}e^{i\alpha} + \frac{b}{g}(i\,\omega_p - \varkappa)e^{i\beta}\right]dt\right\}. \end{aligned}\right\} \tag{38}$$

Hier bedeutet nun wieder das erste Glied rechts die Auslenkung infolge der Erddrehung ω^*, nämlich

$$\psi_0 = \frac{\omega_p\,\omega^* \cos\varphi}{\omega_p^2 + \varkappa^2}, \qquad \chi_0 = -\frac{\varkappa\,\omega^* \cos\varphi}{\omega_p^2 + \varkappa^2}; \tag{39}$$

sie liegt nicht mehr genau im Meridian (wie ohne Dämpfung), sondern hat infolge der Dämpfung jetzt auch eine östliche oder westliche Komponente χ_0. Ihr Betrag

$$\sqrt{\psi_0^2 + \chi_0^2} = \frac{\omega^* \cos\varphi}{\sqrt{\omega_p^2 + \varkappa^2}} \tag{40}$$

ist infolge der Dämpfung kleiner als ihr früherer Wert ψ_0 (14); ihr Azimut gegen die Nordrichtung ist nicht mehr Null, sondern $\operatorname{arc\,tg}(\chi_0/\psi_0) = \operatorname{arc\,tg}(-\varkappa/\omega_p)$.

Das zweite Glied rechts in (38) ist die spiralförmig einschrumpfende pseudoreguläre Präzession

$$\psi = a e^{-\varkappa t} \cos \omega_p t, \qquad \chi = a e^{-\varkappa t} \sin \omega_p t, \tag{41}$$

und damit erst ist bestätigt, daß die Momente M_3 (33) und M_4 (34) eine Dämpfung bewirken.

Jetzt untersuchen wir wieder zuerst die Störung des Kreiselpendels durch eine geradlinig gleichförmig beschleunigte Anfahrt in der Richtung α, indem wir in (38) $v = bt$ und $\alpha = \beta$ setzen. Man findet dann mit $a = 0$ (entsprechend der Anfangslage $\psi_0 + i\chi_0$)

$$\left.\begin{aligned} z \equiv \psi + i\chi = \psi_0 + i\chi_0 + \\ + \frac{i v e^{i\alpha}}{R(\omega_p + i\varkappa)} - \frac{b}{R}\left[\frac{R}{g} - \frac{1}{(\omega_p + i\varkappa)^2}\right](1 - e^{-\varkappa t} e^{i\omega_p t})\, e^{i\alpha}. \end{aligned}\right\} \tag{42}$$

Das dritte Glied rechts würde, in Real- und Imaginärteil zerspalten, wieder den (an sich kleinen) Fahrtfehler ψ', χ' ergeben, jedoch mit noch etwas kleinerem Gesamtwert $\sqrt{\psi'^2 + \chi'^2}$ als nach (17) ohne Dämpfung. Das letzte Glied stellt eine gedämpfte Schwingung dar, deren Entstehung jetzt aber, im Gegensatz zum ungedämpften Fall, nicht mehr durch die *Schuler*sche Bedingung (18) von Ziff. 1 (Seite 151) verhindert werden kann. Um hier den Einfluß der Dämpfung wenigstens abzuschätzen, wollen wir zur Vereinfachung erstens $\alpha = 0$ setzen, also eine genau nördlich gerichtete Anfahrt wählen (was für diesen Fall keine wesentliche Einschränkung bedeutet) und zweitens in der eckigen Klammer das zweite Glied gegen das erste vernachlässigen, da sein Betrag schon ohne Dämpfung bei ausgeführten Geräten höchstens $^1/_{25}$ des Betrags des ersten Gliedes ist, mit Dämpfung sogar noch erheblich weniger. Dann wird aus diesem Glied von (42)

$$\bar{z} = \bar{\psi} + i\bar{\chi} \tag{43}$$

mit

$$\left.\begin{aligned} \bar{\psi} &= -\frac{b}{g}(1 - e^{-\varkappa t} \cos \omega_p t), \\ \bar{\chi} &= \frac{b}{g} e^{-\varkappa t} \sin \omega_p t. \end{aligned}\right\} \tag{44}$$

Dies gibt als Bahn der Kreiselspitze ohne Dämpfung einen im Sinne der Präzession durchmessenen Kreis um den Punkt $\psi = -b/g$, beginnend im Nullpunkt (wie wir allgemeiner schon früher, Seite 151, gefunden haben), mit Dämpfung eine entsprechende logarithmische

Spirale (Abb. 76), und man erkennt, daß die Mißweisung $|\bar{z}|$ mit Dämpfung stets kleiner ist als ohne Dämpfung.

Sodann behandeln wir wieder auch noch die Bewegung auf einer Kreisfahrt mit dem Kreishalbmesser r und der Drehgeschwindigkeit ε des Fahrzeuges auf dieser Kurve, die mit genau nördlicher Fahrtrichtung begonnen werde. Da für die Beurteilung der Dämpfung hier hauptsächlich die Resonanz zwischen Kurvenfahrt und Präzession entscheidend sein wird, beschränken wir uns von vornherein auf den Wert $\varepsilon = \omega_p$, setzen also $v = r\omega_p$, $b = r\omega_p^2$, $\alpha = \omega_p t$, $\beta = \omega_p t + \pi/2$ und lassen die Mißweisungen (39) infolge der Erddrehung und die sicherlich auch jetzt noch kleinen Fahrtfehler χ' und ψ' außer Betracht. Zur Vereinfachung der Formeln nehmen wir schließlich jetzt $R = \infty$ und erhalten dann aus (38) nach einfacher Zwischenrechnung für das eigentliche Störungsglied

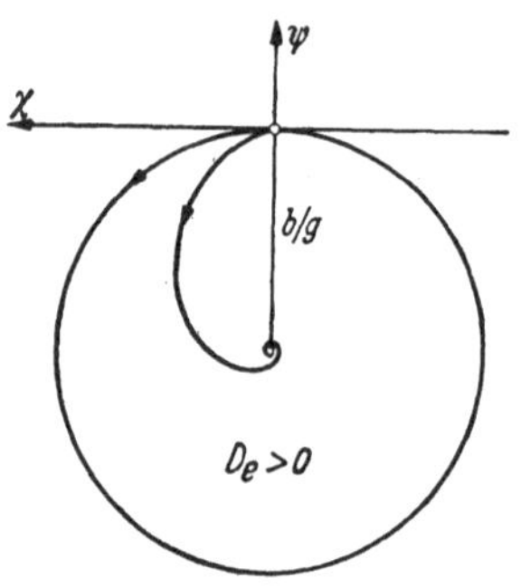

Abb. 76. Bahn $\bar{z}$ der Kreiselspitze.

$$\bar{z} = -\frac{r\,\omega_p^2}{g}\,\frac{\omega_p + i\varkappa}{\varkappa}\,(1 - e^{-\varkappa t})\,e^{i\omega_p t}$$

oder für eine im Fahrzeug (Flugzeug) feste komplexe Ebene

$$\bar{\zeta} = \bar{z}\,e^{-i\omega_p t} = -\frac{r\,\omega_p^2}{g}\,\frac{\omega_p + i\varkappa}{\varkappa}\,(1 - e^{-\varkappa t}) \tag{45}$$

und in Real- und Imaginärteil zerlegt

$$\left.\begin{aligned} \bar{\psi} &= -\frac{r\,\omega_p^2}{g}\,\frac{\omega_p}{\varkappa}\,(1 - e^{-\varkappa t}), \\ \bar{\chi} &= -\frac{r\,\omega_p^2}{g}\,(1 - e^{-\varkappa t}). \end{aligned}\right\} \tag{46}$$

Dies bedeutet eine Bewegung der Kreiselspitze auf dem Nullpunktsfahrstrahl mit dem Azimut gegen die Fahrtrichtung

$$\bar{\gamma} = \operatorname{arc\,tg} \frac{\varkappa}{\omega_p} \tag{47}$$

und dem Ausschlag

$$\bar{\varrho} = -\frac{r\,\omega_p^2}{g}\sqrt{1 + \frac{\omega_p^2}{\varkappa^2}}\,(1 - e^{-\varkappa t}). \tag{48}$$

Dieser Ausschlag wächst nicht mehr über alle Grenzen, sondern sein Betrag nähert sich so, wie Abb. 77 zeigt, dem endlichen Grenzwert

$$|\bar{\varrho}|_{\max} = \frac{|r|\,\omega_p^2}{g}\sqrt{1 + \frac{\omega_p^2}{\varkappa^2}}\,. \tag{49}$$

Die Luftdämpfung beseitigt somit die Resonanz der Kurskreise ε mit der Präzession ω_p. Und man kann leicht zeigen, daß jetzt auch keine andere Resonanz auftritt. Denn wenn man (38) für eine beliebige

Kreisfahrt ε auswertet, so erscheint offenbar statt des früheren Nenners $\varepsilon - \omega_p$ nunmehr der Nenner $\varepsilon - \omega_p - i\varkappa$, und dieser verschwindet für keinen reellen Wert ε, falls $\varkappa \neq 0$ ist.

Wir werten die Formel (48) auch noch zahlenmäßig aus, und zwar für eine Fluggeschwindigkeit $v = r\,\omega_p = 720$ km/h $= 200$ m/sek sowie den Präzessionswert $\omega_p = -0{,}0073$ sek^{-1} des *Anschütz*schen Fliegerhorizontes. Das bedeutet den Flug auf einem Kreis mit einem Halbmesser von rund 27 km, der in 14,3 min durchflogen würde. Man kann Dämpfungsziffern $\varkappa$ etwa von der Größenordnung ω_p erreichen; wir setzen also $\varkappa = |\omega_p|$. Dann findet man an Hand der Formel (48) die untenstehende Tabelle, welcher auch noch die Werte ohne Dämpfung

t(min)	Ausschlag mit Dämpfung	Ausschlag ohne Dämpfung
1	4,3°	3,7°
2	7,0°	7,5°
5	10,7°	(18,7°)
14,3	12°	(52°)
∞	12°	(∞)

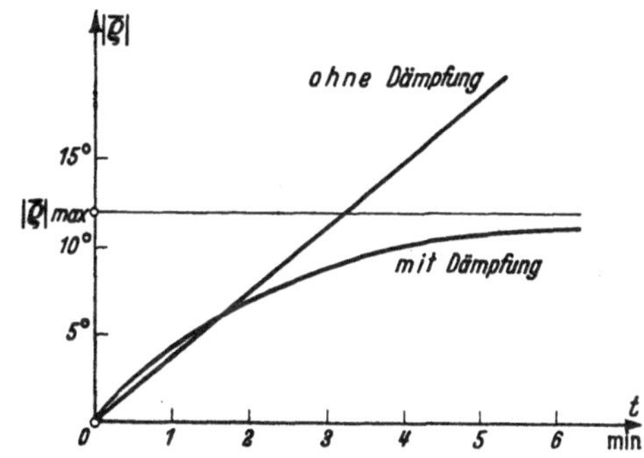

Abb. 77. Ausschlag für $\varepsilon = \omega_p$.

aus Formel (25) (Seite 152) hinzugefügt sind (mit $R = \infty$), und welche der Abb. 77 zugrunde liegt. Man erkennt, daß die Dämpfung zunächst ungünstig wirkt, dafür aber im Laufe der Zeit sich mehr und mehr geltend macht. (Die eingeklammerten Werte sind, da sie unserer Voraussetzung kleiner Ausschläge widersprechen, zahlenmäßig nicht richtig und sollen nur das unablässige Ausweichen der Kreiselspitze ohne Dämpfung andeuten.) Allerdings zeigt die Tabelle, daß bei so hohen Fluggeschwindigkeiten auch das Gerät mit Luftdämpfung doch recht erhebliche Mißweisungen erreicht, die seine Brauchbarkeit sehr fragwürdig machen.

Man kann die Luftdämpfung mit einem Pendel- und Düsenpaar, wie sie z. B. der *Anschütz*sche Fliegerhorizont ursprünglich besaß (Abb. 74, Seite 157), ganz analog behandeln[1]. Wir verzichten darauf, da das Ergebnis negativ ist: die Luftdämpfung mit einem Düsenpaar vermag die Resonanz der Kurvenbewegung $\varepsilon = \omega_p$ nicht zu verhindern, ist also allein nicht brauchbar.

[1] *M. Schuler* und *K. Magnus*, a. a. O. S. 321 (Fußnote 1 von Seite 159).

Auch die quasihydrostatische Dämpfung (Schlingertankdämpfung), die wir vom Kreiselkompaß her kennen, ist bei Kreiselpendeln versucht worden (vgl. Abb. 74, Seite 157) und kann mit dem Ansatz von § 6, Ziff. 4 untersucht werden. Aber auch für sie ist das Ergebnis einer solchen Rechnung[1] negativ: sie vermag Resonanz zwischen einer Kurvenfahrt ε und der Präzessionsbewegung ω_p, die das ortsfeste Kreiselpendel mit dieser Dämpfung besitzt, nicht zu verhindern, und für Drehgeschwindigkeiten $|\varepsilon| > \omega_p$ bei Kurvenflügen im Sinne der Präzession wirkt diese Dämpfung überhaupt nicht dämpfend, sondern sogar aufschaukelnd. Wenn man sie allerdings mit einer Eindüsenpaar-Luftdämpfung verbindet (wie beim ursprünglichen *Anschütz*schen Fliegerhorizont Abb. 74), so verschwindet bei hinreichend großen Dämpfungsziffern $\varkappa$ und q [vgl. Formel (53) von § 6, Ziff. 4, Seite 123] die Resonanz wieder. Doch ist auch diese gemischte Dämpfung bei großen Fluggeschwindigkeiten nicht befriedigend (wie eine hier unterdrückte Rechnung zeigt).

Endlich hat man auch noch Öldämpfungen versucht, bei denen die Kreiselkappe eine (im Ruhezustand) waagerechte, durch Verengungen unterbrochene und mit Öl gefüllte Rinne trägt (vgl. etwa Abb. 65, Seite 138). Die Rechnung[2] ergibt aber auch hier, daß die Resonanz $\varepsilon = \omega_p$ erhalten bleibt, obwohl diese Dämpfung sonst recht günstig ist.

3. Der Pendelkreisel mit Düsensteuerung. Die Überwachung des Pendelkreisels durch die Schwerkraft, also seine Ausgestaltung als Kreiselpendel, hat bisher, wie wir in Ziff. 2 gesehen haben, auch mit verschiedenartigen Dämpfungsvorrichtungen noch nicht zu einem völlig brauchbaren Gerät geführt. Da hierbei insbesondere die Resonanzgefahr des Kurvenfluges ε mit der Präzession ω_p stört, so ist die Entwicklung solcher Geräte zu Pendelkreiseln ohne Präzession weitergeschritten, also zu astatischen, d. h. in ihrem Schwerpunkt gestützten schnellen Kreiseln. Um die Lothaltung der Figurenachse zu überwachen, hat *Sperry* eine Vorrichtung vorgeschlagen, die inzwischen in vielen Geräten, z. B. dem Sperryhorizont, dem Askaniahorizont und anderen durchgebildet worden und in Abb. 78 schematisch dargestellt ist. Man sieht den cardanisch aufgehängten Kreisel mit (klein zu denkenden) Auslenkungen χ und ψ von allen vier Seiten. Seine Kappe trägt einen Vierkant mit vier Düsenöffnungen, aus denen Druckluft ausgeblasen wird, und welche durch vier kleine Pendel von

[1] *M. Schuler* und *K. Magnus*, a. a. O. S. 323.

[2] *R. Grammel*, a. a. O. S. 9 (Fußnote 1 von Seite 146).

geeigneter Form teils geschlossen werden, teils geöffnet bleiben. Die dargestellte Anordnung der Pendel gilt für den Fall, daß der Eigendrehimpulsvektor $\mathfrak{D}_e$ nach unten weist ($D_e > 0$); andernfalls sind die Pendel spiegelbildlich zu vertauschen. Der Schwerpunkt des ganzen Systems fällt mit dem Aufhängepunkt (Stützpunkt) genau zusammen.

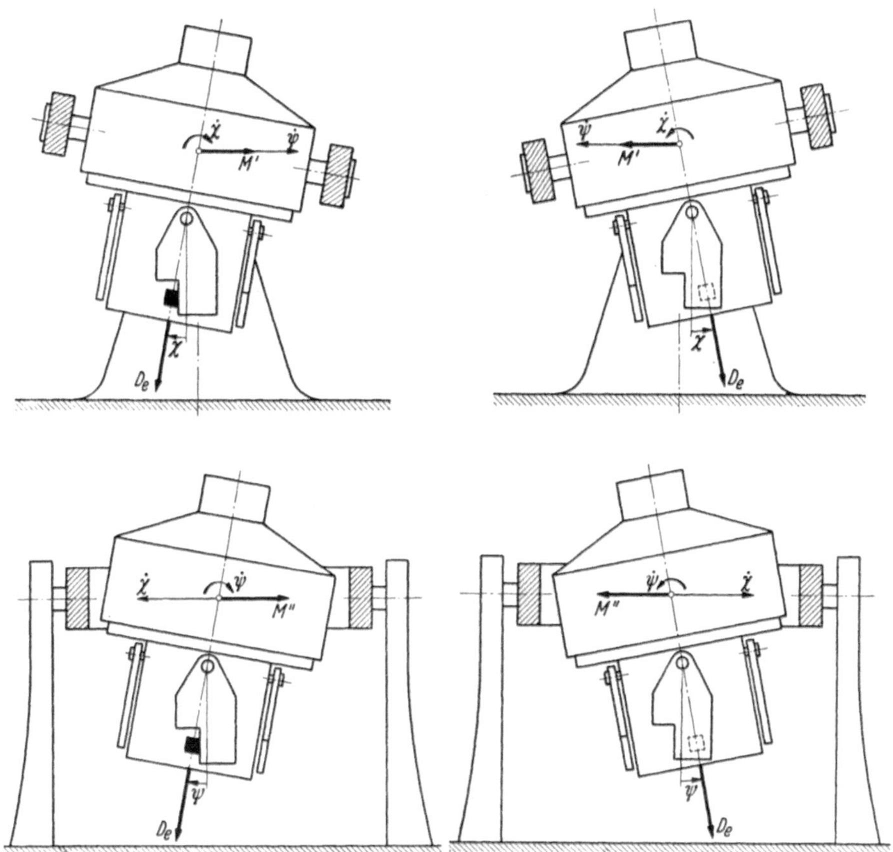

Abb. 78. Pendelkreisel mit Düsensteuerung (Sperryhorizont).

Die Reaktion der Düsenströmung erzeugt Steuermomente, von denen wir nur die waagerechten Komponenten M' und M'' zu beachten brauchen. Mit den bisherigen Bezeichnungen lauten dann die Bewegungsgleichungen zunächst des ortsfesten, irgendwie ausgelenkten Pendelkreisels für kleine Auslenkungen

$$\left.\begin{aligned} B_1\ddot{\chi} &= -K_2 - M'', \\ B_2\ddot{\psi} &= K_1 + M'; \end{aligned}\right\} \tag{50}$$

hierbei sind K_1 und K_2 die Kreiselmomente (3) und (4) (Seite 147). Vom Einfluß der Erddrehung, d. h. vom Kreiselmoment K_3 (5) wollen wir dabei ebenso absehen wie von der Erdkrümmung, da man wie in Ziff. **1** und **2** leicht abschätzen kann, daß auch beim Pendelkreisel mit Düsensteuerung beide nur geringfügige Mißweisungen hervorrufen. Wenn wir dann wieder die Glieder mit B_1 und B_2 streichen, uns also um die Nutationen nicht weiter kümmern und die Werte von K_1 und K_2 einsetzen, so erhalten wir statt (50) einfach

$$\left.\begin{aligned}\dot{\chi} + m' &= 0,\\ \dot{\psi} + m'' &= 0\end{aligned}\right\} \tag{51}$$

mit

$$m' = \frac{M'}{D_e}, \qquad m'' = \frac{M''}{D_e}. \tag{52}$$

Diese Gleichungen für den ortsfesten Pendelkreisel haben zwar eine sehr einfache Form, aber ihre Integration[1] ist etwas umständlich, weil man für die Düsenmomente M' und M'' je nach der Größe der Ausschläge χ und ψ ganz verschiedene Ansätze zu machen hat.

Solange χ und ψ beide hinreichend klein sind, so daß die Pendel je nur einen Teil der (für $\chi=0$ und $\psi=0$ noch völlig geschlossenen) Düsenöffnung freigeben, darf man

$$M' = k\chi, \qquad M'' = k\psi \tag{53}$$

setzen[2], also

$$m' = \varkappa\chi, \qquad m'' = \varkappa\psi \tag{54}$$

mit

$$\varkappa = \frac{k}{D_e}. \tag{55}$$

Ist dagegen für $\chi = \pm c$ und $\psi = \pm c$ die zugehörige Düse gerade vollständig offen, so wird von da ab unveränderlich

$$m' = \pm\varkappa c \qquad \text{für} \qquad \chi \begin{cases} > c \\ < -c \end{cases} \tag{56}$$

und ebenso unveränderlich

$$m'' = \pm\varkappa c \qquad \text{für} \qquad \psi \begin{cases} > c \\ < -c. \end{cases} \tag{57}$$

Wir setzen hierbei und weiterhin einen positiven Wert von D_e voraus (Eigendrehimpulsvektor abwärts); sonst müßten die Vorzeichen ent-

[1] Vgl. *K. Magnus*, Luftf.-Forsch. 19 (1942), S. 23, und auch schon *E. Schmid*, Luftf.-Forsch. 14 (1937), S. 283.

[2] Bezüglich eines Stützmomentes, das auch noch von $\dot{\chi}$ bzw. $\dot{\psi}$ abhängt, vgl. *K. Beyerle*, Fiat Review of German Science, Applied Mathematics, Bd. V, S. 213.

sprechend umgedreht werden. Man muß somit die in Abb. 79 markierten neun Bereiche unterscheiden.

In den Bereichen I bis IV von Abb. 79 lauten die Gleichungen (51) mit (56) und (57)

$$\left.\begin{array}{ll} \dot{\chi} \pm \varkappa c = 0 & \left\{\begin{array}{l} \text{I, II,} \\ \text{III, IV,} \end{array}\right. \\ \dot{\psi} \pm \varkappa c = 0 & \left\{\begin{array}{l} \text{I, IV,} \\ \text{II, III} \end{array}\right. \end{array}\right\} \tag{58}$$

und haben mit den Anfangswerten χ_0 und ψ_0 die Lösungen

$$\left.\begin{array}{ll} \chi = \chi_0 \mp \varkappa c t & \left\{\begin{array}{l} \text{I, II,} \\ \text{III, IV,} \end{array}\right. \\ \psi = \psi_0 \mp \varkappa c t & \left\{\begin{array}{l} \text{I, IV,} \\ \text{II, III,} \end{array}\right. \end{array}\right\} \tag{59}$$

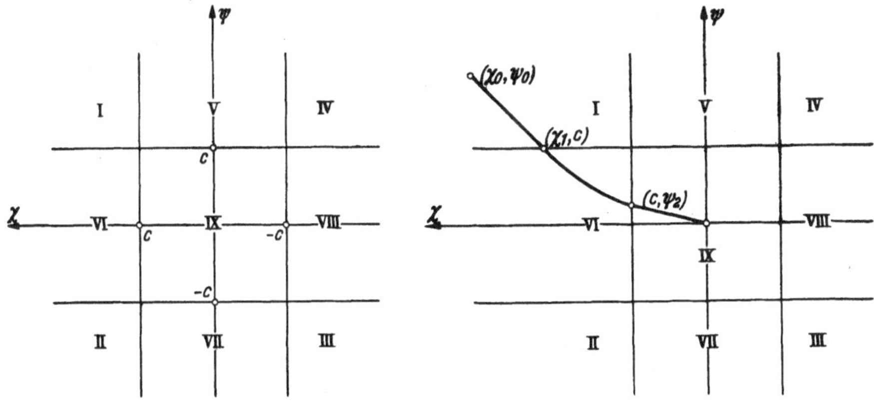

Abb. 79. Die neun Bereiche der Düsensteuerung.

Abb. 80. Bahn der Kreiselspitze des ortsfesten Pendelkreisels.

und dies bedeutet für die Kreiselspitze (d. h. einen Punkt auf der Figurenachse im Abstand 1 vom Stützpunkt in Richtung des Eigendrehimpulsvektors) in diesen Bereichen geradlinige Bahnen, die unter $\pm 45°$ gegen die χ-Achse geneigt sind und zu absolut kleineren χ- und ψ-Werten führen, also auf alle Fälle zu einer Annäherung an den Nullpunkt, wie in Abb. 80 für einen Anfangswert (χ_0, ψ_0) im Bereich I gezeichnet.

Sobald die Grenze der Bereiche I bis IV von der Kreiselspitze in einem Punkt $\chi_1 = \pm c$ oder $\psi_1 = \pm c$ erreicht ist, muß man eine der Gleichungen (58) durch eine andere ersetzen. Wir verfolgen dies für den Fall von Abb. 80 weiter (in den anderen Fällen läuft die Rechnung analog).

Von jetzt an gilt

$$\left.\begin{aligned} \dot{\chi} + \varkappa c &= 0, \\ \dot{\psi} + \varkappa \psi &= 0 \end{aligned}\right\} \tag{60}$$

mit der Lösung

$$\left.\begin{aligned} \chi &= \chi_1 - \varkappa c t, \\ \psi &= c e^{-\varkappa t}, \end{aligned}\right\} \tag{61}$$

falls wir die Zeitrechnung jetzt mit $\chi = \chi_1$, $\psi = c$ beginnen lassen, und dies bedeutet eine sich ohne Knick anschließende Exponentialkurve, die sich dem Nullpunkt weiter annähert, bis die Grenze des Bereiches IX im Punkte (c, ψ_2) erreicht ist.

Von da an gilt

$$\left.\begin{aligned} \dot{\chi} + \varkappa \chi &= 0, \\ \dot{\psi} + \varkappa \psi &= 0 \end{aligned}\right\} \tag{62}$$

mit der Lösung

$$\left.\begin{aligned} \chi &= c e^{-\varkappa t}, \\ \psi &= \psi_2 e^{-\varkappa t}, \end{aligned}\right\} \tag{63}$$

falls wir jetzt die Zeitrechnung mit $\chi = c$, $\psi = \psi_2$ beginnen lassen, und das bedeutet vollends eine (ohne Knick sich anschließende) gerade Bahn der Kreiselspitze, die sich asymptotisch dem Nullpunkt nähert.

Damit ist an einem Beispiel gezeigt, daß die Düsensteuerung beim ortsfesten astatischen Pendelkreisel wie eine Dämpfung wirkt und seine Figurenachse aus jeder zufälligen Auslenkung asymptotisch in die Lotlinie zurückzieht. Die Rückführungsgeschwindigkeit in den Bereichen I bis IV beträgt bei den üblichen Bauarten 5 bis 10 Bogengrade in der Zeitminute, so daß mäßige Anfangsausschläge (χ_0, ψ_0) in der Regel in wenigen Minuten merklich verschwunden sind.

Nun untersuchen wir das Verhalten des Gerätes im bewegten Fahrzeug (Flugzeug). Bei einer gleichförmig geradlinig beschleunigten Anfahrt tritt an die Stelle des wahren Lotes das Scheinlot, das die Neigung $\operatorname{arc\,tg}(b/g)$ gegen das wahre Lot hat, wenn b die (waagerecht vorausgesetzte) Beschleunigung ist. Die Figurenachse wird also von der Düsensteuerung langsam so in die Richtung des Scheinlotes gezogen, wie wir das soeben für das ortsfeste Gerät bei ihrer Rückführung in das wahre Lot gefunden haben. Trotzdem hat das Kreiselgerät den großen Vorzug vor einem gewöhnlichen Pendel, daß es viel langsamer dem Scheinlot nachgibt als jenes, so daß nach nicht allzu lange dauernder Anfahrt noch keine große Mißweisung entstanden sein wird. Hierbei haben wir angenommen, daß die Düsenpendelchen sich nahezu augenblicklich in die entsprechende Winkelkomponente des Scheinlotes eingestellt haben, was bei der üblichen Bauart zutrifft.

Entscheidend für die Brauchbarkeit des düsengesteuerten Pendelkreisels ist nun aber wieder sein Verhalten auf einer Kreisfahrt.

Weil die Düsenmomente an die Richtung der Drehachsen des inneren Cardanrings (Kreiselkappe) und des äußeren Cardanrings gebunden sind, und weil diese die Drehung des Fahrzeuges (Flugzeuges) in der Bahnkurve mitmachen und dabei je nach dem Bereich I bis IX verschiedenen Gesetzen folgen, so müssen wir hier unsere Ausgangsgleichungen (50) zuvor auf ein mitbewegtes System (χ, ψ) transformieren. Hierzu beachten wir, daß der Drehvektor des Fahrzeuges, dessen Zahlenwert ε wir positiv nach oben rechnen (Linkskurve), bei einer kleinen Neigung ψ eine Komponente $\varepsilon\psi$ in der positiven $\dot{\chi}$-Achse hat, bei einer kleinen Neigung χ eine Komponente $\varepsilon\chi$ in der negativen $\dot{\psi}$-Achse, so daß die tatsächlichen Drehgeschwindigkeiten jetzt $\dot{\chi}+\varepsilon\psi$ und $\dot{\psi}-\varepsilon\chi$ sind, die geweckten Kreiselmomente in (50) also die Werte $K_1=D_\varepsilon(\dot{\chi}+\varepsilon\psi)$ und $K_2=D_\varepsilon(\dot{\psi}-\varepsilon\chi)$ annehmen. Somit wird aus (51)

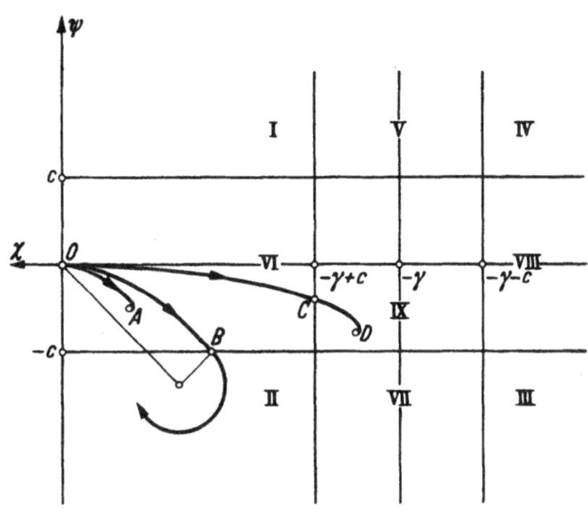

Abb. 81. Bahnen der Kreiselspitze bei einer Linkskurve.

$$\left.\begin{aligned} \dot{\chi} + \varepsilon\psi + m' &= 0, \\ \dot{\psi} - \varepsilon\chi + m'' &= 0. \end{aligned}\right\} \qquad (64)$$

[Diese Transformation auf ein sich drehendes System stimmt natürlich auch mit der früheren Transformation (27) von Ziff. 1 (Seite 153) überein, wie man leicht nachprüft.]

In diese Bewegungsgleichungen der Kreiselspitze müssen wir nun wieder die Ausdrücke m' und m'' für die einzelnen Bereiche I bis IX sinngemäß einsetzen. Nehmen wir an, daß die positive $\dot{\chi}$-Achse mit der Fahrtrichtung dauernd übereinstimmt, so hat das Scheinlot die Neigung

$$\gamma = \operatorname{arc\,tg} \frac{b}{g} = \operatorname{arc\,tg} \frac{r\varepsilon^2}{g} = \operatorname{arc\,tg} \frac{v\varepsilon}{g} \qquad (65)$$

gegen das wahre Lot und liegt in der Lotebene durch die $\dot{\psi}$-Achse, und zwar bei einer Links- (Rechts-) Kurve in Richtung negativer (positiver) χ-Werte. Somit ist der Mittelpunkt des Bereiches IX der Punkt $\chi=\mp\gamma$ (Abb. 81 für eine Linkskurve). Außerdem ist in (54) nun offenbar $\varkappa\chi$ zu ersetzen durch $\varkappa(\chi\pm\gamma)$.

Beim Beginn der Kreisfahrt möge die Figurenachse des Pendelkreisels in der Lotlinie liegen ($\chi=0$, $\psi=0$), und es möge $|\gamma|>c$ sein. Dann kann sie sich zunächst nur im Bereiche VI bei Linkskurven ($\varepsilon>0$) bzw. VIII bei Rechtskurven ($\varepsilon<0$) bewegen. Dort werden die Gleichungen (64) explizit

$$\left.\begin{aligned} \dot{\chi}+\varepsilon\psi\pm\varkappa c&=0, \\ \dot{\psi}-\varepsilon\chi+\varkappa\psi&=0. \end{aligned}\right\} \tag{66}$$

Wir wollen alle Rechnungen für Linkskurven ($\varepsilon>0$) durchführen. Dann findet man als Lösung von (66) (indem man etwa den Wert von ψ aus der ersten Gleichung in die zweite einsetzt)

$$\left.\begin{aligned} \chi&=a_1 e^{\sigma_1 t}+a_2 e^{\sigma_2 t}-\frac{\varkappa^2}{\varepsilon^2}c, \\ \psi&=-a_1\frac{\sigma_1}{\varepsilon}e^{\sigma_1 t}-a_2\frac{\sigma_2}{\varepsilon}e^{\sigma_2 t}-\frac{\varkappa}{\varepsilon}c \end{aligned}\right\} \tag{67}$$

mit

$$\sigma_{1,2}=-\frac{\varkappa}{2}\pm\frac{1}{2}\sqrt{\varkappa^2-4\,\varepsilon^2}. \tag{68}$$

Dies bedeutet eine Spirale um den asymptotischen Punkt A mit den Koordinaten

$$\chi_\infty=-\frac{\varkappa^2}{\varepsilon^2}c, \qquad \psi_\infty=-\frac{\varkappa}{\varepsilon}c, \tag{69}$$

und zwar gleichviel, ob $\varkappa^2 \gtrless 4\,\varepsilon^2$ ist, σ_1 und σ_2 also reell oder komplex sind. Im zweiten Falle muß man nur eben auch die Integrationskonstanten a_1 und a_2 in bekannter Weise konjugiert komplex ansetzen. (Den Grenzfall $\varkappa^2=\varepsilon^2$, der, nebenbei bemerkt, bei den üblichen Geräten für Kurvenkreise von 2 bis 4 Minuten Umlaufdauer eintritt, denken wir uns entsprechend berechnet.) Aus der Anfangsbedingung $\chi=0$, $\psi=0$ für $t=0$ folgt sofort

$$a_{1,2}=\mp\frac{\varkappa c}{\sqrt{\varkappa^2-4\,\varepsilon^2}}\left(1+\frac{\varkappa\sigma_{2,1}}{\varepsilon^2}\right), \tag{70}$$

und man findet mittels (65) für $t=0$

$$\frac{d\psi}{d\chi}=\frac{\dot{\psi}}{\dot{\chi}}=0,$$

$$\frac{d^2\psi}{d\chi^2}=\frac{\ddot{\psi}\dot{\chi}-\dot{\psi}\ddot{\chi}}{\dot{\chi}^3}=\mp\frac{\varepsilon}{\varkappa c}<0$$

sowohl für die Linkskurven wie auch für die Rechtskurven (bei denen ja ε negativ ist). Die Spirale geht also in jedem Falle vom Nullpunkt O zu negativen Werten ψ und wegen $\dot{\chi}=\mp\varkappa c$ auch in jedem Falle zu χ-Werten in Richtung auf den Punkt $\mp\gamma$, wie dies Abb. 81 für Linkskurven zeigt.

Man muß nun mehrere Fälle unterscheiden. Liegt der asymptotische Punkt A (69) innerhalb des Bereiches VI, so liegt der Endpunkt nach Aufhören des Kurvenfluges auf dieser Spirale zwischen O und A. Liegt dagegen A außerhalb des Bereiches VI, so erreicht die Spirale entweder in einem Punkte B den Bereich II oder in einem Punkte C den Bereich IX – falls der Kurvenflug lange genug dauert; andernfalls hört auch hier die Spirale zwischen O und B bzw. C auf.

Tritt die Kurve in den Bereich II ein, so hat man statt (66) die weiteren Gleichungen

$$\left.\begin{aligned}\dot{\chi}+\varepsilon\psi+\varkappa c=0,\\ \dot{\psi}-\varepsilon\chi-\varkappa c=0\end{aligned}\right\}\tag{71}$$

mit der Lösung

$$\left.\begin{aligned}\chi&=a\cos(\varepsilon t+\alpha)-\frac{\varkappa}{\varepsilon}c,\\ \psi&=a\sin(\varepsilon t+\alpha)-\frac{\varkappa}{\varepsilon}c,\end{aligned}\right\}\tag{72}$$

wobei a und α Integrationskonstanten sind. Dies bedeutet einen Kreis mit Halbmesser a und Mittelpunkt

$$\chi_0=-\frac{\varkappa}{\varepsilon}c,\qquad \psi_0=-\frac{\varkappa}{\varepsilon}c.\tag{73}$$

Dieser Kreis schließt sich ohne Knick an die Kurve (67) an und wird bei Linkskurven im Sinne der Kreiseldrehung (Uhrzeigersinn) durchlaufen, bei Rechtskurven umgekehrt.

Je nach der Dauer des Kurvenfluges liegt entweder der Endpunkt auf diesem Kreise, ehe er den Bereich VI wieder trifft, oder aber die Bewegung tritt nochmals in den Bereich VI ein und ist von da an in einer Lösung vom Typ (67) mit neu zu bestimmenden Konstanten a_1 und a_2 fortzusetzen.

Erreicht die ursprüngliche Spirale den Bereich IX in einem Punkte C, so gelten von da an die Gleichungen

$$\left.\begin{aligned}\dot{\chi}+\varepsilon\psi+\varkappa(\chi+\gamma)=0,\\ \dot{\psi}-\varepsilon\chi+\varkappa\psi=0\end{aligned}\right\}\tag{74}$$

mit der Lösung

$$\left.\begin{aligned}\chi&=a e^{-\varkappa t}\cos(\varepsilon t+\alpha)-\frac{\varkappa^2}{\varepsilon^2+\varkappa^2}\gamma,\\ \psi&=a e^{-\varkappa t}\sin(\varepsilon t+\alpha)-\frac{\varepsilon\varkappa}{\varepsilon^2+\varkappa^2}\gamma.\end{aligned}\right\}\tag{75}$$

Dies bedeutet wieder eine Spirale um den asymptotischen Punkt D mit den Koordinaten

$$\chi_\infty=-\frac{\varkappa^2}{\varepsilon^2+\varkappa^2}\gamma,\qquad \psi_\infty=-\frac{\varepsilon\varkappa}{\varepsilon^2+\varkappa^2}\gamma.\tag{76}$$

Liegt dieser Punkt im Innern des Bereiches IX (und dann jedenfalls der ψ-Achse näher als der Punkt $-\gamma$), so kommt die Figurenachse in einem Punkte zur Ruhe, der zwischen C und dem asymptotischen Punkte D (75) liegt. Andernfalls kann die Kurve in den Bereich VII weiterführen. Auch ein etwaiger Kreis des Bereiches II kann in den Bereich VII führen. In diesem gelten dann die weiteren Gleichungen

$$\left.\begin{aligned}\dot{\chi}+\varepsilon\psi+\varkappa(\chi+\gamma)&=0,\\ \dot{\psi}-\varepsilon\chi-\varkappa c&=0.\end{aligned}\right\}\tag{77}$$

Sie besitzen jetzt die Lösung

$$\left.\begin{aligned}\chi&=a_1 e^{\sigma_1 t}+a_2 e^{\sigma_2 t}-\frac{\varkappa}{\varepsilon}\,c,\\ \psi&=a_1\frac{\varepsilon}{\sigma_1}e^{\sigma_1 t}+a_2\frac{\varepsilon}{\sigma_2}e^{\sigma_2 t}+\frac{\varkappa^2}{\varepsilon^2}\,c-\frac{\varkappa}{\varepsilon}\,\gamma,\end{aligned}\right\}\tag{78}$$

und auch diese bedeutet wieder eine Spirale, diesmal mit dem asymptotischen Punkte

$$\chi_\infty=-\frac{\varkappa}{\varepsilon}\,c,\qquad \psi_\infty=\frac{\varkappa^2}{\varepsilon^2}\,c-\frac{\varkappa}{\varepsilon}\,\gamma.\tag{79}$$

Bei alledem haben wir vorausgesetzt, daß $|\gamma|>c$ sei; andernfalls würde der Bereich IX den Nullpunkt noch enthalten, und dann bleibt die Kurve ganz im Bereiche IX und wird schon durch (75) völlig dargestellt.

Weil für $|\gamma|>c$ mehrere Bereiche in Betracht kommen können, und weil sich die untersuchten Kurven an den Rändern dieser Bereiche zusammenfügen, so wird die Mannigfaltigkeit der im ganzen entstehenden Kurven für die Figurenachse im allgemeinen sehr groß. Man kann sich diese Kurventypen nun wohl gut vorstellen. Wir wollen die möglichen Gesamtkurven nicht im einzelnen aufzeichnen[1], sondern nur noch folgendes feststellen.

Die Mißweisungen können in ungünstigen Fällen bis nahe an den Fehler des Scheinlotes heranreichen und so auch dieses Gerät unbrauchbar machen. In jedem Falle neigt sich die Figurenachse nach der Seite gegen die Richtung des Scheinlotes hin und außerdem in der Flugrichtung so, daß der Horizont, nach vorne gesehen, gesenkt erscheint. Nachdem der Kurvenflug beendet ist, geht die Figurenachse bei unbeschleunigtem Weiterflug in der früher geschilderten Weise (vgl. Abb. 80, Seite 167) asymptotisch in ihre lotrechte Nullage zurück.

Man könnte daran denken — und hat dies auch wohl schon wirklich versucht —, die Störung des düsengesteuerten Pendelkreisels durch den Kurvenflug dadurch zu beheben, daß man, sobald ein solcher Flug absichtlich eingeleitet ist oder unabsichtlich erfolgt und dann etwa durch einen Wendezeiger (§ 8) angezeigt wird, die Düsensteuerung durch Drosseln des Luftstroms von Hand ausschaltet oder auch selbsttätig durch den Wendezeiger ausschalten läßt. Freilich ist dieses

[1] Man findet berechnete und mit Versuchen verglichene Kurven bei *K. Magnus*, a. a. O. S. 30 (Fußnote 1 von Seite 166).

Verfahren nur behelfsmäßig und hat auch Nachteile: bei lange Zeit geflogenen Kurven macht sich dann die Erddrehung und die mitführende Reibung in den Cardanlagern geltend, und bei schleichenden Kurven wird der Wendezeiger vielleicht noch nicht ansprechen, so daß sich dann der schädliche Einfluß des Scheinlotes doch noch auswirkt. Eine bessere Lösung ergäbe sich, wenn man die Fahrzeugbeschleunigung durch ein besonderes Gerät mißt und sie durch eine geeignete Vorrichtung vom Scheinlot für die Pendelchen abzieht. Wir werden eine derartige Vorrichtung bei einem späteren Kreiselgerät kennen lernen (§ 8, Ziff. 4).

Auch Bauarten mit acht je unter 45° versetzten Düsen, statt deren vier, sind vorgeschlagen worden. Die Theorie dieser Achtdüsensteuerung kann mit der gleichen Methode entwickelt werden[1].

Der Sperryhorizont wird in vielen Bauarten benützt und, namentlich in den älteren Formen, von Sogluft angetrieben. Dabei ist er in einem abgedichteten Gehäuse untergebracht, das eine Saugpumpe in Unterdruck versetzt. Die Arbeitsluft wird durch ein Staubfilter angesaugt und strömt durch die Cardanzapfen und durch einen Luftkanal im äußeren Cardanring über die Strahldüsen der Kreiselkappe auf schaufelartige Aussparungen des Kreiselkörpers, der dadurch angetrieben wird, und von da durch die Steuerdüsen des Vierkants in das Gehäuse. Bei neueren Bauarten wird statt dieses pneumatischen Antriebs, der erhebliche Nachteile hat (Änderung der Drehzahl infolge Abnahme der Luftdichte und der Temperatur in großen Höhen, Gefahr der Verstopfung der feinen Luftkanäle, Vereisung der Sogdüse usw.), fast stets elektrischer Antrieb wie bei früher beschriebenen Kreiselgeräten verwendet.

Die Steuerdüsen haben zumeist (im Gegensatz zu Abb. 78, Seite 165) runden statt quadratischem Querschnitt. Dann ist zwar die Differenz der Öffnungen zweier gegenüberliegender Düsen und damit das entstehende Reaktionsmoment M' bzw. M'' auch bei kleinen Winkeln χ bzw. ψ nicht mehr genau proportional zu χ bzw. ψ, aber wenigstens genähert (genauer wäre, wie man elementar ausrechnet, $M' \sim \chi\sqrt{1-\chi^2} + \arcsin\chi$, also für kleine Winkel χ doch wieder $M' \sim \chi$), so daß unsere Rechnungen auch für runde Steuerdüsen hinreichend genau gelten, zumal, da man den halben Öffnungswinkel der Düsen, d. h. die Größe c in (56) und (57), in der Regel nicht größer als 2° (=0,035) wählt.

Der Eigendrehimpuls ist zumeist etwa $D_e = 1000$ cmgsek. Für die Größe $\varkappa$ (55) kann man Werte bis zu $\varkappa = 0{,}05$ sek^{-1} erzielen, also in den

[1] *K. Magnus*, a. a. O. S. 39.

Bereichen I bis IV gemäß (59) Abklinggeschwindigkeiten von 0,1 °/sek, während die Reaktionsmomente M' und M'' nach (53) und (55) Werte bis zu $\varkappa c D_e = 1{,}75$ cmg erreichen und also die Lagerreibungsmomente, die zu 0,15 cmg zu schätzen sind, weit übertönen.

Die Anzeigevorrichtung des Sperryhorizontes schließlich gibt Abb. 82 wieder. An der Kreiselkappe (*k*), die um die Querachse (*q*)

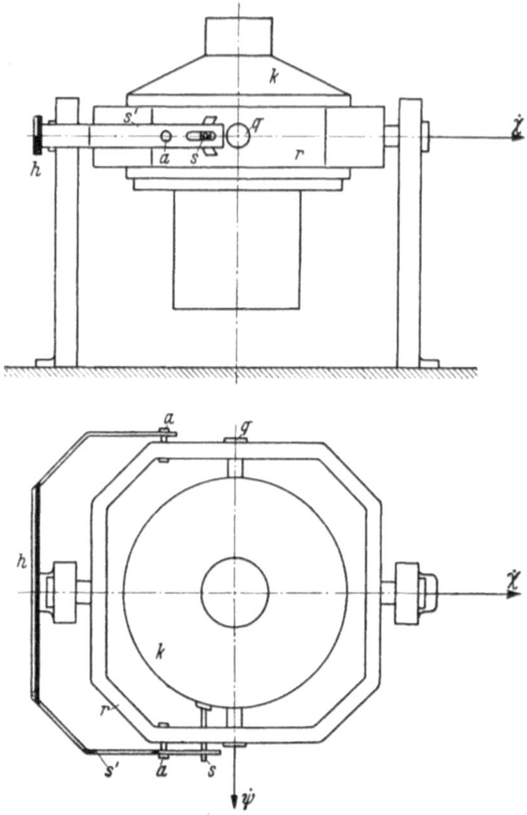

Abb. 82. Anzeige des Sperryhorizontes.

im äußeren Cardanring (*r*) ihre Drehung ψ vollziehen kann, ist ein Stift (*s*) befestigt, der durch einen Schlitz im Cardanring in eine Kurbelschleife (*s'*) eingreift, die sich um ein am Cardanring (*r*) gelagertes Achsenpaar (*a*) drehen kann und vorne den künstlichen Horizont (*h*) trägt. Dieser zeigt mit seiner Schrägstellung die Neigung χ der Querachse (*q*) und damit des wahren Horizontes gegen die Querachse des Flugzeuges an, in seiner Höher- oder Tieferlage die Neigung ψ des wahren Horizontes gegen die Längsachse des Flugzeuges.

Noch unmittelbarer wird der Horizont bei einer Bauart[1] der Kreiselgeräte GmbH. in Berlin abgegriffen. Der für nautische Zwecke bestimmte Pendelkreisel, der im übrigen wie der Sperryhorizont gestaltet ist, trägt auf seiner Kreiselkappe einfach einen Spiegel oder eine Strichplatte für den Sextanten. Man kann mit ihm den wahren Horizont bei mäßigem Seegang bis auf wenige Bogenminuten genau ablesen.

4. Der Pendelkreisel mit Stützmotoren. Für die notwendige Überwachung des Pendelkreisels als künstlichen Lotes oder Horizontes sind noch mancherlei weitere Vorschläge gemacht und auch teilweise ausgeführt worden. Anstatt den Pendelkreisel unmittelbar durch die Schwerkraft zu überwachen (Ziff. 1) oder durch die von der Schwerkraft gesteuerten Düsenmomente (Ziff. 3), kann man ihn auch mittelbar überwachen durch sogenannte Lotfühler, welche geeignet angebrachte Wendemotoren, hier in der Regel Stützmotoren genannt, steuern. Unter Lotfühlern versteht man Vorrichtungen, die die Stellung der Figurenachse gegenüber der wahren oder scheinbaren Lotrichtung angeben und bei jeder Abweichung von der Norm einen Stromkreis für einen Motor schließen, der auf die Kreiselkappe ein solches Drehmoment $\mathfrak{M}$ ausübt, daß der Eigendrehimpuls $\mathfrak{D}_e$ und mit ihm die Figurenachse gemäß dem kinetischen Grundgesetz $d\mathfrak{D}_e/dt = \mathfrak{M}$ in seine richtige oder möglichst richtige Stellung zurückgeht. Statt der früher gelegentlich versuchten mechanischen und hydraulischen Fühler (Pendel[2], Libellen usw.) benützt man jetzt vorwiegend elektrische.

Der grundlegende Gedanke dieser Art von Überwachung und Stützung des Pendelkreisels besteht darin, daß zwar die Lotfühler jeder Schwankung des Scheinlotes fast augenblicklich folgen, daß aber der Kreisel kraft seiner außerordentlich viel größeren dynamischen Trägheit den Weisungen seiner Lotfühler nur langsam nachgibt und daher über die Schwankungen des Scheinlotes gleichsam einen Mittelwert bildet, von dem man annehmen darf, daß er dem wahren Lot nahekommt. Eine formelmäßige Theorie derartiger Überwachungen ist allerdings kaum möglich; die Geräte müssen praktisch erprobt werden.

Als erfolgreich durchgebildetes Beispiel für die Wirkungsweise eines solchen Lotfühlers führen wir die sogenannte *Anschütz*sche Lotzentrale[3] an, nach dem Vorschlag von *v. Peteri* gebaut. Ihr

[1] Vgl. *K. Beyerle*, a. a. O. S. 222 (Fußnote 2 von Seite 166).

[2] Vgl. *E. Fischel*, Der Kreisel und seine Probleme im Flug, Schriften der Deutschen Akademie der Luftfahrtforschung Heft 39 (1939).

[3] Vgl. *K. Beyerle*, a. a. O. S. 224; ferner *H. Watzlawek*, Österr. Ing.-Arch. 4 (1950), S. 44.

Kreisel ist cardanisch gelagert wie derjenige des *Anschütz*schen Kreiselpendels (Ziff. **1**) oder des Sperryhorizontes (Ziff. **3**): den inneren Ring bildet die Kreiselkappe mit ihrer waagerechten Achse a_1, gelagert

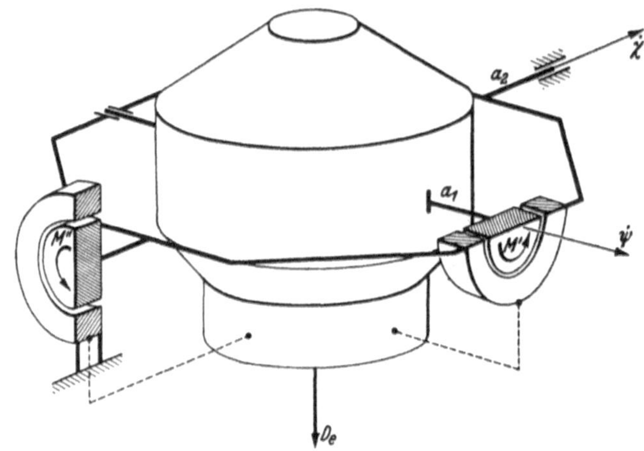

Abb. 83. Schema der *Anschütz*schen Lotzentrale.

im äußeren Ring, der mit seiner ebenfalls waagerechten Achse a_2 im fahr- oder flugzeugfesten Rahmen liegt (vgl. das Schema in Abb. 83). Am Boden der Kreiselkappe ist eine Dose befestigt, wie Abb. 84 sie aufzeigt. In ihrem Deckel sind vier Elektroden (e) eingesetzt und teils von einem Elektrolyt bespült, teils von einer Luftblase (l) abgeschirmt. Sie bilden Teile einer Wechselstrom-Brückenschaltung, so daß sie stets depolarisiert sind. Zwischen je zwei gegenüberliegenden Elektroden ist die Wendephase eines Stützmotors als Brücken-Diagonalzweig eingeschaltet. Die beiden Stützmotoren, von denen der eine ein Drehmoment M' auf die Achse a_1, der andere ein Drehmoment M'' auf die Achse a_2 ausüben kann, sind als Zweiphasen-Drehfeldmotoren ausgebildet, deren Festphase vom Netz aus dauernd erregt ist. Am Boden der Dose liegt die Gegenelektrode (g). Wenn die Figurenachse im Lot steht, ist die Luftblase in der Mittelstellung und somit die Wendephase stromlos. Beim Abwandern der Figurenachse aus dem Lot ver-

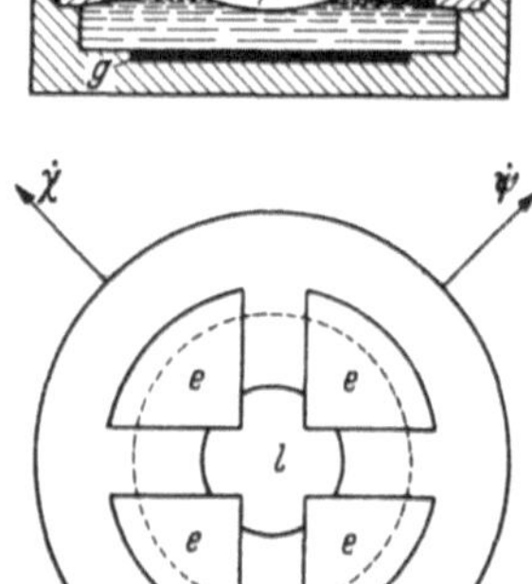

Abb. 84. Elektrolyt-Dosenlibelle.

schiebt sich die Luftblase, die Wendephase erhält Strom und der Stützmotor wird in der richtigen Weise so lange erregt, bis sein Drehmoment den Eigendrehimpulsvektor wieder in das Lot zurückgebracht hat. Da diese Dosenlibelle den Strom schon bei Neigungen von $\chi=15'$ oder $\psi=15'$ voll aussteuert, so handelt es sich praktisch um eine sogenannte Schwarz-Weiß-Steuerung, d. h. um Momente vom jeweils festen Betrag $\pm M'$ bzw. $\pm M''$. Die Erfahrung hat gezeigt, daß man mit dieser Elektrolyt-Dosenlibelle die Lotrichtung genauer überwachen kann als mit Pendelchen, vor allem weil die Lagerreibung, welche jene Pendelchen immer noch haben, wegfällt.

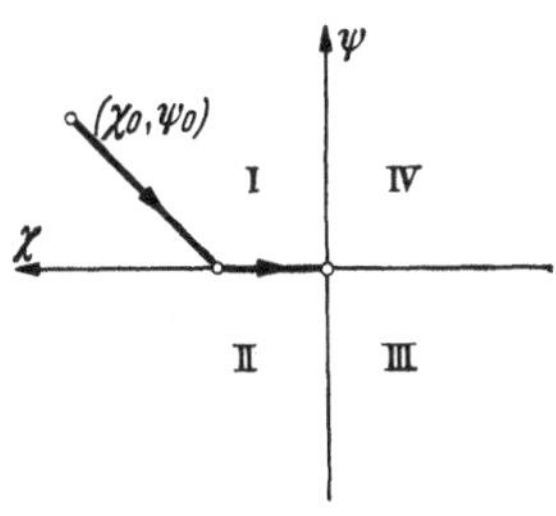

Abb. 85. Bahn der Kreiselspitze des ortsfesten Pendelkreisels.

Die Theorie dieser Schwarz-Weiß-Steuerung ist in unseren Untersuchungen von Ziff. 3 enthalten. Man hat dort lediglich $c=0$ zu setzen, also die Gebiete V bis VIII von Abb. 79 bis 81 (Seite 167 und 169) auf unendlich schmale Streifen zusammengeschrumpft zu denken. Man erkennt dann leicht, daß die Kreiselspitze des ortsfesten Pendelkreisels aus einer zufälligen Anfangsstörung (χ_0, ψ_0) nach der Art von Abb. 85

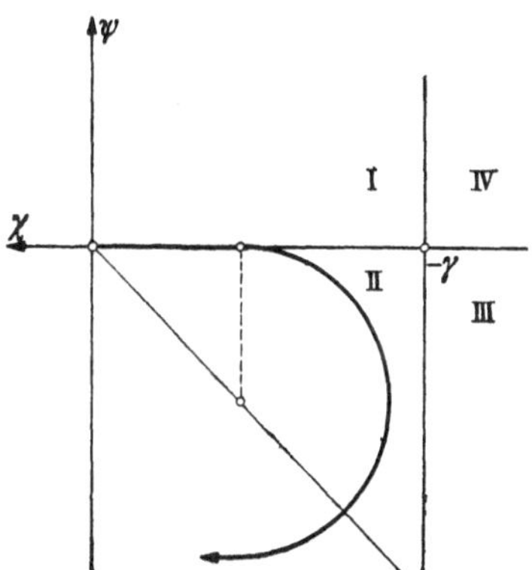

Abb. 86. Bahn der Kreiselspitze bei einer Linkskurve.

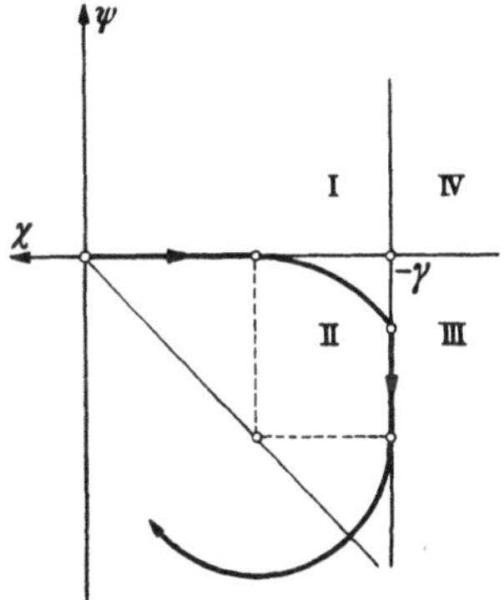

Abb. 87. Bahn der Kreiselspitze bei einer Linkskurve.

in die Nullage zurückkehrt. Beim Kurvenflug erhält man Bahnen der Kreiselspitze nach Abb. 86 und 87 (falls D_e positiv abwärts weist). Man prüft auch dies an Hand der früheren Überlegungen ohne weiteres nach und erkennt an diesen Bahnkurven, daß auch die Schwarz-Weiß-Steuerung die gleichen Mißweisungen zuläßt wie die Düsensteuerung. In den früheren Rechnungen muß man natürlich $m'(=M'/D_e)$ und $m''(=M''/D_e)$ statt $\varkappa c$ schreiben, und es ist dabei vorausgesetzt, daß die Stützmomente M' und M'' beider Motoren gleich groß sind. Man kann die Theorie mit gleicher Methode auch auf verschieden große Stützmomente M' und M'' erweitern[1], insbesondere auf den Fall, daß einer der Stützmotoren beim Kurvenflug ausgeschaltet wird.

5. Weitere Pendelkreisel. Wie schon beim Kreiselpendel und beim düsengesteuerten Pendelkreisel der „Lotfühler" zugleich die Überwachung der Figurenachse ohne besondere Stützmotoren besorgt, so sind auch noch andere Bauarten des künstlichen Horizontes ausgedacht und erprobt worden, die ohne Stützmotoren mit mechanischen, mit hydraulischen und mit elektrischen Hilfsmitteln arbeiten.

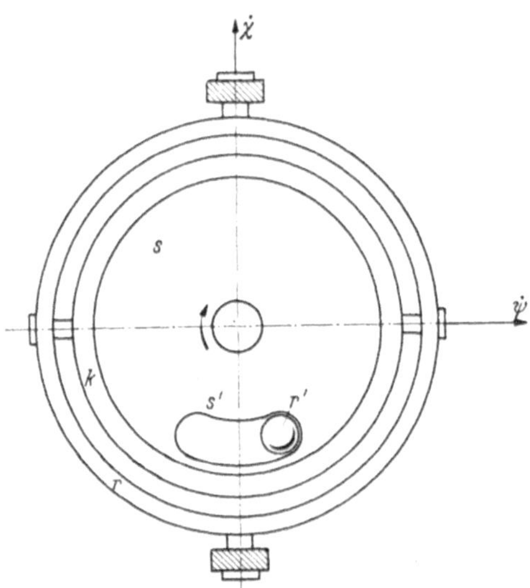

Abb. 88. *Alkan*scher Horizont mit Schleppscheibe.

Besonders einfach ist die von *Alkan*[2] vorgeschlagene Schleppscheibe mit Laufgewicht, wie dies Abb. 88 von oben gesehen zeigt. Die im Cardanring (r) hängende Kreiselkappe (k) trägt eine Schleppscheibe (s), die senkrecht zur Figurenachse liegt und von der Kreiselachse über Reibbacken angetrieben wird. Ein Hemmwerk verzögert ihre Umlaufzahl gegenüber der des Kreisels erheblich. Ein Schlitz (s') in der Schleppscheibe (s) nimmt eine Rollkugel (r') auf ihrem Umlauf mit. Diese Rollkugel übt in jeder Lage durch ihr Gewicht ein Drehmoment um den Mittelpunkt des Cardangehänges aus. Bei waagerechter Lage der Schleppscheibe heben sich die Schweremomente im Mittel genau auf und rufen nur ein nutationsartiges Erzittern der Figurenachse hervor. Ist aber beispielsweise eine Neigung χ

[1] Vgl. *K. Magnus*, a. a. O. S. 36 (Fußnote 1 von Seite 166).

[2] *R. Alkan*, Science Aérienne 7 (1938), Nr. 2.

der Figurenachse entstanden, so steht auch die Kreiselkappe und die Schleppscheibe schief, und die Rollkugel wirkt im ansteigenden Teil ihrer Kreisbahn verzögernd, im absteigenden beschleunigend auf die Schleppscheibe ein; ihre Verweilzeit auf dem ansteigenden Bahnteil ist also ein wenig größer als auf dem absteigenden, und so entsteht im Mittel ein Momentvektor in der $\dot{\psi}$-Achse, der den geneigten Eigendrehimpulsvektor wieder aufrichtet. Die Wirkung wird noch erhöht durch die Schlitzlänge, insofern die Rollkugel auf dem absteigenden Bahnteil im Schlitz vorausläuft und so ihre Verweilzeit dort noch weiter herabsetzt.

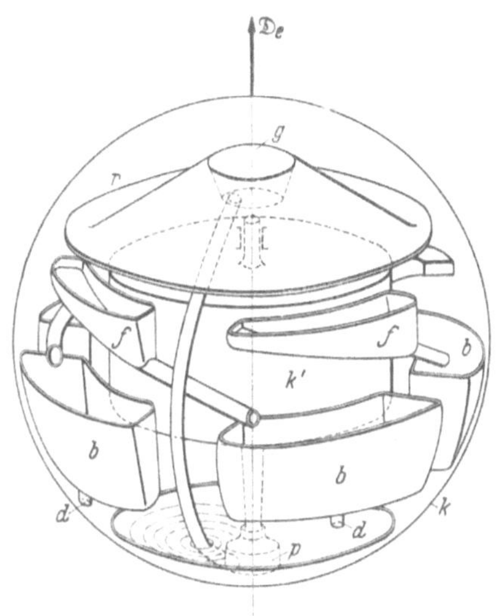

Abb. 89. *Anschütz*scher Horizontkreisel mit hydraulischer Stützung.

Einer hydraulischen Lotüberwachung bedient sich ein (nach dem Entwurf von *Beyerle*[1]) von Anschütz & Co. gebauter Horizontkreisel, der für Schiffe bestimmt ist und dort servomotorisch auf elektrischem Wege optische Geräte zu steuern hat. Abb. 89 zeigt das (im übrigen cardanisch aufgehängte) Gerät mit seiner kugelförmigen Kreiselkappe (*k*), in der der Kreiselkörper (*k'*) umläuft. An der Kreiselkappe sind Ballasttanke (*b*) kranzförmig befestigt. Eine vom Kreisel mit angetriebene Pumpe (*p*) fördert Öl in ein (ebenfalls an der Kreiselkappe befestigtes) Gefäß (*g*). Das Öl fließt über in eine kegelförmige Rinne (*r*) und von da über die Rinnenkante in Fallröhren (*f*), die es um 90° umlenken und in die Ballasttanke (*b*) leiten, aus denen es durch kleine Düsen (*d*) wieder zur Pumpe zurückkommt. Vor Betriebsbeginn liegt der Schwerpunkt der Kreiselkappe tiefer als der Stützpunkt des Cardangehänges, da sich die ganze Ölmenge am Boden der Kreiselkappe befindet. Im stationären Betrieb wird dauernd so viel Öl gehoben, daß das System astatisch ist. Solange die Figurenachse genau senkrecht steht, ist die Rinne (*r*) und ihre Kante genau waagerecht, und das Öl füllt daher die Ballasttanke (*b*) gleichmäßig, so daß im

[1] *K. Beyerle*, a. a. O. S. 223.

ganzen kein Schweremoment entsteht. Neigt sich jedoch die Figurenachse und mit ihr die Rinne, so fließt auf der tieferen Seite mehr Öl aus als auf der höheren, der um 90° im Sinne der Kreiseldrehung versetzte Ballasttank wird daher schwerer als der gegenüberliegende, und es entsteht mithin ein Schweremoment, das den Eigendrehimpulsvektor $\mathfrak{D}_e$ wieder aufrichtet. Da der Kreisel astatisch ist, so ist er zugleich auch unempfindlich gegen das Schlingern des Schiffes. Er vermag den Horizont bis auf einen Fehler von etwa 15′ festzuhalten. In Abb. 89 ist ein nach oben gerichteter Vektor $\mathfrak{D}_e$ angenommen; andernfalls müßten die Fallröhren (f) umgekehrt angeordnet sein.

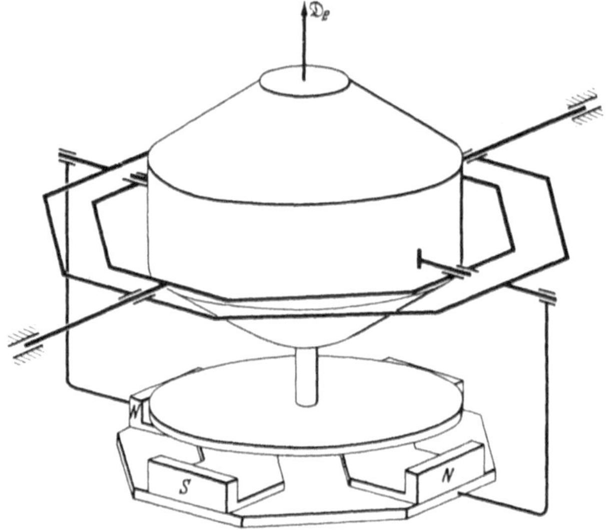

Abb. 90. Pendelkreisel mit Wirbelstromstützung.

Wie die Figurenachse eines astatischen Pendelkreisels durch eine W i r b e l s t r o m s t ü t z u n g überwacht werden kann, zeigt Abb. 90 schematisch. Aus der cardanisch aufgehängten Kreiselkappe ragt die Welle des Kreiselkörpers nach unten heraus und trägt eine Kupferkalotte, die also mit umläuft. Darunter ist ein Satz von zwei permanenten Magneten auf einer Tragplatte angeordnet, die als Pendel ebenfalls cardanisch aufgehängt ist. In der Nullage erzeugen die Magnetpole in der Kupferkalotte Wirbelströme, welche aus Gründen der Symmetrie nur um die Figurenachse ein Widerstandsmoment ergeben, das unmittelbar vom Antriebsmotor des Kreiselkörpers aufgenommen wird. Bei jeder relativen Neigung des Pendelkreisels gegen das Magnetpendel dagegen bilden die Wirbelstromkräfte ein Stützmoment, das die Figurenachse und die Magnetpendelachse wieder gleichzurichten strebt.

Wesentlich für die Wirkungsweise der Vorrichtung ist lediglich die relative Bewegung zwischen Kupferkalotte und Magnetfeld. Anstatt die Kupferkalotte anzutreiben, kann man daher ebenso gut das Magnetfeld in Drehung versetzen. Dies geschieht bei einer von *Sperry* entwickelten Bauart des Gerätes dadurch, daß man die permanenten Magnete auf ihrer Tragplatte durch einen Polring mit Wickelung ersetzt und in ihm durch Mehrphasen-Wechselstrom ein Drehfeld erzeugt. Dies hat den Vorteil, daß dann die Kupferkalotte fest an der Kreiselkappe hängt, und daß diese daher nach außen abgeschlossen sein kann.

Etwas primitiver kann man die Wirkung auch dadurch erreichen, daß man statt der Magnete auf der Mitte der Tragplatte einen Stift anbringt, der in der Nullage genau gegen die Mitte der umlaufenden Kupferkalotte federnd drückt. Bei einer Auslenkung drückt er exzentrisch auf die Kalotte und erzeugt so ein Reibungsmoment um den Kreiselmittelpunkt, welches, wie leicht einzusehen, den Eigendrehimpulsvektor gerade in der richtigen Weise nachführt, bis der Stift wieder auf die Mitte der Kalotte drückt.

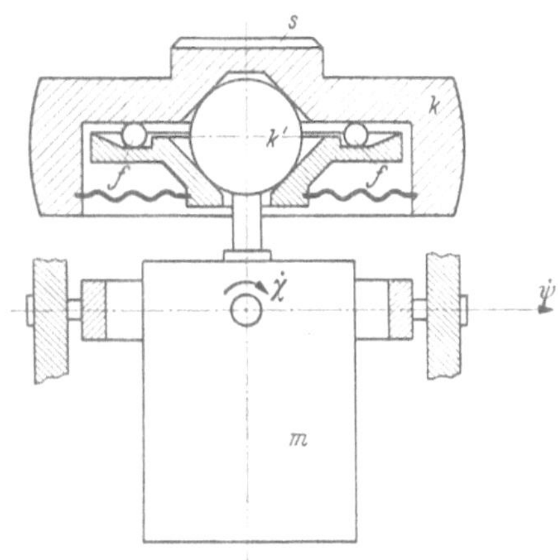

Abb. 91. Pendelkreisel mit Kugelkopflagerung.

Schließlich erwähnen wir noch einen nach dem Vorschlag von *Pollock-Brown* durch C. Zeiss in Jena ausgeführten Horizontkreisel mit sehr einfach erzeugtem Stützmoment (Abb. 91). An Stelle einer Cardanlagerung ist hierbei der Kreiselkörper (k) auf einem Kugelkopf (k') gelagert, über den er von dem cardanisch darunter als Pendel aufgehängten Motor (m) auch angetrieben wird. Der Kreisel ist für optische Stabilisiervorrichtungen bestimmt und trägt einen Spiegel (s). Der Schwerpunkt des Kreisels fällt genau in den Mittelpunkt des Kugelkopfes. Eine Fliehkraftkupplung (f) dient zum raschen Anlaufen des Kreisels; sobald die Solldrehzahl erreicht ist, wird der untere Klemmring entkuppelt. Im stationären Lauf ist das vom Motor auf den Kreisel übertragene Antriebsmoment $\mathfrak{M}_A$ entgegengesetzt gleich dem Widerstandsmoment $\mathfrak{M}_R$ der Luftreibung auf den Kreiselkörper. Die Übertragung des Antriebsmoments $\mathfrak{M}_A$ geschieht dabei mit erheblichem Schlupf zwischen der Drehzahl der Antriebswelle und der des Kreisels. Wenn nun die Figurenachse und mit ihr der Eigendrehimpuls $\mathfrak{D}_e$ etwa um einen (kleinen) Winkel χ auswandern, so heben sich die Momente $\mathfrak{M}_A$ und $\mathfrak{M}_R$ nicht mehr auf, sondern haben (Abb. 92) eine Resultante $\mathfrak{M}'$, die den Vektor $\mathfrak{D}_e$ wieder mit $\mathfrak{M}_A$ richtungsgleich zu machen strebt. Die Figurenachse kehrt somit nach jeder Störung wieder in die Lotlinie zurück, und außerdem mittelt der Kreisel etwaige Schwankungen des wahren Lotes aus. Wir werden diesem Kugelkopfkreisel später (§ 9) noch einmal begegnen.

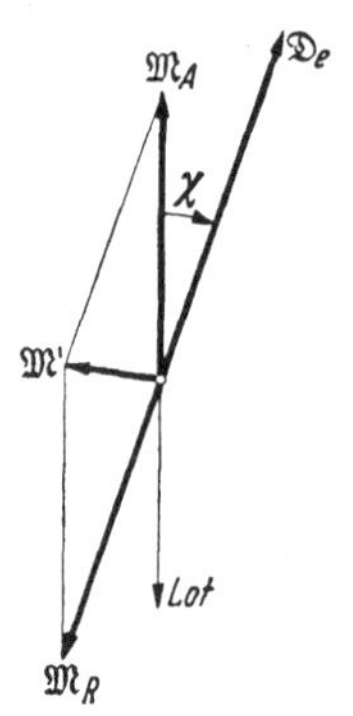

Abb. 92. Rückstellmoment bei Kugelkopflagerung.

Ein Rückblick auf alle bisher entwickelten künstlichen Horizonte ergibt, daß sie — ausgenommen der *Anschütz*sche Raumkompaß (§ 6, Ziff. 7) — nur beschränkt zuverlässig anzeigen und ihrem Wesen nach bei lange andauernden Beschleunigungen von fester oder nur langsam sich ändernder Richtung Mißweisungen von ziemlich hohem Betrage erleiden und somit steter Aufsicht bedürfen. Es ist vorgeschlagen worden[1], Rechengeräte zu bauen, die diese Mißweisungen wenigstens bei Schiffen fortlaufend anzugeben vermögen.

Vielfach sind Kreiselhorizonte zur Stabilisierung des Kurses von Flugzeugen herangezogen worden. Vollkommen befriedigende Ergebnisse konnten aber bisher naturgemäß nicht erzielt werden. Am ehesten noch ist ein guter Kreiselhorizont geeignet, den geraden unbeschleunigten Flug zu überwachen. (Während einer absichtlichen Kursänderung schaltet man ihn aus.) Wir wollen auf dieses wichtige Problem der Flugtechnik hier nicht näher eingehen, werden aber im folgenden noch einige weitere Kreiselgeräte kennen lernen, die sich für Flugzeuge als wichtige Helfer des Piloten erwiesen haben.

§ 8. Wendekreisel und Lagekreisel.

1. Der Wendezeiger. Wenn wir uns nunmehr der großen Mannigfaltigkeit solcher Kreiselgeräte zuwenden, bei denen die Figurenachse im Ruhezustand waagerecht liegt, so handelt es sich jetzt — im Unterschied von den Kreiselkompassen mit ebenfalls waagerechter Figurenachse (§ 6) — um Kreiselwirkungen, die nicht von der

[1] Vgl. *K. Stellmacher*, Werft Reederei Hafen 19 (1938), S. 42.

Erddrehung, sondern von anderen Drehvektoren herrühren. Die Kreisel dieser Geräte sind nämlich stets irgendwie, z. B. federnd, an ein Fahrzeug gebunden, und zwar zumeist an ein Flugzeug – denn man hat diese Geräte fast alle für die Belange der Flugtechnik entwickelt. In der Regel verwendet man dabei astatische Kreisel, d. h. solche, deren Schwerpunkt im Stützpunkt des Systems (Mittelpunkt des Cardangehänges) liegt (ausgenommen die sogenannten schweren Stützkreisel, Ziff. 4).

Der schnelle symmetrische Kreisel ist hervorragend geeignet, Drehgeschwindigkeiten um jede Achse, die nicht zu seiner Figurenachse parallel ist, anzuzeigen und zu messen, weil er auf solche Drehgeschwindigkeiten mit einem zu ihnen proportionalen Kreiselmoment anspricht.

Der Gedanke, diese seine Eigenschaft für Flugzeuge nutzbar zu machen, geht wohl auf *Delaporte* zurück[1]; doch hatte dieser keinen Erfolg, weil er vom Kreisel dabei gleich zu viel verlangte, nämlich die vollständige Stabilisierung eines an sich unstabilen Flugzeuges. Ein brauchbares Gerät, und damit überhaupt das erste flugtechnisch verwendbare Kreiselgerät, hat um 1917 *Drexler* geschaffen, von ihm S t e u e r z e i g e r[2], heute in neueren Bauformen zumeist W e n d e z e i g e r genannt. Seinen Aufbau gibt Abb. 93 an. Die Figurenachse des Kreisels liegt in der Querachse des Flugzeuges, und zwar in der Regel so, daß der Eigendrehimpulsvektor $\mathfrak{D}_e$, in der Flugrichtung gesehen, nach links (backbord) weist, so daß also sein Zahlenwert D_e in dieser Richtung positiv gerechnet wird. Die Kreiselkappe (*k*) ist drehbar um die Längsachse des Flugzeuges gelagert und durch Federn (*f*) an das Flugzeug gefesselt. Jede Drehung ε des Flugzeuges um seine Lotachse, etwa im Kurvenflug, weckt ein Kreiselmoment $\mathfrak{K}$, das den Vektor $\mathfrak{D}_e$ gegen die Federfesselung in die Richtung der Hochachse des Flug-

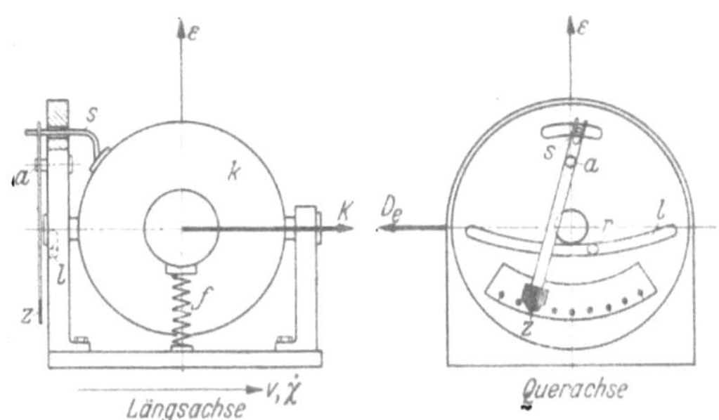

Abb. 93. *Drexler*scher Steuerzeiger.

[1] Vgl. *L. Girardville*, Comptes rendus 152 (1911), S. 127, und Aérophile 19 (1911), S. 84.

[2] Vgl. *A. Neuburger*, Motor 1919, März-April-Heft, sowie Druckschrift der Firma Kreiselbau GmbH. in Berlin-Friedenau.

zeuges zu bringen strebt und somit über einen Stift (*s*) einen Zeiger (*z*) um seine Achse (*a*) nach der Innenseite der geflogenen Kurve hin bewegt. Bei neueren Bauarten ist zur Dämpfung der Zeigerschwingungen noch eine Ölbremse hinzugefügt. Außerdem ist am Gerät eine Libelle (*l*) angebracht, in deren mit Flüssigkeit gefülltem Rohr sich eine kleine Kugel (*r*) bewegen kann, die das Scheinlot anzeigt. Aus der Zeigerstellung ersieht der Pilot im Blindflug, ob er geradeaus oder in einer Kurve fliegt, aus der Stellung der Kugel in der Libelle erkennt er, ob sein Flugzeug im Geradeflug nicht seitlich hängt und im Kurvenflug richtig liegt. Der Kreisel wird elektrisch als Dreiphasen-Asynchronmotor mit 20000 Uml/min angetrieben. Den Drehstrom lieferte in der ersten Bauart eine außenbords angebrachte Luftschraube mit

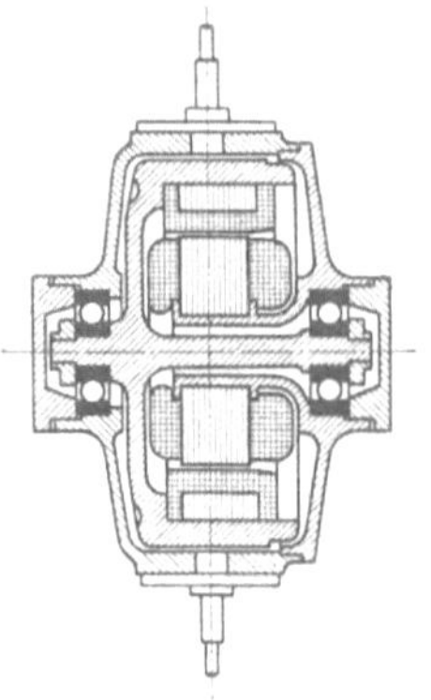

Abb. 94. Motor-Standardtype für Kreiselgeräte.

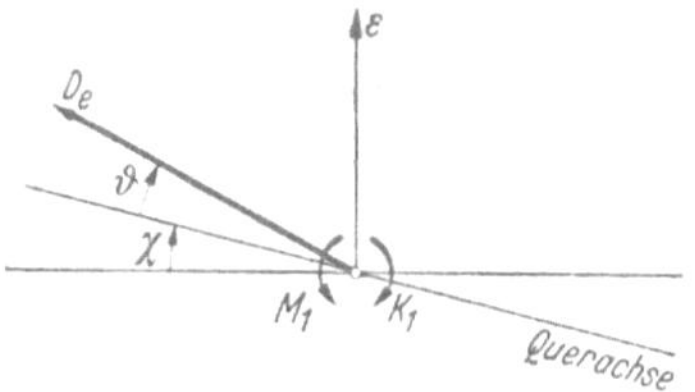

Abb. 95. Dynamik des Wendezeigers.

Drehstromgenerator. Die gesamte Anlage hatte das für die damalige Zeit sehr kleine Gewicht von nur 7,5 kg. Den bei neueren Bauarten verwendeten Motor, der sich überhaupt mehr und mehr als Standardtype für Flugzeugkreiselgeräte herausgebildet hat, zeigt Abb. 94 im Schnitt[1]. Man bevorzugt neuerdings bei den Kreiselgeräten der Flugtechnik ziemlich kleine Schwungkörper mit Durchmessern von etwa 50 mm, Gewichten von etwa 200 g und somit Eigendrehimpulsen von etwa 6000 cmgsek bei 18000 bis 30000 Uml/min.

Um die Gleichgewichtslage des Wendezeigers zu finden, rechnen wir (Abb. 95) die Wendegeschwindigkeit ε des Flugzeuges in der waagerecht geflogenen Kurve wieder positiv, wenn der zugehörige Drehvektor lotrecht nach oben weist (Linkskurve), negativ, wenn nach unten (Rechtskurve); ferner sei ϑ der relative Auslenkwinkel der Figurenachse gegen die Querachse des Flugzeuges, und zwar positiv

[1] Vgl. *E. Fischel*, a. a. O. S. 53 (Fußnote 2 von Seite 175).

bei einer Auslenkung ϑ im Uhrzeigersinn, in der Flugrichtung gesehen; endlich sei wieder χ der Winkel der Querachse des Flugzeuges gegen die Waagerechte, positiv im selben Sinne wie ϑ gerechnet und daher bei einer Linkskurve regelmäßig negativ, bei einer Rechtskurve positiv. Dann ist mit einer Federzahl k das rücktreibende Moment der Federn

$$M_1 = k\vartheta, \tag{1}$$

positiv im Sinne $-\vartheta$. Da der Vektor $\mathfrak{D}_e$ mit der Waagerechten den Winkel $\chi+\vartheta$ bildet, so ist das geweckte Kreiselmoment

$$K_1 = D_e \varepsilon \cos(\chi + \vartheta), \tag{2}$$

positiv im Sinne ϑ. Die Gleichgewichtsbedingung $M_1 = K_1$ liefert also

$$k\vartheta = D_e \varepsilon \cos(\chi + \vartheta), \tag{3}$$

und daraus folgt für die sehr kleinen Winkel ϑ, die infolge der starken Federfesselung bei dem Gerät allein vorkommen können,

$$\vartheta = \frac{D_e \cos\chi}{k + D_e \varepsilon \sin\chi}\,\varepsilon. \tag{4}$$

Man richtet es so ein, daß für alle möglichen Wendegeschwindigkeiten des Flugzeuges die Federzahl k sehr groß gegen den Betrag des Produktes $D_e \varepsilon \sin\chi$ ist, und hat dann statt (4) genau genug

$$\vartheta = \frac{D_e \cos\chi}{k}\,\varepsilon. \tag{5}$$

Der zu ϑ proportionale Zeigerausschlag ist mithin ein Maß für die Wendegeschwindigkeit ε des Flugzeuges in der Kurve. Allerdings ist eine absolute Eichung der Zeigerskale nicht allgemein möglich, da der Winkel χ (auf dessen Vorzeichen es in (5) nicht mehr ankommt) für verschieden geflogene Kurven verschieden ist. Der Wendezeiger ist somit kein Meßgerät, wohl aber eines der wertvollsten Anzeigegeräte der Flugtechnik.

Wir müssen noch nachprüfen, ob nicht andere mögliche Flugzeugbewegungen einen Fehler verursachen. Drehungen $\dot{\chi}$ um die Längsachse des Flugzeuges rufen ein zweites Kreiselmoment hervor, das aber ganz vom Rahmen des Gerätes aufgenommen wird, keine Komponente in der Längsrichtung hat und daher auch keine Auslenkung ϑ der Figurenachse bewirkt. Drehungen $\dot{\psi}$ um die Querachse des Flugzeuges wecken, solange $\vartheta = 0$ ist, keinerlei Kreiselmoment, andernfalls aber ein Kreiselmoment

$$K_2 = D_e \dot{\psi} \sin\vartheta \tag{6}$$

im Sinne $-\vartheta$, und somit ist dann (3) zu ergänzen:

$$k\vartheta = D_e \varepsilon \cos(\chi + \vartheta) - D_e \dot{\psi} \sin\vartheta, \tag{7}$$

woraus für kleine ϑ folgt

$$\vartheta = \frac{D_e \cos\chi}{k + D_e(\varepsilon \sin\chi + \dot{\psi})}\,\varepsilon\,. \tag{8}$$

Auch dies führt wieder auf die Näherung (5) zurück, wenn man die Federzahl k groß genug wählt, die Federn also hinreichend steif macht. Trotz dem dann sehr kleinen Ausschlag ϑ kann man durch ein genügend großes Übersetzungsverhältnis am Zeiger die Anzeige des Gerätes doch deutlich sichtbar machen.

Die Askaniawerke haben seinerzeit versucht, den Wendezeiger zu einem künstlichen Horizont auszugestalten[1]. Stimmt man nämlich die Federkonstante k und den Eigendrehimpuls D_e mit der Fluggeschwindigkeit v so aufeinander ab, daß

$$D_e = \frac{k}{g}\,v \tag{9}$$

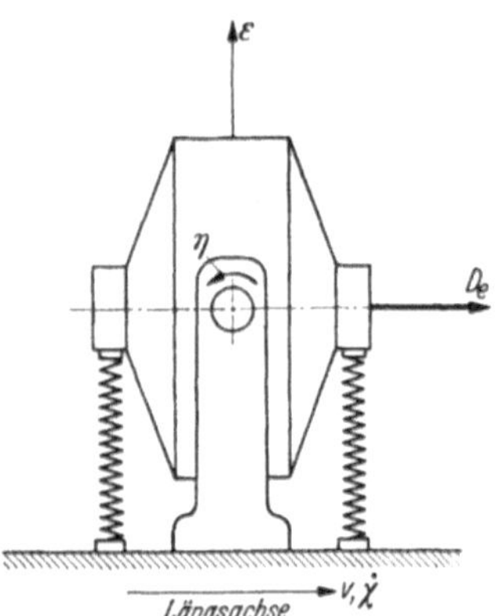

Abb. 96. Wendezeiger.

wird (was nur mit $D_e > 0$ möglich ist), und nimmt man an, daß die Hochachse des Flugzeuges in seiner Kurve mit dem Scheinlot zusammenfällt, daß mithin

$$\operatorname{tg}\chi = -\frac{v\,\varepsilon}{g}$$

ist, so geht die Gleichung (3) für die Gleichgewichtslage ϑ über in

$$\vartheta = -\operatorname{tg}\chi\cos(\chi + \vartheta)\,,$$

und das ist für nicht zu große Schräglagen χ sehr genähert erfüllt, wenn $\vartheta = -\chi$ wird: die Figurenachse des Kreisels bleibt dann also waagerecht. Um die Bedingung (9) zu erfüllen, muß die Eigendrehzahl ω_e des Kreisels proportional zur jeweiligen Fluggeschwindigkeit v sein, und das ist dadurch angestrebt worden, daß der Kreisel als Luftturbine (übrigens mit glatten Laufscheiben ohne Schaufeln) angetrieben und die Antriebsluft durch eine Venturidüse vom Flugzeug selbst angesaugt wurde. Eine große Genauigkeit der Horizontanzeige hat sich mit diesem geistreichen Gedanken allerdings bis jetzt nicht erreichen lassen.

Wohl aber hat es Vorteile, die Figurenachse des Wendezeigers nicht in die Querachse des Flugzeuges, sondern in seine Längsachse zu legen, etwa mit dem Vektor $\mathfrak{D}_e$ in der Flugrichtung (Abb. 96). Dann

---

[1] Vgl. die Druckschrift „Flugzeug-Bordinstrumente" der Askania-Werke in Berlin-Friedenau 1927, S. 14, sowie *O. Martienssen*, Handb. d. physikal. und techn. Mechanik, Bd. 2, S. 472, Leipzig 1930.

ist das Gerät von der Querneigung des Flugzeuges unabhängig, und für den Winkel η der Gleichgewichtslage hat man einfacher

$$k\eta = D_e \varepsilon \cos \eta$$

oder genau genug

$$\eta = \frac{D_e}{k} \varepsilon . \tag{10}$$

Die Übertragung der Anzeige η des Gerätes auf einen in der Querebene des Flugzeuges spielenden Zeiger ist dann kinematisch ein wenig umständlicher als in der Urform des Steuerzeigers.

Dafür kann man mit einem solchen Gerät nun aber die Wendegeschwindigkeit ε des Flugzeuges gemäß (10) genau messen oder ihre Anzeige η in einen Steuerautomaten des Flugzeuges geben. Hierzu ist gerade die Wendegeschwindigkeit besonders geeignet, da sie bei schwingenden Bewegungen dem Wendewinkel in der Phase um eine Viertelschwingung vorauseilt. In der Regel braucht ein solcher Automat, wenn er das Flugzeug einwandfrei steuern soll, außerdem auch noch die Wendebeschleunigung $\dot{\varepsilon}$. Auch diese kann mit dem Gerät ermittelt werden[1], wenn man seinen Rahmen nicht starr auf dem Flugzeug befestigt, sondern (Abb. 97) ihm um die ε-Achse eine kleine Drehfreiheit für Meßzwecke gibt. Die von der Drehung ε gemäß (10) verursachte Präzession $\dot{\eta}$ ruft nämlich ein Kreiselmoment

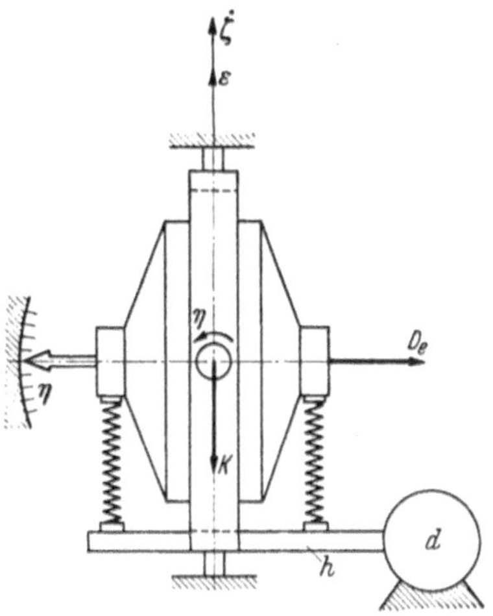

Abb. 97. Wendebeschleunigungsmesser.

$$K = D_e \dot{\eta} \tag{11}$$

hervor, dessen Vektor bei positivem Werte nach unten zeigt, und dessen Betrag etwa durch die Kraft auf einen Kohledruckmesser (d) an einem Hebel (h) ermittelt werden kann. Aus (10) und (11) folgt dann die Wendebeschleunigung

$$\dot{\varepsilon} = \frac{k}{D_e^2} K. \tag{12}$$

Natürlich wird man in diesem Falle auch den Winkel η elektrisch abgreifen.

[1] Vgl. *E. Fischel*, a. a. O., S. 49.

Leider hat das Gerät einen gewichtigen systematischen Fehler, weil jede Drehung des Gerätes um die $\dot{\eta}$-Achse über die Federn auch den Kreisel mitzieht und so ein ungewolltes Kreiselmoment K' hervorbringt, das zugleich mit K gemessen wird.

Etwaige Schwingungen des Wendezeigers müssen durch geeignete Vorrichtungen rasch abgedämpft werden. Die Frequenzen dieser Schwingungen müssen überdies so abgestimmt werden, daß sie insbesondere nicht in Resonanz mit der Frequenz der etwaigen Schwingungen der Wendebewegung ε geraten. Man kann sie leicht berechnen und muß dabei nur beachten, daß auch der Rahmen (Abb. 96) nicht völlig starr befestigt ist, und daß eine solche Nachgiebigkeit, auch wenn sie gering sein mag, doch die Schwingungsfrequenz erheblich beeinflussen kann, wie wir von § 5, Ziff. 4 (Seite 94) her wissen. Ist also ζ der Drehwinkel des Rahmens um die ε-Achse und k' die Federzahl bei Drehungen des Rahmens um diese Achse (Abb. 97), und sind B und C die Drehmassen der Kreiselkappe um die $\dot{\eta}$-Achse und des ganzen Systems um die $\dot{\zeta}$-Achse (ε-Achse), so hat man für das ortsfeste Gerät die Gleichungen

$$\left.\begin{aligned} B\ddot{\eta} &= D_e\dot{\zeta} - k\eta, \\ C\ddot{\zeta} &= -D_e\dot{\eta} - k'\zeta. \end{aligned}\right\} \qquad (13)$$

Diese Gleichungen integriert man mit dem Ansatz

$$\eta = a \sin \sigma t, \qquad \zeta = b \cos \sigma t$$

und erhält dann für a und b die Determinantengleichung

$$\begin{vmatrix} k - B\sigma^2 & D_e\sigma \\ D_e\sigma & k' - C\sigma^2 \end{vmatrix} = 0$$

oder aufgelöst

$$\sigma^4 - \left(\frac{D_e^2}{BC} + \frac{k}{B} + \frac{k'}{C}\right)\sigma^2 + \frac{k k'}{BC} = 0. \qquad (14)$$

Hierin bedeuten

$$\varrho^2 = \frac{k}{B}, \qquad \varrho'^2 = \frac{k'}{C} \qquad (15)$$

die Quadrate der Frequenzen der Kreiselkappe und des ganzen Systems bei stillstehendem Kreisel, so daß man statt (14) auch

$$\sigma^4 - \left(\frac{D_e^2}{BC} + \varrho^2 + \varrho'^2\right)\sigma^2 + \varrho^2\varrho'^2 = 0 \qquad (16)$$

schreiben kann. Bei allen verwendbaren Geräten dieser Art ist die eine der beiden hieraus zu berechnenden Frequenzen σ sehr groß, die andere viel kleiner, und somit erhält man, wie schon in § 6, Ziff. 2 (Seite 109) die große Frequenz σ_1 angenähert zu

$$\sigma_1 = \sqrt{\frac{D_e^2}{BC} + \varrho^2 + \varrho'^2} \tag{17}$$

und die kleine σ_2 angenähert zu

$$\sigma_2 = \frac{\varrho \varrho'}{\sigma_1}. \tag{18}$$

Man wählt die Federzahlen k und k' bei Geräten fü automatische Steuerungen so, daß σ_1 etwa bei 3000, σ_2 etwa bei 50 Schwingungen in 2π sek liegt.

Natürlich kann man mit zwei weiteren Geräten in entsprechender Lage zum Flugzeug auch dessen Drehgeschwindigkeiten und -beschleunigungen um die Längsachse und um die Querachse messen oder in Steuerautomaten geben, und man hat mit im Ganzen drei solchen Geräten erfolgreich versucht, die Trudelbewegungen von Flugzeugen kinematisch zu klären und zu registrieren.

2. Der Kurskreisel. Eine weitere Gruppe von Kreiselgeräten mit waagerecht gelagerter Figurenachse soll dem Piloten helfen, eine bestimmte Fluglage einzuhalten, oder soll diese Fluglage wohl auch vermittels eines Steuerautomaten festhalten. Man faßt diese Geräte unter dem Namen Lagekreisel zusammen und unterteilt sie je nach der Art der einzuhaltenden Fluglage. Unter einer „Fluglage" versteht man dabei entweder einen bestimmten Kurs (d. h. das Einhalten einer bestimmten Flugrichtung gegen den Meridian) — die Flugbahn ist dann ein Stück einer Loxodrome auf der Erdoberfläche — oder eine geradeste Flugrichtung — die Flugbahn ist dann ein Stück eines Großkreises — oder endlich das Einhalten einer bestimmten Flugzeuglage gegen den Horizont oder die Anzeige ihrer Abweichung davon (Quer- und Längsneigung). Die für diese drei Fluglagen geeigneten Geräte heißen der Reihe nach Kurskreisel, Richtkreisel und Stützkreisel.

Zu den Kurskreiseln, denen wir uns zuerst zuwenden und die also ein bestimmtes geographisches Azimut festhalten sollen, zählt man aber nicht die Kreiselkompasse, obwohl sie ja ebenfalls einen bestimmten Kurs steuern zu helfen oder selbst zu steuern in der Lage sind (§ 6, Ziff. 7, Seite 140), sondern solche Geräte, die mit Stützmotoren arbeiten, welche durch andere Ursachen als die Kreiselmomente der Erddrehung (wie bei den Kompaßkreiseln) gesteuert werden.

Den grundsätzlichen Aufbau aller Kurskreisel zeigt Abb. 98. Die Kreiselkappe (k) mit möglichst waagerechter Figurenachse kann sich um waagerechte Zapfen (z_1) im Cardanring (c) drehen und dieser um lotrechte Zapfen (z_2) im flugzeugfesten Gestell (g). Mit dem oberen Zapfen (z_2) ist die Rose (r) verbunden, deren Anzeige an einer Marke (m) abgelesen oder auch elektrisch abgegriffen werden kann.

Der Kreisel selbst ist astatisch; seine Figurenachse sucht also, abgesehen von störenden Reibungsmomenten in den Lagern der Zapfen (z_1 und z_2), ihre Richtung im Inertialraum (§ 5, Ziff. **1**, Seite 83) beizubehalten, würde also im Laufe der Zeit ihre Stellung gegenüber der Erdoberfläche und somit auch gegenüber dem ruhenden oder bewegten Flugzeug verändern, wenn sie nicht mit derjenigen Drehgeschwindigkeit nachgedreht würde, die von der Erddrehung ω^* und von der Fluggeschwindigkeit v gegenüber dem Inertialraum herrührt.

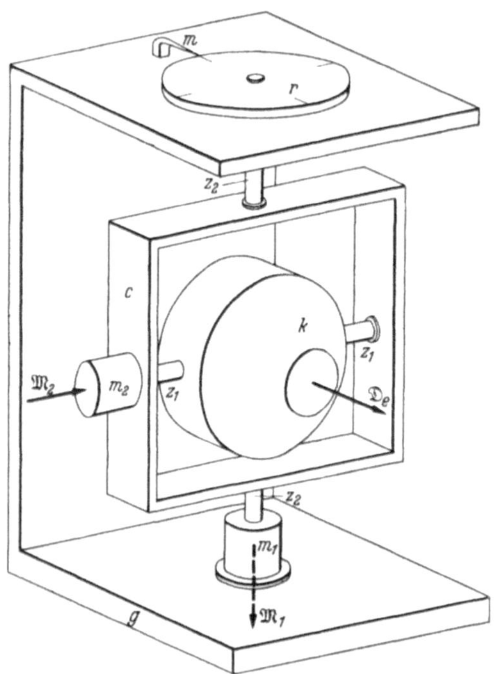

Abb. 98. Schema des Kurskreisels.

Dieses Nachdrehen wird nun in zwei Teilschritte zerlegt und von zwei Stützmotoren (m_1 und m_2) besorgt, von denen der erste auf dem Gestell (g) sitzt und auf den lotrechten Zapfen (z_2) wirkt, während der zweite auf dem Cardanring (c) befestigt ist und den waagerechten Zapfen (z_1) dreht.

Der erste Stützmotor (m_1) wird erregt, sobald die Figurenachse des Kreisels aus der waagerechten Lage heraustritt; er wird also von einem der sogleich aufzuzählenden L o t f ü h l e r gesteuert und erzeugt nach dem Grundgesetz des schnellen Kreisels $d\mathfrak{D}_e/dt = \mathfrak{M}$ so lange eine Präzession, bis die Figurenachse wieder waagerecht steht. Ist beispielsweise der Eigendrehvektor $\mathfrak{D}_e$ in Abb. 98 gehoben, so muß der Momentvektor $\mathfrak{M}_1$ des ersten Stützmotors (m_1) abwärts weisen und zieht dann den Vektor $\mathfrak{D}_e$ in die Waagerechte zurück.

Als Lotfühler werden in den ausgeführten Geräten hauptsächlich die folgenden verwendet:

a) gewöhnliche Pendel, etwa befestigt am Cardanring (c) und elektrisch abgegriffen, mit einer Drehachse parallel zum inneren Zapfen (z_1);

b) Elektrolyt-Dosenlibellen, ähnlich wie in § 7, Ziff. 4 (Abb. 84, Seite 176) geschildert, jedoch nur in einer Drehrichtung wirkend, nämlich um den inneren Zapfen (z_1), und an der Unterseite der Kreiselkappe (k) befestigt;

c) Kapazitiv-Lotfühler in einer Bauart von *Gievers*, wie dies Abb. 99 schematisch darstellt[1], ebenfalls am Cardanring (c) befestigt. Bei ihm schwimmt eine zylindrische träge Masse (m) in schräger Lage auf einem stets erneuerten Luftpolster zwischen zwei festen Kondensatorplatten (p). Wenn die Neigung gegen das Lot verändert wird, so bewegt sich die Masse (m) auf- oder abwärts, ihre Abstände von den Kondensatorplatten ändern sich, und damit auch die Kapazität der Zweige einer mit Verstärkern arbeitenden Brückenschaltung (b), welche die Stärke eines Wechselstroms steuert. Dieser beschickt einerseits Spulen (s), deren Magnetfeld durch Wirbelstrom die regulierende Kraft P an der Masse (m) erzeugt und andererseits zugleich den Stützmotor (m_1) zu seinem Moment $\mathfrak{M}_1$ erregt.

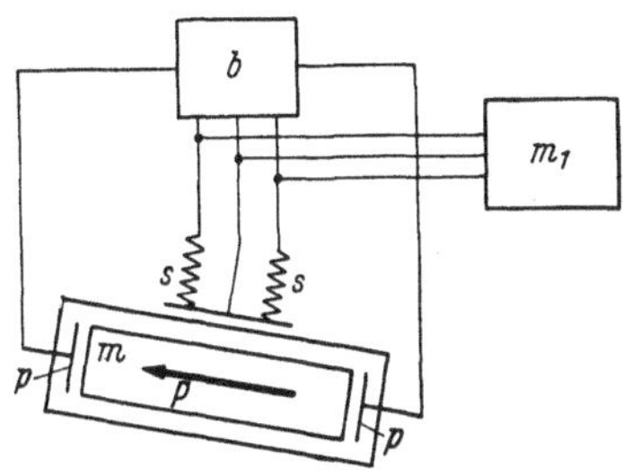

Abb. 99. Lotfühler von *Gievers*.

Anstatt des Stützmotors (m_1) ist auch unmittelbare Stützung durch das Reaktionsmoment von Luftstrahlen vorgeschlagen worden, welche aus der Kreiselkappe etwa in der Nähe des inneren Zapfens (z_1 von Abb. 98) in Richtung $\pm \mathfrak{D}_e$ austreten und in der Nullage durch Platten abgedeckt werden, welche auf dem Cardanring (c) sitzen. Hebt oder senkt sich der Vektor $\mathfrak{D}_e$, so werden die Luftstrahlen ungleich abgedeckt, und es entsteht ein Moment $\mathfrak{M}_1$ um den äußeren Zapfen (z_2) im einen oder anderen Drehsinne.

Natürlich kann man den Stützmotor (m_1) auch unmittelbar dadurch steuern, daß man mit einem sogenannten Rahmenfühler die Abweichung der Figurenachse aus ihrer rechtwinkligen Nullage gegen den Cardanring (c) elektrisch abgreift. Dabei schleift ein leichter, am

[1] Vgl. den Fiat-Bericht von *K. Beyerle*, S. 229.

inneren Zapfen (z_1) sitzender Kontakt auf einem am Cardanring (c) befestigten Potentiometerabgriff fast reibungslos. Diese Vorrichtung ist aber nur dann zuverlässig, wenn der Cardanring (c) wenigstens im Mittel lotrecht steht.

Selbstverständlich sprechen auch die unter a bis c aufgeführten Lotfühler immer nur auf das Scheinlot an, das im Mittel um das wahre Lot schwankt. Dies verursacht jedoch am Kreisel im allgemeinen keine merklichen Fehler, da das Moment $\mathfrak{M}_1$ des Stützmotors so klein gehalten wird, daß die von ihm eingeleitete Präzession (der Figurenachse in die Waagerechte zurück) immer nur ganz langsam erfolgt: der Kreisel mittelt auch hier wieder infolge seiner großen dynamischen Trägheit über die Schwankungen des Scheinlotes um das wahre Lot. Um $\mathfrak{M}_1$ klein halten zu können, muß man vor allem die Reibungsmomente im inneren Zapfen (z_1) möglichst herabsetzen. Dies gelingt durch sorgfältigste Gestaltung der Kugellager. Man hat so die Reibungsmomente bei gebrauchsfähigen Geräten auf weniger als 0,15 cmg verringern können. Bei lange andauernden Beschleunigungen, z. B. lange geflogenen Kurven, müßte man allerdings den Kurskreisel doch ausschalten; für solche Flüge ist er aber sowieso nicht geeignet und bestimmt.

Nunmehr kommt der zweite Schritt des Nachdrehens der Figurenachse. Da der erste Stützmotor (m_1) sie dauernd waagerecht hält, so handelt es sich jetzt nur noch um die Drehung der Horizontebene um die Lotlinie. Diese Drehung hat zwei Anteile. Der erste rührt von der Erddrehung ω^* her und ist einfach ihre Lotkomponente $\omega^* \sin \varphi$ (Abb. 31, Seite 84). Der zweite Anteil kommt von der Fluggeschwindigkeit v. Ist wieder α das Azimut des Fluges, positiv von Norden nach Westen gezählt, so hat die nördliche (südliche) Flugkomponente $v \cos \alpha$ zwar, wie wir vom Kreiselkompaß her wissen (§ 6, Ziff. 3, Seite 114) einen westlich (östlich) gerichteten Drehvektor vom Betrag $v \cos \alpha/R$ zur Folge, wo R der Erdhalbmesser ist — er verursachte beim Kreiselkompaß den sogenannten Fahrtfehler —, aber keine Lotkomponente der Drehung der Horizontebene. Dagegen bedeutet die westliche (östliche) Flugkomponente $v \sin \alpha$ eine scheinbare Erniedrigung (Erhöhung) der Erddrehung ω^* um den Betrag $v \sin \alpha/R \cos \varphi$ (vgl. Abb. 51, Seite 115) und also eine zusätzliche negative (positive) Lotkomponente $(v \sin \alpha/R \cos \varphi) \sin \varphi$, so daß man im Ganzen eine Lotkomponente der Drehung der Horizontebene vom Betrag

$$\omega_v = \omega^* \sin \varphi - \frac{v}{R} \sin \alpha \operatorname{tg} \varphi \tag{19}$$

hat, positiv aufwärts gerechnet, wie wir ebenfalls schon früher (§ 6, Ziff. 3) festgestellt haben.

Mit dieser Drehgeschwindigkeit ω_v muß die Figurenachse in ihrer waagerechten Ebene dauernd nachgedreht werden, wenn sie den Kurs richtig angeben soll. Dies geschieht mit Hilfe eines Momentes $\mathfrak{M}_2$ das am inneren Zapfen (z_1 von Abb. 98, Seite 190) anzubringen ist.

Die primitivste Art, ein solches Moment $\mathfrak{M}_2$ zu erzeugen, besteht darin, daß man auf der Figurenachse ein kleines verschiebliches Gewicht anbringt, welches in jeder festen Stellung ein Schweremoment $\mathfrak{M}_2$ von festem Betrag liefert und somit die Figurenachse zu einer unveränderlichen Präzession ω_v' zwingt, die man auf den Mittelwert von ω_v (19) innerhalb eines bestimmten Bereiches von Werten v, α und φ einreguliert. So roh dieses Verfahren anmutet, so hat man doch erreichen können, daß der Kursfehler des Gerätes dabei nicht mehr als 1° je Stunde ausmacht.

Bei einem nach Angaben von *K. Beyerle* bei Anschütz & Co. gebauten Gerät[1] wird das Stützmoment $\mathfrak{M}_2$ an einem Schaltbrett von Hand elektrisch reguliert.

Immerhin hat man auch noch genauer arbeitende Mechanismen angewandt, insbesondere indem man das Gerät durch einen Magnetkompaß überwachen läßt. In diesem Falle hat der Kurskreisel lediglich die Aufgabe, kraft seiner dynamischen Trägheit die im Flugzeug stark schwankende Anzeige des Magnetkompasses zu mitteln. Das Schema einer solchen Bauart zeigt Abb. 100, worin der Kurskreisel von Abb. 98 sowie ein Magnetkompaß je auf einer (drehbaren) Basis (b_1 und b_2) aufgesetzt sind. Mit der lotrechten Achse (z_2) des Cardanrings (c) und mit der Achse der Magnetnadel sind leichte Kontaktarme (a_1 und a_2) verbunden, die über Potentiometerabgriffe (p_1 und p_2) auf den beiden Basen (b_1 und b_2) schleifen. Jede azimutale Abwanderung des Kurskreisels gegen das magnetische Nord stört das Gleichgewicht einer Brückenschaltung und erregt so den Stützmotor (m_2) des waagerechten Zapfens (z_1) der Kreiselkappe (k) zu einem Moment $\mathfrak{M}_2$, und dieses veranlaßt den Kreisel so lange zu einer Präzession um die lotrechte Achse (z_2), bis die azimutale Abwanderung der Figurenachse gegen die Magnetnadel wieder rückgängig gemacht ist. Die Unruhe der Magnetnadel stört dabei nicht, da der Kurskreisel den Überwachungsimpulsen nur langsam folgt, d. h. wieder Mittelwerte bildet. Wenn der Flugkurs geändert werden soll, müssen Kurskreiselbasis (b_1) und Magnetkompaßbasis (b_2) gemeinsam gegen die Grundplatte gedreht und auf den neuen Kurs eingestellt werden; dies geschieht mittels eines Kursgeber-Handrades (h) und gemeinsamen Antriebs über eine mechanische Welle.

[1] Vgl. den Fiat-Bericht von *K. Beyerle*, S. 220.

Diese Verbindung von Kurskreisel und Magnetkompaß ist in mehreren Bauarten ausgeführt worden. Man kann beide räumlich von einander völlig trennen (um den Magnetkompaß an einer magnetisch möglichst wenig gestörten Stelle des Flugzeuges unterzubringen) und muß dann bei Kursumstellung eine elektrische Fernübertragung verwenden. Man kann aber den Magnetkompaß auch auf die Kreiselkappe setzen und so mit ihr waagerecht halten oder ihn an

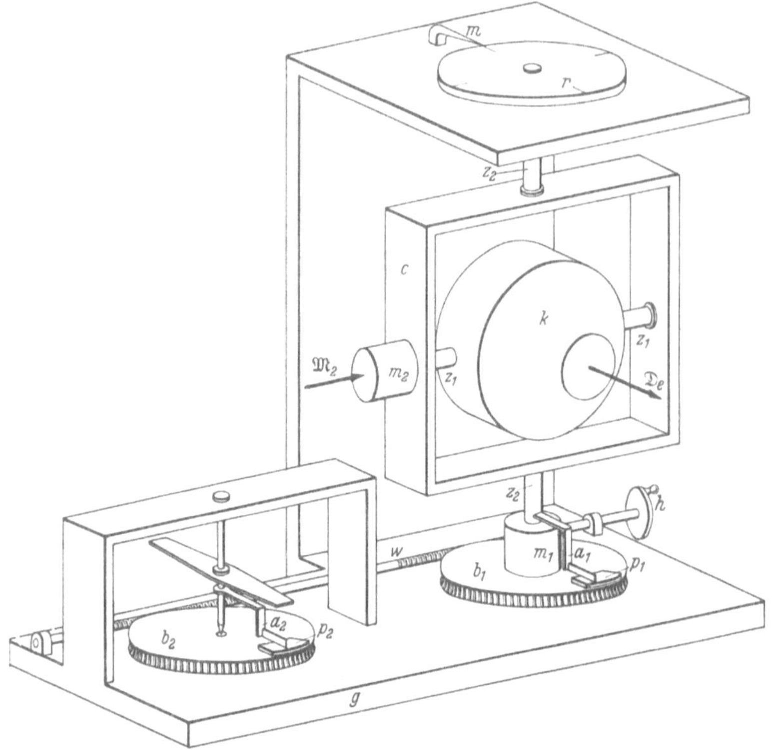

Abb. 100. Kurskreisel mit Magnetkompaß-Überwachung.

anderer Stelle von einem mit dem Kurskreisel gekoppelten Wendemotor waagerecht halten lassen.

Die Magnetnadel verursacht allerdings infolge ihrer magnetischen Deklination systematische Fehler, die nicht leicht zu beseitigen sind. Außerdem ist der Kurskreisel in Polnähe überhaupt nicht mehr brauchbar, da in hohen geographischen Breiten der Faktor $\operatorname{tg}\varphi$ in (19) über alle Grenzen zu wachsen beginnt oder der überwachende Magnetkompaß versagt. Hier muß dann der nun zu besprechende Richtkreisel an seine Stelle treten.

3. Der Richtkreisel. Dieser soll gemäß seiner Definition in Ziff. 2 eine bestimmte Richtung einhalten, das Flugzeug also auf einem Großkreisbogen um die Erde führen. Sein Aufbau ist grundsätzlich der gleiche wie der des Kurskreisels in Abb. 98 (Seite 190). Auch für die Waagerechthaltung seiner Figurenachse wendet man die gleichen Verfahren an wie beim Kurskreisel. Lediglich die Nachdrehgeschwindigkeit ω_v um die Lotlinie hat jetzt einen anderen Betrag als in (19), nämlich einfach

$$\omega_v = \omega^* \sin\varphi, \tag{20}$$

weil ja beim Flug auf einem Großkreise die Geschwindigkeit v lediglich eine Drehgeschwindigkeit v/R bedeutet, deren Vektor auf der Ebene des Großkreises senkrecht steht und folglich keine lotrechte Komponente auf der jeweiligen Horizontebene besitzt. Die Nachdrehung ω_v (20) hat wieder der Stützmotor (m_2) am waagerechten Zapfen (z_1) der Kreiselkappe zu übernehmen.

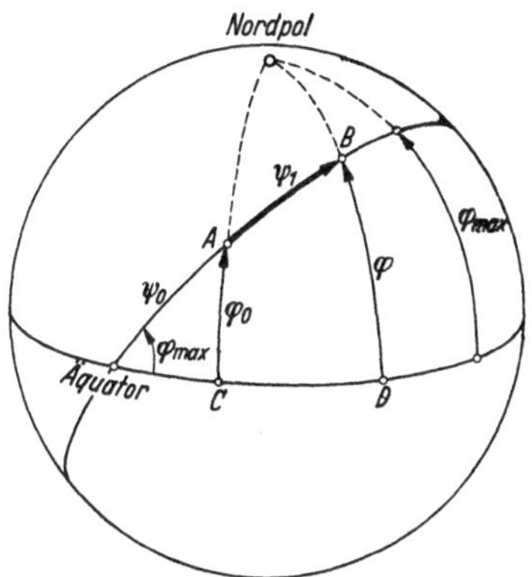

Abb. 101. Berechnung von φ aus φ_0, φ_{max} und v.

Um diesen Motor selbsttätig zu steuern, muß man in (20) die mit dem Flug sich ändernde geographische Breite kennen. An Hand von Abb. 101 findet man für den von A nach B geflogenen Großkreisbogen nach der Sinusformel der sphärischen Trigonometrie in den bei C und D rechtwinkligen Dreiecken

$$\left.\begin{aligned} \sin\varphi_0 &= \sin\varphi_{max}\sin\psi_0, \\ \sin\varphi &= \sin\varphi_{max}\sin(\psi_0+\psi_1), \end{aligned}\right\} \tag{21}$$

wobei φ_0 die geographische Breite des Flugbeginns und φ_{max} die größte geographische Breite ist, bis zu welcher der Großkreis führt. Für den in der Zeit t geflogenen Bogen $AB = \psi_1$ aber gilt

$$\psi_1 = \frac{1}{R}\int_0^t v\,dt. \tag{22}$$

Aus (21) und (22) folgt

$$\sin\varphi = \sin\left(\operatorname{arc}\sin\frac{\sin\varphi_0}{\sin\varphi_{max}} + \frac{1}{R}\int_0^t v\,dt\right)\sin\varphi_{max}, \tag{23}$$

womit die augenblickliche geographische Breite φ in φ_0, φ_{max} und v ausgedrückt ist.

Man könnte sich recht wohl ein Gerät denken, das die Größe $\sin\varphi$ (23) für ω_v (20) selbsttätig ermittelt und dann den Stützmotor entsprechend mit dem Moment

$$M_2 = D_e\,\omega_v \tag{24}$$

steuert. Allerdings stört dabei das unbekannte Reibungsmoment in den lotrechten Zapfen (z_2), das man zu M_2 hinzufügen müßte. Man hat dieses Reibungsmoment zwar auf etwa 0,01 cmg herabmindern können, aber bei lang andauernden Flügen muß es sich wohl doch als Mißweisung des Richtkreisels bemerklich machen.

Für die ganz hohen geographischen Breiten, in denen der Richtkreisel hauptsächlich in Betracht kommt, ist allerdings $\sin\varphi$ nicht mehr stark von 1 verschieden, und dann macht sich eine Ungenauigkeit in der Formel (23) glücklicherweise kaum mehr geltend.

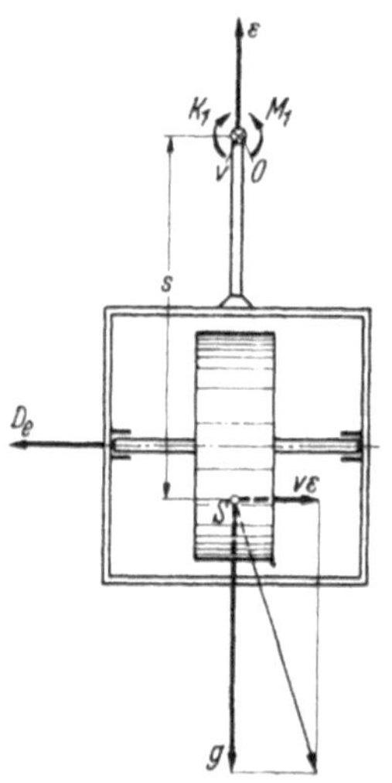

Abb. 102. Schwerer Stützkreisel mit zwei Freiheitsgraden.

4. Der Stützkreisel. Eine dritte Gattung von Lagekreiseln hat, wie schon in Ziff. 2 erwähnt, die Aufgabe, die Lage des Flugzeuges gegen den Horizont zu überwachen, und zwar mit anderen Mitteln als die künstlichen Horizonte der Pendelkreisel (§ 7). Bei diesen sogenannten Stützkreiseln muß man nun zwei grundsätzlich verschiedene Typen unterscheiden, je nachdem das System wie ein Pendel der Schwerkraft unterliegt oder nicht. Im ersten Falle sprechen wir von einem schweren Stützkreisel, in ähnlichem Sinne wie seinerzeit (§ 7 des ersten Bandes) von einem „schweren" Kreisel, jedoch hier gegenüber jenem und so auch gegenüber dem Kreiselpendel (§ 7, Ziff. 1) mit dem Unterschied, daß der Schwerpunkt des Systems nicht auf der Figurenachse des Kreisels liegt, sondern in seiner Äquatorebene, ohne aber mit ihm umzulaufen.

Wir untersuchen zuerst das grundsätzliche Verhalten eines derartigen schweren Stützkreisels, und zwar zunächst für den Fall, daß das aus Kreisel, Cardanring und etwaigem zusätzlichem Pendelgewicht bestehende System vom Gesamtgewicht G nur um eine flugzeugfeste, im Ruhezustand waagerechte Achse drehbar ist, so daß der Kreisel im ganzen zwei Freiheitsgrade der Drehung hat (Abb. 102). Der Abstand des Schwerpunkts S des Systems von der Aufhängeachse O sei s, und diese soll parallel zur Längsachse des Flugzeuges sein. Der Eigendrehimpulsvektor $\mathfrak{D}_e$ des Kreisels vom Betrag $D_e = A\,\omega_e$ sei nach Backbord gerichtet (in der Flugrichtung gesehen nach links); denn nur dann kann das Gerät seine Aufgabe erfüllen, wie sich sofort zeigen wird. Wenn das Flugzeug mit der Fluggeschwindigkeit v und der Drehgeschwindigkeit ε eine Links- (Rechts-) Kurve beschreibt, so treten am System zwei Drehmomente auf, nämlich ein *d'Alembert*sches Fliehkraftmoment

$$M_1 = s\frac{G}{g}v\varepsilon, \tag{25}$$

in der Flugrichtung gesehen im Gegenzeiger- (Uhrzeiger-) Sinne, und ein Kreiselmoment

$$K_1 = A\,\omega_e\,\varepsilon \tag{26}$$

im Uhrzeiger- (Gegenzeiger-) Sinne. Damit beide Momente sich genau aufheben, die Pendelachse also trotz der Fliehkraft das wahre Lot anzeigt, muß $M_1 = K_1$ sein. Dies trifft zu, wenn die Eigendrehgeschwindigkeit des Kreisels

$$\omega_e = \frac{sG}{gA}\,v \tag{27}$$

ist, was man möglicherweise durch geeignete Koppelung des Antriebsmoments des Kreisels mit der Fluggeschwindigkeit erreichen kann, durch Hilfsmittel, wie wir sie früher (Seite 186) erwähnt haben.

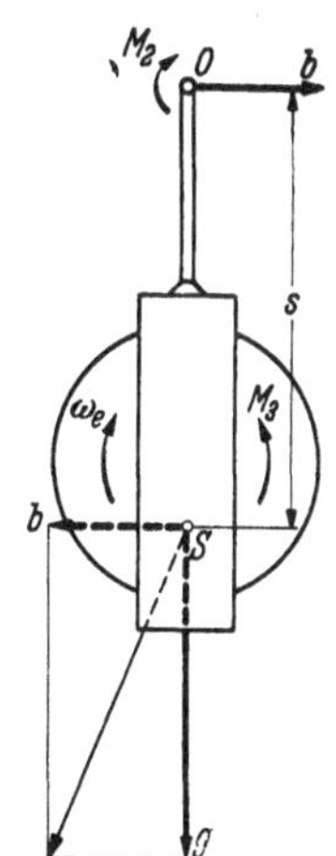

Abb. 103. Schwerer Stützkreisel mit drei Freiheitsgraden.

Nunmehr soll der Kreisel auch noch seinen dritten Freiheitsgrad der Drehung dadurch erhalten, daß der Aufhängepunkt in einem Kugelgelenk ruht (Abb. 103), so daß das System auch noch um eine Achse parallel zur Querachse des Flugzeuges pendeln kann. Wenn das Flugzeug in Richtung seiner Bahn die Beschleunigung b erfährt, so treten wiederum zwei Drehmomente auf, nämlich ein *d'Alembert*sches Moment

$$M_2 = s\frac{G}{g}b = s\frac{G}{g}\frac{dv}{dt} \tag{28}$$

im Uhrzeigersinn (für positives b) und ein Reaktionsmoment

$$M_3 = A\,\frac{d\omega_e}{dt} \tag{29}$$

des Kreiselmotors gegen seinen Ständer bei einer Drehbeschleunigung $d\omega_e/dt$, und zwar im Gegenzeigersinne (bei positivem $d\omega_e/dt$). Damit beide Momente wiederum sich aufheben und also kein Ausschlag der Pendelachse erfolgt, muß

$$\frac{d\omega_e}{dt} = \frac{sG}{gA}\,\frac{dv}{dt} \tag{30}$$

sein, und dies leistet[1] gerade wieder die Bedingung (27). Somit gibt es grundsätzlich eine Möglichkeit, mit Hilfe des schweren Stützkreisels das wahre Lot bei allen waagerechten Flugzeugbeschleunigungen festzuhalten — soweit nicht Störungen infolge Lagerreibung usw. die Lösung beeinträchtigen.

Ein derartiges Gerät scheint allerdings bis jetzt nicht vollkommen brauchbar entwickelt worden zu sein. Seine erste Bauform ist der von

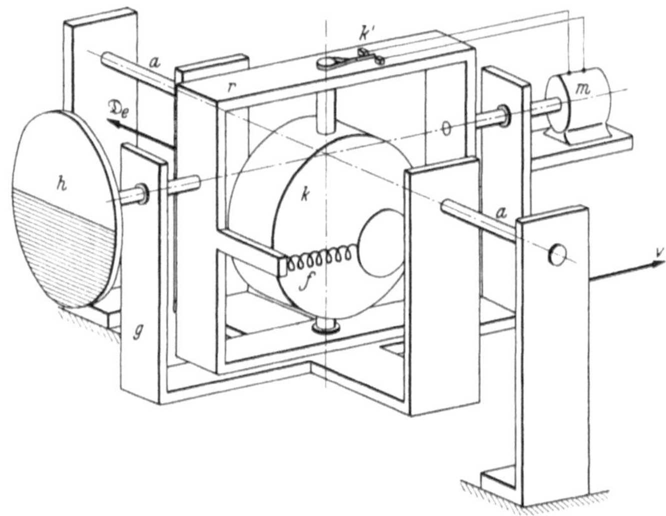

Abb. 104. Gyrorector.

Rosenbaum erdachte sogenannte Gyrorector, wie ihn Abb. 104 (innerer Teil) schematisch zeigt. Die Kreiselkappe (*k*) liegt mit lotrechter und durch eine Feder (*f*) gefesselter Achse in einem Cardanring (*r*), der in einem zunächst flugzeugfesten Gestell (*g*) um eine Achse parallel zur Längsachse des Flugzeuges pendeln kann und eine Horizontscheibe (*h*) samt Kugellibelle (für die Anzeige des scheinbaren Horizontes) trägt. Da das Gerät die Bedingung (27) nur für eine Fluggeschwindigkeit v genau, für andere bloß angenähert erfüllen konnte, so vermochte es den wahren Horizont im allgemeinen auch nur angenähert zu bestimmen. Das Gerät besaß auch noch einen Stütz-

[1] *K. Glitscher*, Wiss. Veröff. Siemens-Werke 19 (1940), S. 57.

motor (m), der Strom erhielt, sobald der Cardanring (r) infolge Nichterfülltseins der Bedingung (27) anfing auszupendeln und somit den Kreisel zu einer (kleinen) Präzession um die Lotachse veranlaßte, wodurch sich eine mit dieser Achse verbundene Kontaktfeder (k') gegen die Kontakte auf dem Cardanring (r) legte. Der Motor treibt dann den Cardanring zurück, und diese Bewegung stellt auch die Kreiselkappe wieder in ihre Nullage ein, so daß der Motor wieder stromlos wird.

In einer neueren Bauart[1] wird das bisher flugzeugfeste Gestell (g) erst in einer Achse (a) parallel zur Querachse flugzeugfest gelagert und kann somit auch um diese Achse pendeln, so daß dann auch die

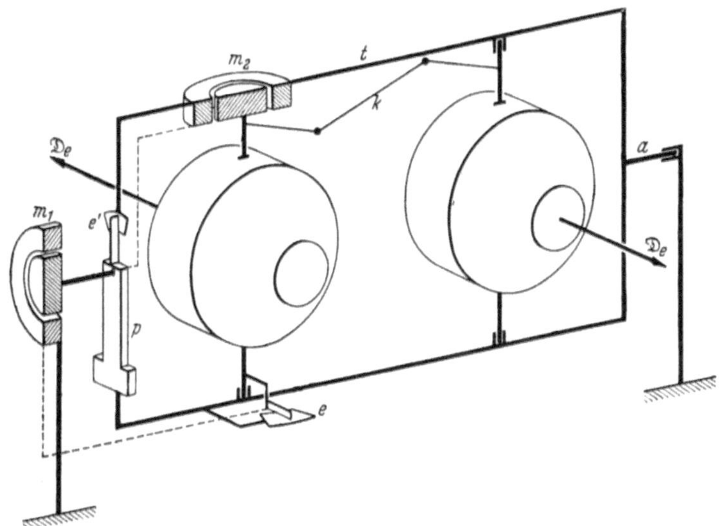

Abb. 105. Trägheitsrahmen.

Bedingung (30) zur Wirkung kommt. Obwohl es kaum so zuverlässig ist wie die besten Pendelkreiselhorizonte (§ 7), ist es in der Flugzeugsteuerung von *Smith* als Richtgeber für die Steuerung des Querruders verwendet worden.

Wir wenden uns jetzt dem astatischen Stützkreisel zu, bei welchem der Schwerpunkt des Systems möglichst genau mit seinem Aufhängepunkt (Cardanmittelpunkt) zusammenfällt. Er wird vielfach als Kreiselverband ausgeführt, wie dies Abb. 105 schematisch darstellt und zuerst von *Boykow* (1927) vorgeschlagen und erprobt worden ist. Die beiden Kreiselkappen sind hier mit lotrechten Achsen in einem

---

[1] Vgl. *E. Fischel*, a. a. O. S. 23.

sogenannten Trägheitsrahmen (t) gelagert, und zwar mit Eigendrehimpulsvektoren von gleichen Beträgen, aber in der Nullage entgegengesetzten Richtungen, nämlich so, daß infolge zweier Zahnsegmente oder besser eines Koppelgestänges (k), wie wir es vom Mehrkreiselkompaß her kennen, immer nur gleich große und entgegengesetzt gerichtete Präzessionswinkel der beiden Figurenachsen um die Lotlinie entstehen können. Der Trägheitsrahmen ist um eine Achse (a) parallel zur Längsachse des Flugzeuges drehbar, und auf dieser liegt auch der Schwerpunkt des ganzen Systems.

Treten, etwa infolge einer Querneigung des Flugzeuges, kleine Reibungsmomente um die Längsachse (a) auf, so präzessieren zwar die Figurenachsen um die Lotlinie, aber der Trägheitsrahmen gibt diesen Momenten nicht nach, sondern behält seine Lage bei. Andererseits macht er Drehungen des Flugzeuges um die Hochachse und um die Querachse widerstandslos mit. Für die Drehungen um die Querachse ist dies selbstverständlich, da dabei die Eigendrehimpulsvektoren einfach parallel mit sich verschoben werden. Bei den Drehungen um die Hochachse nimmt der Trägheitsrahmen die entstehenden, entgegengesetzt gleichen Kreiselmomente als innere Momente auf. Diese Eigenschaft ist kennzeichnend für den Trägheitsrahmen und hat ihm seinen Namen gegeben: Stabilisierung des einen der drei Freiheitsgrade ohne störende Kreiselmomente um die beiden anderen.

Die Reibungsmomente, und ebenso etwaige Schweremomente infolge ungenauer Schwerpunktslage des Systems, könnten schließlich die beiden Kreisel so weit präzessieren lassen, daß der Rahmen seine stabilisierende Wirkung verliert. Um dies zu verhindern, wird einer der beiden Präzessionswinkel durch einen elektrischen Abgriff (e) überwacht, der über eine Brückenschaltung solche Steuermomente an einem Stützmotor (m_1) um die Rahmenachse (a) ausübt, daß die Figurenachsen in ihre Nullage zurückgebracht werden.

Soll der Trägheitsrahmen auf längere Zeit seine lotrechte Nullage beibehalten, so muß er durch einen Lotfühler, etwa ein an ihm befestigtes Pendel mit elektrischem Abgriff (e'), überwacht werden, welcher einen zweiten Stützmotor (m_2) an einer der beiden Lotachsen der Kreiselkappen bedient.

Wird der Trägheitsrahmen so in das Flugzeug eingebaut, daß seine Stabilisierachse (a) parallel zur Längsachse des Flugzeuges liegt, so mißt er dessen Querneigung; wird seine Stabilisierachse (a) parallel zur Querachse des Flugzeuges gelegt, so mißt er dessen Längsneigung.

Wenn der Trägheitsrahmen mit einem Stützmotor (m_1) an der Stabilisierachse (a) ausgerüstet ist, so kann man auf einen der beiden

Kreisel verzichten und kommt so auf die einfachere Bauart von Abb. 106. Die Eigenschaft der Rahmenachse als Stabilisier- und Meßachse bleibt offenbar auch bei nur **einem** Kreisel erhalten. Lediglich bei Drehungen ε des Flugzeuges um die Lotachse muß das Präzessionsmoment $M = D_e \varepsilon$ zur Nachführung des Eigendrehimpulsvektors ebenfalls vom Stützmotor (m_1) aufgebracht werden, der deshalb nun wesentlich stärker als beim Trägheitsrahmen auszulegen ist (bei jenem wird ja die Nachführung durch die inneren Rahmenmomente besorgt). Die Wirksamkeit dieser Bauart mit **einem** Kreisel ist also wesentlich durch den Stützmotor bedingt, und daher rührt überhaupt der Name Stützkreisel für derartige Geräte. Weil der Bau hinreichend starker Stützmotoren keine Schwierigkeiten mehr bietet, so zieht man jetzt diese Bauform derjenigen mit Trägheitsrahmen wegen der größeren Einfachheit vor, zumal da sie auch nur noch **eine** auf Lagerreibung empfindliche Achse, nämlich die Präzessionsachse (in Abb. 106 lotrecht) besitzt.

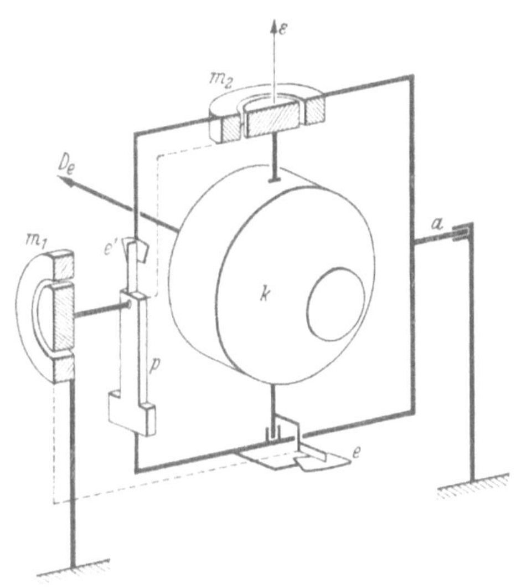

Abb. 106. Astatischer Stützkreisel.

Zur Überwachung oder Messung aller drei Drehungen um die Längs-, Quer- und Hochachse des Flugzeuges sind wieder drei derartige Stützkreiselsysteme nötig; dasjenige für die Hochachse führt natürlich wieder auf den Kurskreisel zurück (Ziff. 2).

In manchen Fällen ist es schließlich zweckmäßig, mehrere Stützkreisel für die Überwachung oder Messung mehrerer Drehungen in ein Stützkreiselsystem zusammenzufassen, wie dies etwa Abb. 107 für einen Zweikreiselhorizont schematisch zeigt. Der innere Rahmen (r_1), der Kreiselrahmen, trägt zwei Stützkreisel mit waagerechten Figurenachsen, von denen die eine etwa parallel zur Querachse, die andere parallel zur Längsachse des Flugzeuges liegt, so daß die eine Stabilisierachse längs, die andere quer im Flugzeug ist. Der Kreiselrahmen (r_1) lagert in einem Cardan-Tragrahmen (r_2), dessen innere Achse längs, und dessen äußere Achse quer im Flugzeug liegt. Der

Schwerpunkt des Kreiselrahmensystems und ebenso des ganzen Systems ist der gemeinsame Drehpunkt beider Systeme.

Dieser Stützkreiselverband soll die Drehachsen der beiden Kreiselkappen stets lotrecht halten und so einen künstlichen Horizont schaffen. Dann kann an den beiden Achsen des Cardan-Tragrahmens (r_2) die Quer- und Längsneigung des Flugzeuges abgegriffen werden. Da jedoch die Störungseinflüsse den Kreiselrahmen veranlassen, aus seiner Sollage abzuwandern, so wird durch ein ineinandergreifendes System von Überwachungseinrichtungen und Stützmotoren dafür gesorgt,

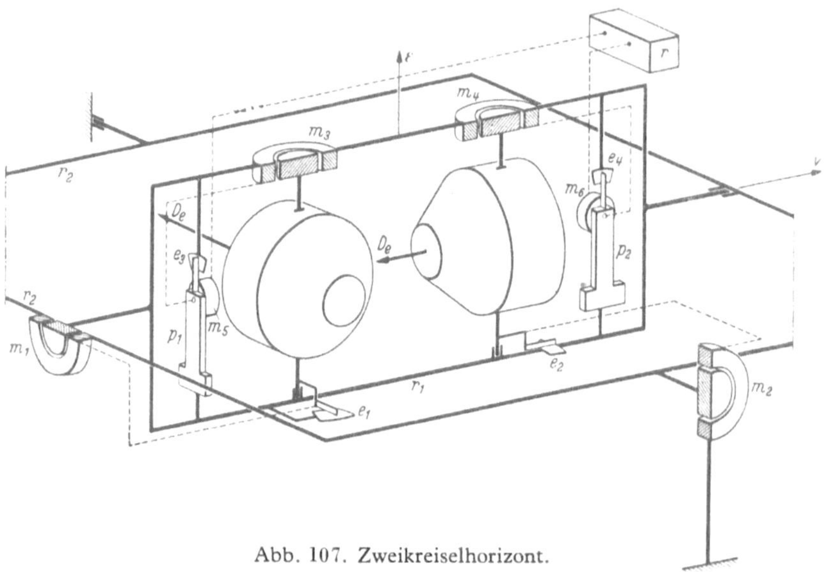

Abb. 107. Zweikreiselhorizont.

daß diese Abweichungen stets wieder auf Null zurückgehen. Reibungsmomente in den Cardanlagern und am Kreiselrahmen angreifende Lastmomente bewirken Präzessionen der Kreiselkappen; sie werden überwacht durch elektrische Abgriffe (e_1 und e_2), welche die entsprechenden Stützmotoren (m_1 und m_2) an den Cardanachsen steuern, wodurch jene Momente aufgenommen und die Präzessionsausschläge wieder auf Null gebracht werden. Der Kreiselrahmen (r_1) hat das Bestreben, mit der Zeit von seiner Sollage abzuwandern. Die Abwanderung wird von zwei Lotfühlern, z. B. Pendeln (p_1 und p_2), überwacht, die am Kreiselrahmen befestigt sind und über elektrische Abgriffe (e_3 und e_4) die Motoren (m_3 und m_4) an den Präzessionsachsen steuern und damit das Zurückpräzessieren des Kreiselrahmens in die Nullstellung erzwingen.

Die Lotpendel (p_1 und p_2) sind dem Einfluß des Scheinlotes unterworfen. Dieser Fehler wird dadurch behoben, daß auf die Pendel mittels Stützmotoren (m_5 und m_6) Stützmomente proportional zur Längsbeschleunigung $b = dv/dt$ bzw. proportional zur Querbeschleunigung $v\varepsilon$ ausgeübt werden. Die Größen v, b und ε werden von besonderen Meßgeräten geliefert, in einem Rechenkasten (r) zusammengesetzt und den Pendelstützmotoren (m_5 und m_6) zugeführt, die alsdann die Pendel in der Richtung des wahren Lotes halten.

Ausgeführte Anlagen haben eine Genauigkeit der Lotanzeige von etwa 0,1° erreicht. Der dafür nötige Aufwand einer dreifach verschlungenen Überwachung ist allerdings recht erheblich.

Zurückblickend können wir feststellen, daß heute, wenn auch noch nicht in jeder Weise völlig befriedigend, eine große Anzahl von Kreiselgeräten entwickelt ist, die gewissermaßen das Nervenzentrum für die Stabilisierung, Steuerung und Navigation des Flugzeuges bilden können. Wie mit diesen Geräten und ihrer elektrisch abzunehmenden Anzeige namentlich große Flugzeuge selbsttätig gesteuert werden, ist ein in erster Linie flugtechnisches Problem, auf das wir hier nicht näher eingehen wollen.

§ 9. Sonstige Kreiselgeräte.

1. Differentiier- und Integrierkreisel. Schon der in § 8, Ziff. **1** beschriebene Wendezeiger ist insofern ein Differentiierkreisel, als er den zeitlichen Differentialquotienten $\varepsilon = \dot{\delta}$ des Drehwinkels δ (früher von uns α genannt) eines Fahrzeuges um seine Lotachse durch einen Winkelausschlag ϑ gemäß der dortigen Formel (5) (Seite 185) angibt und sogar bis zur Anzeige auch des zweiten Differentialquotienten $\dot{\varepsilon} = \ddot{\delta}$ ausgebaut werden kann, wie die dortige Formel (12) zeigt. Allerdings liefert der Wendezeiger, wie wir damals festgestellt haben, die Größe $\dot{\delta}$ nur genähert, und bei $\ddot{\delta}$ ist sogar ein systematischer Fehler möglich. Überhaupt hat sich gezeigt, daß man selbsttätige Differentiationen statt mit Kreiseln im allgemeinen viel besser und genauer durch elektrische Netzwerke mit Rückkoppelungsverstärkern durchführen kann.

Ein verhältnismäßig einfaches und für manche Zwecke gut brauchbares Differentiiergerät bildet auch der in § 7, Ziff. **5** erwähnte Kugelkopfkreisel (vgl. Abb. 91 und 92 von Seite 181 und 182). Wenn man die Motorachse jenes als Horizontkreisel gebauten Gerätes nicht lotrecht hält, sondern auf eine langsam wandernde Zielmarke richtet, so kann man die Drehgeschwindigkeit ω des Fahrstrahles zur Zielmarke hin ohne weiteres am Gerät ablesen, wie folgendermaßen einzusehen ist. Bedeutet χ den kleinen Winkel zwischen der Antriebsachse (Zielachse) und der Kreiselachse (Abb. 108) und M_A das Antriebsmoment, so ist $M_A \chi$ das Drehmoment, das den Eigendrehimpuls D_e mit der Drehgeschwindigkeit $\omega - \dot{\chi}$ dreht, so daß also

$$(\omega - \dot{\chi}) D_e = M_A \chi \tag{1}$$

wird. Dies gibt für unveränderliches ω integriert

$$\chi = \frac{D_e}{M_A} \omega + a e^{-(M_A/D_e)t}. \tag{2}$$

Wenn man dafür sorgt, daß die Exponentialfunktion rasch genug abklingt, so hat sich nach kurzer Zeit ein stationärer Schleppwinkel

$$\chi_0 = \frac{D_e}{M_A} \omega \tag{3}$$

eingestellt, der ein unmittelbares Maß für ω ist.

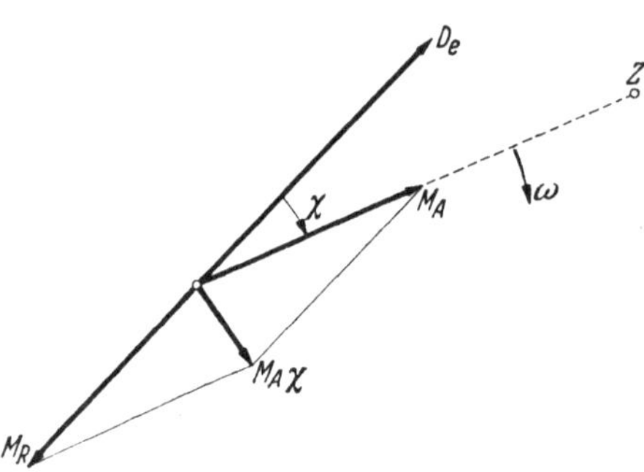

Abb. 108. Dynamik des Schleppkreisels.

Dazu ist nur nötig, daß der Kreisel ein hinreichend starkes Reibungsmoment $M_R = M_A$ erfährt, so daß trotz großem Antriebsmoment M_A nur ein verhältnismäßig kleiner Eigendrehimpuls D_e unterhalten wird.

Dieses Gerät, das man auch als Schleppkreisel bezeichnet, ist offenbar brauchbar für unveränderliche Meßgeschwindigkeiten ω oder auch genähert für solche, die sich nur langsam ändern, so daß zwischen jedem Wert ω und einem merklich veränderten Wert ω eine so lange Zeit verstreicht, daß das Abklingglied in (2) unmerklich geworden ist[1].

Auch die selbsttätige Integration wird heute zumeist mit elektrischen Netzwerken und Rückkopplungsverstärkern geleistet, die selbst da angewendet werden, wo die zu integrierende Eingangsfunktion von einem Kreiselgerät stammt. Immerhin kann in besonderen Fällen auch für die Integration der Kreisel benützt werden, wie wir nun noch an zwei Beispielen zeigen wollen.

Der in Abb. 109 schematisch dargestellte Integrierkreisel ist im wesentlichen wie ein Wendezeiger gebaut (vgl. Abb. 96, Seite 186), besitzt jedoch statt der Federfesselung einen Ölkatarakt, der eine der Ausschlagsgeschwindigkeit $\dot{\eta}$ proportionale Kraft und ein entsprechendes

[1] Vgl. *C. A. Traenkle*, Ing.-Arch. 18 (1950), S. 198.

Moment ausübt. Ist also B die Drehmasse des Systems um die Drehachse der Kreiselkappe, $\varepsilon=\dot\delta$ die Drehgeschwindigkeit, mit der das Gerät um die zur Figurenachse und zur Kreiselkappenachse senkrechte dritte Achse beispielsweise mit einem Flugzeug gedreht wird, und η der Ausschlag der Figurenachse, so gilt für kleine Ausschläge η

$$B\ddot\eta = D_e\dot\delta - k_1\dot\eta\,, \tag{4}$$

wobei k_1 die Dämpfungszahl des Ölkataraktes bedeutet. Diese Gleichung gibt nach einer ersten Integration unter der Annahme, daß $\delta=0$, $\eta=0$ und $\dot\eta=0$ für $t=0$ sei,

$$B\dot\eta + k_1\eta = D_e\delta, \tag{5}$$

und eine zweite Integration führt unter der gleichen Annahme auf

$$\left.\begin{aligned}\eta &= \frac{D_e}{B}e^{-\varkappa t}\int\limits_0^t \delta(\tau)\,e^{\varkappa\tau}\,d\tau\\ \text{mit}\qquad \varkappa &= \frac{k_1}{B}.\end{aligned}\right\} \tag{6}$$

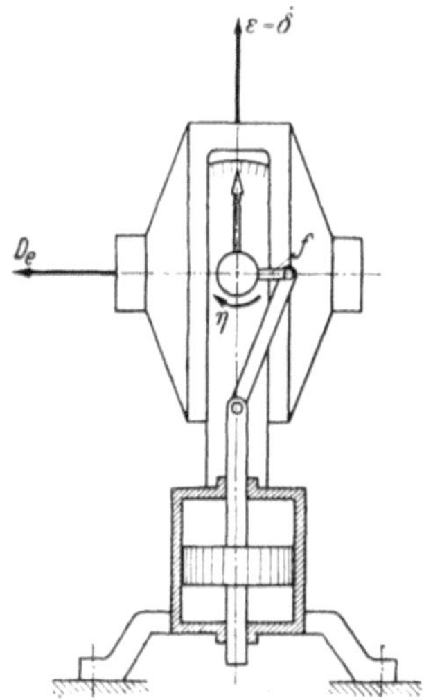

Abb. 109. Integrierkreisel mit Ölkatarakt.

Aus dieser Lösung kann man den Zusammenhang zwischen dem gesuchten Meßwinkel δ und der Anzeige η des Gerätes noch nicht unmittelbar entnehmen. Man wendet daher Teilintegration auf die rechte Seite von (6) an und erhält so

$$\eta = \frac{D_e}{k_1}\left(\delta - e^{-\varkappa t}\int\limits_0^t \dot\delta e^{\varkappa\tau}\,d\tau\right) = \frac{D_e}{k_1}\left[\delta - \int\limits_0^t \dot\delta(\tau)\,e^{-\varkappa(t-\tau)}\,d\tau\right]. \tag{7}$$

Das Integral in der eckigen Klammer, in welchem stets $t\geqq\tau$ ist, kann dauernd beliebig klein gehalten werden, wenn man $\varkappa$ hinreichend groß macht und sich auf Bewegungen mit nicht zu großen Werten von $\dot\delta$ beschränkt.

Man wählt daher eine möglichst große Dämpfungszahl k_1, so daß man in erster Näherung das zweite Glied in der eckigen Klammer von (7) streichen darf, und hat dann genähert

$$\eta = \frac{D_e}{k_1}\delta. \tag{8}$$

Dies besagt, daß man den zu mäßigen Drehgeschwindigkeiten ε gehörenden Winkelweg δ an einer Skala für den Zeigerauschlag η des Gerätes fortlaufend ablesen kann. Um auch große Winkel δ der Messung zugänglich zu machen, wählt man k_1/D_e groß genug.

Der systematische Fehler der Messung, wie ihn der Vergleich von (7) und (8) zeigt, kann tatsächlich sehr klein gehalten werden. Wir hätten ihn von vornherein außer acht gelassen und damit die Rechnung sehr vereinfachen können, wenn wir, wie schon häufig, die Drehmasse B des Systems gegenüber der dynamischen Trägheit des Kreisels vernachlässigt und einfach ausgedrückt hätten, daß das Kreiselmoment $D_e\dot{\delta}$ dem Moment $k_1\dot{\eta}$ des Ölkataraktes gleich sein soll. Daraus wäre sofort die genäherte Endformel (8) gefolgt.

Man kann die Meßart des Gerätes noch etwas erweitern, indem man zwischen die Kreiselkappe und den Ölkatarakt eine Federung einschaltet, etwa dadurch, daß man die vermittelnde Kurbel als Biegefeder (f) gestaltet. Ist dann wieder η der Winkelausschlag der Kreiselkappe, ζ der des Kurbelzapfens und ξ der des Kolbens des Ölkataraktes, umgerechnet als Winkelausschlag an der Kreiselkappe, so ist

$$\eta = \zeta + \xi, \tag{9}$$

ferner (als Ausdruck der Masselosigkeit der Kurbel)

$$k_1\dot{\xi} = k_2\zeta, \tag{10}$$

wo k_2 die Federzahl der Kurbel bedeutet, und endlich

$$D_e\dot{\delta} = k_2\zeta, \tag{11}$$

wenn wir nun von vornherein die Drehmasse B vernachlässigen. Aus (10) und (11) folgt

$$k_1\dot{\xi} = D_e\dot{\delta}$$

oder nach einer Integration unter der Annahme, daß für $t=0$ auch $\xi=0$ sei,

$$k_1\xi = D_e\delta. \tag{12}$$

Mit (11) und (12) liefert (9) das Ergebnis

$$\eta = D_e\left(\frac{\delta}{k_1} + \frac{\dot{\delta}}{k_2}\right). \tag{13}$$

Der Ausschlag η mißt unter dieser Voraussetzung somit eine Verbindung der Meßgrößen δ und $\dot{\delta}$, wie man sie z. B. für gewisse Steuerautomaten von Flugzeugen gerade braucht.

Schließlich beschreiben wir noch einen Integrierkreisel[1], der die Aufgabe löst, die Beschleunigung b eines Fahrzeuges zu integrieren und somit die jeweilige Fahrgeschwindigkeit v anzugeben. Sein Schema zeigt Abb. 110. Die Figurenachse steht quer zu den als gleichgerichtet vorausgesetzten Vektoren b und v, und die Kreiselkappe kann sich in einem Cardanring (r) um die zu v und zur Figurenachse senkrechte

[1] Vgl. *G. Zeunert*, Z. VDI. 91 (1949), S. 62.

dritte Achse (a) drehen. Der Cardanring (r) kann um die in die Richtung der Geschwindigkeit v fallende Achse (a') umlaufen, wobei sein Drehwinkel χ an einer Skala abzulesen ist. Die Kreiselkappe trägt eine Zusatzmasse m im Abstand s vom Cardanmittelpunkt, und zum Ausgleich sind noch zwei Massen m' am Cardanring (r) oder an der mit ihm verbundenen Achse (a') exzentrisch angebracht, so daß das Gesamtsystem bei der Drehung $\dot{\chi}$ ausgewuchtet ist. Anstatt einer Zusatzmasse m kann auch die Kreiselkappe exzentrisch angebracht werden.

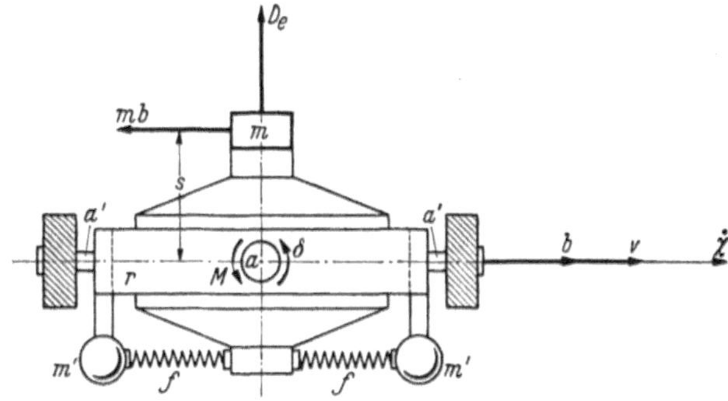

Abb. 110. Integrierkreisel mit Zusatzmasse.

Wird das Gerät mit dem Fahrzeug beschleunigt, so entstehen in der Zusatzmasse m und in den Ausgleichsmassen m' *d'Alembert*sche Kräfte mb und $m'b$ entgegengesetzt zu b. Während nun die Kräfte $m'b$ lediglich die Lager der Achse (a') des Cardanringes (r) beanspruchen, wirkt die Kraft mb als Präzessionsmoment

$$M = msb = ms\dot{v} \tag{14}$$

und dreht somit den Eigendrehimpulsvektor D_e und mit ihm den Cardanring (r) so, daß

$$D_e\dot{\chi} = M = ms\dot{v} \tag{15}$$

wird, woraus durch Integration

$$\chi = \frac{ms}{D_e} v \tag{16}$$

folgt, falls man die Bewegung des Fahrzeuges mit $v=0$ und die Anzeige des Gerätes mit $\chi=0$ beginnen läßt. Von der in Abb. 110 angedeuteten Federfesselung ist hierbei zunächst noch abgesehen, und die Drehmasse des Systems haben wir wieder von vornherein außer acht gelassen. Der Drehwinkel χ des Cardanrahmens gibt somit die jeweils erreichte Fahrgeschwindigkeit v an.

Indessen darf doch nicht übersehen werden, daß die Formel (15) nur eine Näherung darstellt und das Gerät daher nicht ganz genau arbeitet. Denn unsere bisherige Rechnung berücksichtigt nicht die unvermeidliche Reibung in den Lagern der Ringachse (a'). Das jeder Drehung $\dot{\chi}$ entgegenstehende Reibungsmoment M_R müßte die Figurenachse allmählich aus ihrer Lage senkrecht zur Fahrrichtung herausdrehen und dem Gerät bald seine Wirkung nehmen, wenn man die Figurenachse nicht mit Federn (f) an ihre Soll-Lage fesseln würde. (Eine Festklemmung der Achse (a) der Kreiselkappe am Cardanring (r) würde die Figurenachse zwar auch in ihrer Soll-Lage halten, aber dafür das Moment M auf die Lager der Achse (a') des Cardanringes überleiten und somit für den Kreisel unwirksam machen.)

Um den Einfluß der Federfesselung und der Lagerreibung abzuschätzen, setzen wir das Federmoment bei einer Drehung der Kreiselkappe um ihre Achse (a) an zu

$$M_F = k\delta, \tag{17}$$

positiv entgegengesetzt zu δ, und nehmen zur Vereinfachung der Rechnung das Reibungsmoment der Cardanringachse (a') in der einfachen Form an

$$M_R = k_1\dot{\chi}, \tag{18}$$

positiv entgegengesetzt zu $\dot{\chi}$. Nun wollen wir aber auch noch das Reibungsmoment in der Kreiselkappenachse (a) berücksichtigen und setzen es an zu

$$M'_R = k_2\dot{\delta}, \tag{19}$$

positiv entgegengesetzt zu $\dot{\delta}$. Damit kommt statt (15)

$$\begin{aligned} D_e\dot{\chi} &= M - M_F - M'_R, \\ D_e\dot{\delta} &= M_R \end{aligned}$$

oder ausführlich mit den Werten (14) und (17) bis (19)

$$\left.\begin{aligned} D_e\dot{\chi} + k_2\dot{\delta} + k\delta &= ms\dot{v}, \\ D_e\dot{\delta} &= k_1\dot{\chi}. \end{aligned}\right\} \tag{20}$$

In diesen Gleichungen haben wir die Trägheitsglieder $B\ddot{\chi}$ und $C\ddot{\delta}$ mit den Drehmassen B und C des ganzen Systems und der Kreiselkappe um ihre Drehachsen wiederum unterdrückt; man kann in einer ausführlichen Rechnung bestätigen, daß ihre Hinzunahme lediglich die Nutationen und die raschen Federschwingungen liefern würde, die aber die Anzeige nicht merklich stören.

Aus der zweiten Gleichung (20) folgt

$$\delta = \frac{k_1}{D_e}\chi$$

wegen $\delta = \chi = 0$ für $t = 0$, und damit gibt die erste Gleichung (20)

$$(1 + \varkappa)\dot{\chi} + \lambda\chi = c\dot{v} \tag{21}$$

mit den Abkürzungen

$$\varkappa = \frac{k_1 k_2}{D_e^2}, \qquad \lambda = \frac{k k_1}{D_e^2}, \qquad c = \frac{m s}{D_e}. \tag{22}$$

Wenn man dann der Einfachheit halber noch

$$\lambda' = \frac{\lambda}{1+\varkappa}, \qquad c' = \frac{c}{1+\varkappa} \tag{23}$$

setzt, so hat man (21) in der Form

$$\dot{\chi} + \lambda' \chi = c' \dot{v}. \tag{24}$$

Das Integral dieser Differentialgleichung, das schon gleich an die Anfangsbedingung $\chi = 0$ für $t = 0$ angepaßt ist, lautet

$$\chi = c' e^{-\lambda' t} \int_0^t \dot{v}\, e^{\lambda' t}\, dt, \tag{25}$$

und dies läßt sich durch zweimalige Teilintegration mit den Anfangsbedingungen $v = 0$ und $s = \int v\, dt = 0$ für $t = 0$ umwandeln in

$$\begin{aligned} \chi &= c' \left(v - \lambda' e^{-\lambda' t} \int_0^t e^{\lambda' t}\, ds\right) \\ &= c' \left(v - \lambda' s + \lambda'^2 e^{-\lambda' t} \int_0^t s\, e^{\lambda' t}\, dt\right). \end{aligned}$$

Nun ist sicher die Größe λ sehr klein, da man den Eigendrehimpuls D_e so groß wie möglich wählt, und so darf man bei der Abschätzung des Fehlers Glieder mit λ'^2 und höheren Potenzen von λ' gegen das Glied $\lambda' s$ streichen. Die fortgesetzte Teilintegration würde ja einfach eine Reihenentwicklung nach steigenden Potenzen von λ' ergeben. Beachtet man dann noch, daß auch $\varkappa$ sehr klein bleibt, und daß man daher im Rahmen dieser Genauigkeit mit

$$\lambda' \approx \lambda(1-\varkappa) \approx \lambda, \qquad c' \approx c(1-\varkappa)$$

rechnen darf, so hat man mit den Werten (22) das Ergebnis

$$\chi = \frac{m s}{D_e} \left[v\left(1 - \frac{k_1 k_2}{D_e^2}\right) - \frac{k k_1}{D_e^2} s\right]. \tag{26}$$

Man erkennt also, daß – gegenüber dem ursprünglichen Ergebnis (16) – die Reibung in den Achsen (a und a') systematische Fehler in der Anzeige hervorruft. Während das Fehlerglied $(k_1 k_2/D_e^2)v$ unbedenklich sein mag, nimmt das Fehlerglied $(k k_1/D_e^2)s$ unablässig zu und kann schließlich die Messung völlig fälschen. Übrigens kann man durch eine ähnliche Rechnung finden, daß bei trockener Reibung auch das erste Fehlerglied $(k_1 k_2/D_e^2)v$ durch ein mit der Zeit im allgemeinen zunehmendes Glied zu ersetzen wäre.

Weitere systematische Fehler treten auf, wenn das Fahrzeug selbst Drehbewegungen um seine Längsachse macht, z. B. Drehschwingungen, oder wenn es zusätzliche Drehungen um eine Achse ausführt, die parallel zur Drehachse (a) der Kreiselkappe liegt, aber nicht mit ihr zusammenfällt. Für sehr feine Messungen müßte man unter Umständen auch noch den Einfluß der Erddrehung ω^* berücksichtigen.

2. Reglerkreisel. Daß der Kreisel fähig ist, als Lagen- und Richtungsregler die entsprechenden Steuerorgane z. B. eines Schiffes oder Flugzeuges zu erregen, haben die in § 6 bis 8 besprochenen Kreiselgeräte, die man zum großen Teil auch schon als Reglerkreisel bezeichnen könnte, ausführlich erwiesen. Aber auch als Regler für Drehgeschwindigkeiten ist der Kreisel brauchbar. Wir besprechen hier je ein Beispiel solcher Geräte, eines für die Richtungsregelung und eines für die Drehgeschwindigkeitsregelung.

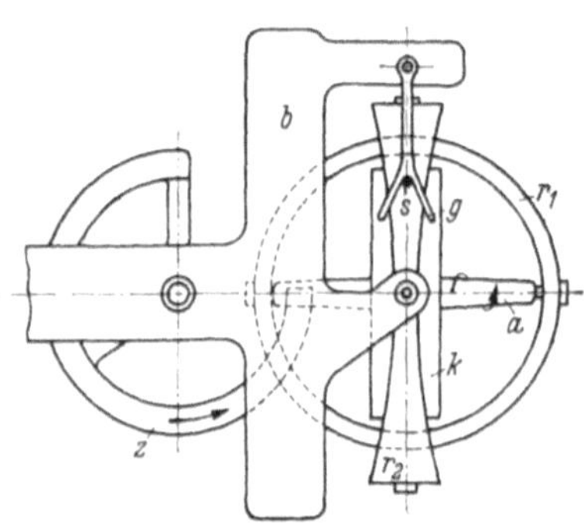

Abb. 111. Geradläufer.

Der von *Obry* ersonnene Geradläufer[1] für Torpedos ist ein astatischer Kreisel, der im Heck des Torpedokörpers cardanisch gelagert ist (Abb. 111). Die Figurenachse (a) liegt in der Längsrichtung. Von den beiden Cardanringen (r_1 und r_2) trägt der äußere einen Stift (s), der in eine Gabel (g) eingreift, und diese ist ebenso wie der äußere Cardanring (r_2) in einem mit dem Torpedokörper verbundenen Bügel (b) befestigt. Der Stift (s) sowie die Drehachse des äußeren Cardanrings sind lotrecht. Der Kreisel (k) erhält seinen Eigendrehimpuls von einem Zahnradsektor (z), der etwa von einer Feder gespannt ist und, in eine Verzahnung der Figurenachse eingreifend, den Kreisel auf bis zu 10000 Uml/min antreibt, die er mehrere Minuten lang beibehält. Mitunter wird der Kreisel auch als Luftturbine oder sonstwie angetrieben und bis auf 20000 Uml/min gebracht.

Die Wirkungsweise ist sehr einfach: jede Kursabweichung des Torpedos, d. h. jede Verdrehung des Bügels (b) gegen den waagerechten Durchmesser des äußeren Cardanringes hat auch eine Drehung der Gabel (g) gegen den Bügel (b) zur Folge, so daß die Gabel eine Seitenrudermaschine zu steuern vermag, die die Kursabweichung rückgängig macht.

---

[1] Vgl. *W. J. Sears*, Engineering 66 (1898), S. 89; *H. Noalhat*, Les torpilles et les mines sousmarines, Paris 1905; *W. S. Franklin*, Phys. rev. 34 (1912), S. 48.

Die unvermeidlichen Fehlerquellen des Geradläufers sind: die Rückwirkung der Gabelkraft, die Reibungsmomente in den Cardanlagern, die Ungenauigkeiten der Astasierung und die Nutationen, die bei jeder Verlagerung des Eigendrehimpulsvektors auftreten können.

Während aber die Gabelkraft, als Drehmoment mit lotrechtem Vektor sich auswirkend, lediglich die Figurenachse aus ihrer waagerechten Lage mehr oder weniger herauszieht, ohne ihre längsweisende Wirkung zu beeinträchtigen (vorausgesetzt daß die Figurenachse sich nicht völlig senkrecht stellt), so veranlaßt das Reibungsmoment M_R in den waagerechten Lagern des inneren Cardanrings die Figurenachse zu Präzessionen um die Lotlinie und also zu Fehlern in der Steuerung. Wenn der Torpedokörper beispielsweise Stampfbewegungen macht, so pulsiert M_R und verursacht somit über den Kreisel auch ein Pulsieren des Seitenruders: die Folge ist eine Bahn des Torpedokörpers in Form einer Art von Schraubenlinie.

Die ungenaue Lage des Schwerpunkts des Kreiselkörpers ein wenig abseits von Cardanmittelpunkt erzeugt ebenfalls eine Drehung der Figurenachse und führt, wenn der Schwerpunkt etwa wenigstens noch auf der Figurenachse liegt, zu einer pseudoregulären Präzession der Figurenachse um die Lotlinie (§ 7, Ziff. **4**, Seite 81 des ersten Bandes) und also zu einer Bahn des Torpedos auf einem Kreisbogen. Bei noch allgemeinerer Lage des Schwerpunkts treten verwickeltere Bewegungen der Figurenachse ein (§ 10, Ziff. **8**, Seite 204 des ersten Bandes) und dementsprechend auch verwickeltere Bahnen des Torpedos.

Die Störungen durch die Nutationen sind, wie man leicht abschätzen kann, fast unmerklich.

Als zweites Beispiel eines Reglerkreisels erwähnen wir die sogenannte Geschwindigkeitswaage von *Vocca*[1], wie Abb. 112 sie aufzeigt. Zwei koaxiale Kreisel (k_1 und k_2) werden in entgegengesetztem Sinne von zwei Motoren (m_1 und m_2) angetrieben, deren Gehäuse fest mit den Kreiseln verbunden sind, wogegen ihre Anker auf einer waagerechten Achse (a) sitzen, die in einem Gehäuse (g) lagert. Dieses lagert drehbar um eine dazu senkrechte und ebenfalls waagerechte Achse (a') in den zwei Bügeln einer senkrechten Welle (w). Wesentlich ist, daß die beiden Motoren mit Drehzahlen umlaufen, die genau proportional zur Drehgeschwindigkeit zweier Maschinen sind, deren Lauf das Gerät miteinander vergleichen und regeln soll. Das ganze System wird um die lotrechte Welle (w) in Drehung versetzt, wobei

[1] *O. Vocca*, Rev. maritt. 12 (1934), S. 1.

die Art des Antriebes gleichgültig ist, und kann um die zweite Achse (a') kleine Ausschläge machen, die durch Federn in engen Grenzen gehalten werden. Sind ω_1 und ω_2 die Drehgeschwindigkeiten der beiden zu vergleichenden Maschinen und also $\varkappa\omega_1$ und $\varkappa\omega_2$ diejenigen der beiden Kreisel, und ist ω' die Drehgeschwindigkeit des Systems um die lotrechte Achse, so entstehen zwei entgegengesetzt gerichtete Kreiselmomente

$$K_1 = A\varkappa\omega'\omega_1, \qquad K_2 = A\varkappa\omega'\omega_2 \tag{27}$$

um die Schwingungsachse (a'), wobei A die gleiche axiale Drehmasse beider Kreiselkörper ist. Die Differenz $K_1 - K_2$ der beiden Kreiselmomente bringt die Motorachse (a) nach der einen oder anderen Seite zum Ausschlag um die Schwingungsachse (a'), und dieser Ausschlag kann, mechanisch oder elektrisch, zur Steuerung der beiden Maschinen verwendet werden.

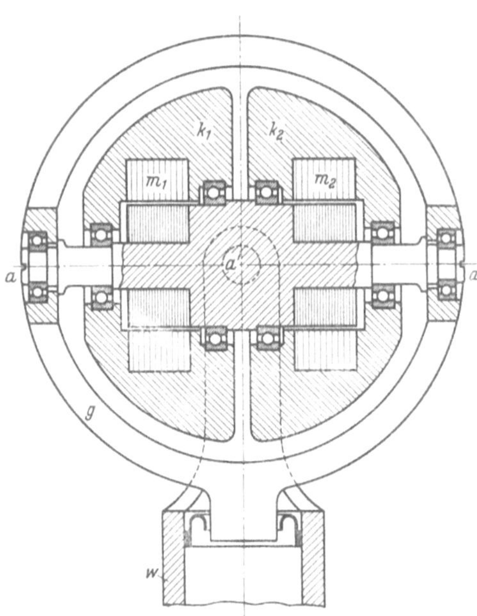

Abb. 112. Geschwindigkeitswaage.

Sollen beide Maschinen beispielsweise gleiche Drehgeschwindigkeiten ω_1 und ω_2 besitzen, so spricht der Regler an, so oft $K_1 \neq K_2$ ist. Hält man den einen Kreisel auf fester Drehzahl, z. B. durch eine Uhr, so stellt das Gerät einen gewöhnlichen Regler für die Maschine dar, die ihre Drehzahl im zweiten Kreisel abbildet.

Hiermit haben wir die wohl wichtigsten Arten von Kreiselgeräten in ihren wesentlichen Bauformen kennen gelernt. Man findet namentlich in den Patentschriften noch viele weitere Vorschläge, die indessen zumeist nicht zu durchgebildeten und erprobten Geräten geführt haben.

Dritter Abschnitt.

Unmittelbare Stabilisatoren.

Während man die bisher behandelten Kreiselgeräte auch als mittelbare Stabilisatoren ansprechen konnte, weil sie die Lage eines Fahrzeuges oder auch seinen Bewegungszustand dem Lenker des Fahrzeuges anzeigen oder allenfalls ein geeignetes Steuerwerk bedienen, so wollen wir jetzt schließlich noch solche Systeme untersuchen, bei denen der Kreisel selbst ein wesentlicher Bestandteil der Masse des Systems ist und als unmittelbarer Stabilisator durch seine Kreiselwirkungen die Lage oder den Bewegungszustand des Systems ohne zwischengeschaltete Steuerorgane beeinflußt.

Die nächstliegende Art dieser unmittelbaren Stabilisierung eines Körpers besteht offenbar darin, daß er selber als Kreisel mit (gegenüber allen Störungen) hinreichend großem Eigendrehimpuls ausgestattet wird; wir wollen ihn dann (mit etwas anderer Bedeutung als in § 8, Ziff. 3) als Richtkreisel bezeichnen. Solche Richtkreisel sind die Himmelskörper und von irdischen Körpern — außer den schon im ersten Bande behandelten Beispielen des in einer Pfanne oder in einem Cardangehänge laufenden gewöhnlichen Kreisels, des Spielkreisels, des Gyrostaten, des rollenden Rades und der rollenden Kugel — die rasch sich drehenden Langgeschosse.

Man kann aber, wie sich herausstellen wird, ein an sich labiles System auch durch einen fest oder beweglich in ihm eingebauten Kreisel mehr oder weniger gut stabilisieren oder zum mindesten stützen; wir heißen ihn dann einen Stützkreisel und werden sehen, daß dieser Begriff eng zusammenhängt mit dem Stützkreisel von § 8, Ziff. 4. Das bekannteste Beispiel ist hier die Einschienenbahn.

Endlich vermag der Kreisel die Schwingungen eines schon im voraus stabilen Systems wirksam zu dämpfen und so dessen Stabilität zu verbessern; jetzt ist es angebracht, von einem Dämpfkreisel zu reden. Seine bisher einzige technische Form ist der Schiffskreisel.

§ 10. Richtkreisel.

1. Die Erde. Die bei weitem großartigsten Richtkreisel in der Kreiselgattung der unmittelbaren Stabilisatoren sind die Himmelskörper und unter ihnen als der für uns wichtigste die Erde. Diese hat ziemlich genau die Gestalt eines ganz schwach abgeplatteten

Rotationsellipsoides mit dem Achsenverhältnis $a : b = 6356{,}9 : 6378{,}4 = 0{,}9966$. Wäre sie homogen, so wäre ihre Trägheitsfläche ebenfalls ein abgeplattetes Rotationsellipsoid, und zwar nach den Formeln (37) von § 3, Ziff. 4 des ersten Bandes (Seite 43) mit dem etwas größeren Achsenverhältnis $\sqrt{(a^2+b^2)/2b^2} = 0{,}9983$. Das Verhältnis ihrer axialen Drehmasse A und ihrer äquatorialen B wäre

$$\frac{A}{B} = \frac{2b^2}{a^2+b^2} = 1{,}0034. \tag{1}$$

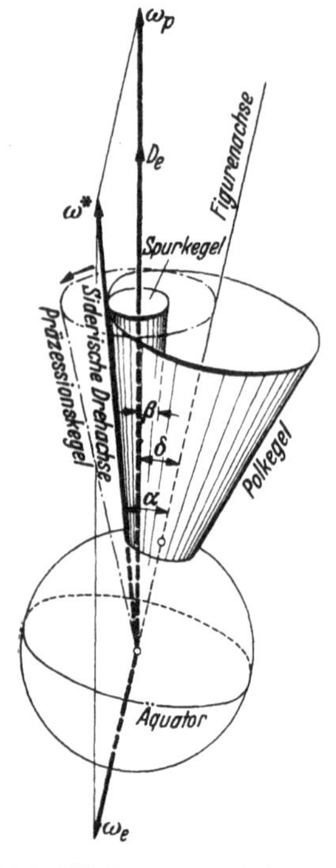

Abb. 113. Die perizykloidische Präzession der Erde.

Man darf diese Verhältniszahlen auch für die wirkliche Erde gelten lassen, da sie ja wahrscheinlich nahezu aus einigermaßen homogenen, koaxialen und zueinander ähnlichen Ellipsoidschalen besteht. Trotz der kleinen Drehgeschwindigkeit $\omega^* = 2\pi/86164{,}1\ \text{sek}^{-1}$ besitzt die Erde einen Drehimpuls, der außerordentlich groß ist gegenüber den geringen äußeren Einflüssen, denen sie als Kreisel ausgesetzt ist. Sehen wir zunächst von diesen Einflüssen ab, so haben wir es mit einem kräftefreien symmetrischen Kreisel zu tun. Daß seine Drehachse ganz oder sehr nahezu mit seiner Figurenachse und damit dann auch mit der Drehimpulsachse zusammenfällt, schließen wir aus der Tatsache, daß die Gestalt der Erde sich eben infolge dieser Drehung so ausgebildet hat, wie sie heute ist, nämlich im Ausgleich der Massenanziehung mit den Fliehkräften der Erddrehung, was zuerst *A. C. Clairaut* näher untersucht hat.

Wenn indessen die drei genannten Achsen nicht völlig zusammenfallen – und wir werden sehen, daß sehr genaue astronomische Beobachtungen etwas derartiges zeigen –, dann muß die Erde, soweit man sie als starren und kräftefreien Kreisel ansehen darf, gemäß § 4, Ziff. 2 des ersten Bandes (Seite 51) eine reguläre Präzession um die Drehimpulsachse vollziehen, die dabei ihre Richtung im Raume nicht ändert, und zwar eine perizykloidische Präzession (da der Erdkreisel abgeplattet ist), wobei also ein um die Figurenachse gelegter erdfester Polkegel auf einem um die Drehimpulsachse gelegten Spurkegel von außen und ihn umschließend ohne Gleiten abrollt, wie dies Abb. 113 zeigt, in welcher der Deutlichkeit halber die Öffnungswinkel der Kegel weit übertrieben sind (vgl. Abb. 48 und 50, Seite 52 und 54 des ersten Bandes). Für die Parameter dieser Präzession, nämlich die Eigendrehgeschwindigkeit ω_e, die Präzessionsgeschwindigkeit ω_p, den Erzeugungswinkel δ des Präzessionskegels der Figurenachse und die Öffnungswinkel α und β des Polkegels und des Spurkegels gelten die damaligen Beziehungen (2) bis (5), also etwas anders geschrieben und wegen $A > B$

$$\left.\begin{aligned} \frac{\omega_e}{\omega_p} &= \frac{A-B}{A}\cos\delta, \\ \frac{\operatorname{tg}\alpha}{\operatorname{tg}\beta} &= \frac{A}{A-B}\,\frac{B+A\operatorname{tg}^2\delta}{B}. \end{aligned}\right\} \tag{2}$$

Nun sind aber δ sowie α und β tatsächlich äußerst kleine Winkel, nämlich, wie wir nachher erweisen werden, nur Bruchteile einer Bogensekunde, und somit darf man selbst für astronomische Rechnungen unbedenklich $\cos\delta = 1$ sowie $\operatorname{tg}\alpha = \alpha$ und $\operatorname{tg}\beta = \beta$ setzen und $A\operatorname{tg}^2\delta$ gegen B vernachlässigen und hat daher statt (2) sehr genau

$$\frac{\omega_e}{\omega_p} = \frac{\beta}{\alpha} = \frac{A-B}{A}. \tag{3}$$

Wegen der Kleinheit von α und β ist ebenfalls sehr genau die siderische Drehgeschwindigkeit der Erde

$$\omega^* = \omega_p - \omega_e, \tag{4}$$

und daher folgt aus (3) noch

$$\frac{\omega_p - \omega_e}{\omega_p} = \frac{\omega^*}{\omega_p} = \frac{B}{A}, \tag{5}$$

$$\frac{\omega_p - \omega_e}{\omega_e} = \frac{\omega^*}{\omega_e} = \frac{B}{A-B}. \tag{6}$$

Mithin verhält sich die Zeit t_p eines Präzessionsumlaufes der Erdachse und ebenso auch der siderischen Drehachse um die Drehimpulsachse zur Dauer t^* eines Sterntages wie

$$\frac{t_p}{t^*} = \frac{B}{A}, \tag{7}$$

und ebenso die Zeit t_e eines Umlaufes der siderischen Drehachse auf dem Polkegel in der Erde um deren Figurenachse zum Sterntag wie

$$\frac{t_e}{t^*} = \frac{B}{A-B}. \tag{8}$$

Mit dem Wert (1) gibt dies für die Erde rund

$$\left.\begin{aligned} t_p &= 0{,}997 \text{ Sterntage}, \\ t_e &= 300 \text{ Sterntage}, \\ \beta &= \frac{1}{300}\,\alpha. \end{aligned}\right\} \tag{9}$$

Die Präzessionsdauer müßte demnach etwas weniger als ein Sterntag sein; der Umlauf der Drehachse um die Figurenachse in der Erde müßte etwa 10 Monate dauern, eine von *L. Euler* theoretisch, wenn auch noch nicht nach ihrem Zahlenwert entdeckte Periode. Der Erzeugungswinkel β des Spurkegels wäre ungefähr 1/300 von demjenigen α des erdfesten Polkegels, der auf der Erdoberfläche um den Nordpol herum einen Kreis ausschneiden müßte. Die Wanderung des eigentlichen Drehpoles auf diesem Kreise, im Sinne der Erddrehung, also von Westen nach Osten erfolgend, müßte sich astronomisch in Schwankungen der geographischen Breite φ aller Punkte der Erde mit etwa 10monatiger Periode und der Amplitude $\Delta\varphi = \alpha$ äußern und außerdem in gleichperiodigen Schwankungen der Nordrichtung (wenn man wie beim Kreiselkompaß als Nordpol den Drehpol ansieht) mit einer Amplitude $\Delta\delta$, die sich gemäß Abb. 114 (in welcher α wieder viel zu groß dargestellt ist) nach einer Grundformel der sphärischen Trigonometrie aus

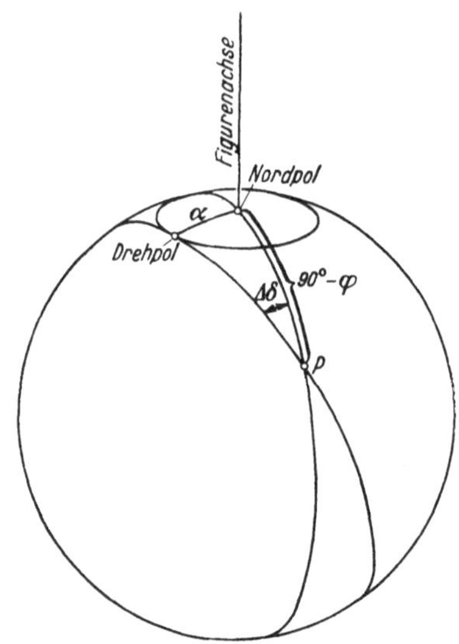

Abb. 114. Die Schwankung der Nordrichtung infolge der Präzession der Erde.

$$\sin \Delta\delta = \frac{\sin \alpha}{\cos \varphi}$$

für nicht ganz polnahe Punkte P genau genug zu

$$\Delta\delta = \frac{\alpha}{\cos \varphi} \tag{10}$$

berechnet.

Die Schwankungen der geographischen Breite φ sind nun in der Tat seit langem aufgefallen und durch das Zusammenwirken von sechs astronomischen Beobachtungsstationen (alle auf dem Breitenkreise $\varphi = 39{,}8°$) sorgfältig ausgewertet worden. Ihre mittlere Amplitude $\Delta\varphi$ ist etwa 0,15″, woraus der Halbmesser des Bahnkreises des Drehpoles zu nur rund 4,5 m (um die mittlere Lage des Nordpoles als des Durchstoßungspunktes der Figurenachse durch die Erdoberfläche) folgt. Aber in Wirklichkeit ist die so durch Beobachtung gefundene Bahn des Drehpoles weder ein genauer Kreis, noch wird sie in zehn Monaten einmal völlig durchlaufen. Es handelt sich vielmehr um die Überlagerung mehrerer Bewegungen, unter welchen zwei von *S. C. Chandler* entdeckte mit Perioden von 14,4 und 12 Monaten und eine daraus folgende Schwebung von 6 Jahren die wichtigsten sind.

Die 14,4 monatige Periode ist von Lord *Kelvin* und von *Klein* und *Sommerfeld*[1] gedeutet worden als Dauer derjenigen Präzession, die der Erdkreisel vollzöge, wenn er nicht, wie bisher vorausgesetzt, starr, sondern elastisch nachgiebig wäre, und zwar mit einem Elastizitätsmodul $E = 2{,}5 \cdot 10^6$ kg/cm², also dem 1,24 fachen von Stahl.

Die 12 monatige Periode hängt zweifellos mit den Massenverlagerungen auf der Erdoberfläche zusammen, welche von den Jahreszeiten herrühren, wobei man namentlich an die periodisch ab- und zunehmenden polaren Eiskappen sowie an die jahreszeitlichen Massenumlagerungen des Luftmeeres und an Meeresströmungen von jährlicher Periode denken wird. Eine quantitative Erklärung ist sehr schwierig[2] und bisher kaum möglich.

Wichtig ist hier nur noch die Erkenntnis, daß der Erzeugungswinkel β des Spurkegels, nämlich 1/300 von der vorhin genannten Amplitude $\alpha = 0{,}15''$, also $\beta = 0{,}0005''$ außerordentlich klein ist, und daß daher die Richtung der Drehachse der Erde auch bei äußersten Anforderungen an die astronomische Beobachtegenauigkeit als vollkommen raumfest gelten kann, — soweit die Bewegung des Erdkreisels als kräftefrei angesehen werden darf.

Aber auch von dem äußerst kleinen Richtungsunterschied zwischen der Drehimpulsachse, der Drehachse und der Figurenachse des Erdkreisels dürfen wir ganz absehen, wenn wir weiterhin darnach fragen, inwiefern die natürliche reguläre Präzession der Erde, also nun einfach ihre Eigendrehung um eine erdfeste Achse von bisher raumfest anzusehender Richtung gestört wird durch die Anziehungskräfte anderer Himmelskörper, von denen natürlich nur die weitentfernte, aber dafür sehr große Sonne und der kleine, aber nahe Mond in Betracht kommen.

Die Erdachse bildet mit dem Lot der Ekliptik (d. h. der Ebene der Erdbahn) einen Winkel von rund 23,5°. In der Ekliptik befindet sich die Sonne und, wenigstens nahezu, auch der Mond; und zwar umlaufen sie scheinbar die Erde von Westen nach Osten in einem siderischen Jahre bzw. Monat je einmal. Wir werden alsbald finden, daß die Störungen, welche die Sonne und der Mond an der Richtung der Erdachse in Form einer langsamen erzwungenen pseudoregulären Präzession (neben ihrer vorhin festgestellten natürlichen Präzession) verursachen, im großen Ganzen sich erst nach sehr vielen scheinbaren Umläufen, sozusagen erst in Jahrhunderten und Jahrtausenden, zu merklichen Beträgen anhäufen. Um diese sogenannten säkularen Störungen zu ermitteln, wird es also genügen, mit einem Mittelwert

[1] *F. Klein* und *A. Sommerfeld*, Über die Theorie des Kreisels, S. 663–706.

[2] *F. Klein* und *A. Sommerfeld*, a. a. O. S. 706–731.

der jährlichen bzw. monatlichen Einwirkung von Sonne bzw. Mond zu rechnen, indem man deren scheinbare Bahnen als Kreise um den Erdmittelpunkt ansieht und sich ihre Massen auf diesen Bahnkreisen irgendwie symmetrisch verteilt denkt.

In der Astronomie nennt man die Schnittlinie der Äquatorebene mit der Ekliptik die Knotenlinie (erst von hier aus ist dieses Wort auch in die Kreiseltheorie eingegangen). Der in die Knotenlinie fallende jeweilige Durchmesser des Erdäquators sowie des scheinbaren Bahnkreises des störenden Körpers (Sonne bzw. Mond) möge der Knotendurchmesser heißen, der darauf senkrechte Äquatordurchmesser sowie der darauf senkrechte Bahnkreisdurchmesser die beiden Querdurchmesser (Abb. 115). Diese beiden definieren die

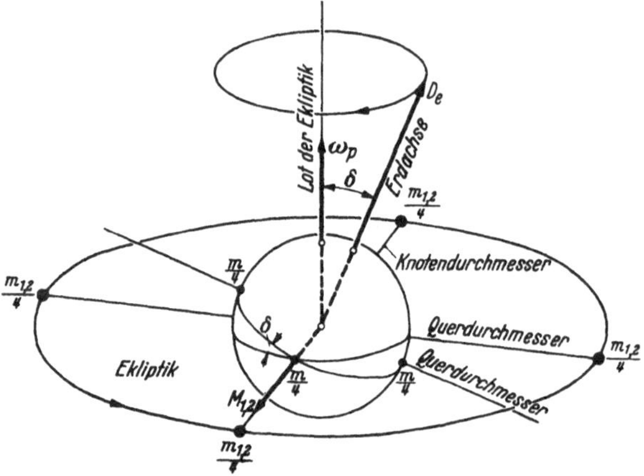

Abb. 115. Erde und Ekliptik.

Querebene durch den Erdmittelpunkt (senkrecht zur Knotenlinie). Und nun denken wir uns die Sonnenmasse m_1 und die Mondmasse m_2 in je vier gleichen Teilen auf die vier Endpunkte des Knoten- und Querdurchmessers verteilt.

Die Erde besteht infolge ihrer Abplattung sozusagen aus einer als homogen anzusehenden Kugel und einem auf ihr liegenden Ringwulst, der vom Äquator nach den beiden Polen hin abnimmt. Die Anziehung der störenden Massen m_1 bzw. m_2 auf den Kugelteil ist ganz gleichmäßig und hebt sich im säkularen Mittel auf. Die Anziehung auf den Wulst dagegen bildet eben die Ursache für die Änderung des Drehimpulsvektors der Erde, also der erzwungenen Präzession ihrer Achse, die wir nun genauer berechnen wollen. Und zwar sieht man schon im Voraus, daß die störenden Körper (Sonne bzw. Mond) infolge ihrer Anziehungskraft den Wulst und mit ihm den Erdäquator in die

Ekliptik hineinzuziehen streben, indem sie eine Drehkraft M um die Knotenlinie verursachen. Diese Drehkraft führt den Vektor des Eigendrehimpulses D_e der Erde, von der Nordseite der Ekliptik aus betrachtet, im Uhrzeigersinne um die Lotlinie der Ekliptik, also entgegen der scheinbaren Umlaufsrichtung von Sonne und Mond um die Erde, und zwingt somit die Figurenachse des (gegenüber diesen äußerst kleinen Störungen als schnell anzusehenden) symmetrischen Erdkreisels zu einer pseudoregulären Präzession, wie wir von § 6, Ziff. 4 des ersten Bandes (Seite 75) her wissen. Um die Geschwindigkeit ω_p dieser erzwungenen Präzession zu finden, haben wir gemäß der damaligen Formel (11), die man leicht auch aus Abb. 115 abliest,

$$\omega_p = \frac{M}{D_e \sin \delta} \tag{11}$$

lediglich noch den säkularen Mittelwert des Momentes M jener Drehkraft zu berechnen.

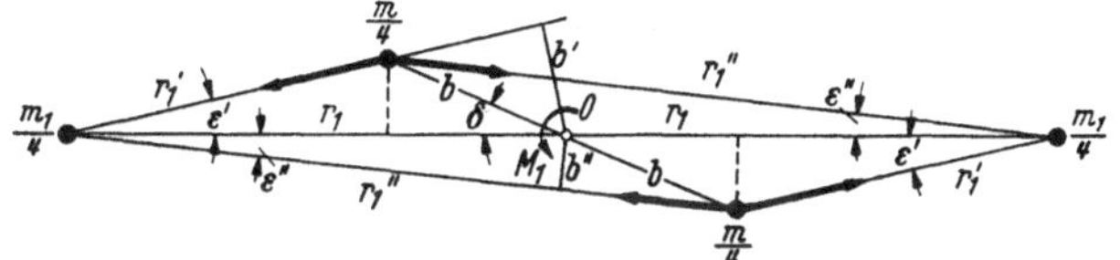

Abb. 116. Querebene.

Hierzu dürfen wir offenbar auch die Masse m des Wulstes irgendwie symmetrisch über den Erdäquator verteilen. Denn die große Entfernung der störenden Körper verwischt sozusagen die Feinstruktur der Massenanordnung in der Erde. Wir denken uns also auch hier wieder je ein Viertel der Wulstmasse m auf die vier Endpunkte des Knoten- und Querdurchmessers des Erdäquators gesetzt. Wenn wir hinsichtlich der Massenanziehung diese Viertel stille stehen, genauer gesagt, nur die zu berechnende, sehr langsame Drehung der Knotenlinie mitmachen lassen, so müssen wir natürlich ihren tatsächlichen Drehimpuls zuvor dem Kugelbestandteil der Erde beigezählt denken.

Die zwei Teilmassen $m/4$ in den Endpunkten des Knotendurchmessers dürfen wir weiterhin ganz außer acht lassen; denn sie erfahren aus Gründen der Symmetrie von allen störenden Massen zusammen die Kraft Null. Aus gleichen Gründen aber üben auch die störenden Massen $m_1/4$ bzw. $m_2/4$ in den Endpunkten des Knotendurchmessers auf den ganzen Erdwulst insgesamt keine Kraft aus. Somit brauchen wir nur noch die störenden und die gestörten Massen in der Querebene zu berücksichtigen.

Wir betrachten zuerst als störenden Körper die Sonne allein (Abb. 116). Die Entfernung der Massen $m_1/4$ vom Erdmittelpunkt O

und von den Wulstmassen $m/4$ seien der Reihe nach mit r_1, r_1', r_1'' bezeichnet. Der äquatoriale Erdhalbmesser sei wieder b, die (schon in Formel (11) benützte) Schiefe der Ekliptik gegen den Erdäquator δ ($=23{,}5°$), die Hebelarme der Anziehungskräfte bezüglich des Erdmittelpunktes seien b' und b''. Da die Anziehungskräfte zu dem Produkt der Massen sowie dem reziproken Quadrat ihrer Entfernungen proportional sind, so wird mit der Gravitationskonstanten $\varkappa$ das gesuchte Moment M_1 um die Knotenachse

$$M_1 = 2\varkappa \frac{m}{4}\frac{m_1}{4}\left(\frac{b'}{r_1'^2} - \frac{b''}{r_1''^2}\right). \tag{12}$$

Diesen Ausdruck haben wir in dreifacher Weise umzuformen. Erstens lesen wir aus Abb. 116 die Proportionen ab

$$\frac{b'}{r_1} = \frac{b\sin\delta}{r_1'}, \qquad \frac{b''}{r_1} = \frac{b\sin\delta}{r_1''},$$

und somit wird

$$\frac{b'}{r_1'^2} - \frac{b''}{r_1''^2} = r_1 b \sin\delta\left(\frac{1}{r_1'^3} - \frac{1}{r_1''^3}\right). \tag{13}$$

Ferner ist mit den aus Abb. 116 ersichtlichen Winkeln ε' und ε''

$$r_1'\cos\varepsilon' = r_1 - b\cos\delta, \qquad r_1''\cos\varepsilon'' = r_1 + b\cos\delta$$

und also

$$\frac{1}{r_1'^3} - \frac{1}{r_1''^3} = \frac{\cos^3\varepsilon'}{(r_1 - b\cos\delta)^3} - \frac{\cos^3\varepsilon''}{(r_1 + b\cos\delta)^3} = \frac{Z}{N} \tag{14}$$

mit dem Zähler

$$Z \equiv (3r_1^2 + b^2\cos^2\delta)\, b\cos\delta\,(\cos^3\varepsilon' + \cos^3\varepsilon'') + $$
$$+ r_1(r_1^2 + 3b^2\cos^2\delta)(\cos^3\varepsilon' - \cos^3\varepsilon'')$$

und dem Nenner

$$N \equiv (r_1^2 - b^2\cos^2\delta)^3.$$

Diese beiden Ausdrücke kann man erheblich vereinfachen, wenn man beachtet, daß infolge der selbst gegenüber dem Erdhalbmesser b sehr großen Entfernung r_1 zwischen Sonne und Erde die Winkel ε' und ε'' äußerst klein sind (nur etwa 4″), so daß in Z mit größter Genauigkeit

$$\cos^3\varepsilon' + \cos^3\varepsilon'' = 2, \qquad \cos^3\varepsilon' - \cos^3\varepsilon'' = 0$$

gesetzt werden darf; außerdem ist r_1 etwa 25000mal so groß wie $b\cos\delta$, so daß man genau genug hat

$$Z \equiv 6r_1^2 b\cos\delta, \qquad N \equiv r_1^6 \tag{15}$$

und somit statt (12) mit (13), (14) und (15)

$$M_1 = \frac{3}{4}\varkappa m m_1 \frac{b^2}{r_1^3}\sin\delta\cos\delta. \tag{16}$$

Wir bemerken hier sogleich auch noch, daß für Mond statt Sonne die gleichen Vereinfachungen zulässig sind, obwohl dann ε' und ε'' etwa 25′ betragen und r_1 nur noch etwa 60mal so groß wie $b \cos \delta$ ist.

Zweitens drücken wir aus, daß die Anziehungskraft zwischen Sonne und Erde gleich der Fliehkraft der Erde auf ihrer genau genug als kreisförmig anzusehenden Bahn um den gemeinsamen Schwerpunkt S von Erde und Sonne (der tatsächlich noch tief im Innern der Sonne liegt) sein muß, d. h. daß mit den Bezeichnungen von Abb. 117, der Erdmasse m_0 und der Dauer T_0 eines siderischen Jahres gilt

$$\varkappa \frac{m_0 m_1}{r_1^2} = m_0 e \left(\frac{2\pi}{T_0}\right)^2.$$

Außerdem ist aber

$$\frac{e}{e'} = \frac{m_1}{m_0},$$

also

$$\frac{e}{r_1} = \frac{e}{e+e'} = \frac{m_1}{m_1+m_0}$$

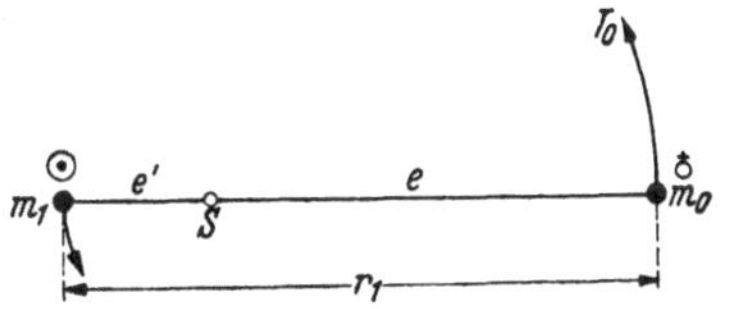

Abb. 117. Umlauf Erde–Sonne.

und daher

$$\varkappa \frac{m_1}{r_1^3} = \frac{m_1}{m_1+m_0} \left(\frac{2\pi}{T_0}\right)^2. \tag{17}$$

Dies ist, nebenbei bemerkt, die formelmäßige Aussage des dritten *Kepler*schen Gesetzes, und wir haben hier absichtlich die Erdmasse m_0 nicht gegen die Sonnenmasse m_1 vernachlässigt, damit wir das Ergebnis später auf das System Erde-Mond formal übertragen können.

Drittens müssen wir noch ausdrücken, daß die Wulstmassen $m/4$ gerade in solcher Größe verteilt sein sollen, daß die tatsächlichen Drehmassen A und B der Erde herauskommen. Ist A_0 die Drehmasse des Kugelkernes der Erde, so muß mithin

$$A = A_0 + mb^2,$$
$$B = A_0 + \tfrac{1}{2} mb^2$$

und also

$$mb^2 = 2(A-B) \tag{18}$$

gewählt werden.

Setzen wir (17) und (18) in (16) ein, so kommt als säkulares Moment infolge der Sonne

$$M_1 = \frac{6\pi^2}{T_0^2} \frac{m_1}{m_1+m_0} (A-B) \sin\delta \cos\delta \tag{19}$$

und daher gemäß (11) die säkulare Präzessionsgeschwindigkeit der Erdachse und also die Vorrückungsgeschwindigkeit der Knotenlinie auf der Ekliptik infolge der Sonne allein, mit $D_e = A\,\omega^*$,

$$\omega_{p1} = \frac{6\pi^2}{\omega^* T_0^2} \frac{m_1}{m_1+m_0} \frac{A-B}{A} \cos\delta, \tag{20}$$

und zwar in dem schon festgestellten Sinne: von der Nordseite der Ekliptik aus betrachtet, wie die Drehung des Uhrzeigers, also umgekehrt wie die Drehung der Erde und ihr Umlauf um die Sonne.

Dies hat zur Folge, daß der auf der Knotenlinie liegende Frühlingspunkt mit der Geschwindigkeit ω_{p1} zurückrückt auf immer frühere Tage im Jahr, und daß also das tropische Jahr etwas kürzer ist als das siderische Jahr. Dieses Zurückrücken beträgt im Jahre

$$\Delta_1 \psi = \omega_{p1} T_0 = \frac{6\pi^2}{\omega^* T_0} \frac{m_1}{m_1+m_0} \frac{A-B}{A} \cos\delta\,. \tag{21}$$

Hier dürfen wir nun unbedenklich die Erdmasse m_0 gegen die Sonnenmasse streichen. Mit der Zahl 366,2 der Sterntage eines Jahres wird $\omega^* T_0 = 2\pi \cdot 366{,}2$; außerdem ist, wie schon früher berechnet, $(A-B)/A = 1/300$. Damit gibt (21)

$$\Delta_1 \psi = 16{,}2'' \text{ im Jahr.} \tag{22}$$

Einen zweiten, ganz ebenso zu berechnenden Beitrag liefert der Mond. Wir müssen jetzt nur in (16) die Sonnenmasse m_1 und den Abstand r_1 Sonne-Erde ersetzen durch die Mondmasse m_2 und den (mittleren) Abstand r_2 Erde-Mond. Außerdem ist (17) gemäß seiner Herleitung (vgl. Abb. 118) zu ersetzen durch die Formel

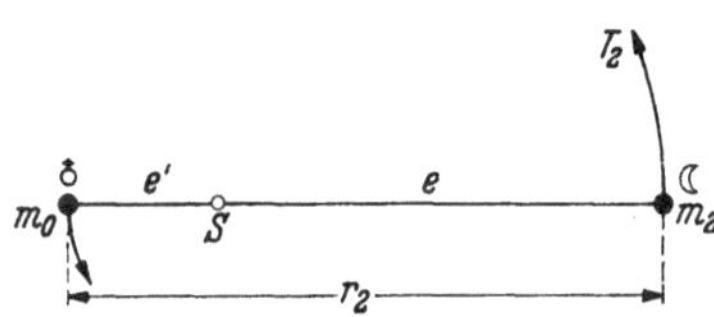

Abb. 118. Umlauf Mond–Erde.

$$\varkappa \frac{m_2}{r_2^3} = \frac{m_2}{m_0+m_2} \left(\frac{2\pi}{T_2}\right)^2, \tag{23}$$

wo T_2 die siderische Umlaufdauer des Mondes um die Erde bedeutet. Damit und mit (18) kommt die vom Mond herrührende Präzessionsgeschwindigkeit

$$\omega_{p2} = \frac{6\pi^2}{\omega^* T_2^2} \frac{m_2}{m_0+m_2} \frac{A-B}{A} \cos\delta\,. \tag{24}$$

Bildet man aus (24) und (20) den Quotienten

$$\frac{\omega_{p2}}{\omega_{p1}} = \left(\frac{T_0}{T_2}\right)^2 \frac{1+(m_0/m_1)}{1+(m_0/m_2)}, \tag{25}$$

so findet man mit $T_0 = 366{,}2$ und $T_2 = 27{,}32$ Sonnentagen sowie $m_0/m_2 = 82$ (und wieder $m_0/m_1 \ll 1$)

$$\frac{\omega_{p2}}{\omega_{p1}} = 2{,}15, \tag{26}$$

so daß gemäß (22) der vom Mond herrührende Präzessionswinkel

$$\Delta_2 \psi = 34{,}6'' \text{ im Jahr} \tag{27}$$

wird. Die Wirkung des Mondes ist also über doppelt so stark wie die der Sonne, ein Tatbestand, der auch von Ebbe und Flut bekannt ist.

Insgesamt rückt der Frühlingspunkt jährlich um den Winkel

$$\Delta\psi = \Delta_1\psi + \Delta_2\psi = 50{,}8'' \tag{28}$$

zurück, und dies bedeutet, daß die Erdachse in rund 25500 Jahren ihren Präzessionskegel um die Lotlinie der Ekliptik mit einem Erzeugungswinkel von 23,5° beschreibt, und daß in der gleichen Zeit der Frühlingspunkt ein Mal durch das ganze Jahr zurückrückt.

An diesem verhältnismäßig roh hergeleiteten und dabei doch recht genauen säkularen Ergebnis muß die exakte Astronomie allerdings einige kleine Verbesserungen anbringen, deren wesentlichste wir wenigstens aufzählen wollen[1].

Die Drehmomente der Wirkung von Sonne und Mond waren von uns als Mittelwerte über ein siderisches Jahr und einen siderischen Monat angesetzt. In Wirklichkeit schwanken sie offenkundig zwischen Null und dem doppelten Betrag jener Mittelwerte hin und her mit der doppelten Umlaufsfrequenz der Erde um die Sonne und des Mondes um die Erde. Synchrone Schwankungen muß also auch die Präzession der Erdachse zeigen. Ferner wären die kleine Exzentrizität der Erdbahn und die große Exzentrizität der Mondbahn sowie das Vorrücken des Perihels und des Perigäums zu berücksichtigen. Die Amplitude aller so verursachten Schwankungen macht beim jährlichen Zurückrücken des Frühlingspunktes nur ungefähr 1″ aus.

Wichtiger ist der Einfluß der Schiefe der Mondbahn gegen die Ekliptik; sie beträgt etwa 5°. Denkt man sich aber die Mondmasse gleichmäßig auf die (kreisförmig gedachte) Mondbahn verteilt und sieht den so entstandenen Ring als Kreisel an, so leuchtet ein, daß die Sonne diesen Ring in die Ekliptik, der Erdwulst ihn dagegen in die Ebene des Erdäquators hereinzuziehen strebt. Die Folge ist, daß, wie vorhin bei der Erde, nun die Mondknotenachse, d. h. die Schnittlinie der Mondbahnebene mit der Ekliptik, langsam weiterrückt. Wir könnten dies mit unseren früheren Formeln ohne weiteres berechnen und würden rasch für die jährlichen, von Sonne und Erde herrührenden Beträge finden

$$\Delta_1\psi' = 20°, \qquad \Delta_2\psi' = -8''. \tag{29}$$

Hier ist $\Delta_2\psi'$ gegen $\Delta_1\psi'$ unbedenklich zu vernachlässigen. Ein voller Umlauf der Mondknotenlinie dauert also 18 siderische Jahre, eine Zahl, die sich allerdings, wenn man noch die große Exzentrizität der Mondbahn berücksichtigt, auf $18^2/_3$ Jahre, genauer 6793 Tage erhöht.

Dieselbe Periode von fast 19 Jahren muß sich natürlich infolge der Rückwirkung des Mondes auf die Erde in deren Präzession wieder

[1] Vgl. *F. Klein* und *A. Sommerfeld*, a. a. O. S. 633–663.

äußern. Sie wurde von *J. Bradley* entdeckt, und zwar zeigen Rechnung wie Beobachtung, daß die Erdachse außer ihrem Präzessionskegel von 23,5° eben in $18^2/_3$ Jahren einen viel kleineren elliptischen Kegel von 7″ bis 9″ Erzeugungswinkel beschreibt. Auf die Berechnung dieser sogenannten „Nutation“ der Erdachse können wir nicht eingehen. Es wird aber gut sein zu betonen, daß diese „Nutation“, obwohl ihr Name von hier aus in die Kreiseltheorie übernommen worden ist, mit unserem bisherigen Begriffe der Nutation eines pseudoregulär präzessierenden Kreisels nicht das mindeste zu tun hat, sondern selbst eine erzwungene präzessionsartige Bewegung darstellt, die sich von den kreiseltheoretischen Nutationen schon durch ihre Periode gewaltig unterscheidet. Diese müßten, wie Formel (12) von § 6, Ziff. 4 des ersten Bandes (Seite 77), nämlich

$$\omega_n = \frac{D_e}{B} = \frac{A}{B}\,\omega^*$$

zeigt, ungefähr die Dauer eines Tages haben; man kann sie übrigens nicht im geringsten nachweisen.

2. Geworfene Körper. Wir wenden uns zu Richtkreiseln von viel bescheidenerer Größe, indem wir geworfene Körper betrachten, welche beim Abschleudern eine mehr oder minder heftige Eigendrehung mitbekommen. Naheliegende Beispiele hierfür sind Diskus und Bumerang. Wir wollen uns hier jeder Rechnung[1] enthalten und nur qualitativ folgendes feststellen.

Der Luftwiderstand sucht geworfene Körper, wenn sie nicht kugelförmig, sondern länglich oder scheibenartig sind, quer zur Flugbahntangente zu stellen. Die mit solcher Querlage verbundene Erhöhung der Widerstandskraft vermeidet man, wo es auf möglichst große Wurfweite ankommt, dadurch, daß man eine geeignete Achse des Körpers mit hinreichendem Drehimpuls und also hinreichender Richtungssteifigkeit begabt, welche die Querkippung verhindert. So werden Diskus und Bumerang in ihrer eigenen Scheibenebene geschleudert, wobei der mitgegebene Drehimpulsvektor in die zur Scheibe senkrechte Hauptachse fällt und so das Heraustreten dieser Ebene aus der Flugbahntangente nach Kräften verhindert. Die Eigendrehung, die dem leicht schraubenförmig gewundenen Bumerang mitgegeben wird, hat allerdings noch einen weiteren Zweck: sie soll den Bumerang nach Art einer Hubschraube in die Höhe winden.

Hierher gehört auch das unter dem Namen Diabolo bekannte Spielzeug, ein Drehkörper aus zwei mit der Spitze gegeneinander ge-

[1] Vgl. *G. T. Walker*, Encyklopädie d. math. Wiss., Bd. IV, 2, S. 138.

stellten, etwas abgestumpften Kegeln, welcher mit waagerechter Achse in der Luft schwebend durch eine (mit beiden Händen an Stäben gehaltene) Schnur, die Spielleine, in rasche Drehung versetzt wird. In die Höhe geschleudert, kehrt er ohne Richtungsänderung seiner Figurenachse zurück und kann so mühelos zu neuem Antrieb mit der Spielleine aufgefangen werden.

In einem anderen, wesentlich wichtigeren Falle legt man die Drehimpulsachse in die Wurfrichtung selbst, nämlich bei den üblichen Langgeschossen der Feuerwaffen. Hier liegt nun freilich, genauer betrachtet, ein sehr verwickeltes Problem vor, das in allen seinen Verästelungen[1] zu verfolgen weit über unseren Rahmen hinausginge. Wir wollen es vielmehr so stark vereinfachen, daß sein kreiseltheoretischer Kern ohne wesentlichen Fehler zu Tage tritt. Im großen ganzen und abgesehen von den Feinheiten läßt sich nämlich auch hier die Kreiselwirkung ziemlich rasch überblicken. Nachdem das Geschoß durch die spiraligen Züge des Geschützrohres oder des Gewehrlaufes eine rasche Eigendrehung von einigen hundert sekundlichen Umläufen erhalten hat, den sogenannten Geschoßdrall, fliegt es mit dem Drehimpuls $\mathfrak{D}_e$ vom Betrag D_e gut stabilisiert zunächst mit seiner Längsachse (Figurenachse) in der Bahntangente fort. Diese Tangente fängt aber alsbald an, sich unter dem Einfluß der Schwerkraft und des Luftwiderstandes mehr und mehr abwärts zu neigen, während die Figurenachse ihre Richtung beizubehalten sucht. Der Luftwiderstand äußert sich in einer Einzelkraft, die wir im Schwerpunkt des Geschosses angreifen lassen können, und in einer Drehkraft, deren Moment $\mathfrak{M}$ die Geschoßachse (Figurenachse) zunächst aufzurichten trachtet und daher den Drehimpuls $\mathfrak{D}_e$ und mit ihm die Figurenachse des sicherlich schnellen und symmetrischen Geschoßkreisels zu einer Art pseudoregulärer Präzession um die Bahntangente veranlaßt, und zwar im Sinne der Eigendrehung, wie man leicht überlegt. Nur steht jetzt (im Unterschied etwa von der pseudoregulären Präzession des schnellen schweren symmetrischen Kreisels) die Präzessionsachse, nämlich die Bahntangente, nicht still, sondern führt, von einem mitbewegten Beobachter aus betrachtet, selber eine Drehung abwärts aus.

Das Ergebnis wird sein, daß die Geschoßspitze, die Bahntangente umtanzend, für jenen Beobachter, abgesehen von den winzigen Nuta-

[1] Das umfangreiche Schrifttum dieses Problems hat *T. E. Schunck*, Wehrt. Monatsh. 44 (1940), 8.–12. Heft, gesammelt und verarbeitet; vgl. auch *F. Noether*, Artill. Monatsh. 1919, Mai-Juni-Heft (nach einem unveröffentlichten Manuskript von *A. Sommerfeld*), sowie *R. Grammel*, Z. Math. Phys. 64 (1916), S. 1.

tionen, eine zykloidenartige Kurve zu beschreiben scheint, deren Bögen bei Rechtsdrall nach links offen sind, bei Linksdrall dagegen nach rechts, und sich im Verlauf des Fluges vermutlich mehr und mehr erweitern werden, bei flachen Bahnkurven aber doch dauernd sehr nahe bei der Bahntangente bleiben. Dabei erhebt sich vor allem die Frage, zwischen welchen Grenzen der Eigendrehimpuls D_e liegen muß, damit die Figurenachse einerseits hinreichend stabil ist, d. h. sich nicht sofort querstellt, andererseits doch aber nicht allzu stabil wird, d. h. der Flugbahntangente wenigstens im Mittel folgt.

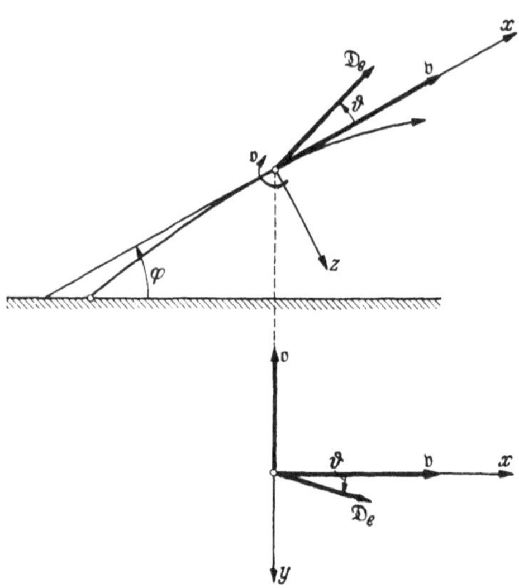

Abb. 119. Aufriß und Grundriß der Geschoßbahn.

Wir legen der Rechnung ein rechtshändiges kartesisches Koordinatensystem durch den Schwerpunkt des Geschosses zugrunde, dessen x-Achse in die Bahntangente fällt und vorwärts weist, also die Richtung der Geschwindigkeit v hat, während die y-Achse senkrecht zur Bahnebene waagerecht nach rechts zeigt und die z-Achse in die Hauptnormale der Bahn des Schwerpunkts abwärts fällt (Abb. 119), machen also vorläufig die nur in erster Näherung gültige Annahme, daß die ganze Bahn in einer (lotrechten) Ebene verläuft. Ferner sei φ der Neigungswinkel der Bahntangente gegen die Waagerechte, so daß $g \cos \varphi$ die Komponente der Fallbeschleunigung in der Hauptnormale ist. Dann fällt der Vektor $\mathfrak{o}$ der Drehung der Bahntangente und also auch der Drehung unseres (x, y, z)-Systems in die negative y-Achse und hat, da $g \cos \varphi$ zugleich die Zentripetalbeschleunigung $v \omega$ des Schwerpunktes sein muß, lediglich die y-Komponente

$$\omega_y = -\frac{g \cos \varphi}{v}. \tag{30}$$

Mit dem Geschwindigkeitsvektor $\mathfrak{v}$ wird das Widerstandsmoment, wie der Versuch zeigt, in erster Näherung

$$\mathfrak{M} = \frac{f(v)}{D_e} [\mathfrak{v}\, \mathfrak{D}_e], \tag{31}$$

wobei die Längsachse, die zugleich den Vektor $\mathfrak{D}_e$ trägt, mit der Bahntangente den (im allgemeinen nicht in der Flugbahnebene liegenden) Winkel ϑ bildet. Hierbei ist $f(v)$ eine durch den Versuch zu bestimmende Funktion der Geschwindigkeit, und zwar ist für Geschwindigkeiten tief unterhalb der Schallgeschwindigkeit $f(v)$ ziemlich genau gleich cv, wo c ein von der Geschoßform abhängiger Faktor ist, wogegen für größere Geschwindigkeiten höhere Potenzen von v in $f(v)$ vorkommen.

In unserem Koordinatensystem (x, y, z) lautet nun die Grundgleichung der Kinetik des schnellen Geschoßkreisels nach § 2, Ziff. 4, Formel (23) und § 1, Ziff. 4, Formel (16) des ersten Bandes (Seite 23 und 11)

$$\frac{d'\mathfrak{D}_e}{dt} + [\mathfrak{o}\,\mathfrak{D}_e] = \mathfrak{M}. \tag{32}$$

Wir zerspalten $\mathfrak{D}_e$ in seine Komponenten D_x, D_y und D_z und führen die Abkürzungen

$$\omega_b = \frac{g\cos\varphi}{v}, \qquad \omega_p = \frac{v f(v)}{D_e} \tag{33}$$

ein. Dann gibt (32)

$$\left.\begin{aligned} \dot{D}_x &= \omega_b D_z, \\ \dot{D}_y &= -\omega_p D_z, \\ \dot{D}_z &= -\omega_b D_x + \omega_p D_y. \end{aligned}\right\} \tag{34}$$

Dies sind die Gleichungen für die sogenannte Geschoßpendelung im Bereich unserer ersten Näherung.

Die Abkürzungen ω_b und ω_p haben übrigens ganz einfache Bedeutung. Es ist nämlich, wie der Vergleich von (30) und (33) zeigt, ω_b die Drehgeschwindigkeit der Bahntangente und zugleich $1/\omega_b$ die Zeit, die das Geschoß brauchen würde, um auf der festgehaltenen Hauptnormalen im luftleeren Raum frei fallend die Fluggeschwindigkeit v zu erhalten. Ferner ist nach (31) und (33)

$$M = \omega_p D_e \sin\vartheta, \tag{35}$$

also ω_p die Geschwindigkeit der pseudoregulären Präzession, die der Geschoßkreisel bei festgehaltener Bahntangente um diese vollzöge.

Die Größen ω_b und ω_p ändern sich längs der Bahn, weil v und φ stetig andere Werte annehmen; aber sie ändern sich — wenigstens wollen wir das hier voraussetzen — nur langsam gegenüber der Geschwindigkeit der Geschoßpendelungen, die wir eben ermitteln wollen. Deshalb halten wir uns für berechtigt, die Gleichungen (34) in der Weise zu integrieren, daß wir die Schußbahn in hinreichend viele Bereiche unterteilen und in jedem Bereich mit festen Mittelwerten für ω_b und ω_p rechnen. Dieses Verfahren ist umso genauer, je flacher die Bahn verläuft.

Wir differentiieren die dritte Gleichung (34) nach t und setzen die Werte von $\dot{D}_x$ und $\dot{D}_y$ aus den beiden ersten Gleichungen ein. Die so entstehende Gleichung

$$\ddot{D}_z + \varkappa^2 D_z = 0$$

mit

$$\varkappa^2 = \omega_b^2 + \omega_p^2 \tag{36}$$

hat das Integral

$$D_z = a \sin \varkappa t, \tag{37}$$

wenn wir die Bewegung zur Zeit $t=0$ im ersten Bereich mit $D_z=0$ beginnen lassen. Mit dem gefundenen Wert D_z geben die beiden ersten Gleichungen (34) nach einer Integration mit den Anfangsbedingungen $D_x=D_e$ und $D_y=0$ für $t=0$

$$\left.\begin{aligned} D_x &= D_e + \frac{a\,\omega_b}{\varkappa}(1-\cos\varkappa t),\\ D_y &= \quad - \frac{a\,\omega_p}{\varkappa}(1-\cos\varkappa t).\end{aligned}\right\} \tag{38}$$

Unsere Anfangsbedingungen bedeuten, daß beim Abschuß ($t=0$) die Figurenachse in die Bahntangente fiel, daß also der Abschuß ohne seitlichen Stoß erfolgte.

Um die noch offene Integrationskonstante a vollends zu bestimmen, drücken wir aus, daß zu jeder Zeit

$$D_x^2 + D_y^2 + D_z^2 = D_e^2$$

sein muß. Dies gibt mit den Werten (37) und (38) nach einfacher Rechnung

$$a = -\frac{\omega_b D_e}{\varkappa},$$

und somit hat man endgültig mit Rücksicht auf (36)

$$\left.\begin{aligned} D_x &= \frac{\omega_p^2 D_e}{\omega_b^2+\omega_p^2}\left(1+\frac{\omega_b^2}{\omega_p^2}\cos\varkappa t\right),\\ D_y &= \frac{\omega_b\,\omega_p D_e}{\omega_b^2+\omega_p^2}(1-\cos\varkappa t),\\ D_z &= -\frac{\omega_b D_e}{\varkappa}\sin\varkappa t.\end{aligned}\right\} \tag{39}$$

Diese Lösungen sind periodisch mit der Periode

$$t_0 = \frac{2\pi}{\varkappa} = \frac{2\pi}{\omega_p}\,\frac{1}{\sqrt{1+(\omega_b^2/\omega_p^2)}}, \tag{40}$$

und diese ist etwas geringer als die „Präzessionsdauer" (bei ruhend gedachter Bahntangente) $t_p=2\pi/\omega_p$. Jedesmal nach der Zeit t_0 fällt also die Figurenachse wieder in die Bahntangente. Wir setzen voraus – und dürfen das bei den üblichen Geschossen auch tatsächlich tun –, daß der erste Bahnbereich viele solche Perioden umfasse. Dann können wir diesen Bereich gerade mit einem Vielfachen der Zeit t_0 (40) in den zweiten Bereich (mit etwas abgeänderten Werten ω_b und ω_p) übergehen lassen, wobei also wiederum zu Beginn die Figurenachse in der Bahntangente liegt. Die Integrale (39) gelten daher mit den neuen Werten ω_b und ω_p sowie dem entsprechenden Wert $\varkappa$ (36) auch für den zweiten Bereich, und so fort.

Die Lösung (39) besagt, daß die Figurenachse bei Rechtsdrall ($D_e > 0$) nach rechts aus der Bahnebene heraustritt ($D_y \geqq 0$), bei Linksdrall ($D_e < 0$) nach links ($D_y \leqq 0$), und zwar im Mittel um einen Winkel ϑ_0, der sich aus

$$\operatorname{tg} \vartheta_0 = \left(\frac{D_y}{D_x}\right)_{\varkappa t = \pi/2} = \frac{\omega_b}{\omega_p} \tag{41}$$

berechnet; ferner daß die Figurenachse im (x, y, z)-System um diese Mittellage einen Kreiskegel mit der Umlaufsdauer t_0 (40) und dem Erzeugungswinkel ϑ_0 (41) beschreibt. Denn erstens läuft die senkrechte Projektion des Endpunktes des Vektors $\mathfrak{D}_e$ auf die (x, y)-Ebene auf einer geraden Strecke hin und her, weil zwischen D_x und D_y eine lineare Beziehung entsteht, wenn man in (39) die Zeit eliminiert; und zweitens hat der alsdann sicherlich unveränderliche Winkel ϑ' zwischen dem Vektor $\mathfrak{D}_e$ und jener Mittellage (Kegelachse) den Wert ϑ_0 (41), wie die folgende Relation zeigt:

$$\cos^2 \vartheta' = \frac{(D_x^2 + D_y^2)_{\varkappa t = \pi/2}}{D_e^2} = \frac{\omega_p^2}{\omega_b^2 + \omega_p^2} = \frac{1}{1 + \operatorname{tg}^2 \vartheta_0} = \cos^2 \vartheta_0 .$$

Denkt man sich diese Pendelung von der Geschoßspitze auf einer ohne Drehung mitbewegten Kugel um den Schwerpunkt aufgezeichnet, so entsteht also, was wir ohne Rechnung voraussagten, eine sphärische Zykloide. Weil anfangs und dann immer wieder nach der Zeit t_0 (40) gemäß (39)

$$\frac{d}{dt}\left(\frac{D_z}{D_e}\right) = -\,\omega_b = \omega_y$$

wird, so ist infolge unserer Voraussetzungen diese Zykloide gespitzt, und ihre Spitzen liegen allemal auf der Bahntangente. Indessen ist dies nicht wesentlich; vielmehr können die Zykloiden bei einem kleinen seitlichen Anfangsstoß ebenso gut verschlungen oder gestreckt sein.

Damit das Geschoß „folgsam" sei, d. h. dauernd seine Achse nahe der Bahntangente halte, muß gemäß (39)

$$\frac{\omega_b\,\omega_p}{\omega_b^2 + \omega_p^2} \ll 1, \qquad \frac{\omega_b}{\sqrt{\omega_b^2 + \omega_p^2}} \ll 1$$

sein, und dies ist der Fall, wenn

$$\omega_b \ll \omega_p$$

bleibt. Mit den Werten (33) lautet daher die Folgsamkeitsbedingung des Geschosses

$$D_e \ll \frac{v^2 f(v)}{g \cos \varphi}. \tag{42}$$

Der Eigendrehimpuls D_e ist mithin die für Folgsamkeit des Geschosses maßgebende Größe. Man wählt ihn füglich nur so groß, daß andererseits die Stabilität des Geschosses sicher verbürgt ist. Damit das Geschoß nämlich beim Verlassen des Rohres, wo die Geschwindigkeit $v=v_0$ und der Widerstand in der Regel am größten sind, nicht sofort umkippt und sich quer gegen die Bahn legt, muß es offenbar dieselbe Stabilitätsbedingung erfüllen wie ein aufrechter schwerer symmetrischer Kreisel, dessen Schweremoment $\mathfrak{M}_g$ mit dem jetzigen Widerstandsmoment $\mathfrak{M}$ (31) übereinstimmt. Dies führt nach den Formeln (2) von § 7, Ziff. **2** und (15) von § 7, Ziff. **3** des ersten Bandes (Seite 79 und 84) mit $Q=v_0 f(v_0)$ und der äquatorialen Drehmasse B des Geschosses auf die Stabilitätsbedingung

$$D_e > 2\sqrt{B v_0 f(v_0)}. \tag{43}$$

Die beiden Bedingungen (42) und (43) für die Folgsamkeit und Stabilität lassen sich bei Flachbahnen stets erfüllen; bei Steilbahnen können sie jedoch in Widerspruch zueinander geraten.

Man kann die hier entwickelte Theorie der Geschoßpendelung noch in mancher Hinsicht verfeinern, indem man von genaueren Ansätzen ausgeht, die auch die Nutationen und die genauere Form des Widerstandsmomentes $\mathfrak{M}$ sowie die Rückwirkung der Geschoßpendelung auf die Bahn berücksichtigt. Wir wollen ohne Rechnung nur noch folgendes feststellen.

Weil die Geschoßpendelungen bei Rechtsdrall rechts von der Schußebene erfolgen, so bietet das Geschoß dem Widerstand durchschnittlich einen nach rechts positiven Anstellwinkel dar und muß also eine seitliche Abtrift nach rechts erfahren, – bei Linksdrall ebenso nach links.

§ 11. Stützkreisel.

1. Die Einschienenbahn mit Lotkreisel. Während die in § 8, Ziff. 4 untersuchten Stützkreisel für mittelbare Stabilisierung gut brauchbare Geräte ergaben, so hat der Stützkreisel als unmittelbarer Stabilisator die Erwartungen nicht erfüllt, die man ursprünglich auf ihn setzte. Wenn wir ihn trotzdem behandeln, so tun wir dies, weil er zu sehr geistvollen Vorschlägen führte, die mindestens eine geschichtliche Bedeutung unter den Anwendungen des Kreisels haben, und weil wir die Gründe dafür aufzeigen wollen, warum ihm bisher ein Erfolg versagt geblieben ist.

Das wichtigste Anwendungsbeispiel ist hier die sogenannte Einschienenbahn. Im Gegensatz zu den schon in § 3, Ziff. 2 und 3 untersuchten Hänge- und Schwebebahnen, bei denen im wesentlichen auch nur eine Schiene verwendet wird, hat man sich daran gewöhnt, von einer Einschienenbahn im engeren Sinne zu sprechen, wenn es sich um Fahrzeuge handelt, deren Schwerpunkt höher liegt als der Schienenkopf, welche also ohne geeignete Stützung labil wären und bei der geringsten Störung umfielen.

Eine solche Stützung hat man mit Kreiseln versucht, und zwar sind Fahrzeuge, die in dieser Art stabilisiert werden sollten, nahezu gleichzeitig um das Jahr 1909 von *A. Scherl* und *P. Schilowsky* einerseits und von *L. Brennan* andererseits der Öffentlichkeit vorgeführt worden. Die technischen Einzelheiten ihrer Wagen sind nur in beschränktem Umfange bekannt geworden; auch ist bis jetzt der praktische Beweis dafür, daß sie sich bewähren, nicht einwandfrei geliefert. Wir erörtern hier daher ihre Stabilisierungstheorie in einer allgemeinen, von den Einzelheiten der vorgeschlagenen Bauarten ziemlich unabhängigen Form. Der *Schilowsky*sche Wagen war übrigens auch als straßengängiger Kraftwagen ohne Schiene gedacht.

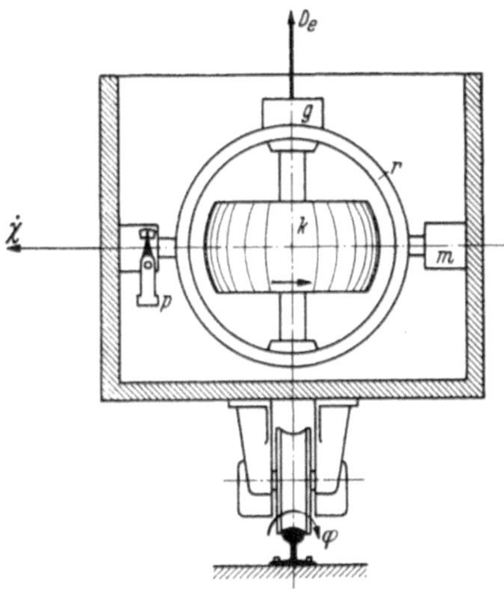

Abb. 120. Schema des *Scherl-Schilowsky*schen Wagens.

Das gemeinsame Schema des *Scherl-Schilowsky*schen Wagens[1] zeigt Abb. 120. Der Kreisel (*k*) wird mit lotrechter Achse angetrieben und sitzt in einem Kreiselrahmen (*r*), der mit waagerechter Achse im Wagengestell lagert. Auf diese Achse kann möglicherweise durch einen Wendemotor (*m*) ein Moment ausgeübt werden, das von einem

[1] Vgl. den Bericht über einen Vortrag von *H. Barkhausen*, Z. VDI. 54 (1910), S. 1738; *O. Martienssen*, El. Kraftbetr. und Bahnen 1910, Heft 30; *Drucker*, De Ingenieur 1910, S. 959; *A. Föppl*, Elektrot. Z. 31 (1910), S. 83; ferner Engineering 1910, S. 609, sowie die Schrift von *P. Schilowsky*, The Schilowsky experimental gyroscope.

Pendel (p) (etwa mit elektrischem Abgriff) oder auch in anderer Weise (wie später zu zeigen) gesteuert wird. Außerdem kann noch ein Übergewicht (g) am Kreiselrahmen angebracht sein, so daß dieser an sich ebenso labil ist wie der ganze Wagen.

Wenn wir jetzt die Bewegungsgleichungen für den Wagen und für den Kreiselrahmen samt Kreisel aufstellen, so wollen wir uns auf kleine Neigungen φ und χ des Wagens um die Schienenoberkante und des Rahmens um seine waagerechte Achse beschränken und zunächst nur den Fall der gleichförmig geraden Fahrt betrachten. Die $\dot{\varphi}$-Achse zeige in der Fahrtrichtung, die $\dot{\chi}$-Achse nach links, der Vektor des Eigendrehimpulses D_e des Kreisels nach oben. Ferner sei A die Drehmasse des ganzen Wagens um die $\dot{\varphi}$-Achse, B diejenige des Kreiselrahmens samt Kreisel um die $\dot{\chi}$-Achse. Das Produkt aus Wagengewicht und Höhenlage des Schwerpunkts des Wagens über der Schiene sei H, so daß $H\varphi$ das umkippende Schweremoment bei einer kleinen Neigung φ des Wagens ist. Ebenso sei $J\chi$ das Schweremoment, das den Kreiselrahmen bei einer kleinen Neigung χ umzukippen sucht. Die Größe H ist bei der ohne Kreisel instabilen Einschienenbahn sicher positiv; das Vorzeichen von J lassen wir noch offen. Ferner sei $L\dot{\varphi}$ das (im allgemeinen sehr kleine) Reibungsmoment, das sich dem Umfallen des Wagens widersetzt, etwa herrührend von der Reibung zwischen Wagenrädern und Schiene; ebenso $M\dot{\chi}$ das entsprechende Moment beim Kreiselrahmen, das aber auch vom Wendemotor herrühren kann. Während also L seiner Natur nach stets positiv ist, so lassen wir das Vorzeichen von M noch dahingestellt. Endlich möge $S\varphi$ ein vom Wendemotor auf den Kreiselrahmen ausgeübtes Moment sein, das bei jeder Neigung φ des Wagens vom Pendel eingeleitet wird, und zwar wollen wir $S\varphi$ positiv im positiven Sinne von $\dot{\chi}$ rechnen. Wenn wir dann noch die Kreiselmomente $D_e\dot{\chi}$ und $D_e\dot{\varphi}$ in richtiger Weise hinzunehmen, die sicherlich sehr kleine Kreiselwirkung der Laufräder aber hier außer acht lassen, so erhalten wir die Bewegungsgleichungen des Wagens und des Kreiselrahmens offenbar in der Form

$$\left.\begin{aligned} A\ddot{\varphi}+L\dot{\varphi}-H\varphi+D_e\dot{\chi}&=0,\\ B\ddot{\chi}+M\dot{\chi}-J\chi-D_e\dot{\varphi}-S\varphi&=0.\end{aligned}\right\}\qquad(1)$$

Dabei ist

$$A>0,\quad B>0,\quad H>0,\quad L>0.\qquad(2)$$

Dieses System integriert man mit dem Ansatz

$$\varphi=ae^{\sigma t},\qquad \chi=be^{\sigma t}\qquad(3)$$

und erhält dabei die Determinantengleichung der Koeffizienten von a und b

$$\begin{vmatrix}(A\sigma^2+L\sigma-H) & D_e\sigma\\ -(D_e\sigma+S) & (B\sigma^2+M\sigma-J)\end{vmatrix}=0$$

oder aufgelöst

$$a_0\sigma^4+a_1\sigma^3+a_2\sigma^2+a_3\sigma+a_4=0 \tag{4}$$

mit

$$\left.\begin{aligned} a_0&=AB,\\ a_1&=AM+BL,\\ a_2&=D_e^2+LM-AJ-BH,\\ a_3&=D_eS-HM-JL,\\ a_4&=HJ. \end{aligned}\right\} \tag{5}$$

Die Stabilität des Wagens ist dann und nur dann gesichert, wenn die Wurzeln dieser Gleichung vierten Grades für σ nur negative Realteile haben. Die Bedingungen hierfür lauten nach § 12, Ziff. 4, Formel (38) des ersten Bandes (Seite 260)

$$a_0>0,\quad a_1>0,\quad a_3>0,\quad a_4>0 \tag{6}$$

und

$$\varDelta\equiv a_1a_2a_3-a_0a_3^2-a_1^2a_4>0. \tag{7}$$

Die erste Bedingung (6) ist von selbst erfüllt, die vierte verlangt wegen $H>0$ auch

$$J>0, \tag{8}$$

und das besagt: der an sich labile Wagen ($H>0$) kann höchstens durch einen labil gelagerten Kreisel ($J>0$) stabilisiert werden. Dies bestätigt den Satz I von § 12, Ziff. 4 des ersten Bandes (Seite 261), wonach immer nur eine gerade Anzahl von labilen Freiheitsgraden gyroskopisch stabilisierbar ist.

Weiterhin müssen wir verschiedene mögliche Bauarten unterscheiden. Zunächst sei $S=0$, d. h. es sei keine Steuerung des Motors durch ein Pendel vorhanden. Dann verlangt $a_1>0$ und $a_3>0$, daß gleichzeitig

$$AM+BL>0,\qquad HM+JL<0$$

werde. Weil A, B, H, L und nun auch J positiv sind, so muß also M negativ sein, und zwar so, daß die Ungleichungen

$$\frac{J}{H}<\frac{-M}{L}<\frac{B}{A} \tag{9}$$

erfüllt sind. Dies verlangt vor allem, daß

$$\frac{H}{A}>\frac{J}{B} \tag{10}$$

ist. Das heißt aber, daß sich der Wagen durch den Kreisel nur stabilisieren läßt, wenn der Wendemotor jede Präzessionsbewegung $\dot{\chi}$, die der umfallende Wagen am Kreisel erregt, nach Maßgabe der Bedingung (9) beschleunigt; und auch dies gelingt nur, wenn das ganze System von vornherein die Bedingung (10) erfüllt. In ihr bedeutet H/A die Frequenz der Schwingungen, die der Wagen bei umgedrehter

Schwererichtung und stillstehendem Kreisel sowie ohne Dämpfung ($L=0$) um die Schienenoberkante vollziehen könnte, und ebenso J/B die des Kreiselrahmens samt Kreisel unter den gleichen Bedingungen.

Man kann sich diese stabilisierende Wirkung des Kreisels ohne Rechnung folgendermaßen veranschaulichen. Wenn der Wagen umzufallen beginnt (etwa $\dot{\varphi}>0$), so ruft dies eine Präzession ($\dot{\chi}>0$) des Kreiselrahmens hervor. Wird diese Präzession beschleunigt, so weckt dies ein Kreiselmoment, das dem Umfallen des Wagens gerade entgegenwirkt.

Dieses Verhalten der Einschienenbahn ist natürlich nur wieder ein Sonderfall des allgemeinen Satzes *II* von § 12, Ziff. 4 des ersten Bandes (Seite 262), wonach zur Stabilisierung nötig ist, daß einem gedämpften labilen Freiheitsgrad ein angefachter zweiter labiler Freiheitsgrad entsprechen muß.

Nun bleibt noch die Bedingung (7) zu erfüllen. Man findet für sie nach kurzer Zwischenrechnung (wegen $S=0$)

$$(D_e^2+LM)\,a_1a_3+LM(AJ-BH)^2>0$$

oder

$$D_e^2>L(-M)\left[1+\frac{(AJ-BH)^2}{a_1a_3}\right] \tag{11}$$

für die Größe des erforderlichen Drehimpulses des Kreisels.

Weil unsere Ansätze durchaus nur schematisch sind (z. B. für die Glieder mit L und M), so darf man von den Ergebnissen (9), (10) und (11) keine große zahlenmäßige Genauigkeit erwarten. Unsere Rechnungen sollen lediglich einen qualitativ richtigen Überblick geben.

Auf die zahlreichen Vorrichtungen, die dazu ersonnen worden sind, die künstliche Beschleunigung ($M<0$) der Präzession $\dot{\chi}$ zu erzwingen, gehen wir, da sie nur durch Patentschriften bekannt geworden sind, nicht näher ein; doch kommen wir auf eine besonders geistreiche später (Ziff. 3) noch zu sprechen.

Daß jede Störung entweder aperiodisch oder gedämpft schwingend abklingt, ist mit den Bedingungen (6) und (7) gewährleistet. Die konstruktive Schwierigkeit besteht nur darin, den Wendemotor so zu steuern, daß er jeweils ein zur Präzessionsgeschwindigkeit $\dot{\chi}$ proportionales Moment erzeugt, und zugleich die Bedingung (9) einzuhalten. Es scheint, daß keine der bisher vorgeschlagenen Bauarten diese Schwierigkeit überwinden konnte, und eine zahlenmäßige Abschätzung zeigt, daß es wahrscheinlich kaum möglich ist, die Bedingung (9) mit einem wirklichen Wagen überhaupt zu erfüllen.

Wir wenden uns jetzt der zweiten Bauart zu, bei welcher der Wendemotor vom Pendel so gesteuert wird, daß er jeweils ein zur

Wagenneigung φ proportionales Moment $S\varphi$ auf den Kreiselrahmen ausübt. Jetzt wählt man M positiv, d. h. man versieht den Kreiselrahmen mit einer geeigneten Dämpfungsvorrichtung. Dafür darf man nun die Dämpfungszahl L der Wagenneigung ohne weiteres streichen. Dann ist die Bedingung $a_1 > 0$ von selbst erfüllt. Die Bedingung $a_3 > 0$ wird befriedigt, wenn man die Steuerungszahl S so wählt, daß sicherlich

$$S > \frac{HM}{D_e} \tag{12}$$

bleibt. Schließlich wird aus (7) die Bedingung

$$D_e^2 > AJ + BH + \frac{B}{M} a_3 + \frac{AHJM}{a_3} \tag{13}$$

für die Größe des Drehimpulses des Kreisels. (Hierin enthält zwar der Faktor a_3 rechter Hand selbst noch die Größe D_e; aber es bereitet keine Schwierigkeit, einen so großen Wert von D_e zu finden, daß die Ungleichung (13) sicher erfüllt ist.)

Sowohl diese Bedingungen wie die besagte Steuerung des Wendemotors lassen sich offenbar leichter verwirklichen als diejenigen der vorigen Bauart. Wahrscheinlich lag sie den seinerzeit vorgeführten Versuchswagen zugrunde.

2. Kurvenfahrt und beschleunigte Fahrt. Scheint sonach die Stabilität des Wagens bei gerader, gleichförmiger Fahrt gesichert, so haben wir jetzt auch noch das Verhalten des Wagens in der Kurve, bei Geschwindigkeitsänderungen und bei Schienenstößen näher zu untersuchen. Wir stellen das Moment der Fliehkräfte, das den Wagen im Sinne wachsender Winkel φ umzuwerfen suchen mag, durch ein der rechten Seite der ersten Gleichung (1) von Ziff. 1 (Seite 232) hinzuzufügendes Glied P (positiv bei einer Linkskurve) dar; desgleichen die Fahrbeschleunigungen und Schienenstöße in der Fahrtrichtung durch ein Moment Q auf den Kreiselrahmen rechts in der zweiten Gleichung (1) von Ziff. 1. Da aber auch das Pendel der Fliehkraft nachgibt und sich in das Scheinlot einstellt, so ist in eben dieser Gleichung der Faktor φ von S durch den Faktor $(\varphi + P/H)$ zu ersetzen, da doch $-P/H$ der Winkel des Scheinlotes gegen das wahre Lot ist. Mithin gehen jene Gleichungen über in die Gestalt

$$\left.\begin{aligned} A\ddot{\varphi} + L\dot{\varphi} - H\varphi + D_e\dot{\chi} &= P, \\ B\ddot{\chi} + M\dot{\chi} - J\chi - D_e\dot{\varphi} - S\varphi &= Q + S\frac{P}{H}. \end{aligned}\right\} \tag{14}$$

Ihre Integrale setzen sich zusammen aus den in Ziff. 1 betrachteten periodischen oder aperiodischen, jedenfalls aber gedämpften Bewegungen vom Typ (3) und aus den vom rechts stehenden Zwang verursachten Gliedern. Auf diese zweiten Glieder müssen wir unsere Aufmerksamkeit jetzt richten, wenn wir es nach Ziff. 1 als gesichert ansehen, daß jede Störung des Wagens und des Kreiselrahmens mehr oder weniger rasch abklingt.

Wir nehmen zuerst wieder den Fall $S=0$ der Steuerung des Wendemotors gemäß dem Glied $M\dot{\chi}$ allein, und zwar zuerst für die Kurvenfahrt, nämlich für eine gleichförmig durchfahrene Kreiskurve. Hierbei ist P unveränderlich und $Q=0$. Ein partikuläres Integral von (14) wird dann

$$\varphi' = -\frac{P}{H}, \qquad \chi' = 0, \tag{15}$$

und dies bedeutet folgendes: Der Wagen geht bei einer Kurvenfahrt gedämpft (schwingend) in seine natürliche Schräglage; der Kreiselrahmen geht nach einem anfänglichen Ausschlag gedämpft (schwingend) in seine lotrechte Ruhestellung zurück.

Dieses Einlenken des Wagens kann allerdings bei großen Werten des Drehimpulses D_e so langsam erfolgen, daß die Fahrt für die Insassen, die doch physiologisch auf die natürliche Schräglage eingestellt sind, recht unangenehm werden mag. Zahlenmäßige Abschätzungen haben ergeben, daß man, um dies zu vermeiden, die Übergangsbögen von der geraden Strecke in die Kurve und umgekehrt bei gleichen Fahrgeschwindigkeiten sehr viel länger machen müßte als bei Zweischienenbahnen. Dies ist ein erster wesentlicher Nachteil der Einschienenbahn.

Bei einer Fahrbeschleunigung in der geraden Fahrt hat man mit $P=0$ und festem Wert Q die partikuläre Lösung

$$\varphi' = 0, \qquad \chi' = -\frac{Q}{J}, \tag{16}$$

und dies besagt: Beim Anfahren und beim Bremsen geht der Wagen nach einem kurzen Seitenausschlag gedämpft (schwingend) in seine Ruhelage zurück; der Kreiselrahmen geht gedämpft (schwingend) in die Schräglage des Scheinlotes. Wenn die Fahrt wieder gleichförmig geworden ist, geht der Kreiselrahmen gedämpft (schwingend) in seine lotrechte Ruhestellung zurück; der Wagen erleidet dabei aber wieder einen vorübergehenden, gedämpft abklingenden Seitenausschlag.

Auch diese Wagenausschläge können lästig wirken, und dies ist ein zweiter grundsätzlicher Nachteil der Einschienenbahn.

Bei Schienenstößen endlich (in der Fahrtrichtung – solche in Richtung der Hoch- oder Querachse sind belanglos –) darf man für eine Abschätzung neben $P=0$ wohl einfach

$$Q = Q_0 \sin \alpha t \tag{17}$$

setzen, wo α die Stoßfrequenz ist (Stoßzahl in 2π sek.). Wenn wir jetzt die mit $-J$ multiplizierte erste Gleichung (14) zu der mit B

multiplizierten und zweimal differentiierten ersten Gleichung (14) und zu der mit $-D_e$ multiplizierten und einmal differentiierten zweiten Gleichung (14) addieren und dabei für diese Abschätzung die Dämpfungszahlen L und M streichen, kommt die Gleichung

$$AB\dddot{\varphi} + (D_e^2 - AJ - BH)\ddot{\varphi} + HJ\varphi = -\alpha D_e Q_0 \cos\alpha t,$$

und diese hat das partikuläre Integral

$$\varphi' = -a_0 Q_0 \cos\alpha t \tag{18}$$

mit

$$a_0 = \frac{\alpha D_e}{\alpha^4 AB - \alpha^2 (D_e^2 - AJ - BH) + HJ}; \tag{19}$$

dies besagt: Infolge der Schienenstöße gerät der Wagen in synchrone (phasenverschobene) Rollschwingungen von der Amplitude $a_0 Q_0$ (die durch die Dämpfung noch ein wenig herabgedrückt wird.)

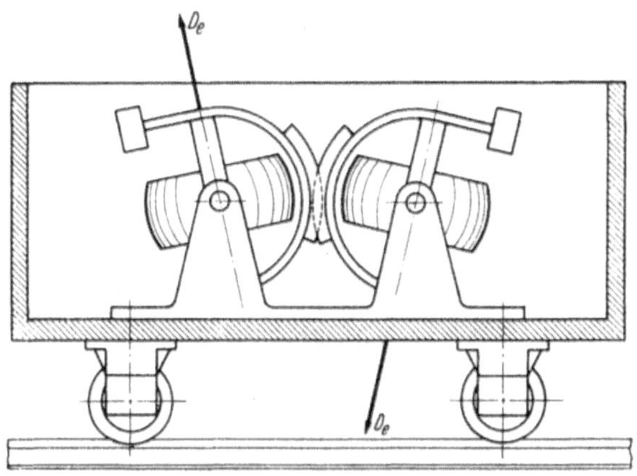

Abb. 121. Zweikreisel-Bauform des Einschienenwagens.

Man kann diese höchst unerwünschte Nebenerscheinung, die auch auf Schiene und Unterbau stark abnützend zurückwirken würde, sehr einfach dadurch beseitigen, daß man, wie dies die Erbauer denn auch getan haben, zwei entgegengesetzt umlaufende Kreisel verwendet, deren Kreiselrahmen so miteinander durch Zahnsegmente gekoppelt sind (Abb. 121), daß sie immer nur entgegengesetzte Präzessionsausschläge χ machen können. Der zweite Kreisel sucht dann einen Ausschlag

$$\varphi'' = +a_0 Q_0 \cos\alpha t$$

des Wagens zu erzwingen, durch welchen φ' (18) gerade aufgehoben wird. Die Schienenstöße äußern sich jetzt nur noch in periodischen inneren Spannungen des Kreiselverbandes. Man ist so wieder, wenn auch mit anderer Kreisellage, zu dem Prinzip des Trägheitsrahmens von § 8, Ziff. 4 zurückgekommen, der denn auch tatsächlich von der Einschienenbahn aus erst in den Kreiselgerätebau Eingang gefunden hat.

Der nun noch übrig gebliebene zweite Fall $S \neq 0$ der Einschienenbahn mit Pendelsteuerung ist vollends rasch erledigt. Man stellt an Hand der Gleichungen leicht fest, daß auch für ihn die partikulären Integrale (15) der Kreiskurvenfahrt und (16) der beschleunigten oder verzögerten Fahrt unverändert erhalten bleiben, und daß lediglich das Integral (18) der periodischen Stöße eine etwas andere Form annimmt, nämlich, nach gleicher Methode berechnet,

$$\varphi' = -a_0 Q_0 \cos \alpha t - b_0 Q_0 \sin \alpha t \tag{20}$$

mit

$$a_0 = \frac{\alpha D_e R}{R^2 + \alpha^2 D_e^2 S^2}, \qquad b_0 = \frac{\alpha^2 D_e^2 S}{R^2 + \alpha^2 D_e^2 S^2}, \tag{21}$$

wobei zur Abkürzung

$$R = \alpha^4 AB - \alpha^2 (D_e^2 - AJ - BH) + HJ \tag{22}$$

gesetzt ist. Diese Bauart verhält sich daher in der Kurve, beim Anfahren und Bremsen und bei Schienenstößen im wesentlichen ebenso wie die zuerst untersuchte; sie hat auch die gleichen Nachteile wie jene, und die Wirkung der Schienenstöße kann bei ihr ebenfalls durch einen zweiten Kreisel nach außen hin aufgehoben werden.

Leider hat die Einschienenbahn aber außer den aufgezählten noch andere Nachteile gegenüber der gewöhnlichen Zweischienenbahn. Wenn der Antriebsstrom für die Kreisel ausfällt, so laufen diese zwar noch einige Zeit lang weiter, so daß es wohl gelingen mag, den Wagen anzuhalten und seine seitlichen Stützen (die er für die Ruhelage bei nicht laufenden Kreiseln sowieso braucht) herabzulassen. Sobald aber die Steuerung des Wendemotors gestört wird oder versagt, muß der Wagen trotz der Kreisel sogleich umzufallen beginnen. Dies ist natürlich in höchstem Maße bedenklich, und es scheint bisher nicht gelungen zu sein, diese große Gefahr für die Sicherheit der Fahrt irgendwie zu bannen.

Wir erwähnen noch, daß man statt des Übergewichts am Kreiselrahmen dessen notwendige Labilität natürlich auch durch geeignet angeordnete Federn erreichen kann, etwa durch eine Feder, die von unten her auf den unteren Teil des Kreiselrahmens drückt. Außerdem kann man den Wendemotor, wenn er mit dem Pendel gekoppelt ist, durch eine Schwarz-Weiß-Steuerung erregen, wie wir sie in § 7, Ziff. 4 kennengelernt haben. Wir verzichten darauf, die Theorie auch für diese Bauarten zu entwickeln. Auch sie vermögen die Schwierigkeiten nicht zu beheben.

3. Die Einschienenbahn mit Querkreisel. Im Unterschied von *Scherl* und *Schilowsky* versuchte *Brennan*[1] den instabilen Einschienenwagen durch Kreisel mit waagerechter Figurenachse zu stützen, und naturgemäß müssen die Figurenachsen dann parallel zur Querachse des Wagens liegen.

Wir erwähnen zunächst zwei schon 1903 von *Brennan* geplante, aber wohl nicht ausgeführte Anordnungen. Die eine zeigt schematisch Abb. 122. Der auf seiner einzigen Schiene fahrende Wagen trägt in einem festen Rahmen (r_1) den um eine lotrechte Achse drehbaren Kreiselrahmen (r_2), und dieser wird mit einem Handgriff (h) gesteuert. Beginnt der Wagen seitlich umzufallen, etwa nach rechts

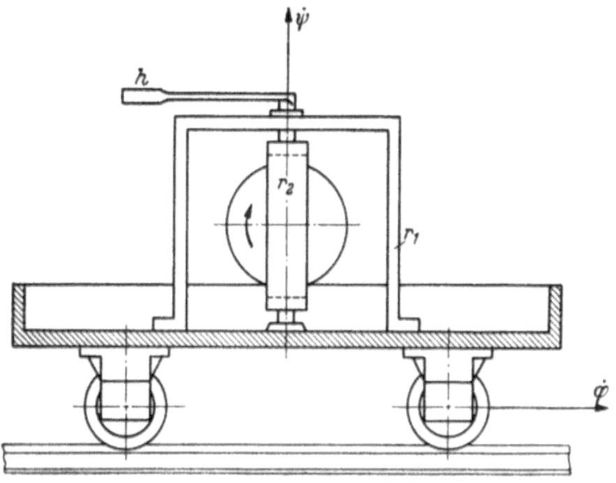

Abb. 122. *Brennan*scher Kreisel mit Handsteuerung.

($\dot\varphi > 0$), und zeigt der Drehimpulsvektor des Kreisels nach links, so erzeugt eine Drehung des Kreiselrahmens, von oben gesehen, im Uhrzeigersinne ($\dot\psi < 0$) ein Kreiselmoment, das dem Umfallen des Wagens gerade entgegenarbeitet. Ganz Entsprechendes gilt beim Umfallen nach links. Der Handgriff (h) muß also bei jeder Umfallbewegung des Wagens nach der dem Umfallen entgegengesetzten Richtung gedrückt werden. Bei dieser Handsteuerung müssen nun aber auch die Reibungsmomente in den lotrechten Zapfen des Kreiselrahmens (r_2) überwunden werden, und da diese nicht ganz gleichartig beim Hin- und Herdrehen des Kreiselrahmens sind, so muß der Rahmen mit der

---

[1] Vgl. Engineering 1907, S. 623 und 749, 1910, S. 289; *J. Perry*, Nature 77 (1908), S. 447; *O. Martienssen*, Handb. d. physikal. u. techn. Mechanik, Bd. 2, S. 484, Leipzig 1930.

Zeit seine Nullage quer zum Wagen verlieren, und die Figurenachse des Kreisels kann somit mehr und mehr in die Längsachse des Wagens auswandern, wodurch der Kreisel natürlich seine Stützwirkung allmählich einbüßt. Eine genauere Untersuchung zeigt, daß auch die Reibung der Schiene bei allen Drehungen des Wagens um seine Längsachse in gleicher Weise dem Kreisel seine Stützwirkung im Laufe der Zeit nimmt.

In einer zweiten Anordnung (Abb. 123) ist der Kreisel durch eine Feder (f) labil gemacht. Die Bewegungsgleichungen des ganzen Systems lauten analog zu den Gleichungen (1) von Ziff. 1 (Seite 232) für die gerade, gleichförmige Fahrt in leichtverständlichen Bezeichnungen

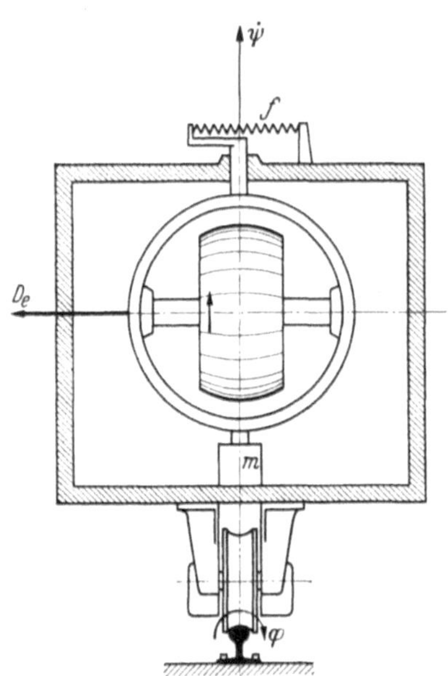

Abb. 123. *Brennan*scher Kreisel mit Federung.

$$\left.\begin{aligned} A\ddot{\varphi}+L\dot{\varphi}-H\varphi-D_e\dot{\psi}&=0,\\ C\ddot{\psi}+N\dot{\psi}-K\psi+D_e\dot{\varphi}&=0 \end{aligned}\right\} \quad (23)$$

und würden, genau wie früher weiterbehandelt, dartun, daß auch bei dieser Bauform die Stabilisierung durch einen Wendemotor (m) am Kreiselrahmen erzwungen werden kann, wenn dieser ein die Präzession $\dot{\psi}$ beschleunigendes Moment $N\dot{\psi}$ auszuüben in der Lage ist, wobei $N<0$ sein muß und eine Bedingung analog zu (9) von Ziff. 1 (Seite 233) gilt, wenn man dort B und J durch C und K ersetzt.

Indessen läßt sich dieser Wagen in der Kurvenfahrt nicht stabilisieren. Zwar ist er, im Gegensatz zur *Scherl*schen und *Schilowsky*schen Bauart, gegen Änderungen der Fahrgeschwindigkeit bei der geraden Fahrt und gegen Schienenstöße völlig unempfindlich; aber bei einer Kreisfahrt mit der Drehgeschwindigkeit ω (positiv gerechnet in einer Linkskurve) muß man in (23) den nach wie vor vom Wagen aus gezählten Drehwinkel ψ des Kreiselrahmens gegen die Querachse des Wagens offenbar ersetzen durch $\psi+\omega t$ und erhält so statt (23)

$$\left.\begin{aligned} A\ddot{\varphi}+L\dot{\varphi}-H\varphi-D_e(\dot{\psi}+\omega)&=P,\\ C\ddot{\psi}+N(\dot{\psi}+\omega)-K\psi+D_e\dot{\varphi}&=K\omega t, \end{aligned}\right\} \quad (24)$$

und diese Gleichungen haben die partikulären Integrale

$$\varphi' = -\frac{P}{H}, \qquad \psi' = -\omega t, \tag{25}$$

von denen das erste nur eben wieder besagt, daß sich auch der *Brennan*sche Wagen ganz natürlich in die Kurve legt.

Das zweite Integral ψ' hingegen drückt aus, daß die Mittellage, um welche die Figurenachse gedämpft schwingt oder aperiodisch sich bewegt, gegen die Querachse des Wagens mit der Drehgeschwindigkeit $-\omega$ auswandert, so daß also nach kurzer Zeit, praktisch schon nach weniger als einer Viertelswendung des Wagens, der Kreisel als Stabilisator nicht mehr zu gebrauchen wäre.

Diese Schwierigkeit läßt sich dadurch überwinden, daß man zwei gegenläufige Kreisel verwendet, also wieder einen Trägheitsrahmen herstellt, der in diesem Falle grundsätzlich wie derjenige von § 8, Ziff. 4, Abb. 105 (Seite 199) gebaut ist und sich von jenem nur in der Steuerung (Stützung) unterscheidet. Aus der großen Zahl von Vorschlägen, welche *Brennan* hierfür gemacht hat, wollen wir wenigstens noch zwei genauer beschreiben.

Die erste Zweikreisel-Bauart zeigt Abb. 124 schematisch. Die beiden elektrisch auf 3000 Uml/min angetriebenen Kreisel (k_1 und k_2) von je 750 kg Gewicht sind in luftleeren Büchsen (b_1 und b_2) eingeschlossen, welche um lotrechte Achsen drehbar an einem um die Längsachse (a) des Wagens stabil schwingenden Rahmen (r) aufgehängt werden. Ein Kegelradgetriebe (g) sorgt dafür, daß die Figurenachsen stets entgegengesetzte Winkel ψ mit der Querachse (q) bilden. Ein zweites Getriebepaar (g_1 und g_2) überträgt die Eigendrehung der Kreisel stark verlangsamt auf zwei Zapfen (z_1 und z_2), welche mit Haftreibung auf zwei einseitig von der Querachse ausgehenden, am Wagengestell festen Sektoren (s_1 und s_2) nach Art des Kurvenkreisels (§ 5, Ziff. 3, Seite 64 des ersten Bandes) abrollen können, sobald sie sie berühren. Auf anderen, ebenfalls einseitigen Sektoren (s_3 und s_4) laufen, sobald sie sie berühren, zwei mit den Büchsen (b_1 und b_2) verbundene Rollen (r_1 und r_2). Zwischen den Zapfen und Rollen und den Sektoren sind kleine Spielräume.

Wenn die entgegengesetzt gleichen Vektoren $\mathfrak{D}_e$ der Eigendrehimpulse der Kreisel etwa nach außen weisen, so wirken die Kreisel folgendermaßen. Der Wagen möge sich nach rechts zu neigen beginnen. Dann berührt alsbald der Zapfen z_1 den Sektor s_1, und der Drehimpulsvektor $\mathfrak{D}_e$ des Kreisels k_1 präzessiert beschleunigt nach vorn und zieht seine Figurenachse und durch das Kegelradgetriebe (g) auch die

Figurenachse des Kreisels k_2 mit seinem Drehimpulsvektor $\mathfrak{D}_e$ nach vorne. Dabei entstehen linkskippende Kreiselmomente, die sich über den Sektor s_1 auf den Wagen übertragen und dessen Rechtsneigen nicht nur aufhalten, sondern umkehren. Jetzt hört die Berührung des Zapfens z_1 mit dem Sektor s_1 und damit auch die Präzession $\dot{\psi}$ auf. Alsbald aber preßt sich die Rolle r_2 auf den Sektor s_4, und dadurch werden einesteils die Kreisel im Sinne $-\dot{\psi}$ durch eine unbeschleunigte Präzession (die durch die Reibung eher etwas verzögert wird) in ihre

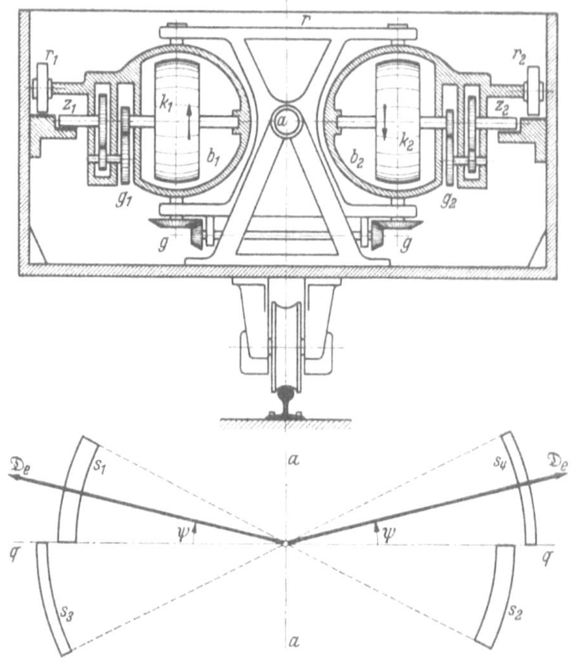

Abb. 124. *Brennan*scher Wagen mit Kurvenkreisel-Steuerung.

Nullage zurückgebracht; andernteils wird so das Aufrichten des Wagens verzögert, so daß er günstigstenfalls in seiner lotrechten Stellung zur Ruhe kommt. Schwingt er darüber hinaus, so beginnt das Kräftespiel von neuem, jetzt mit den Sektoren s_2 und s_3 sowie dem Zapfen z_2 und der Rolle r_1. Auch bei dieser Bauart, deren Theorie sehr umständlich wäre, wird die Labilität des Wagens durch eine offensichtliche Labilität der Kreisel aufgehoben, wie es der Satz *I* von § 12, Ziff. 4 des ersten Bandes verlangt. Man überlegt leicht, daß diese Bauform auch in der Kurve richtig arbeitet, weil der stabile Rahmen (*r*) sich nach dem Scheinlot einstellt.

Eine zweite Bauform zeigt Abb. 125 schematisch. Die beiden Kreisel mit entgegengesetzt gleichen Eigendrehimpulsen liegen hier mit ihren Cardanrahmen (r_1 und r_2) nicht nebeneinander, sondern hintereinander in einem längsachsig gelagerten Rahmen (r), welcher selbst labil ist, d. h. seinen Schwerpunkt über seinen Lagerachsen hat. Der Lagerständer (s) trägt zwei Kontakte (k_1 und k_2), in die der Rahmen (r) mit einem zweiseitigen elektrischen Fühler (f) eingreift. Beginnt der Wagen nach rechts umzufallen, so berührt der linke Kontakt den Fühler k_1, und dadurch wird von zwei am Rahmen (r) befestigten Elektromagneten (e_1 und e_2) der linke erregt und zieht den am Rahmen (r) drehbaren Anker (a) mit einem Übergewicht (g) nach links. Mit

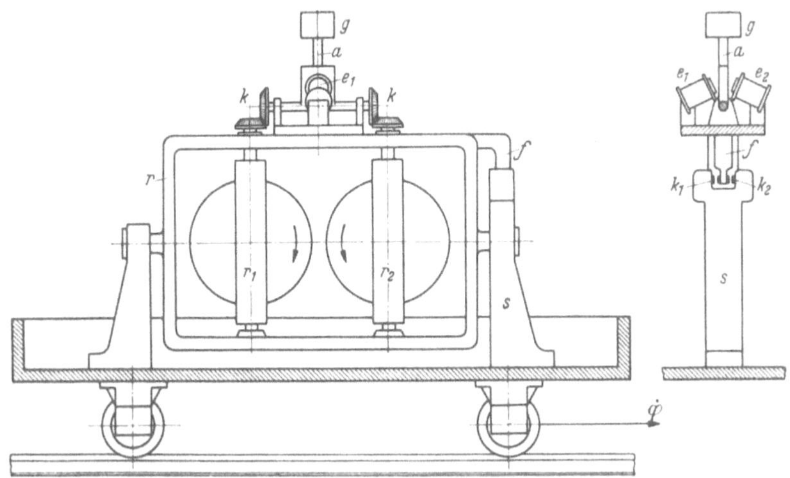

Abb. 125. *Brennan*scher Wagen mit Magnetsteuerung.

dem Anker ist außerdem ein Kegelradgetriebe (k) so verbunden, daß die Kreisel zu Präzessionen veranlaßt werden, welche Kreiselmomente am Rahmen (r) entgegen dem Umfallsinne des Wagens hervorrufen, wenn der hintere Kreisel im Drehsinne der Laufräder des Wagens umläuft. Diese Kreiselmomente richten — zusammen mit dem nach links geneigten Übergewicht (g) — den Wagen wieder auf. Ob diese Steuerung sich tatsächlich bewährt hat, ist nicht bekannt.

Wir fügen noch eine Bemerkung über die Energiebilanz insbesondere der ersten Bauart (Abb. 124) hinzu. Da dem System mindestens durch die Reibung der Räder an der Schiene bei allen beginnenden Umfallbewegungen und beim Wiederaufrichten des Wagens Energie entzogen wird, welche nur dem Vorrat der Lageenergie des

Wagens entstammen kann, so muß dieser Energievorrat fortwährend ergänzt werden, wenn sich der Schwerpunkt des Wagens nicht allmählich mehr und mehr senken soll. Dieser Energieschwund wird nun tatsächlich durch die Präzessionszapfen (z_1 und z_2 in Abb. 124) aus dem Vorrat der Bewegungsenergie der Kreisel laufend ersetzt und muß von den Antriebsmotoren der Kreisel (die sonst nur ihre Reibungsverluste auszugleichen hätten) zusätzlich aufgewendet werden.

Im Falle der Bauform Abb. 125 stammt die Energiezufuhr von den Erregungsströmen der Elektromagneten und im Falle von Abb. 120, 121 und 123 von denen der Wendemotoren; im Falle von Abb. 122 ist eine dauernde Auffüllung des Energievorrates nicht möglich, und darum mußte jener Wagen, wie schon festgestellt, schließlich doch umfallen.

So geistreich der *Brennan*sche Einschienenwagen ist, so muß man doch aber auch gegen ihn die gleichen grundsätzlichen Bedenken hinsichtlich seiner Fahrsicherheit geltend machen wie beim *Scherl*schen und *Schiloswky*schen. Bis zu einem einwandfrei brauchbaren Fahrzeug hat sich tatsächlich noch kein Einschienenbahn-Wagen entwickeln lassen.

4. Der Geradläufer. Nach einem Vorschlage von *Howell* (der sich allerdings nur auf eine inzwischen völlig aufgegebene Bauart eines Torpedos bezog) kann man den Stützkreisel auch zur unmittelbaren Steuerung unbemannter Wasserfahrzeuge benützen[1]. Wir wollen untersuchen, inwieweit dies tatsächlich zutrifft, und legen dabei das Schema von Abb. 126 zugrunde, worin der Querschnitt eines Bootes samt querliegendem Kreisel (k) dargestellt ist. Dieser kann zugleich als Energiespeicher benützt werden und treibt dann über Kegelräder (k') die Schraubenwellen zum Vortrieb des Bootes an.

Wir legen das in Abb. 126 und 127 gezeigte Achsensystem zugrunde und nennen ϑ den Winkel zwischen der Fahrtrichtung und der Längsachse. Mit den Drehmassen A und C des Bootes um die Längs- und Hochachse gelten dann folgende, sogleich zu erklärende Bewegungsgleichungen:

$$\left.\begin{aligned} A\ddot{\varphi}+L\dot{\varphi}+hG\varphi-D_e\dot{\psi}&=0,\\ C\ddot{\psi}+N\dot{\psi}-K\vartheta+D_e\dot{\varphi}&=0,\\ \frac{G}{g}v(\dot{\psi}-\dot{\vartheta})-R\vartheta&=0.\end{aligned}\right\}\qquad(26)$$

[1] Vgl. *H. Noalhat*, Les torpilles et les mines sousmarines, S. 283, Paris 1905; *Diegel*, Marine-Rundschau 1899, Heft 5; *F. Klein* und *A. Sommerfeld*, Über die Theorie des Kreisels, S. 791.

Hier sind wieder $-L_1\dot{\varphi}$ und $-N\dot{\psi}$ die Widerstandsmomente des Wassers gegen Drehungen $\dot{\varphi}$ und $\dot{\psi}$ des Bootes, ferner $-hG\varphi$ das rücktreibende Moment der Schwere des Bootes vom Gewicht G und der Metazenterhöhe h, und $K\vartheta$ das destabilisierende Moment des Fahrwiderstandes um die Hochachse bei einer Störung ϑ der Richtung der Längsachse des Bootes. In der dritten Gleichung bedeutet das erste Glied das Produkt aus Bootsmasse und Zentripetalbeschleunigung bei jeder Abweichung der Fahrt (mit der Geschwindigkeit v) vom geraden Kurs; das zweite Glied ist der von ϑ herrührende Seitentrieb des Wassers auf das Boot einschließlich der entsprechenden

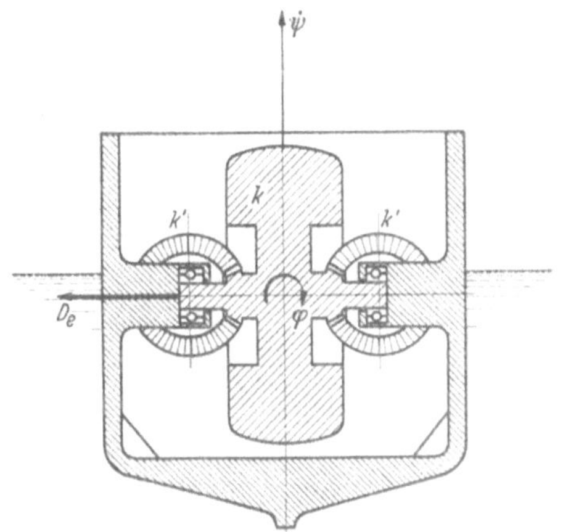

Abb. 126. *Howell*scher Geradläufer.

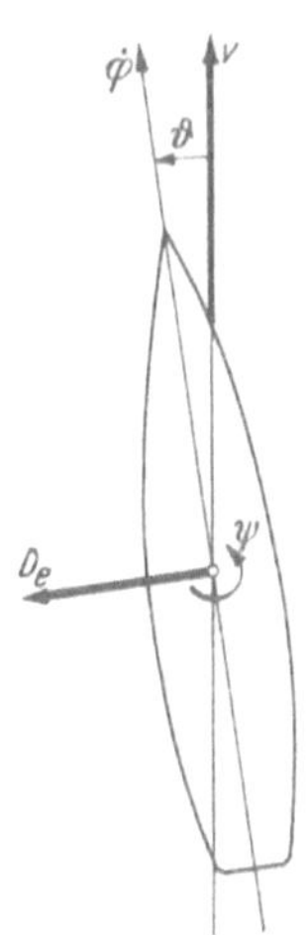

Abb. 127. Gestörte Lage des Bootes.

Komponente des Schraubenschubes. Die Kreiselmomente $D_e\dot{\psi}$ und $D_e\dot{\varphi}$ sind uns geläufig. Die eigentlich noch hinzuzufügenden Komponenten der Gerüstgeschwindigkeit für das bootfeste und also die Drehungen $\dot{\varphi}$ und $\dot{\psi}$ des Bootes mitmachende Hauptachsenkreuz haben wir (wie auch in früheren ähnlichen Fällen) unterdrückt, da wir nur mit kleinen Werten $\dot{\varphi}$ und $\dot{\psi}$ rechnen wollen.

Weil es hier nur auf allgemeine Erwägungen ankommt, so ist es nicht nötig, die Größen K, L, N und R hydrodynamisch genauer zu untersuchen. Es genügt, festzustellen, daß sie alle stets wesentlich positiv sind. Mit

$$R_0 = \frac{gR}{vG} \tag{27}$$

lautet die dritte Gleichung (26) einfacher

$$\dot{\vartheta} + R_0\vartheta - \dot{\psi} = 0. \tag{28}$$

Um ϑ zu eliminieren, addieren wir die mit K multiplizierte Gleichung (28) zu der mit R_0 multiplizierten zweiten Gleichung (26) und zu der einmal differentiierten zweiten Gleichung (26) und erhalten so

$$C\dddot{\psi}+(N+CR_0)\ddot{\psi}+(NR_0-K)\dot{\psi}+D_e(\ddot{\varphi}+R_0\dot{\varphi})=0.$$

Wenn wir diese Gleichung einmal integrieren, so kommt mit einer Integrationskonstanten ψ_0

$$C\ddot{\psi}+(N+CR_0)\dot{\psi}+(NR_0-K)(\psi-\psi_0)+D_e(\dot{\varphi}+R_0\varphi)=0. \quad (29)$$

Hieraus schließen wir, daß infolge des Freiheitsgrades der seitlichen Ausweichung ϑ der Längsachse des Bootes seine Dämpfungszahl N scheinbar auf $(N+CR_0)$ gestiegen ist, wogegen das destabilisierende Moment $K\vartheta$ des Fahrwiderstandes in ein rückdrehendes, also stabilisierendes Moment $(NR_0-K)(\psi-\psi_0)$ übergeht, wenn

$$NR_0-K>0 \quad (30)$$

ist. Allerdings erfolgt, wie man aus (29) zunächst mit $D_e=0$ schließt, die Rückdrehung (nach dem Abklingen etwaiger Schwingungen) im allgemeinen nicht nach der ursprünglichen Richtung der Längsachse des Bootes, sondern nach der Richtung $\psi=\psi_0$, die durch zufällige Stöße bedingt sein mag. Mithin ist (30) eigentlich keine wirkliche (übrigens nur notwendige, aber nicht hinreichende) Stabilitätsbedingung. Wir wollen trotzdem das Boot ohne laufenden Kreisel vorläufig als stabil bezeichnen, wenn (30) gilt, dagegen als labil, wenn

$$NR_0-K<0 \quad (31)$$

ist. Denn im ersten Falle macht es dann wenigstens um die Nulllage ψ_0 gedämpfte Schwingungen, wogegen es im zweiten Falle (mit $D_e=0$) eine durchaus divergente Seitenbewegung $\dot{\psi}$ beginnt, etwa so, wie ein aus seiner labilen Höchstlage mit zufälligem kleinem Stoße losgelassenes Pendel in einem widerstehenden Mittel umzufallen anfängt.

Wir wollen nun sehen, wie sich dieses Verhalten des stabilen oder labilen Bootes ändert, wenn der Kreisel läuft. Hierfür steht uns noch die erste Gleichung (26) und die Gleichung (29) zur Verfügung. Die Ansätze

$$\varphi=ae^{\sigma t}, \qquad \psi-\psi_0=be^{\sigma t} \quad (32)$$

liefern in nun schon oft benützter Methode eine Determinantengleichung für σ von der Gestalt

$$a_0\sigma^4+a_1\sigma^3+a_2\sigma^2+a_3\sigma+a_4=0, \quad (33)$$

und es wird in unserem Falle, wie man nach einfacher Zwischenrechnung findet,

$$\left.\begin{aligned} a_0 &= AC, \\ a_1 &= A(N+CR_0)+CL, \\ a_2 &= A(NR_0-K)+L(N+CR_0)+ChG+D_e^2, \\ a_3 &= L(NR_0-K)+hG(N+CR_0)+R_0D_e^2, \\ a_4 &= hG(NR_0-K). \end{aligned}\right\} \qquad (34)$$

Die Stabilitätsbedingungen (6) und (7) von Ziff. 1 (Seite 233) führen zu folgenden Schlüssen.

Für die Stabilität des Bootes (in dem vorhin erklärten Sinne) ist notwendig, daß $a_4>0$ werde. Das trifft gemäß (30) und (34) unabhängig vom Kreisel dann und nur dann zu, wenn die Fahrt schon ohne Kreisel stabil war: der Kreisel vermag daher (im Gegensatz zu der Meinung von *Howell*) eine etwaige Labilität des Bootes nicht aufzuheben.

Die Bedingung (30) ist nun aber auch mit und ohne Kreisel hinreichend für die Stabilität; denn die weiteren Stabilitätsbedingungen $a_0>0$ und $a_1>0$ sind gemäß (34) von selbst erfüllt, die Bedingung $a_3>0$ und, wie man nach kurzer Rechnung bestätigt, die letzte Bedingung $\Delta>0$ sicherlich dann, wenn (30) gilt.

Aber diese Stabilität ist ja, wie wir festgestellt haben, keineswegs vollkommen. Hier hat nun der Kreisel einen durchaus günstigen Einfluß. Man kann ohne Rechnung einsehen, daß er eine schon vorhandene Stabilität (30) erheblich verbessert. Denn jeder seitliche Drehstoß wird vom Kreisel mehr oder weniger vollständig aufgefangen und in eine Drehung φ des Bootes um seine Längsachse umgewandelt; der Kreisel verleiht so auch hier dem stabilen Boot eine Art Steifigkeit gegen seitliche Drehstöße. Allerdings verkoppelt der Kreisel die φ- und ψ-Bewegungen miteinander, wie ja auch die Gleichung (29) und die erste Gleichung (26) zeigen, und somit wird jede Rollbewegung $\dot{\varphi}$, hervorgerufen etwa durch Wellenschlag, eine Fahrtstörung ψ erzeugen. Wahrscheinlich wird aber dieser Nachteil durch jenen Vorteil im allgemeinen mindestens aufgehoben, wenn nicht gar der Vorteil überwiegt. Denn die Rollbewegungen werden zumeist periodisch sein und rufen dann auch nur periodisch schwankende, also im Mittel sich aufhebende Fahrtfehler hervor; die seitlichen Stöße dagegen treten wohl mehr einzeln auf und heben sich in ihrer Wirkung (ohne Kreisel) im allgemeinen nicht im Mittel auf.

§ 12. Dämpfkreisel.

1. Der gebremste Schiffskreisel. Die Einschienenbahn, von ihrer Energiebilanz aus gesehen (§ 11, Ziff. 3), läßt eine unmittelbare Umkehrung zu. Der Kreisel kann nicht nur den Energieinhalt eines an sich labilen Systems so bewahren helfen, daß das System seine labile Lage nicht aufzugeben Veranlassung findet; er ist auch in hohem Maße dazu befähigt, unerwünschte Bewegungsenergie eines an sich stabilen Systems aufzuschlucken, um sie dann zu vernichten. Man sieht dies sofort ein, wenn man sich bei der Einschienenbahn sowohl den Wagen wie den Kreisel stabil gelagert denkt, den Wagen also etwa nach Art der Hängebahn (§ 3, Ziff. 2). Jede Schwingung, zu welcher der Wagen von außen angeregt wird, überträgt sich dann infolge der Verkoppelung durch die Kreiselmomente auch auf den Kreisel, so daß dieser samt seinem Rahmen gegen den Wagen zu schwingen anfängt. Indem man dann vom Wagen aus diese Schwingung durch eine Bremse abdämpft, vernichtet man daher zugleich einen Teil der Schwingungsenergie des Wagens und bringt so mit der Zeit auch dessen Schwingung zum Abklingen. In der Tat ist vorgeschlagen worden, auf diese Weise Schwingungen der Hängebahn durch einen Dämpfkreisel zu verhindern.

Der bemerkenswerteste Dämpfkreisel und zugleich eine Anwendung des Kreisels im größten Stil ist der von *O. Schlick* vorgeschlagene Schiffskreisel, der die unangenehmen Rollschwingungen von Schiffen im Seegang möglichst verhindern oder möglichst rasch auslöschen soll.

Die Theorie des *Schlick*schen Schiffskreisels läßt sich eng an diejenige der Einschienenbahn anschließen. Man hat dabei nur die Vorzeichen der destabilisierenden Momentzahlen H und J bzw. K des Fahrzeuges und des Kreisels umzukehren; denn weil jedes vernünftig gebaute Schiff stabil ist, so muß, wie wir von § 11 her wissen, auch der Kreisel stabil gelagert sein (weil $HJ > 0$ bzw. $HK > 0$ eine notwendige Stabilitätsbedingung war). Es bieten sich dann zwei Möglichkeiten dar, die bei der Einschienenbahn ja auch tatsächlich versucht worden sind, nämlich Anordnung der Figurenachse entweder lotrecht oder querschiffs, jedesmal mit der Freiheit, in einer durch die Längsachse gelegten Ebene stabil zu schwingen. (Daß Kreiselanordnungen, bei denen die Figurenachse in einer Querebene des Schiffes schwingen kann, für die Bekämpfung seiner Rollschwingungen nicht geeignet sind, ist ohne weiteres verständlich.)

Liegt die Figurenachse lotrecht, und kann sie in einer senkrechten Längsbene des Schiffes (mehr oder weniger stark abgebremst) um die Querachse des Schiffes pendeln, so spricht sie auf die Drehungen des Schiffes um die Lotachse (Gieren und Wenden) nicht an (vorbehaltlich einer späteren Einschränkung dieser Aussage), wohl aber auf seine Rollbewegungen um die Längsachse und, infolge der Bremse, auf seine Stampfbewegungen um die Querachse. Liegt die Figurenachse dagegen querschiffs, und kann sie in einer waagerechten Ebene (mehr oder weniger stark abgebremst) um die Lotachse pendeln (wobei ihre stabile Lage durch Federn gehalten werden müßte), so spricht sie auf die Stampfbewegungen des Schiffes nicht an, wohl aber wieder auf seine Rollbewegungen und nun, infolge der Bremse, auf seine Gier-

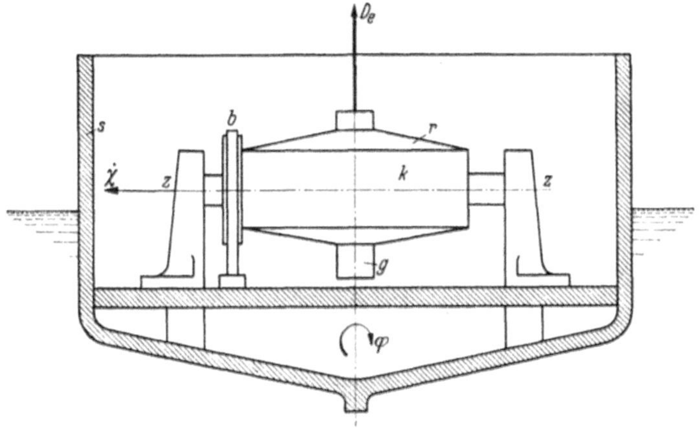

Abb. 128. *Schlick*scher Schiffskreisel.

und Wendebewegungen. Es hat sich als zweckmäßig erwiesen, die erste dieser beiden Anordnungen zu bevorzugen, einmal weil die Stabilisierung solcher großer Kreisel durch glockenförmiges Aufhängen als Pendel einfacher ist als durch Federn, und sodann weil die Störung des Kreisels durch die Stampfbewegungen des Schiffes harmloser ist als diejenige durch die zumeist heftigeren Gierbewegungen.

Das Schema des so von *Schlick* seit 1904 entwickelten[1], in mehreren Schiffen eingebauten Schiffskreisels stellt Abb. 128 dar. Der etwa mitt-

[1] *O. Schlick*, Trans. naval archit. 46 (1904), Märzheft, sowie Z. VDI. 50 (1906), S. 1466 und 1929, und Jahrb. Schiffbaut. Ges. 10 (1909), S. 111; ferner *H. Lorenz*, Phys. Z. 5 (1904), S. 27; *A. Föppl*, Z. VDI. 48 (1904), S. 478 und 983; *F. Berger*, Z. VDI. 50 (1906), S.982; *A. Föppl*, Z. VDI. 50 (1906), S. 983; *R. Malmström*, Acta soc. scient. Fennicae 35 (1907); *R. Skutsch*, Z. VDI. 52 (1908), S. 464; *F. Klein* und *A. Sommerfeld*, Über die Theorie des Kreisels, S. 794; *E. Hahnkamm*, Ing.-Arch. 5 (1934), S. 169.

schiffs liegende, als Dampfturbine und später als Elektromotor angetriebene Kreisel (*k*), der etwa 1% des Schiffsgewichtes ausmacht, ruht in einem Rahmen (*r*) mit Übergewicht (*g*). Der Rahmen kann sich um querschiffs gelagerte Zapfen (*z*) drehen, und seine Schwingungen gegen den Schiffskörper (*s*) lassen sich entweder durch eine Bandbremse (*b*) oder mit einer hydraulischen Bremse abdämpfen.

Wir dürfen die Bewegungsgleichungen des Systems (Schiff, Kreiselrahmen mit Kreisel) fast ohne weiteres von der Einschienenbahn übernehmen und haben für kleine Ausschläge aus der Ruhelage anzusetzen

$$\left.\begin{aligned} A\ddot{\varphi}+L\dot{\varphi}+H\varphi+D_e\dot{\chi}&=P(t),\\ B\ddot{\chi}+M\dot{\chi}+J\chi-D_e\dot{\varphi}&=0. \end{aligned}\right\} \tag{1}$$

Und zwar bedeutet dabei φ den Rollwinkel des Schiffes um seine Längsachse, positiv bei einer Krängung nach Steuerbord (rechts), χ die Neigung der Figurenachse des Kreisels gegen die Lotrechte, positiv wenn das Übergewicht (*g*) des Kreiselrahmens nach dem Schiffsheck (hinten) ausschwingt. A und B sind die Drehmassen des Schiffes um seine Längsachse und des Rahmens samt Kreisel um seine Zapfenachse. Ferner sind L und M die Dämpfungszahlen des Schiffes (infolge des Wasserwiderstandes) und des Kreiselrahmens (infolge der Bremse und der Zapfenreibung). H ist das Produkt aus Schiffsgewicht und Metazenterhöhe, J das Produkt aus Rahmengewicht (samt Kreisel) und Abstand des Schwerpunktes von der Zapfenachse. Endlich stellt $P(t)$ das Zwangsmoment des Seeganges auf das Schiff vor; wir denken uns P als Funktion der Zeit t gegeben. Den Eigendrehimpulsvektor vom (stets positiven) Betrag D_e wollen wir nach oben richten. Die Zahlen A, B, H, J, L und M sind ihrer Natur nach positiv.

2. Günstigste Wahl von Bremszahl und Drehimpuls. Die Theorie hat hier vor allem die Aufgabe, zu untersuchen, welche Werte man der Bremszahl M und dem Eigendrehimpuls D_e zumessen muß, damit der Schiffskreisel seinen Zweck möglichst gut erfüllt. Man erkennt nämlich schon ohne Rechnung, daß mit $M=0$ der alsdann ungebremst schwingende Kreisel keine Energie vernichten kann, und daß mit $M=\infty$ der alsdann festgebremste Kreisel überhaupt unwirksam wird, daß es also einen günstigsten endlichen Bremswert M geben muß. Ferner erkennt man auch schon ohne Rechnung, daß zwar ein großer Wert D_e ohne Zweifel erforderlich sein wird, daß aber ein allzu großer Wert D_e doch wohl vielleicht das System zu steif werden ließe, und daß dann eine irgendwie (z. B. durch einen heftigen Wellenstoß) erzeugte Querneigung φ des Schiffes allzu langsam zurückginge.

Man hat daher zu überlegen, wie der Schiffskreisel einerseits auf die Eigenschwingungen des Schiffes, andererseits auf die von den Wellen erregten Zwangsschwingungen wirkt. Dabei kommt man nicht aus ohne bestimmte, willkürliche und daher unter Umständen auch strittige Annahmen darüber, was man als günstiges Verhalten des Schiffes ansehen will. Außerdem läßt sich auch die Einwirkung $P(t)$ der Wellen auf das Schiff nur ziemlich roh abschätzen, und endlich ist der Ansatz $M\dot{\chi}$ des Bremsmomentes nur wegen seiner mathematischen Einfachheit gewählt, und es ist fraglich, ob die wirkliche Bremse sich einem solchen Ausdruck fügt[1]. Aus diesen Gründen darf man von der nun folgenden Theorie auch hier lediglich qualitative Aufschlüsse erwarten; sie hat für den Bau eines Schiffskreisels nur den Wert, daß sie die Größenordnung der gesuchten Zahlen liefert.

Daher ist es unbedenklich, vereinfacht die folgenden Formeln aber erheblich, wenn man in den Ausgangsgleichungen (1) das Glied $L\dot{\varphi}$ wegläßt. Denn die Rollschwingungen φ eines Schiffes üblicher Bauart und ohne besondere Dämpfung (Schlingerkiel, *Frahm*scher Schlingertank), also von Schiffen, bei denen die Rollschwingungen ja gerade durch den Schiffskreisel bekämpft werden sollen, sind an sich nur schwach gedämpft. Wir wollen dann außerdem die erste Gleichung (1) mit A, die zweite mit B dividieren und folgende Abkürzungen einführen:

$$\alpha^2 = \frac{H}{A}, \quad \beta^2 = \frac{J}{B}, \quad p(t) = \frac{P(t)}{A}, \tag{2}$$

$$\varkappa_1 = \frac{D_e}{A}, \quad \varkappa_2 = \frac{D_e}{B}, \quad \varkappa^2 = \varkappa_1 \varkappa_2, \tag{3}$$

$$m = \frac{M}{B}. \tag{4}$$

Dann geht das System (1) über in

$$\left.\begin{aligned} \ddot{\varphi} + \alpha^2\varphi + \varkappa_1\dot{\chi} &= p(t), \\ \ddot{\chi} + m\dot{\chi} + \beta^2\chi - \varkappa_2\dot{\varphi} &= 0, \end{aligned}\right\} \tag{5}$$

und offenbar sind α und β die Frequenzen der Rollschwingungen des Schiffes und des ungebremsten Kreiselrahmens bei nicht laufendem Kreisel.

Weiter machen wir die (alle weiteren Formeln ebenfalls stark vereinfachende) Annahme

$$\alpha^2 = \beta^2. \tag{6}$$

[1] Eine andere Art der Bremsung hat *O. Föppl*, Ing.-Arch. 6 (1935), S. 313, untersucht, wobei auch der Fall des nicht bloß schwingenden, sondern mit der Frequenz der Schiffsschwingungen ganz umlaufenden Kreiselrahmens erörtert wird.

Tatsächlich sucht man sie bei den bisher gebauten Schiffskreiseln möglichst zu erfüllen, weil dann eine Resonanz zwischen der Wellenfrequenz und der Rollfrequenz des Schiffes zugleich auch eine Resonanz mit dem Kreiselrahmen wird und dann wohl vom Kreisel besonders gut bekämpft werden kann. Allerdings führen gewisse Überlegungen[1] zu dem Ergebnis, daß es günstig ist, β^2 so klein zu wählen, wie es die unvermeidliche Zapfenreibung des Kreiselrahmens überhaupt erlaubt, ohne die völlige Stabilität des Kreiselrahmens zu gefährden; indessen kommt man dabei kaum unter den Wert α^2, so daß die Annahme (6) immer noch beibehalten werden kann.

Wir wenden uns zuerst zu der Frage, wie der Schiffskreisel die Eigenschwingungen des Schiffes beeinflußt, gehen also mit den Ansätzen

$$\varphi = a e^{\sigma t}, \qquad \chi = b e^{\sigma t} \tag{7}$$

in die Bewegungsgleichungen (5) ein und setzen $p = 0$. In bekannter Weise kommt so die Bestimmungsgleichung für σ mit Rücksicht auf (6) und (3)

$$(\sigma^2 + \alpha^2)(\sigma^2 + m\sigma + \alpha^2) + \varkappa^2 \sigma^2 = 0. \tag{8}$$

Wir nehmen an, daß es sehr günstig für das Schiff und seine Insassen ist, wenn die Eigenschwingung φ des Schiffes aperiodisch abgedämpft wird. Dazu ist nach (7) nötig, daß alle σ reell negativ bleiben. Wir hätten dann vier derartige Wurzeln σ von (8), demgemäß vier übereinander zu lagernde Bewegungsanteile von aperiodischem Gepräge, und die Dämpfung der Gesamtbewegung würde sich dabei im allgemeinen nach dem am schwächsten gedämpften der vier Anteile richten. Infolgedessen dürfen wir es für vorteilhaft halten, dafür zu sorgen, daß alle vier Wurzeln σ gleich stark negativ reell werden. Dies tritt ein, wenn

$$\varkappa = \frac{D_e}{\sqrt{AB}} = 2\alpha, \qquad m = \frac{M}{B} = 4\alpha \tag{9}$$

gewählt wird. In der Tat geht dann (8) über in

$$(\sigma + \alpha)^4 = 0$$

mit den vier gleichen negativ reellen Wurzeln

$$\sigma_{1,2,3,4} = -\alpha. \tag{10}$$

Allerdings lautet nun die allgemeine Lösung, wie wir als bekannt voraussetzen dürfen,

$$\left.\begin{aligned} \varphi &= (a_0 + a_1 t + a_2 t^2 + a_3 t^3) e^{-\alpha t}, \\ \chi &= (b_0 + b_1 t + b_2 t^2 + b_3 t^3) e^{-\alpha t}; \end{aligned}\right\} \tag{11}$$

[1] Vgl. *E. Hahnkamm*, a. a. O. S. 175.

aber der Faktor $e^{-\alpha t}$ nimmt mit der Zeit stärker ab, als die Klammerfaktoren zunehmen können. Schreiben wir beispielsweise vor, etwa einem stoßartig erzeugten Ausschlag φ_0 des Schiffes entsprechend, daß

$$\varphi = \varphi_0, \quad \dot{\varphi} = 0, \quad \chi = 0, \quad \dot{\chi} = 0 \qquad \text{für } t = 0 \tag{12}$$

sei, so ist, wie man aus (5) schließt,

$$\ddot{\varphi} = -\alpha^2 \varphi_0, \quad \dddot{\varphi} = 0, \quad \ddot{\chi} = 0, \quad \dddot{\chi} = -\varkappa_2 \alpha^2 \varphi_0 \qquad \text{für } t = 0,$$

und daraus findet man nach kurzer Rechnung

$$\left.\begin{aligned} \varphi &= \varphi_0\left(1 + \alpha t - \tfrac{1}{3}\alpha^3 t^3\right) e^{-\alpha t}, \\ \chi &= -\tfrac{1}{6}\varkappa_2 \varphi_0 \alpha^2 t^3 e^{-\alpha t}. \end{aligned}\right\} \tag{13}$$

Dies gibt Abklingungskurven gemäß Abb. 129, und diese wird man als günstig ansehen dürfen. Allerdings zeigt eine zahlenmäßige Abschätzung, daß der Ausschlag χ des Kreiselrahmens für nicht sehr kleine Stoßausschläge φ_0 des Schiffes recht erhebliche Werte annimmt, so daß dann die Voraussetzungen unserer Rechnung keineswegs mehr erfüllt sind.

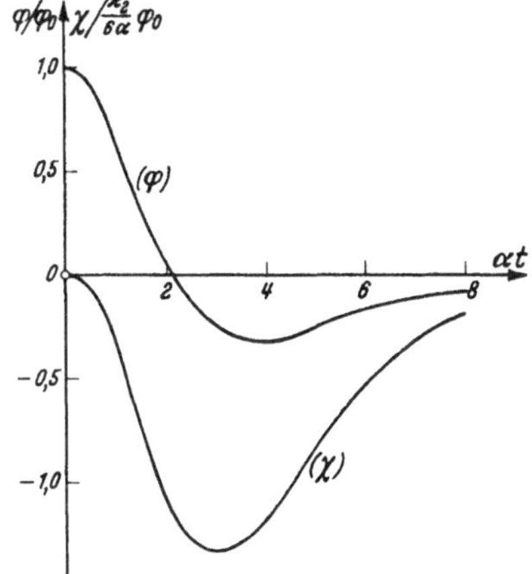

Abb. 129. Abklingungskurve für die Bedingungen (9).

Der Wert $\varkappa = 2\alpha$ von (9) kann bei sorgfältiger Bauart des Schiffskreisels und gutem Antrieb recht wohl erreicht und zumeist sogar überschritten werden; und da man $\varkappa$ wegen der Verhinderung der erzwungenen Schwingungen (die wir nachher untersuchen) möglichst groß haben will, so möchten wir wissen, welchen Wert der Bremszahl m wir diesem gesteigerten Wert von $\varkappa$ zuordnen sollen.

Hierzu verlangen wir, daß erstens die Wurzeln σ von (8) nach wie vor reell negativ bleiben, und daß sie zweitens, nachdem sie nun allerdings nicht mehr alle vier gleich sein können, doch wenigstens paarweise zusammenfallen. Eine ähnliche Untersuchung wie vorhin zeigt, daß dies dann wieder ein besonders schnelles Abklingen verbürgt. Beides trifft ein unter der Bedingung

$$m = 2\varkappa, \tag{14}$$

die als Sonderfall schon in (9) enthalten ist und gemäß (3) und (4) ausführlich

$$M = 2 D_e \sqrt{\frac{B}{A}} \tag{15}$$

lautet. In der Tat geht (8) mit (14) über in

$$(\sigma^2+\varkappa\sigma+\alpha^2)^2=0 \tag{16}$$

mit den paarweise gleichen Wurzeln

$$\left.\begin{aligned}\sigma_{1,2}&=-\frac{\varkappa}{2}\left(1-\sqrt{1-\frac{4\alpha^2}{\varkappa^2}}\right),\\ \sigma_{3,4}&=-\frac{\varkappa}{2}\left(1+\sqrt{1-\frac{4\alpha^2}{\varkappa^2}}\right).\end{aligned}\right\} \tag{17}$$

Diese sind nur so lange reell (und dann negativ), als

$$\varkappa\geqq 2\alpha \tag{18}$$

bleibt. Je höher freilich $\varkappa$ über seinen Wert 2α von (9) hinaussteigt, um so mehr sinkt der absolute Betrag des absolut genommen kleineren Wurzelpaares $\sigma_{1,2}$ unter seinen besten Wert, nämlich α (10).

Es ist jetzt vollends leicht einzusehen, daß die Vorschrift (14) für m unter der Bedingung (18) auch zugleich im allgemeinen den günstigsten Wert von m ergibt. Ersetzen wir sie nämlich durch

$$m=2\varkappa+x,$$

unter x einen sehr kleinen positiven oder negativen Bruch verstanden, so kommt statt (16)

$$(\sigma^2+\sigma\varkappa+\alpha^2)^2+x\sigma(\sigma^2+\alpha^2)=0. \tag{19}$$

Ist hier $x<0$, so kann σ nicht mehr negativ reell sein, weil sonst die linke Seite aus zwei positiven Gliedern bestünde, deren Summe niemals verschwindet; die Bewegung wäre also nicht mehr aperiodisch gedämpft. Ist jedoch $x>0$, so bleibt allerdings σ zunächst immer noch reell negativ; das zweite Glied stellt also eine negative Zahl $-\varepsilon^2$ dar, die so nahe bei Null liegt, wie wir nur wollen, und die Gleichung zerspaltet sich in

$$(\sigma^2+\sigma\varkappa+\alpha^2-\varepsilon)(\sigma^2+\sigma\varkappa+\alpha^2+\varepsilon)=0,$$

wobei wir ε als positiv ansehen dürfen. Die Wurzeln sind jetzt

$$\sigma'_{1,2,3,4}=-\frac{\varkappa}{2}\left(1\mp\sqrt{1-\frac{4(\alpha^2\mp\varepsilon)}{\varkappa^2}}\right)$$

und liegen also je ein wenig über und ein wenig unter den Wurzelwerten (17); jene Wurzeln werden durch einen kleinen positiven Bruch x mithin reell zerspalten: mit ihrem Absolutwert rücken je zwei etwas höher, je zwei aber ein wenig tiefer und verringern so die Dämpfung. (Doch wollen wir es dahingestellt sein lassen, ob dies unter allen Umständen ungünstig sein muß.)

Nunmehr wenden wir uns den vom Seegang erzwungenen Rollschwingungen des Schiffes zu, deren Entstehen der Kreisel womöglich von vornherein verhindern soll. Das Rollmoment, das die periodisch anlaufenden Wellen auf den Schiffskörper ausüben, wird jedenfalls in den Fällen, die das Schiff anregen, eine nahezu periodische Funktion der Zeit sein, und somit können wir, indem wir einen seiner periodischen Anteile herausgreifen, etwa die Grundschwingung des Seeganges, ansetzen

$$p(t) = p_1 \sin\gamma t, \tag{20}$$

wobei p_1 und γ den Höchstwert und die Frequenz des (reduzierten) Rollmomentes p bedeuten. In der Regel überwiegt ein einziges Glied von dieser Form alle anderen erheblich, so daß schon (20) allein die Wirkung des Seeganges befriedigend wiedergibt.

Für die durch den Zwang (20) geweckten Schwingungen des Schiffes und des Kreiselrahmens versuchen wir mit je einer Phasenverschiebung ϱ_1 und ϱ_2 die Ansätze

$$\left.\begin{aligned} \varphi &= \varphi_1 \sin(\gamma t + \varrho_1), \\ \chi &= \chi_1 \sin(\gamma t + \varrho_2), \end{aligned}\right\} \tag{21}$$

unter φ_1 und χ_1 die Amplituden verstanden, die zu berechnen natürlich unsere wichtigste Aufgabe ist.

Setzen wir vorübergehend

$$\begin{aligned} \varphi_1 \cos\varrho_1 &= a, \qquad & \varphi_1 \sin\varrho_1 &= b, \\ \chi_1 \cos\varrho_2 &= a', \qquad & \chi_1 \sin\varrho_2 &= b', \end{aligned}$$

so werden die Amplituden

$$\varphi_1 = \sqrt{a^2 + b^2}, \qquad \chi_1 = \sqrt{a'^2 + b'^2}, \tag{22}$$

und (21) ist dann gleichbedeutend mit

$$\left.\begin{aligned} \varphi &= a \sin\gamma t + b \cos\gamma t, \\ \chi &= a' \sin\gamma t + b' \cos\gamma t. \end{aligned}\right\} \tag{23}$$

Wir führen dies zusammen mit (20) in die Bewegungsgleichungen (5) (Seite 251) mit (6) ein und erhalten so zwei Gleichungen, welche, wenn unser Ansatz (21) oder (23) richtig sein soll, identisch gelten müssen für jede Zeit t. Dies ist der Fall, wenn rechts und links je die Koeffizienten von $\sin\gamma t$ und von $\cos\gamma t$ übereinstimmen; und daraus fließen die vier Gleichungen

$$\left.\begin{aligned} (\alpha^2 - \gamma^2) a - \varkappa_1 \gamma b' &= p_1, \\ (\alpha^2 - \gamma^2) b + \varkappa_1 \gamma a' &= 0, \end{aligned}\right\} \tag{24}$$

$$\left.\begin{aligned} (\alpha^2 - \gamma^2) a' - m\gamma b' + \varkappa_2 \gamma b &= 0, \\ (\alpha^2 - \gamma^2) b' + m\gamma a' - \varkappa_2 \gamma a &= 0. \end{aligned}\right\} \tag{25}$$

Aus (24) berechnet man

$$a' = -\frac{\alpha^2 - \gamma^2}{\varkappa_1 \gamma} b, \qquad b' = -\frac{p_1}{\varkappa_1 \gamma} + \frac{\alpha^2 - \gamma^2}{\varkappa_1 \gamma} a \tag{26}$$

und setzt dies in (25) ein, wobei man noch beachtet, daß nach (3) $\varkappa^2 = \varkappa_1 \varkappa_2$ ist:

$$\left.\begin{aligned} m\gamma(\alpha^2-\gamma^2)a + [(\alpha^2-\gamma^2)^2 - \varkappa^2\gamma^2]\,b &= m\gamma p_1, \\ [(\alpha^2-\gamma^2)^2 - \varkappa^2\gamma^2]\,a - m\gamma(\alpha^2-\gamma^2)\,b &= (\alpha^2-\gamma^2)p_1. \end{aligned}\right\} \tag{27}$$

Quadriert und addiert man diese beiden Gleichungen (wobei sich linker Hand die beiden doppelten Produkte gegenseitig aufheben), so kommt mit (22) das Quadrat der Amplitude φ_1:

$$\varphi_1^2 = \frac{(\alpha^2-\gamma^2)^2 + m^2\gamma^2}{[(\alpha^2-\gamma^2)^2 - \varkappa^2\gamma^2]^2 + m^2\gamma^2(\alpha^2-\gamma^2)^2}\, p_1^2. \tag{28}$$

Ferner folgt aus (25)

$$[(\alpha^2-\gamma^2)^2 + m^2\gamma^2]\,a' = \varkappa_2\gamma\,[m\gamma a - (\alpha^2-\gamma^2)b],$$
$$[(\alpha^2-\gamma^2)^2 + m^2\gamma^2]\,b' = \varkappa_2\gamma\,[(\alpha^2-\gamma^2)a + m\gamma b]$$

und somit durch Quadrieren und Addieren und wegen (22) das Quadrat der Amplitude χ_1:

$$\chi_1^2 = \frac{\varkappa_2^2\gamma^2}{(\alpha^2-\gamma^2)^2 + m^2\gamma^2}\,\varphi_1^2, \tag{29}$$

wofür man mit dem Wert φ_1^2 (28) auch schreiben kann:

$$\chi_1^2 = \frac{\varkappa_2^2\gamma^2}{[(\alpha^2-\gamma^2)^2 - \varkappa^2\gamma^2]^2 + m^2\gamma^2(\alpha^2-\gamma^2)^2}\, p_1^2. \tag{30}$$

Damit sind die für uns allein wichtigen Amplituden der vom Seegang erzwungenen Schwingungen des Schiffes und des Kreiselrahmens berechnet. Die Phasenverschiebungen ϱ_1 und ϱ_2 dieser Schwingungen gegen den Seegang (20) sind für uns belanglos.

Man möchte aus (28) und (30) zunächst den verlockenden Schluß ziehen, daß eine ohne Kreisel etwa vorhandene Resonanz $\alpha^2 = \gamma^2$ zwischen Rollschwingung des Schiffes und Seegang mit Kreisel vollkommen wegfällt, wenn man dann $m = 0$ macht, also die Bremsung ausschaltet; denn damit wird wegen (3) und mit $P_1 = Ap_1$

$$\varphi_1 = 0, \qquad \chi_1 = \frac{p_1}{\varkappa_1\gamma} = \frac{P_1}{D_e\gamma}. \tag{31}$$

Aber leider ist dieser an sich richtige Schluß wertlos. Mit $m = 0$ gibt es nämlich bei laufendem Kreisel statt der allerdings verschwundenen einen Resonanzstelle $\alpha^2 = \gamma^2$ nun deren zwei, nämlich die Nullstellen der Nenner in (28) und (30), also der Gleichung

$$(\alpha^2-\gamma^2)^2 - \varkappa^2\gamma^2 = 0;$$

diese Resonanzstellen sind

$$\gamma_{1,2}^2 = \alpha^2 + \frac{\varkappa^2}{2} \mp \varkappa\sqrt{\alpha^2 + \frac{\varkappa^2}{4}}. \tag{32}$$

Schaltet man die Bremse aus, so geraten Schiff und Kreiselrahmen bei diesen Wellenfrequenzen in Resonanz mit dem Seegang; und da eine solche Resonanz stets zu befürchten ist, darf die Bremse nicht ausfallen. Wenn man (32) auch noch in der Form schreibt

$$\gamma_{1,2}^2 = \alpha^2 + \frac{\varkappa^2}{2} \mp \sqrt{\left(\alpha^2 + \frac{\varkappa^2}{2}\right)^2 - \alpha^4},$$

so überzeugt man sich leicht davon, daß γ_1 und γ_2 beide reell sind, und daß

$$\gamma_1 < \alpha < \gamma_2 \tag{33}$$

ist, daß also in der Tat beide Resonanzstellen vorkommen können.

Um günstige Werte der Bremszahl m zu finden, kann man verschiedene Wege einschlagen. Man kann erstens einfach den für die Eigenschwingungen des Schiffes als günstig gefundenen Wert (14) zugrunde legen und erhält dann aus (28) und (30) die Amplituden

$$\left.\begin{aligned} \varphi_1 &= \frac{\sqrt{(\alpha^2-\gamma^2)^2 + 4\varkappa^2\gamma^2}}{(\alpha^2-\gamma^2)^2 + \varkappa^2\gamma^2}\, p_1, \\ \chi_1 &= \frac{\varkappa_2 \gamma}{(\alpha^2-\gamma^2)^2 + \varkappa^2\gamma^2}\, p_1. \end{aligned}\right\} \tag{34}$$

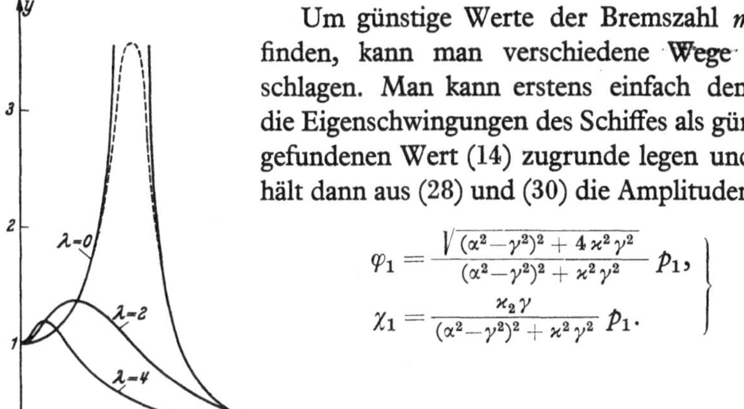

Abb. 130. Schiffsamplitude für $m = 2\varkappa$.

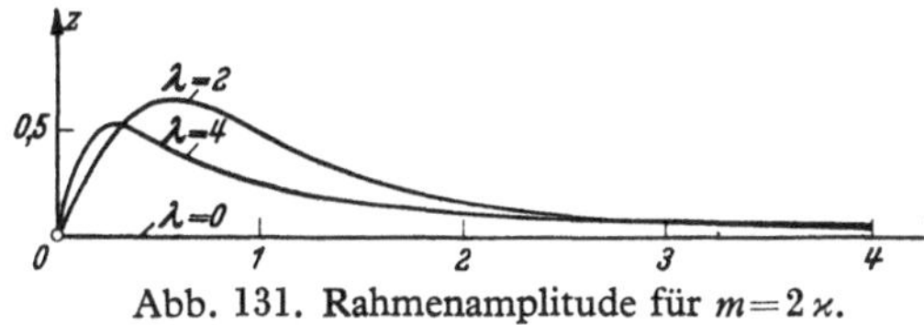

Abb. 131. Rahmenamplitude für $m = 2\varkappa$.

Man gewinnt am raschesten einen Überblick, wenn man φ_1 und χ_1 über der Abszisse γ aufträgt oder noch besser die dimensionslosen Koordinaten

$$x = \frac{\gamma}{\alpha}, \quad y = \alpha^2 \frac{\varphi_1}{p_1}, \quad z = \alpha^2 \frac{\varkappa}{\varkappa_2} \frac{\chi_1}{p_1} = \alpha^2 \sqrt{\frac{B}{A}} \frac{\chi_1}{p_1} \tag{35}$$

und den dimensionslosen Parameter

$$\lambda = \frac{\varkappa}{\alpha} \tag{36}$$

benützt, also die Kurven

$$\left.\begin{aligned} y &= \frac{\sqrt{(1-x^2)^2 + 4\lambda^2 x^2}}{(1-x^2)^2 + \lambda^2 x^2}, \\ z &= \frac{\lambda x}{(1-x^2)^2 + \lambda^2 x^2} \end{aligned}\right\} \tag{37}$$

aufzeichnet. Dies ist in Abb. 130 und 131 für drei Parameter λ geschehen, nämlich für den stillstehenden Kreisel ($\lambda = 0$), für den unteren Grenzwert $\lambda = 2$ [vgl. (18)] und für den technisch in der Regel noch erreichbaren hohen Wert $\lambda = 4$.

Hierbei entspricht der Abszisse $x=1$ die Resonanz der Schiffspendelung mit dem Seegang. Ohne Kreisel steigt dort die Amplitude φ_1 zu hohen Beträgen an, die allerdings nicht, wie in unserer Kurve, unbegrenzt groß sind, sondern infolge der doch vorhandenen natürlichen Dämpfung (L) etwa den gestrichelt angedeuteten Verlauf haben werden. Und nun sieht man ganz klar, daß der Kreisel zwar bei den an sich ungefährlichen Wellen mit sehr kleiner oder mit sehr großer Frequenz γ ohne Vorteil ist, ja sogar mitunter leicht schädlich sein kann, daß er aber mit dem Bremswert $m=2\varkappa$ gerade im gefährlichen Gebiet der Resonanz zwischen Schiffspendelung und Seegang seine günstige Wirkung voll entfaltet.

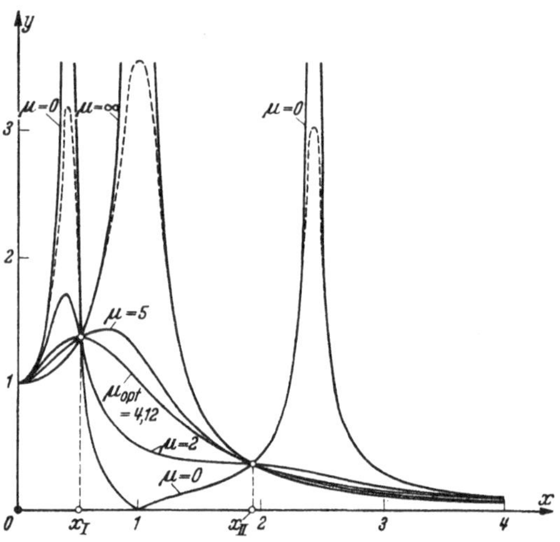

Abb. 132. Schiffsamplitude für $\lambda=2$.

Man erkennt außerdem, daß sowohl der Ausschlag des Schiffes (y) wie auch der des Kreiselrahmens (z) im großen ganzen umso kleiner bleiben, je größer die Drehimpulszahl λ ist.

Man kann nun aber zweitens den günstigsten Wert der Bremszahl m dadurch zu ermitteln suchen, daß man von vornherein auf die vom Seegang erzwungenen Schwingungen des Schiffes achtet, also an die Formeln (28) und (30) für die Amplituden φ_1 und χ_1 anknüpft. Man bringt diese mit den Abkürzungen (35) und (36) und mit

$$\mu=\frac{m}{\alpha} \tag{38}$$

auf die Form

$$\left.\begin{aligned} y^2 &= \frac{(1-x^2)^2+\mu^2 x^2}{[(1-x^2)^2-\lambda^2 x^2]^2+\mu^2 x^2 (1-x^2)^2}, \\ z^2 &= \frac{\lambda^2 x^2}{[(1-x^2)^2-\lambda^2 x^2]^2+\mu^2 x^2 (1-x^2)^2} \end{aligned}\right\} \tag{39}$$

und wird dann zweckmäßigerweise wieder Kurvenscharen aufzeichnen, und zwar bei festgewähltem, hinreichend hohem Kreiselwert λ Kurven mit dem Parameter μ der Bremszahl.

Derartige Kurven sind in Abb. 132 und 133 entworfen für den Kreiselwert $\lambda=2$ und verschiedene Parameter μ, nämlich $\mu=0$ (ungebremster Kreisel), $\mu=2$, $\mu_{\text{opt}}=4{,}12$ (siehe nachher), $\mu=5$ und $\mu=\infty$ (festgebremster Kreisel). Für $\mu=0$ erhält man gerade die Resonanzstellen (32), für $\mu=\infty$ die Resonanzstelle γ des Schiffes ohne Kreisel. (Die wirklichen Kurven sind dort wieder gestrichelt angedeutet.) Alle Kurven $y(x)$ gehen durch gewisse Festpunkte, und diese erhält man folgendermaßen. Die Größe y^2 (39) ist von der Form

$$y^2 = \frac{c_1(x) + c_2(x)\,\mu^2}{c_3(x) + c_4(x)\,\mu^2}.$$

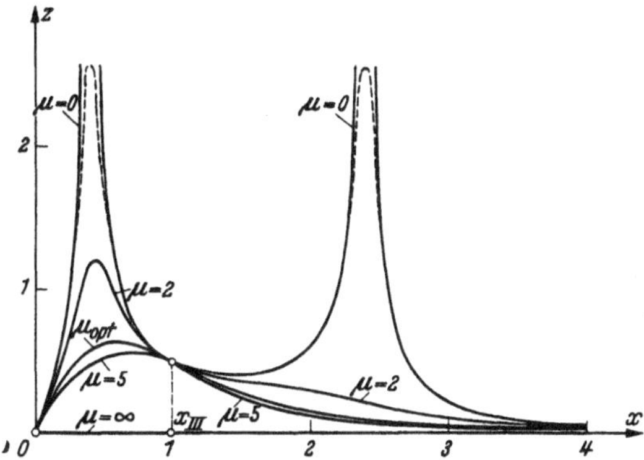

Abb. 133. Rahmenamplitude für $\lambda=2$.

Soll dies von μ^2 unabhängig sein, so muß identisch in μ^2 gelten

$$y^2 c_3 + y^2 c_4 \mu^2 \equiv c_1 + c_2 \mu^2,$$

also

$$c_1 = y^2 c_3, \qquad c_2 = y^2 c_4 \tag{40}$$

sein, woraus durch Elimination von y^2 folgt

$$c_1 c_4 - c_2 c_3 = 0 \tag{41}$$

oder mit den Werten der c_i

$$x^4\left[x^4 - \left(2 + \frac{\lambda^2}{2}\right) x^2 + 1\right] = 0.$$

Dies gibt erstens den Festpunkt $x=0$ und zweitens die beiden Festpunkte

$$x^2_{I,II} = 1 + \frac{\lambda^2}{4} \mp \frac{\lambda}{2}\sqrt{2 + \frac{\lambda^2}{4}} \tag{42}$$

und dazu nach (40)

$$y^2_{I,II} = \frac{c_2}{c_4} = \frac{1}{(1 - x^2_{I,II})^2}. \tag{43}$$

Man darf nun wohl diejenige Kurve als besonders günstig ansehen, die nach oben nicht über den Festpunkt (x_I, y_I) hinausgeht, sondern dort eine waagerechte Tangente hat. Ihren Parameter μ erhält man, indem man $dy/dx=0$ an der Stelle $x=x_I$ bildet und diese Gleichung nach μ auflöst; so kommt in unserem Falle $\mu=4{,}12$. Vergleicht man diese Kurve mit der Kurve $\lambda=2$ (also $\mu=4$) in Abb. 130, so sieht man, daß der Unterschied zwischen den beiden Kurven nicht erheblich ist. Beide μ-Werte sind als durchaus günstig anzusehen.

Die Festpunkte der Kurven $z(x)$ sind $x=0$ und $x_{III}=1$ mit $z_{III}=1/\lambda$, und man erkennt aus Abb. 133, daß auch für den Kreiselrahmen die Kurve mit dem Parameter $\mu=4{,}12$ recht günstig ist.

Allerdings darf man nicht vergessen, daß man genaue Zahlenwerte der Bremsziffer μ von diesen Rechnungen nicht erwarten kann; sie geben, wie wir schon festgestellt haben, höchstens Größenordnungen und allgemeine Überblicke.

Wir führen noch einige Zahlen an, die diese Größenordnungen veranschaulichen sollen. Nach Angaben von *Schlick* betrug für den Seebäderdampfer „Silvana", eines der ersten mit Schiffskreisel ausgestatteten Schiffe, das Schiffsgewicht 900000 kg, die Metazenterhöhe 0,4 m und die Rollschwingungsdauer 8,6 sek. Dies gibt $H=360000$ mkg, $\alpha=0{,}73$ sek^{-1}, $A=H/\alpha^2=680000$ mkgsek^2. Der Kreiselkörper hatte bei einem Gewicht von 4200 kg eine axiale Drehmasse von 160 mkgsek^2 und machte 20 Uml/sek, hatte also einen Eigendrehimpuls $D_e=20000$ mkgsek. Die Drehmasse des Kreiselrahmens samt Kreisel war $B=150$ mkgsek^2, so daß man hier $\varkappa=D_e/\sqrt{AB}=2$ sek^{-1} hat, ein verhältnismäßig kleiner Wert, der bei späteren Anlagen noch etwas vergrößert werden konnte (bis auf etwa 4 sek^{-1}). Damit wird $\lambda=\varkappa/\alpha=2{,}75$. Wählt man also entsprechend der Vorschrift (14) $m=2\,\varkappa=4$ sek^{-1} oder $\mu=2\lambda=5{,}5$, so folgt $M=4B=600$ mkgsek. Soll der Kreiselausschlag höchstens $\chi_1=45°$ betragen, so gibt dies bei der Frequenz α eine größte Drehgeschwindigkeit $\dot{\chi}=\alpha\chi_1=0{,}57$ sek^{-1} und mithin ein größtes Bremsmoment $M\dot{\chi}=345$ mkg am Kreiselrahmen. Das größte Kreiselmoment ist dann $D_e\dot{\chi}=11400$ mkg. Dieser Wert hat sich bei stärkerem Seegang als zu klein herausgestellt. Außerdem vermochte die Bremse das erforderliche Bremsmoment von 345 mkg nicht ganz zu bewältigen, so daß bei diesem Schiff kein voller Erfolg erzielt wurde.

Spätere Ausführungen des Schiffskreisels, z. B. auf dem Küstendampfer „Hela", erwiesen sich bei höheren Drehzahlen und mit stärkerer Bremse als erfolgreicher; doch zeigte sich dabei, daß der innere Verband des Schiffes das Kreiselmoment im schweren Seegang nicht gefahrlos aushalten konnte, und so wurde es bei Schiffen, die nicht eigens für den Schiffskreisel gebaut waren, häufig nötig, den Kreisel gerade bei heftigem Wellenschlag (wo er doch besonders erwünscht gewesen wäre) stillzulegen. Indessen kann diese Schwierigkeit ohne Zweifel überwunden werden, ob freilich in lohnender Weise – gegenüber anderen Vorrichtungen zur Bekämpfung des Rollens und Schlingerns (Schlingerkiele, Schlingertank) –, scheint noch nicht sicher erwiesen zu sein.

Daß der Schiffskreisel mit lotrechter Figurenachse über die Bremse auch auf die Stampfbewegungen des Schiffes anspricht, haben wir schon erwähnt. Eine zahlenmäßige Abschätzung ergibt aber, und die Wirklichkeit hat dies bestätigt, daß dadurch keine merklichen Rollschwingungen angeregt werden, offenbar weil die Drehgeschwindigkeiten solcher Stampfbewegungen verhältnismäßig klein bleiben. Ebenso ist auch die Rückwirkung der Bremse auf die Stampfschwingung unbedeutend. Viel bedenklicher ist der Einwand[1], daß, so oft die Figurenachse nicht genau lotrecht steht, sondern um einen Winkel χ gegen die Lotachse des Schiffes ausgelenkt ist, die Drehungen $\dot{\psi}$ des Schiffes um die Lotachse (Gieren und Wenden) den Kreisel beeinflussen müssen. Sie rufen ein Kreiselmoment $K=D_e\dot{\psi}\sin\chi$ hervor, und zwar um die Zapfenachse des Rahmens. Ist $\dot{\psi}$ gleichsinnig mit der Eigendrehgeschwindigkeit ω_e des Kreisels, so wirkt K im gleichen Sinne wie das Schweremoment $J\chi$, das wir jetzt genauer zu $J\sin\chi$ anzusetzen haben, und ist somit ungefährlich. Hat aber $\dot{\psi}$ den entgegengesetzten Sinn, so wirkt K dem Schweremoment $J\sin\chi$ entgegen; und wenn $D_e\dot{\psi} > J$ ist, was recht wohl vorkommen kann, so muß bei länger dauerndem Wenden $\dot{\psi}$ der Rahmen sich unfehlbar bis in die Waagerechte begeben (womit der Schiffskreisel unwirksam wird) oder gar sich überschlagen. Periodische Bewegungen $\dot{\psi}$ (Gieren) andererseits können offenbar von sich aus über den Kreisel schädliche Rollschwingungen erzeugen. Man hat Schiffsmodelle auf diese Weise sogar zum Kentnern bringen können.

Dieser Gefahr müßte man dadurch begegnen, daß man zwei gegenläufige Kreisel einbaut, deren Rahmen durch ein Paar von Zahnsektoren so miteinander gekoppelt sind, daß sie jeweils nur entgegengesetzt gleiche Ausschläge χ machen können. Man überlegt leicht, daß dann jene Einflüsse der Drehungen $\dot{\psi}$ sich nach außen hin genau auf-

---

[1] *M. Schuler*, Z. VDI. 68 (1924), S. 1224.

heben, ohne daß die Wirksamkeit der Kreisel beim Bekämpfen der Rollbewegungen $\dot{\varphi}$ beeinträchtigt würde.

Was am *Schlick*schen Schiffskreisel noch nicht befriedigt, ist indessen vor allem der Umstand, daß die Bremse ihrem Wesen nach immer nur starr schematisch arbeitet, sozusagen ohne Überlegung und ohne sich an den fortwährend wechselnden Zwang des Seeganges auf das Schiff anzuschmiegen. Es erhebt sich also die Frage, ob es nicht zweckmäßig wäre, die Bremsung zu ersetzen durch eine den Kreiselrahmen steuernde Hilfsmaschine. Dieser Frage wenden wir uns jetzt zum Schlusse zu.

3. Der gesteuerte Schiffskreisel. Man hat zunächst vorgeschlagen, die Bremse von Hand zu bedienen, der Bedienende müßte dabei allerdings ein sehr feines Einfühlungsvermögen für die Wirkung des Seeganges auf das Schiff besitzen. Tatsächlich ist dieser Vorschlag wohl nie wirklich ausgeführt worden.

Ein anderer Vorschlag geht dahin, daß man an der Schiffswand tastende Membranen anbringen solle, die durch einen Summationsmechanismus das jeweilige Rollmoment $P(t)$ des Seeganges auf das Schiff ermitteln. Man kann dann dessen Wirkung dadurch aufheben, daß man den Kreiselrahmen mit einem geeigneten Moment $Q(t)$ steuert.

Aus den Gleichungen (1) von Ziff. 1 (Seite 250) wird nämlich jetzt, da nun das Bremsmoment $M\dot{\chi}$ wegfällt und für ein Übergewicht kein Grund mehr vorliegt, also neben $L=0$ auch $J=0$ genommen werden kann,

$$\left.\begin{aligned} A\ddot{\varphi} + H\varphi + D_e\dot{\chi} &= P(t), \\ B\ddot{\chi} \qquad\quad - D_e\dot{\varphi} &= Q(t). \end{aligned}\right\} \tag{44}$$

Damit diese gekoppelten Gleichungen die Lösung $\varphi \equiv 0$ zulassen, das Schiff also trotz dem Zwang $P(t)$ keine erzwungene Schwingung ausführt, muß offenbar gleichzeitig

$$D_e\dot{\chi} = P(t), \qquad B\ddot{\chi} = Q(t) \tag{45}$$

sein. Dies ist der Fall, wenn

$$Q(t) \equiv \frac{B}{D_e}\frac{dP}{dt} \tag{46}$$

gewählt wird, d. h. in der Tat, wenn der Kreiselrahmen nach Maßgabe der zeitlichen Änderung des Momentes $P(t)$ des Seeganges geeignet gesteuert wird. Der dabei auftretende Ausschlag des Kreiselrahmens folgt aus der ersten Gleichung (45) zu

$$\chi = \frac{1}{D_e}\int P(t)\,dt + \text{konst.} \tag{47}$$

Sowohl die Amplitude des Steuermomentes Q (46) wie diejenige χ (47) des Kreiselrahmens können durch Wahl eines hinreichend großen Eigendrehimpulses D_e niedrig gehalten werden.

Ein derartig gesteuerter Kreisel würde die vom Seegang angeregten Rollschwingungen des Schiffes in vollkommener Weise verhindern; aber leider scheinen die konstruktiven Schwierigkeiten, die sich dem wirklichen Bau einer solchen Steuerung entgegenstellen, außerordentlich groß und vorläufig kaum überwindbar.

Daher hat *Sperry* eine andere Steuerung des Schiffskreisels ersonnen und auch ausgeführt. Der Kreisel mit ebenfalls im Ruhezustand lotrechter Figurenachse ist dabei astatisch gelagert, und statt einer Bremse an der waagerechten, auch hier querschiffs liegenden Achse seines Rahmens greift dort das Drehmoment M eines Hilfsmotors an, welcher selbst durch einen kleinen Hilfskreisel gesteuert wird. Die Figurenachse des Hilfskreisels liegt querschiffs in einem Rahmen, der einen kleinen Ausschlag um eine lotrechte Achse machen kann und dabei elektrische Kontakte betätigt, welche den Strom des Hilfsmotors so regeln, daß dieser Strom etwa proportional zu jedem Kreiselmoment ist, das infolge einer Rollbewegung $\dot{\varphi}$ des Schiffes im Hilfskreisel geweckt wird. Der Hilfsmotor übt daher auf den Hauptkreisel ein Drehmoment nach dem Gesetz

$$M = N\dot{\varphi} \tag{48}$$

aus, da ja jenes Kreiselmoment selbst schon zu $\dot{\varphi}$ proportional ist.

Man erkennt schon ohne Rechnung, wie diese ganze Vorrichtung wirkt. Beginnt das Schiff eine Rollbewegung $\dot{\varphi}$ etwa nach rechts (Steuerbord), so bewegt der Hilfsmotor den Hauptkreisel in der Anordnung von Abb. 128 (Seite 249) mit einem Moment M im Sinne positiver Drehungen $\dot{\chi}$. Dadurch wird im Hauptkreisel ein Kreiselmoment hervorgerufen, das seine Figurenachse im Sinne negativer $\dot{\varphi}$ zu bewegen sucht und also der Rollbewegung des Schiffes gerade entgegenarbeitet.

Die Theorie bestätigt dieses Ergebnis. Man hat nun die Gleichungen (1) (Seite 250) mit (48) in der Form

$$\left.\begin{aligned} A\ddot{\varphi} + H\varphi + D_e\dot{\chi} &= P(t), \\ B\ddot{\chi} - D_e\dot{\varphi} - N\dot{\varphi} &= 0 \end{aligned}\right\} \tag{49}$$

anzusetzen, indem man zuvor L, M und J dort wegstreicht, also der Einfachheit halber von der natürlichen Rolldämpfung des Schiffes absieht und die Bremse ($M\dot{\chi}$) sowie das nun überflüssige Übergewicht

$(J\chi)$ am Kreiselrahmen fortläßt. Benützt man wieder die Abkürzungen (2) und (3) (Seite 251) sowie die weitere Abkürzung

$$\nu^2 = \frac{\varkappa_1 N}{B} = \frac{D_e N}{AB}, \tag{50}$$

so hat man statt (49)

$$\ddot{\varphi} + \alpha^2\varphi + \varkappa_1\dot{\chi} = p(t), \tag{51}$$

$$\ddot{\chi} = \left(\varkappa_2 + \frac{\nu^2}{\varkappa_1}\right)\dot{\varphi} \equiv \frac{\varkappa^2 + \nu^2}{\varkappa_1}\dot{\varphi}. \tag{52}$$

Schreibt man vor, daß zu Beginn $(t=0)$ $\varphi=0$ und $\dot{\chi}=0$ sein soll, so folgt aus (52)

$$\dot{\chi} = \frac{\varkappa^2 + \nu^2}{\varkappa_1}\varphi, \tag{53}$$

und damit gibt (51)

$$\ddot{\varphi} + \alpha^{*2}\varphi = p(t) \tag{54}$$

mit

$$\alpha^{*2} = \alpha^2 + \varkappa^2 + \nu^2. \tag{55}$$

Das den Anfangsbedingungen $\varphi=0$, $\dot{\varphi}=0$ für $t=0$ angepaßte Integral von (54) lautet, wie man durch Einsetzen in (54) bestätigt,

$$\varphi^* = \frac{1}{\alpha^*}\int_0^t \sin\alpha^*(t-\tau)\,p(\tau)\,d\tau. \tag{56}$$

Ohne Kreisel hätte man mit $\varkappa^2=0$, $\nu^2=0$

$$\varphi = \frac{1}{\alpha}\int_0^t \sin\alpha(t-\tau)\,p(\tau)\,d\tau. \tag{57}$$

Wir wollen diese Lösungen wieder für den einfachsten Ansatz $p(t) \equiv p_1 \sin\gamma t$ miteinander vergleichen. Die Integrale geben für $\alpha^2 \neq \gamma^2 \neq \alpha^{*2}$ ausgerechnet

$$\varphi^* = \frac{p_1}{\alpha^{*2}-\gamma^2}\left(\sin\gamma t - \frac{\gamma}{\alpha^*}\sin\alpha^* t\right), \tag{58}$$

$$\varphi = \frac{p_1}{\alpha^2-\gamma^2}\left(\sin\gamma t - \frac{\gamma}{\alpha}\sin\alpha t\right). \tag{59}$$

Die ersten Glieder rechts stellen die erzwungenen Schwingungen φ_1^* und φ_1 mit und ohne Kreisel dar, die zweiten die Einschwingungsglieder φ_2^* und φ_2, und man hat

$$\left.\begin{aligned} \frac{\varphi_1^*}{\varphi_1} &= \frac{\alpha^2-\gamma^2}{\alpha^{*2}-\gamma^2} = \frac{\alpha^2-\gamma^2}{\alpha^2+\varkappa^2+\nu^2-\gamma^2}, \\ \frac{\varphi_2^*}{\varphi^2} &= \frac{\alpha(\alpha^2-\gamma^2)}{\alpha^*(\alpha^{*2}-\gamma^2)} = \frac{\alpha(\alpha^2-\gamma^2)}{\sqrt{\alpha^2+\varkappa^2+\nu^2}\,(\alpha^2+\varkappa^2+\nu^2-\gamma^2)}. \end{aligned}\right\} \tag{60}$$

Man erkennt, daß in der Tat durch hinreichend große Kreisel- und Hilfsmotorziffern $\varkappa$ und ν beide Quotienten beliebig verkleinert werden können, daß sich also die Rollschwingungen des Schiffes durch den *Sperry*schen Schiffskreisel beliebig stark unterdrücken lassen.

Für den Rahmenausschlag χ des Hauptkreisels erhält man nach (53) mit dem Wert φ^* (58) und wegen (55)

$$\chi = \frac{(\varkappa^2+\nu^2)\,p_1}{\varkappa_1(\alpha^2+\varkappa^2+\nu^2-\gamma^2)}\left[\frac{\gamma}{\alpha^2+\varkappa^2+\nu^2}(\cos\alpha^* t-1)-\frac{1}{\gamma}(\cos\gamma t-1)\right], \quad (61)$$

und man stellt fest, daß auch dieser Ausschlag durch eine hinreichend große Kreiselziffer $\varkappa_1$ beliebig klein gehalten werden kann.

Natürlich beanspruchen auch die Formeln (56) bis (61) hier wieder keine zahlenmäßige Genauigkeit, sondern wollen nur Größenordnungen vermitteln.

Der *Sperry*sche Schiffskreisel ist in vielen Schiffen eingebaut worden, auch in sehr großen Schiffen, wie z. B. in dem italienischen Schiffe „Conte di Savoia“ von 45000 Brutto-Register-Tonnen Wasserverdrängung. Der Hauptkreisel hat dort rund 4 m Durchmesser, wiegt 110 t und wird als Elektromotor mit rund 400 kW auf 800 bis 900 Uml/min angetrieben, und zwar bei starkem Seegang jeweils mit der höheren Drehzahl. Der Hilfsmotor hat eine Leistung von 75 kW und kann dem Hauptkreisel einen Ausschlag bis zu 60° nach beiden Seiten erteilen. Geeignete Bremsen (die wir in unseren Formeln allerdings nicht berücksichtigt haben) bringen die Bewegung der Figurenachse des Hauptkreisels rasch zum Stillstand, sobald das Moment M des Hilfsmotors verschwindet. Die ganze Anlage wiegt rund 600 t, also etwa 1,3% des Schiffsgewichts, und soll die Amplituden der Rollschwingungen auf 2° bis 3° herabdrücken können. Ob sich der Kreisel auch bei schwerem Seegang ohne Gefahr für den Verband des Schiffes bewährt hat, ist nicht bekannt geworden.

Man könnte daran denken, den Schiffskreisel in sehr stark gebauten Schiffen auch noch zur Lösung von Sonderaufgaben heranzuziehen, namentlich den Kreisel mit Hilfsmotor. In dieser Form macht er es möglich, Schiffsschwingungen durch rhythmische Bewegung des Kreiselrahmens auch künstlich zu erzeugen, zum Beispiel um das Einfrieren von Schiffen hintanzuhalten oder eingefrorene Schiffe aus dem Eise zu lösen.

Auf alle Fälle und unabhängig von dem weiteren Erfolge wird der Schiffskreisel in der Geschichte der Technik immer bewertet werden als einer der geistvollsten Versuche, gewaltige Naturkräfte mit den Gesetzen der Mechanik zu meistern.

Namenverzeichnis.

Sachverzeichnis.